U0117188

塑料的昆虫生物降解理论与技术

杨珊珊　丁　杰　庞继伟　孙汉钧　著

科学出版社

北　京

内 容 简 介

本书结合国内外相关领域的优秀成果以及作者课题组多年来在塑料生物降解领域的结晶，总结并提出了昆虫生物塑料降解领域的新观点和新理论，内容新颖、信息量大、理论体系和脉络完整严谨。这既是对传统塑料生物降解技术的有益补充，又是指导昆虫对典型塑料高聚物的生物降解和资源化水平提高的有效途径，可以有效地提升我国塑料生物降解的研究水平与能力。

本书适合从事塑料生物降解与塑料污染安全高效治理的科研人员和工程技术人员阅读，也可供高等院校环境科学与工程专业的师生参考。

图书在版编目（CIP）数据

塑料的昆虫生物降解理论与技术 / 杨珊珊等著. —北京：科学出版社，2024.7

ISBN 978-7-03-078149-9

Ⅰ. ①塑… Ⅱ. ①杨… Ⅲ. ①生物降解–塑料–研究 Ⅳ. ①TQ321

中国国家版本馆 CIP 数据核字（2024）第 051707 号

责任编辑：杨新改 / 责任校对：杜子昂
责任印制：徐晓晨 / 封面设计：东方人华

科 学 出 版 社 出版
北京东黄城根北街 16 号
邮政编码：100717
http://www.sciencep.com

中煤（北京）印务有限公司印刷
科学出版社发行　各地新华书店经销
*
2024 年 7 月第 一 版　开本：720×1000　1/16
2024 年 7 月第一次印刷　印张：17 3/4
字数：350000

定价：**128.00 元**
（如有印装质量问题，我社负责调换）

前　言

在塑料污染问题日益严峻和塑料废弃物处理行业高碳排放的背景下，如何实现塑料废弃物高效低碳和清洁绿色的快速减容处理是面向"双碳"国家战略需求的重大挑战。

塑料生物降解的研究始于 20 世纪 40 年代，但迄今为止，研究结果认为塑料在环境中的降解速率极为缓慢，半衰期达数年至数百年。啮食塑料昆虫介导的塑料生物降解和转化是一种理想的塑料废弃物新型生物处理技术，具有较小的二次污染可能性、较低的初始实施成本和高效的塑料降解效率。塑料高效生物降解问题一直是环境科学与工程领域备受关注的话题，如何实现高效、稳定运行的处理技术至关重要。

本书为笔者及其课题组近十年在昆虫生物塑料降解与塑料污染研究方面的成果总结与提炼，是国内外首部从塑料的发展历史、不同塑料的化学结构及分类、环境污染现状及问题、塑料的相关政策、塑料生物降解技术研究、微生物对塑料的生物降解技术、昆虫对塑料的生物降解技术发展历史及典型昆虫降解塑料研究进展等方向全面地、综合地介绍和阐述昆虫对塑料降解激励机制、研究技术方法和研究内容的专著。

本书共 6 章，第 1 章主要介绍塑料的昆虫生物降解理论与技术概述；第 2 章论述了塑料生物降解技术研究概况——文献计量可视化分析，第 3 章介绍了微生物对塑料的生物降解，第 4 章介绍了昆虫对塑料的生物降解，第 5 章介绍了典型鞘翅目拟步甲科粉甲虫属昆虫降解塑料研究，第 6 章介绍了典型鳞翅目螟蛾科大蜡螟虫降解塑料研究。本书的撰写，力图做到理论与实践、基本原理与应用的有机结合，研究成果为实现塑料废弃物的后端清洁绿色利用及可持续规模化生物降解提供了基础数据和技术支撑，对塑料废弃物的能量转化再利用和碳素价值重构理论研究具有重要意义。

本书具体撰写分工是：第 1 章，哈尔滨工业大学杨珊珊、丁杰；第 2 章，哈尔滨工业大学杨珊珊、孙汉钧以及中节能数字科技有限公司庞继伟；第 3 章、第 4 章，哈尔滨工业大学杨珊珊；第 5 章，哈尔滨工业大学杨珊珊、丁杰、孙汉钧；第 6 章，哈尔滨工业大学杨珊珊、丁杰以及中节能数字科技有限公司庞继伟。在本书完成之际，诚挚地感谢斯坦福大学吴唯民教授对笔者及其课题组从事

的塑料生物降解研究工作的长期指导和深切关怀，同时，也非常感谢斯坦福大学
Craig S. Criddle 教授、Anja Malawi Brandon 博士，北京航空航天大学杨军教授，
北京理工大学杨宇副教授，同济大学张亚雷教授、周雪飞教授、彭博宇博士等国
内外科研人员的研究工作。同时还要感谢丁梦琪、李美熙、何蕾、任歆然、薛志
宏等学生对有关资料的收集和整理，他们在本书的统稿工作中给予了大力协助。
全书由杨珊珊、丁杰、庞继伟、孙汉钧统稿和审定。

　　诚挚感谢国家自然科学基金面上项目（项目资助编号：52170131）、城市水
资源与水环境国家重点实验室探索类自主课题（项目资助编号：2022TS35）和
哈尔滨工业大学原创前沿探索基金资助课题（中央高校基本科研业务费专项资金
资助，项目资助编号：HIT.OCEF.2024008）对本书出版的资助。

作　者

2024 年 6 月

目　　录

1 绪　　论

1.1　塑料的发展历史与现状

1.1.1　塑料的发展历史

随着高分子合成技术的进步，塑料工业得到发展并给人类提供了各种各样的塑料制品。塑料以其质量轻、耐腐蚀、易加工成型、成本低、使用方便等优点，被广泛应用于国民经济的多个行业。从工农业生产到衣食住行，塑料制品已经深入到社会的每一个角落。最早的工业合成塑料是 1855 年英国人 Alexander Parkes 发明的 Parkesine（帕克辛），后被 John Wesley Hyatt 改进并命名为 Celluloid（赛璐珞）。第一种完全合成并大规模生产的塑料是 1907 年美籍比利时人 Leo Hendrik Baekeland 将苯酚和甲醛进行反应发明的酚醛树脂，并被命名为 Bakelite（贝克莱特），从此塑料制品开始走进人们的日常生活[1]。同年 7 月 14 日，Leo Hendrik Baekeland 注册了酚醛塑料的专利[2]。

酚醛塑料诞生后，聚苯乙烯（PS）、聚氯乙烯（PVC）和聚乙烯（PE）塑料陆续出现。1930 年，巴斯夫生产的市场型 PS 由于其易用性，促使该公司大力推广塑料替代品。之后，杜邦公司推出了尼龙。1940 年聚对苯二甲酸乙二醇酯（PET）被发现。由于人们对更便宜、更耐用材料的需求，1950 年开始大规模生产聚丙烯（PP）塑料。与此同时，陶氏化学发明了膨胀聚苯乙烯（EPS）。1960年，工业塑料生产转向降低成本、优化制造的模式。

但传统塑料有个致命的弱点，就是自然降解时间长，有的甚至高达百年以上。塑料的难降解性，导致其废弃物的长期存在成为越来越突出的环境问题，形成了所谓的"白色污染"，给人类生存环境造成很大威胁。因此，科学家们研究并发展了生物可降解塑料的制备工艺。生物可降解塑料诞生于 1860 年，硝化纤维素塑料是用纤维素制成的生物基塑料代替品，成为第一个生物基塑料。早期的玻璃纸也是一种由纤维素制成的透明薄膜。1920 年首次发现来源于细菌的生物基塑料——聚羟基丁酸酯（PHB）。后在 1997 年嘉吉和陶氏开发了玉米生物塑料，其成分为聚乳酸（PLA）。2000 年发现蘑菇、藻类等固体废弃物可作为生物降解材料[3]。

　　从第一个塑料产品赛璐珞诞生算起，塑料工业迄今已有 150 年发展的历史。其发展历史可分为三个阶段。第一阶段为天然高分子加工阶段。这个时期的天然高分子主要是以纤维素的改性和加工为特征。1869 年，美国人 John Wesley Hyatt 在硝酸纤维素中加入樟脑和少量酒精并通过热压改进了帕克辛，命名为赛璐珞。之后在美国纽瓦克建厂生产。当时的塑料制品除用作象牙代用品外，还加工成马车与汽车的风挡和电影胶片等，由此开创了塑料工业，相应地也发展了模压成型技术。1903 年，德国人 Arthur Eichengrün 发明了不易燃烧的醋酸纤维素和注射成型方法。随后在 1905 年，德国拜耳股份公司开始进行塑料的工业生产。在此期间，化学家在实验室里合成了多种聚合物，如线型酚醛树脂、聚甲基丙烯酸甲酯、聚氯乙烯等，为后来塑料工业的发展奠定了基础。此时的世界塑料年产量仅有 10 000 t，还没有形成独立的工业部门。

　　第二阶段为合成树脂阶段。这个时期是以合成树脂为基础原料生产塑料为特征。1909 年，Leo Hendrik Baekeland 在用苯酚和甲醛来合成树脂方面取得了突破性进展，获得了第一个热固性树脂——酚醛树脂的专利权。在酚醛树脂中加入填料，可以通过热压制成模压制品、层压板、涂料和胶黏剂等。1910 年，在柏林吕格斯工厂进行酚醛树脂生产。20 世纪 40 年代以前，酚醛塑料是最主要的塑料品种，约占塑料产量的 2/3，主要用于电器、仪表、机械和汽车工业。1920 年以后，塑料工业获得了迅速发展。主要原因首先是该年德国化学家 H. Staudinger（施陶丁格）提出高分子链是由结构相同的重复单元以共价键连接而成的理论和不熔不溶性热固性树脂的交联网状结构理论以及 1929 年美国化学家 Wallace Hume Carothers 提出缩聚理论，这些理论均为高分子化学和塑料工业的发展奠定了基础。其次是，当时化学工业的迅速发展为塑料工业提供了多种聚合单体和其他原料。而德国作为当时化学工业最发达的国家，迫切希望能够摆脱对大量天然产品的依赖，以满足多方面的需求。这些因素有力地推动了合成树脂制备技术和加工工业的发展。第一个无色的树脂是脲醛树脂，由英国氰氨公司投入工业生产。1911 年，英国人 F. E. Matthews 制成了 PS，但存在工艺复杂、树脂老化等问题。1930 年，德国法本公司解决了上述问题，在路德维希港用本体聚合法进行工业生产。在对 PS 改性的研究和生产过程中，已逐渐形成以苯乙烯为基础，与其他单体共聚的苯乙烯系树脂，扩展了它的应用范围。1931 年，美国罗姆-哈斯公司以本体法生产聚甲基丙烯酸甲酯，制造出有机玻璃。PVC 的工业生产应用来源于一次偶然的发现。1926 年，美国人 Waldo Semon 把尚未找到用途的 PVC 粉料在加热下溶于高沸点溶剂中，冷却后意外地得到了柔软、易于加工且富于弹性的增塑 PVC。随后各个国家开始进行 PVC 工业生产。1931 年，德国法本公司在比特费尔德用乳液法生产 PVC。1941 年，美国又开发了悬浮法生产 PVC 的技术。从此，PVC 成为重要的塑料品种。另外，PVC 又是主要的耗氯产品之一，在一定程度上影响着氯碱工业的生产。1939 年，美国氰氨公司开始生产三聚氰胺-甲醛树脂的模塑粉、层压制品和涂料。1933 年，英国卜内门化学工业公司在进行乙烯与苯甲醛高压下反应的试验时，发现聚合釜壁上有蜡质固体存在，从而发明了 PE。1939 年该公司用高压气相本体法生产低密度聚乙烯（LDPE）。1953 年，德国 Karl Waldemar Ziegler 用烷基铝和四氯化钛作催化剂，使乙烯在低压下制成高密度聚乙烯（HDPE）。随后在 1955 年德国赫斯特公司首先工业化生产 HDPE。不久，意大利人 Giulio Natta 发明了 PP，并于 1957 年在意大利蒙特卡蒂尼公司首先进行工业生产。自 20 世纪 40 年代中期以来，还有聚酯、有机硅树脂、氟树脂、环氧树脂、聚氨酯等陆续投入工业生产。塑料的世界总产量从 1904 年的 1 万 t，猛增至 1944 年的 60 万 t，在 1956 年达到 3.4 Mt。随着 PS、PE 和 PVC 等通用塑料的发展，原料也从煤转向了以石油为主，这不仅保证了高分子化工原料的充分供应，也促进了石油化工的发展，使原料得以多层次利用，创造了更高的经济价值。

第三个阶段为高速发展阶段。在这一时期通用塑料的产量迅速增大。20 世纪 70 年代，聚烯烃塑料中又有聚 1-丁烯和聚 4-甲基-1-戊烯投入生产，形成了世界上产量最大的聚烯烃塑料系列，同时出现了多品种高性能的工程塑料。在 1958～1973 年的 16 年中，塑料工业处于飞速发展时期，1970 年产量为 30 Mt。除产量迅速猛增外，该阶段的其他特点是：①由单一的大品种通过共聚或共混改性，发展成系列品种。例如，PVC 除生产多种牌号外，还发展了氯化聚氯乙烯、氯乙烯-醋酸乙烯共聚物、氯乙烯-偏二氯乙烯共聚物、共混或接枝共聚改性的抗冲击 PVC 等。②开发了一系列高性能的工程塑料新品种。例如，聚甲醛、聚碳酸酯、丙烯腈-丁二烯-苯乙烯（ABS）树脂、聚苯醚、聚酰亚胺等。③广泛采用增强、复合与共混等新技术，赋予塑料以更优异的综合性能，扩大了应用范围。1973 年后的 10 年间，能源危机影响了塑料工业的发展速度。70 年代末，各主要塑料品种的世界年总产量分别为：聚烯烃 19 Mt，PVC 塑料超过 10 万 t，PS 塑料接近 8 万 t，塑料总产量为 63.6 Mt。1982 年经济开始复苏。1983 年塑料工业达到历史最高水平，产量达 72 Mt。目前，以塑料为主体的合成材料的世界体积产量早已超过全部金属的产量。时至今日，塑料材料已朝着功能性方向（如生物功能材料、电磁功能材料、记忆功能材料、吸水功能材料等）发展，成为人们生产生活不可或缺的最大材料来源[4]。

1.1.2 塑料的生产现状

作为一种新型人工合成材料，塑料自诞生以来，因其轻便廉价、可塑性强、耐用等优势，在航空、农业、工业、建筑业等生产生活的各个领域得到广泛应用，与人类的社会发展密切相关。自 20 世纪 50 年代起，全球塑料产量飞速增长，近些年已成为全球工业领域发展速度最快的产业之一[5]。1964～2014 年，塑料生产规模增加了 20 倍，全球每年的塑料生产量超过 3 亿吨。2021 年，世界塑料年总产量已达到 3.91 亿吨，预计到 2050 年将达到 18 亿吨[6-8]。半个多世纪以来，全球塑料产量从 1950 年的 200 万吨持续增加到 2021 年的 3.91 亿吨[9]。塑料生产的增长速度甚至超过了经济增长速度，进入 21 世纪以来（截至 2019 年），塑料生产的增长速度超过了经济增长速度 40.00%[10]。预计到 2050 年底，全球塑料的累计产量将达到 260 亿吨[11]。塑料与钢铁、木材和水泥并称为四大支柱材料，小到日常生活、大到工农业生产和国防建设等领域，都是不可或缺的。

目前塑料已经进入了广泛实用阶段，全世界都在大量生产塑料材料。图 1-1 所示为来自欧洲塑料工业协会（Plastic Europe）的数据：世界塑料年总产量数据[9]表明，从 2012 年到 2021 年的 10 年间，世界塑料的总量增加了 102.7 百万吨，平均每年增加约 10 百万吨。图 1-2 所示为 2021 年全世界塑料产地分布示意图。可以看出，中国的塑料生产量占全球的 32%，居首位，而亚洲其他国家和北美洲排在第二和第三位，分别为 17% 和 15%。作为塑料生产大国，我国的塑料年产量已经比肩钢铁、水泥等基础产业，成为重要的支柱产业[12]。

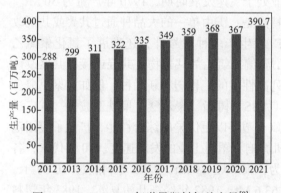

图 1-1　2012～2021 年世界塑料年总产量[9]

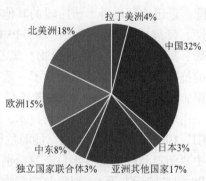

图 1-2　2021 年世界塑料产地分布[9]

图 1-3 所示为 2021 年全球各类塑料产量分布示意图。2021 年，全球塑料总产量为 390.7 百万吨，其中 PE 产量占 26.9%、PP 产量占 19.3%，PVC 产量占 12.9%、聚氨酯（PUR）和聚对苯二甲酸乙二醇酯（PET）产量分别占 5.5% 和 6.2%。PE 是全世界最广泛使用的高分子塑料聚合物。2021 年，中国的石油基塑料年总产量占全世界年总产量的 32%，也标志着我国塑料产量连续十年位于全球首位[9]。

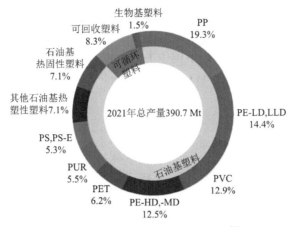

图 1-3 全球各类塑料产量分布图[9]

根据中商产业研究院大数据（图 1-4）显示，2022 年中国塑料产品生产量为 7771.6 万吨，较上一年降低了 2.9%。其中，广东省塑料制品累计产量最多，为 1370.07 万吨；浙江省居第二，产量为 1242.61 万吨；福建省产量也达到了 694.32 万吨[13]。

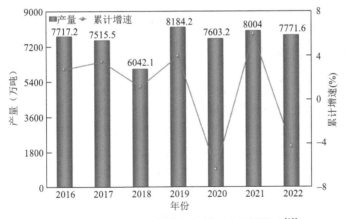

图 1-4 2016～2022 年中国塑料生产量及增速[13]

中国塑料的年生产量从 1977 年的 92 万吨增加到了 2022 年的 7771.6 万吨。从 2012～2021 年间全球塑料产品产量与中国塑料产品产量对比图（图 1-5）可以直观地看出，全球塑料年产量逐年稳步递增，中国塑料年产量在 2012～2016 年间也是逐年递增的，在 2017 年和 2018 年两年间出现递减的现象，而 2019 年再一次增长，出现新高[13]。由国家统计局公布的数据可知，我国 2016～2018 年塑料制品的产量呈现下滑趋势，主要原因是各省陆续颁布环保政策和严格的环保督察政策，很多不合规企业关停。其中，2018 年下滑最为明显，增速为–19.6%，此外受中美贸易战的影响，塑料制品行业的代加工业务量减少。2020 年，受经济影响，塑料产量在短暂回升后又有所下降。随着全球经济形势逐渐好转，各国对口罩等医疗物资的需求增大，加上国家大力倡导企业恢复生产，我国塑料制品行业逐渐回归正轨，在 2021 年产量超过 8000 万吨[14]。2022 年产量为 7771.6 万吨，累计增长–4.3%[13]。

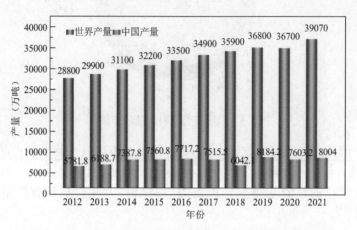

图 1-5　2012～2021 年全球塑料产量与中国塑料产量对比图[9,13]

1.1.3　塑料的使用现状

根据欧洲塑料工业协会（Plastic Europe）的最新数据（图 1-6），全球大部分的塑料被用于包装行业和建筑建造行业，均占全球塑料使用量的 44%左右。美国是世界塑料生产大国，早在 20 世纪 60 代就已开展废旧塑料回收利用研究。

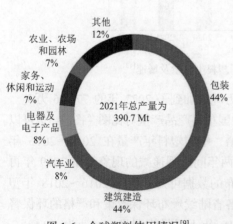

图 1-6　全球塑料使用情况[9]

20 世纪末美国废旧塑料回收率已超过 35%，欧洲的塑料平均回收率超过 45%，德国则高达 60%。日本的废旧塑料有 52%被回收利用，其中 2%用作化工原料、3%用作再熔化固体燃料、20%用于发电燃料、13%用于焚烧炉燃料。我国的塑料产品使用量大，而废旧塑料回收利用率却很低。我国塑料消费总量于 2008 年达 5194.4 万吨，居世界第二位，而同年废弃塑料回收量约 900 万吨，回收率仅为 22%[7]。目前，全球塑料垃圾的年产量达到 400 亿吨，其中，只有 18%的塑料废物被回收、24%被焚烧，而填埋或进入自然环境的高达58%[15]。

经过 60 多年的蓬勃发展，中国成为目前世界上最大的塑料生产国和消费国，2017 年 PE 类塑料原材料的消耗量为 2762.2 万吨，占总消耗量的 42.4%，排在各类原材料塑料消耗的首位，到 2018 年，同比下降了 2.1%[16]。2018 年，我国新投入使用的塑料质量已超过 1 亿吨，大约占据全球总量的四分之一。每人每年的塑料消耗量约为 82 kg。而根据预测，塑料的消耗量在未来还将呈现持续增长的势态。全球塑料需求量的年增长速率约为 8%，按此速度，2030 年全球范围内新投入使用的塑料质量将高达 7 亿多吨[5]。2019 年 12 月，全球开始新冠疫情，不仅严重侵害了人类的生命健康，损害了世界经济，同时也促使了化石燃料衍生的塑料制品大量生产，威胁到环境的可持续发展。例如，个人防护设备（口罩、手套、防护服等）、消毒设备（酒精喷壶、酒精凝胶洗手液瓶等）、一次性购物塑料袋等防止交叉感染的各类塑料制品重新大量使用，以及电商的快速发展，消耗了大量包装、密封使用的塑料制品。到目前为止，医疗废物增长达到了370%，包装塑料需求增长了 40%[1]。据统计，2020 年中国塑料用量为 9087.7 万吨，同比增长 12.2%[14]。

1.2　塑料的化学结构和分类

塑料是以单体为原料，通过加聚或缩聚反应聚合而成的高分子聚合物。石油基塑料是以化石能源为原料生产的塑料，从 2018 年到 2022 年，石油基塑料在世界塑料总产量中占比均大于 90.00%，以消费后回收的塑料为原料的塑料制品占总塑料产量的 8.30%左右，而生物基塑料只占据非常少的比例，约为全球塑料总产量的 1.50%。因此，下述中如未特殊说明，所提及的塑料即指代石油基塑料。

在全球每年生产的数百种类型的塑料中，主要生产的以及造成环境污染的塑料主要有 PE、PP、PVC、PET、PUR 和 PS 等六种塑料，如图 1-7 所示，2021年分别占塑料总产量的 26.90%、19.30%、12.90%、6.20%、5.50%和 5.30%[9]。一般来说，可将塑料分为两种类型：聚烯烃塑料聚合物（C—C 骨架聚合物）和杂原子塑料聚合物两类。

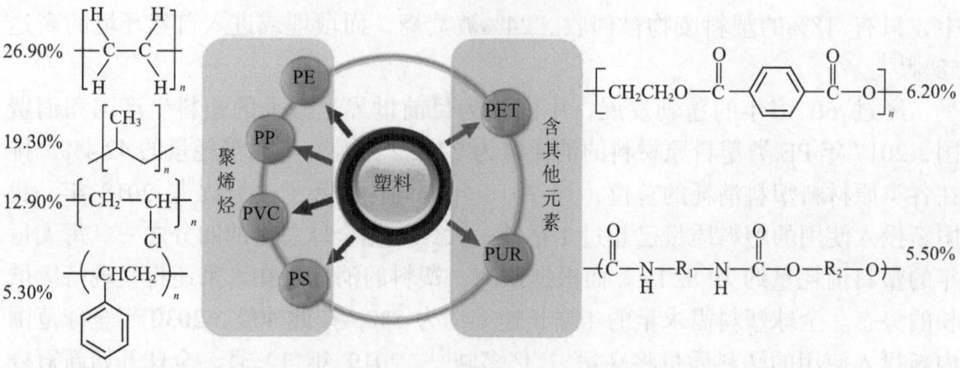

图 1-7　合成塑料种类及 2021 年市场占有率

　　高分子聚合物长链是由重复单元组成的，其构成一般包括一种或两种单体。聚合物分子量较大，常具有复杂的结构[2]。高分子聚合物有两种结构：线型结构和体型结构。所谓支链高分子是带着支链的线型高分子，而网状结构的高分子是交联比较少的体型高分子。两种不同结构的高分子聚合物具有不同的性质与特征。线型高分子加热时有熔融的特点，并且硬度和脆性比较小，易于制成热塑性塑料。而体型结构的高分子材料其硬度和脆性比较强，易于制成热固性塑料。最常见的塑料有聚苯乙烯（polystyrene，PS）、聚乙烯（polyethylene，PE）、聚丙烯（polypropylene，PP）、聚氯乙烯（polyvinyl chloride，PVC)、聚氨酯（polyurethane，PUR）、聚对苯二甲酸乙二醇酯[poly(ethylene terephthalate)，PET]、聚对苯二甲酸丁二酯[poly(butylene terephthalate)，PBT]、尼龙（nylon）[16]。根据不同的分类标准，塑料可以分为不同的类型，如按照受热后性能的变化可分为热固性塑料和热塑性塑料两种类型。热塑性塑料是指在特定温度范围内可以反复软化或受热加工成型的塑料。PE、PP、PVC 和 PS 被称为四大通用热塑性树脂。热固性塑料是指在加热过程中发生化学反应，由线型高分子转变为三维网状结构后，不能通过热塑而再生利用的塑料，一般通过粉碎或研磨后作为助剂使用，主要有环氧树脂、酚醛树脂、氨基树脂、不饱和聚酯树脂等。按照功能、用途，塑料可以分为三大类：通用塑料、工程塑料和工程塑料。通用塑料主要是指用途较广、成型性好、价格便宜的塑料，一般为五大塑料，即PE、PVC、PS、PP、ABS；工程塑料比通用塑料模量高，机械强度大，主要被用于制作工业零件等，包括聚酰胺（PA）、聚甲醛（POM）、有机氟树脂等[17,18]。

　　塑料的主要成分是树脂，约占总质量的 40%～100%。由于树脂含量比较大，容易将塑料和树脂两个概念混合在一起。两者的区别在于树脂是没有经过加工的原始高分子化合物，除了作为制作塑料的原料以外还有其他用途，如制备涂料和胶黏剂，或作为合成纤维的原料。另外，塑料不是完全由树脂合成的，需要额外添加其他物质。

塑料中还含有各种辅助材料——添加剂，如填充剂、增塑剂、稳定剂、着色剂、润滑剂等。添加剂的成分取决于塑料的形体样式[2]。在一定的温度和压力下，以树脂为主要成分，添加各种添加剂后，即可形成特定形态的塑料。各种添加剂的简单介绍如下所述。

填充剂：通过向塑料成分中加入填料可以有效提高塑料的耐热性和强度，并降低成本。填料分为两种，分别为无机和有机填料。填料在塑料中的含量一般不超过 40%。

增塑剂：添加这种材料后塑料比较容易加工成型，并且可以提升塑料的柔软性和可塑性，降低脆性。若大量添加（用量＞10%），就可以得到软质塑料的效果，而添加比较少的量（用量＜10%），则会呈硬质状态。

稳定剂：延长塑料的使用寿命，保持高聚物的状态，防止高聚物的分解和破坏。主要的稳定剂包括环氧树脂和硬脂酸盐等。一般在塑料中占比为 0.3%～0.5%。

着色剂：合成树脂本身是无色透明或是半透明略呈现白色的状态。为了使塑料制品具有色彩，要添加着色剂。常用的着色剂有两种：无机染料和有机颜料。

润滑剂：在塑料成型的过程当中，添加润滑剂可以避免塑料附着在金属模具上，使成型的塑料制品更易于从模具中脱落下来，另外润滑剂可以增加塑料制品表面的光滑程度。一般使用的润滑剂是钙镁盐和硬脂酸等。

抗氧剂：在塑料成型过程当中，它具有防止塑料热氧化、变黄、发裂的作用。

抗静电剂：塑料是绝缘体，其表面电荷不易导出，因而容易带静电。添加抗静电剂能够提供塑料一定能程度的电导性，一般是较低或中等程度的电导性。

1.2.1　聚烯烃塑料聚合物（C—C 骨架聚合物）

聚烯烃是一类由烯烃或其不饱和单体（烷基乙烯）通过加成反应合成的聚合物，聚烯烃（polyolefin）塑料通常是指由烯烃单体聚合得到的一类塑料制品[19]。其中 PE、PP 和 PVC 是典型代表，约占塑料总市场份额的 65.00%。对于这些典型的聚烯烃塑料，分支数量和长度的结构差异导致晶体的数量和大小不同，其熔化和结晶温度也不同[20]。

1.2.1.1　聚乙烯塑料

聚乙烯（PE）是热塑性树脂，由乙烯为原料经加成聚合而成的热塑性树脂，由非极性的饱和高分子量烃链组成，分子式可简单写为 $\text{-[CH}_2\text{—CH}_2\text{]}_n$[21][图 1-8（a）]。PE 烃链分子结构对称，含有稳定的 C—C、C—H 共价键和典型的高疏水性基团，容易有序排列形成结晶态的超分子结构，是一种结构稳定、耐微生物侵袭的高分子塑料。这种特殊的结构赋予了 PE 优异的机械性能和化学稳定性，使其成为使用及生产量最大的塑料[22,23]，广泛应用于日常生活用品中，如各种的包装包膜、农业用的包膜、管材[2]，其中在包装行业中使用最为频繁。

　　按照聚合方法、分子量以及链结构的不同，PE 可以分为低密度聚乙烯（LDPE）、线型低密度聚乙烯（LLDPE）、中密度聚乙烯（MDPE）、高密度聚乙烯（HDPE）[19][图 1-8（b）]。前二者占全球塑料总产量的 17.4%，主要用作塑料袋、托盘、容器、农用薄膜和食品包装膜；后二者占 12.4%，主要用于生产玩具、牛奶瓶、洗发瓶、管材和家居用品[16,22]。HDPE 是由紧密堆积在一起的线型链组成，短链支化的水平非常低，结晶度高（70%～95%），非极性强。HDPE 的外表呈现乳白色，半透明状，具有优异的耐化学腐蚀特性。LDPE 的特征在于其显著水平的长链支化（典型的支链长度为数百个碳原子）以及短链支化（2～6 个碳原子长）。LDPE 的短支链会干扰紧密堆积，从而导致相对较低的结晶度（45%～60%），化学性质稳定，具有良好的化学耐腐蚀性（耐酸、碱和盐类水溶液）、延展性、透明度、电绝缘性和透气性。LLDPE 是一种具有更高的短链支化水平但没有中等结晶度长链的线型分子[19]。

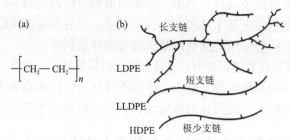

图 1-8　（a）PE 分子结构式；（b）LDPE、LLDPE 和 HDPE 结构示意图

1.2.1.2　聚丙烯塑料

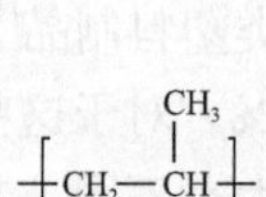

$$\begin{bmatrix} & CH_3 \\ CH_2-CH & \end{bmatrix}_n$$

图 1-9　PP 分子结构式

聚丙烯（PP）是仅次于 PE 的第二大塑料材料，由丙烯聚合产生，是以 $\begin{bmatrix} C_3H_6 \end{bmatrix}_n$ 为重复单元的线型碳氢化合物（图 1-9）。PP 是一种具有线型烃链的热塑性饱和聚合物，广泛应用于食品包装、微波炉容器、管道、汽车零部件以及医疗设备和建筑领域等[15,22]。在欧盟国家，使用过的 PP 只有小部分（约 8.00%）被回收，其他大部分会扩散到环境中并持久存在[22]，它们在自然界中的积累会对生态系统产生极大的威胁，引发严重的微米（纳米）塑料污染问题[24]，并对各种细胞系统和人体健康产生不良的生物影响[25]。

　　PP 主要分为等规 PP 和无规 PP。等规 PP 制品多呈拉丝、纤维等形态，而无规 PP 通常被加工成具有透明颜色的高性能管材等。为了改善性能，拓宽应用领域，可以通过聚合法或聚合后改性法，进一步改善 PP 塑料的性能[2]。

当 PP 塑料暴露在阳光尤其是紫外线下时，并且在高温下时，容易被氧化和降解。降解过程导致黏度降低并形成新基团，包括羰基和羟基。通过测定 PP 的热解性能，确定热解产品的产量和特性。在间歇式反应器中对 PP 进行热解，得到了 49.6%的气体、48.8%的液体和 1.6%的焦炭。PP 热解液油品的量随热解温度的降低而显著增加，研究表明在进行的类似实验中获得了 82.12%的石油产量，超过 500℃的热解温度会降低产油量并增加产气量，而炭产量仍然很小。有研究表明在 380℃下进行 PP 的热解，产品回收率为 80%的液体、6.6%的气体和 13.3%的固体。进一步降低温度至 300℃对 PP 进行热解，得到的液态油回收率为 69.82%[15]。

1.2.1.3 聚苯乙烯塑料

聚苯乙烯（PS）由苯乙烯单体或少量共聚单体经加成聚合制备的聚合物（图 1-10），具有较长的烃主链，其产量大约占塑料总产量的 7%[19]。PS 玻璃化转变温度为 80～90℃，非晶态密度为 1.04～1.06 g/cm^3，晶体密度为 1.11～1.12 g/cm^3，熔融温度为 240℃，电阻率为 10.20～10.22 Ω·m。PS 的优点在于透明性好、容易进行二次加工、导热系数不随温度变化、耐辐射等。PS 产品主要分为三种形式，包括 PS 泡沫塑料、膨胀 PS（EPS）和挤压 PS（XPS）。PS 透光率通常可以达到 90%左右，仅略低于丙烯酸类的聚合物，因此广泛应用于光学零件、食品包装行业（乳品、渔业）、建筑绝缘体、电气和电子设备、冰箱内胆和眼镜框，许多日用品（CD 盒、塑料餐具、培养皿等）也由 PS 生产[22]，但其在阳光照射下易浑浊发黄。PS 塑料在熔融状态下的热稳定性高，并且具有很高的流动性，因此便于加工和塑型，成型时的材料收缩率较小，成型制品具有较高的尺寸稳定性。

欧盟的 PS 年产量高达 200 万吨，广泛应用意味着每年会产生大量的 PS 废物，特别是 PS 泡沫。废弃的 PS 在环境中自降解周期较长，若不能科学地对废旧 PS 进行回收处理，不仅会造成环境的污染，还会造成资源的浪费。据统计，欧洲一些国家和日本的废旧 PS 泡沫塑料的回收再利用率达到 70%以上，但其余绝大部分国家仅有 10%～30%。包括我国在内的很多国家在 PS 垃圾回收处理处置方面的制度和技术还不够完善，约 70%的 PS 泡沫塑料被掩埋或焚烧，仅 30%得到再生利用[26,27]。此外，泡沫食品包装在澳大利亚的塑料回收系统中不被接受，并且经常被食物垃圾污染。鉴于其低密度，聚苯乙烯泡沫通常不与家庭垃圾分离，并且不能经济地回收利用。因此，正确回收聚苯乙烯的唯一方法是将其转化为有价值的产品，而不是最终进入垃圾填埋场[15]。热固性 PS 塑料的回收和利用仍存在挑战，且高温回收后的材料性能可能比原材料差[26]。

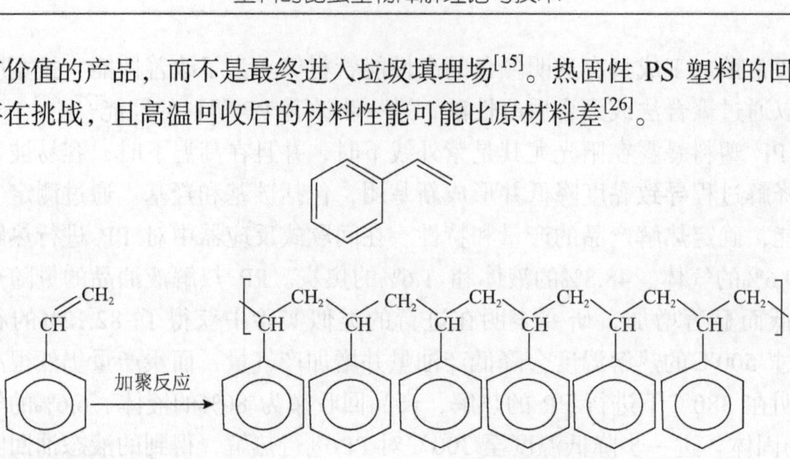

图 1-10　苯乙烯单体结构式及 PS 加聚反应过程

1.2.1.4　聚氯乙烯塑料

聚氯乙烯（PVC）是除 PE 和 PP 以外第三大广泛生产的聚合物，由氯乙基重复单元组成（图 1-11）。以氯和乙烯为原料通过 1,2-二氯乙烷生产的热塑性塑料，具有高度疏水性和弹性，化学式为 $[C_2H_3Cl]_n$。PVC 主要应用于窗框、地板和墙壁覆盖物、管道、电缆绝缘体、花园水管、汽车内饰、合成皮革、医疗设备、充气泳池等[22]。PVC 基本上是非结晶的无规聚合物，主要分为柔性 PVC 和硬质 PVC 两大类。其中，硬质 PVC 比柔性 PVC 具有更好的耐化学性。硬质 PVC，也称未增塑 PVC，密度为 1.30～1.45 g/cm³。它是一种相对坚硬的塑料，易于加工、热成型、焊接，甚至溶剂胶合，具有

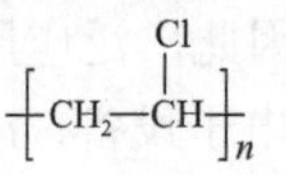

图 1-11　PVC 分子结构式

很高的抗冲击性、耐化学性、耐腐蚀性、防水性和耐候性。柔性 PVC，也称增塑 PVC，密度通常在 1.10～1.35 g/cm³ 之间[28]。它是通过在纯 PVC 中添加相容的增塑剂来合成的，以降低结晶度。这些增塑剂在柔性 PVC 中起着润滑作用，可生产更透明、更柔韧的 PVC 塑料。

与其他由石油制成的塑料不同，PVC 主要由从工业级盐中获得的优质氯和从石油或天然气中获得的碳氢化合物组成。PVC 含有约 47.7%～57.6%（质量分数）的氯，提高了其耐火性。然而，氯在加热到高温时会产生有害气体，包括 HCl，这可能会对工艺设备造成严重损坏。有研究在间歇式反应器中热解 PVC，温度控制在 225～520℃ 的范围内，加热速率为 10℃/min，压力为 2 kPa。结果发现 PVC 热解的主要产物是盐酸，占 58%以上，其次是焦油，回收率略高于 19%。热解收集到的液体质量随热解温度升高而增加，一般在 0.45%～12.79%左右。该研究表明，PVC 不适合热解，其特定目的是生产液体油。此外，氯苯等

氯化产物和液体中 HCl 的存在都可能对操作员和环境造成危险[15]。

1.2.2 杂原子塑料聚合物

1.2.2.1 聚对苯二甲酸乙二醇酯塑料

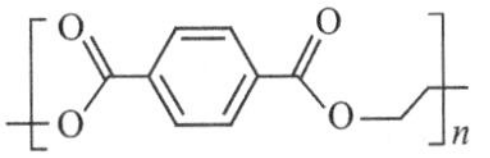

杂原子塑料聚合物是主链上的单体含有除 C 以外，还有如氮、氧、硫等杂原子的聚合物（图 1-12），例如 PET 和 PU，占塑料市场份额的 18.00%[29]。其中聚对苯二甲酸乙二醇酯（PET）是一种脂肪族-芳香聚

图 1-12 PET 分子结构式

酯基团缩聚而成的半结晶热塑性聚合物。国际纯粹与应用化学联合会（IUPAC）名称为 2-甲氧基乙基-4-乙酯苯甲酸酯，俗称聚酯，其化学式为$[C_{10}H_8O_4]_n$[30,31]，化学结构式如图 1-12 所示[32]。PET 是一种无毒无味、质量轻、透明度高和化学稳定性良好的半结晶热塑性树脂，广泛用于饮料瓶、纺织纤维、包装、家居等材料的制造[9,33]。典型的商用 PET 的分子质量在 8.00～31.00 kDa 之间。PET 产量占全球塑料产量的 8.40%[9]，占合成纤维生产需求的 70.00%。每年约有 7000 万吨 PET 用于包装和纺织品[9]，但只有一小部分（<20.00%）主要通过机械方法被回收[34]，而大部分 PET 被倾倒在自然界中。随着时间的推移，风化作用使其有毒成分释放到环境中，对生态系统造成破坏[35]。在陆地环境中，PET 的半衰期从 58 年（瓶子）到 1200 年（管材）不等[36]。

2019 年全球 PET 的年产量超过 3000 万吨，占初级塑料废物产生总量的 10%，与其他塑料不同，PET 塑料已经被证明可以实现生物降解，聚合物之间的酯键会被各类水解酶破坏[15]。广泛用于制造食品包装的 PET，占据了全球塑料工业产量的 18%以上，并且以每年 5%的速度增长，这些 PET 产品是具有生物抗性的碳氢化合物材料，不可避免地会导致环境的破坏。1 kg PET 包装材料能产生高达 1.538 kg 的二氧化碳。如果不采取积极有效的回收措施，预估到 2050 年废弃 PET 的总数将超过海洋中鱼类的数量。每年处理的瓶子约为五万亿瓶，全世界每分钟就有 100 万个瓶子被丢弃，PET 瓶的丢弃率远大于回收率[37]。

现阶段，针对废弃 PET 的回收主要有两种方法，即物理回收法和化学回收法。其中，化学回收法是将 PET 废弃物通过完全或部分解聚转化为单体/低聚物和其他化学物质的主要过程。化学回收方法中的糖醇解是一种酯交换反应，在催化剂存在下将 PET 转化为末端羟基低聚物，是生产二次附加值材料的有效方法[38]。

1.2.2.2　聚氨酯塑料

聚氨酯（PUR）指主链上含有氨基甲酸（—NHCOO—）重复单元的一类高分子化合物。它是一种广泛使用的合成聚合物，其生产量在塑料中排名第五，主要用于生产软质和硬质泡沫、绝缘材料、纺织涂料、黏合剂和油漆[39]。该类聚合物是由德国化学家奥托·拜耳及其同事于 1936 年首次合成出来，在后续的发展中，经过系列的理论、工业工艺和应用研究，聚氨酯工业得到飞速发展。PUR可以通过使用不同的聚醚或聚酯多元醇合成，通过改变原料官能团的组成，可以在二维或三维结构上实现对聚氨酯材料的改性。例如，采用二异氰酸酯与二元醇聚合，可以制备得到线型结构的聚氨酯材料；如果使用含三个或三个以上官能团的原料，则可制备得到体型结构的聚氨酯材料。因此，PUR 结构是不确定的，使用不同的合成材料（如不同官能团数目或种类的原料）或制备工艺制备的PUR 物理性能差异很大，既具有更耐微生物降解的结晶区域，也具有更易受到酶攻击的无定形区域[40]。根据用途的不同，聚氨酯的主要品种包括聚氨酯泡沫塑料、聚氨酯弹性体、聚氨酯涂料以及聚氨酯胶黏剂等产品。其中，聚氨酯泡沫塑料是所有聚氨酯产品中最主要、用途最广、用量最大的一类，其力学、阻尼、阻隔、电学及耐腐蚀性等性能均较优。聚氨酯塑料也可以根据硬度的大小来区分，包括软质、半硬质和硬质三种。如果从泡孔的密度来判断，又可以分为低发泡、中发泡和高发泡聚氨酯塑料。另外，还可根据 PUR 材料的结构或加工方式进行划分，前者主要包含闭孔型和开孔型两种结构的聚氨酯，而后者则表现为模塑聚氨酯塑料、喷涂塑料及块状聚氨酯泡沫塑料等[41]。基于各类聚氨酯材料的优异性能，其产品在军用和民用行业均得到了广泛应用，已发展成为人们日常衣食住行中必不可少的材料。因此，近几十年来聚氨酯材料已经成为发展最快的材料之一[41]。然而在 PUR 中，芳环结构的存在也进一步影响了聚合物的物理和化学性质[29]。多数 PUR 为热固性聚合物，为内部交联的巨型分子，因此在自然条件下容易缓慢分解并可能会持续释放环境污染物，例如 4,4′-亚甲二苯胺和 2,4′-甲苯二胺，具有致癌、致突变或生殖毒性[43]。

1.2.2.3　聚丙烯酰胺塑料

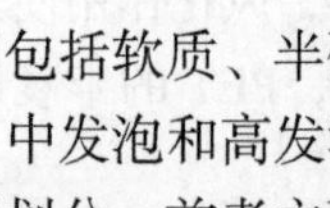

聚丙烯酰胺（PAM）是由丙烯酰胺（AM）自聚或与其他单体共聚获得的高分子聚合物，其结构单元中的酰胺侧基易形成氢键（图 1-13），因此具有良好的水溶性，同时表现出优异的增黏性能和絮凝性能。

图 1-13　PAM 分子结构式

通过调整共聚组成和分子结构，PAM 呈现出可设计性强、功能多样的优点，根据共聚单体类型可将 PAM 分为阴离子型、阳离子型、两性离子型和非离子型四类；其结构则主要有线型、支化和交联等类型。目前，PAM 产品主要作为驱油剂、絮凝剂、分散剂、润滑剂、悬浮剂、减水剂、助留助滤剂和医药载体等，在石油开采、废水处理、造纸、纺织、医药、养殖和建材等众多领域中具有重要应用价值[44]。

PAM 为白色粉末或者小颗粒状物，密度为 1.302 g/cm^3，玻璃化转变温度为153℃，软化温度为 210℃。一般方法干燥时，PAM 含有少量的水，干时又会很快从环境中吸取水分，用冷冻干燥法分离的均聚物是白色松软的非结晶固体，但是当从溶液中沉淀并干燥后则为玻璃状部分透明的固体。完全干燥的 PAM 是脆性的白色固体。商品聚丙烯酰胺通常是在适度条件下干燥的，含水量为 5%～15%。浇铸在玻璃板上制备的 PAM 高分子膜，则是透明、坚硬、易碎的固体。在缺氧条件下，加热至 210℃，PAM 因失水而减重；继续加热到 210～300℃时，胺基分解生成氨和水；当升温至 500℃时，则形成只有原质量 40%的黑色薄片[45]。

1.2.2.4　聚甲基丙烯酸甲酯塑料

聚甲基丙烯酸甲酯（polymethyl methacrylate，PMMA），是一种高分子聚合物（图 1-14），又称亚克力或有机玻璃，具有高透明度、低价格、易于机械加工等优点，经常作为玻璃的替代品。PMMA 是一种典型的透明聚合物，因其具有优异的物化性能，包括良好的柔韧性、高强度、耐气候性和尺寸稳定性等，目前被广泛应用在建筑、交通、灯饰、光纤通信等众多领域。但是，众所周知，PMMA 热稳定性差且极易燃烧，大大限制了其在

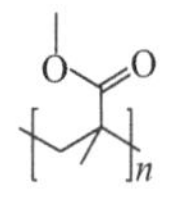

图 1-14　PMMA 单体分子结构式

更多领域内的使用。通常，纯 PMMA 极限氧指数只有 17.0，并且在锥形量热测试中表现出极高的热释放速率峰值（1058 kW/m^2）。不仅如此，PMMA 同时也是一种典型的线型聚合物材料，它在燃烧过程往往伴随着严重的滴落现象，从而易造成次生灾害[46]。

1.2.2.5　聚四氟乙烯塑料

图 1-15　PTFE 单体分子结构式

聚四氟乙烯（polytetrafluoroethylene，PTFE），俗称"塑料王"，是一种以四氟乙烯作为单体（图 1-15）聚合制得的高分子聚合物，化学式为 $\text{+C}_2\text{F}_4\text{+}_n$，耐热、耐寒性优良，可在–180～260℃范围内长期使用。这种材料还具有抗酸抗碱、抗各种有机溶剂的特点，几乎不溶于所有的溶剂。同时，它的摩擦系数极低，所以在作为润滑剂之余，亦是易清洁水管内层的理想涂料。

PTFE 是一种适用于各种介质的通用型润滑性粉末，可快速涂抹形成干膜，以用作石墨、钼和其他无机润滑剂的代用品。它还适用于热塑性和热固性聚合物的脱模剂，承载能力优良，在弹性体和橡胶工业以及防腐中广泛使用。

PTFE 分子链结构中与碳链相结合的全是氟原子，分子链的规整性和对称性极好，大分子链为线型结构，几乎没有支链，容易形成有序的排列，故极容易结晶，结晶度为 57%～75%，最高可达 93%～97%。这种聚合物的晶体在 19℃有一晶相转变点，低于 19℃时，结晶呈三棱型，这时大分子中每 13 个碳原子扭转 180°，其轴向间距为 168 nm；在高于 19℃时呈六面体型，每个碳原子扭转 180°，其轴向间距为 1.95 nm，这种由三棱体型的晶型转变可引起比容增加 1%。从分子链结构看，PTFE 属于热塑性聚合物，但由于分子链刚性大和分子量极高，致使熔融黏度极高，即使超过结晶温度 327℃，仍不会出现熔融状态；当温度升高至 380℃时，则转变为无定形凝胶状态。由于其熔融黏度太高（101.0～101.2 Pa·s），难以流动，因而不能采用常规的热塑性塑料成型加工方法对其进行加工，通常采用类似于"粉末冶金"的冷压与烧结相结合的方式进行加工[47]。

1.2.2.6　聚醚醚酮塑料

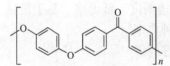

图 1-16　PEEK 分子结构式

聚醚醚酮（poly ether ether ketone，PEEK）是主链结构中含有一个酮键和两个醚键的重复单元所构成的聚芳醚类高聚物（图 1-16），属特种高分子材料。PEEK 具有耐高温、耐化学药品腐蚀等物理化学性能，是一类半结晶高分子材料，可用作耐高温结构材料和电绝缘材料，可与玻璃纤维或碳纤维复合制备增强材料，在航空航天领域、医疗器械领域（作为人工骨修复骨缺损）和工业领域有着大量的应用。

PEEK 是 1978 年由英国帝国化学工业公司（ICI）开发出来的一种半结晶性、热塑性特种工程塑料。由于 PEEK 具有耐高温性、自润滑性、耐腐蚀性、阻燃性、耐水解性、耐磨损性以及抗疲劳性等优良的综合性能，最初用于国防军工领域，后逐渐扩展至民用领域，包括工业制造业、航空航天、汽车工业、电子电气和医疗器械等。随着 PEEK 合成和加工工艺的不断改进，通过化学改性、共混、复合填充等方式得到的高性能材料拓宽了其应用领域。PEEK 适用于注塑成型、挤出成型、模压成型及熔融纺丝等各种加工方式，而近年来 PEEK 树脂与 3D 打印等先进制造技术的结合，使其在医用植入物等医疗领域有了新的发展方向[48]。

1.2.3 可生物降解塑料聚合物

目前常见的生物可降解性聚合物可分为几大类，包括聚酯类（如丙交酯-乙二酯共聚物、聚乙内酯、聚羟基脂肪酸酯等）、聚酰胺类（多是基于天然蛋白的一些改性材料，如交联以后的胶原蛋白、明胶、白蛋白等以及聚谷氨酸、聚赖氨酸等）、聚磷酸酯类、聚酸酯类等。这些聚合物中有的源于化学合成，有的是由天然聚合物改性得到的。

1.2.3.1 PLA 塑料

聚乳酸[poly(lactic acid)，PLA]是一种生物基的可降解塑料，具有高强度、刚度、热塑性、高透明性和低渗透性，被广泛应用于纺织、食品包装领域。由于其同时具有良好的生物相容性，也被广泛应用于生物医药领域，如药物载体和手术缝合线等，是目前生物降解塑料中非常活跃和市场应用最好的降解材料之一。PLA 化学结构如图 1-17 所示[32]。

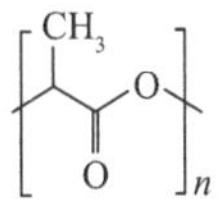

图 1-17 PLA 分子结构式

PLA 可由乳酸单体聚合而成，或是由乳酸二聚体丙交酯开环聚合而成，其聚合原理包括直接缩聚和开环聚合两种。PLA 的合成主要有 3 种方式：一是乳酸直接缩合；二是由乳酸合成丙交酯，再催化开环聚合；三是固相聚合。目前，商业化 PLA 的合成多以第二条路线为主。因乳酸具有左旋和右旋两种特性，故组成的聚合物也带有一定旋光性，分为 PDLA 和 PLLA 两种类型。合成 PLA 所用的乳酸通常由可再生的植物资源（如玉米、小麦）经发酵获得。也有研究人员采用甘蔗、甜菜、木薯等更为廉价的经济作物甚至是秸秆纤维作为原料制备乳酸[49]。因此，PLA 是以农业、食品加工副产物或厨余垃圾等废弃生物质材料为生产原料，对环境不产生污染[32]。它在自然界中的微生物、水、酸、碱等的作用下能完全分解，最终产物是 CO_2 和 H_2O，中间产物乳酸也是体内正常糖代谢的产物，不会在重要器官聚集而产生不良反应，而且对环境也无污染，因此用作环保高分子材料。PLA 作为一类可再生的碳水化合物资源，无毒，适合生物降解，已广泛应用于食品包装、医疗材料的生产。但 PLA 存在加工温度下极易降解、热稳定性差、性能脆、拉伸强度低等缺点[50]，很多文献相继报道了通过共混、复合、添加增溶剂等物理方法对其改性以拓展其应用领域[51]。

由于原油的供应和价格不稳定，以及化石能源对环境的影响，与传统化石基塑料相比，生物基塑料成为最具有竞争力产品。据报道，2019 年 PLA 全球产量高达 105 万吨，预计到 2025 年将达到 180 万吨[32]。

1.2.3.2　PHA 塑料

聚羟基脂肪酸酯（polyhydroxyalkanoates，PHA）是一种高分子生物材料，大量
存在于微生物细胞特别是细菌细胞中（图 1-18）。

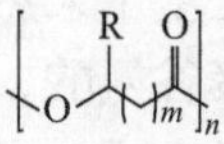

图 1-18　PHA 分子结构式

PHA 是由微生物通过各种碳源发酵而合成的不同结构的脂肪族共聚酯。PHA 的生物合成主要分为三部分：主要微生物、主要基质、PHA 的代谢途径与调控。主要的微生物有产碱杆菌、假单胞菌、甲基营养菌、固氮菌等；主要基质有糖质碳源（葡萄糖、淀粉等）、二氧化碳、甲烷及其衍生物[49]。

PHA 作为很多细菌胞内的大分子聚合物，目前已经在 90 多个属的微生物体内发现，并已从 40 多个菌株中克隆到了 PHA 聚合酶的基因。PHA 可以作为环境的标记物。有研究人员发现在活性污泥及富含碳源有机物的环境中，根据大多数嗜冷海洋微生物在限氮条件下胞内积累 PHA 的情况，可确定该地的污染程度。PHA 具有生物可降解性和生物可相容性等独特优点，且其合成原料为糖和脂肪酸等可再生资源，但是相对而言其价格较高。目前 PHA 大多应用于医学领域（如骨骼替代品等），而在日常生活中大量使用还不太现实[51]。PHA 是一大类材料的统称，是部分细菌在营养或代谢不平衡条件下合成的一种储能物质，目前已发现 150 多种不同的单体结构，但实际得到规模化生产的仅有几种，其中商品化最为完善的是聚羟基丁酸酯（PHB）、聚羟基戊酸酯（PHV）、聚(3-羟基丁酸-*co*-4-羟基丁酸酯)共聚物[poly(3HB-*co*-4HB)]及聚 3-羟基丁酸（P3HB）、聚(4-羟基丁酸)（P4HB）。PHA 具有优异的可降解性，几乎可以在所有环境堆肥土壤、海水下被微生物降解。由于 PHA 的单体种类较多，使得 PHA 的材料学性质变化很大，某些 PHA 材料具有独特的生物相容性、光学异构性等性能，在医学、农业等领域有着广泛的应用潜力[50]。

聚羟基丁酸酯（PHB）是一种聚酯类聚合物，化学结构式如图 1-19 所示。1925 年，由法国微生物学家 Maurice Lemoigne 首次分离取得，并描述其特性。PHB 是一类由微生物发酵剂制造的热塑性生物降解材料，纯

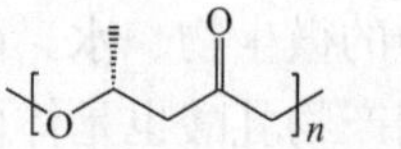

图 1-19　PHB 分子结构式

PHB 为 3-羟基丁酸酯的均聚物，熔点为 175℃，洁净度高，但加工困难、力学性能差，常用的是其共聚物。

1.2.3.3　PBS 塑料

聚丁二酸丁二醇酯（polybutylene succinate，PBS）是以 1,4-丁二酸、1,4-丁二醇为主要原料聚合而成的白色半结晶型聚合物（图 1-20），其力学性能类似于 HDPE。PBS 同样属于石油基生物可降解材料，主要合成方法有丁二酸与丁二

醇缩聚、丁二酸酯与丁二醇缩聚、丁二酸二甲酯和丁
二醇交换 3 种方法。由于丁二酸产能相比于丁二酸
酯、丁二酸二甲酯更为充裕,主流工艺采用丁二酸与
丁二醇为原料。由丁二酸和丁二醇、催化剂制浆后,

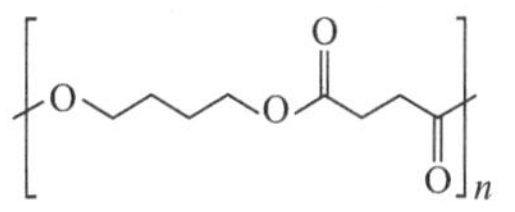

图 1-20 PBS 分子结构式

经酯化、预聚、终聚三步,在高温、高真空的条件下得到较高分子量的 PBS 产
品。但相比于以丁二酸为原料,丁二酸酯作为原料时缩聚反应更容易进行,副产
物少、物耗更低、产品分子量、色度更优[52]。

PBS 由 Carothers 于 20 世纪 30 年代首次合成,但是产品稳定性差、分子量
低。直到 1993 年日本昭和高分子公司通过异氰酸酯扩链制备出高分子量产品[牌
号为 Bionole (#1000),结晶度范围为 30%~45%,数均分子量为 $5 \times 10^4 \sim 30 \times 10^4$],PBS 才逐步走入市场。随后日本三菱化学公司生产出了牌号为 GSPlade 的
PBS,其物理性能类似于聚烯烃 (如 PE 和 PP)。国内最早由中国科学院理化技
术研究所、清华大学等机构开发了 PBS 并产业化。清华大学郭宝华等通过直接
缩聚合成了重均分子量达到 20 万的 PBS 树脂且实现了产业化生产,并通过分子
设计研究了分子结构和结晶条件对性能的影响[53]。PBS 属热塑性树脂,几乎所
有的成型方式 (注塑、吹塑、吹膜、吸塑、层压、发泡等) 均可用于对其进行加
工,可以用作包装材料、餐具、化妆品瓶及药品瓶等一次性医疗用品、农用薄
膜、农药及化肥缓释材料、生物医用高分子材料等。

1.2.3.4 PBAT 塑料

聚己二酸/对苯二甲酸丁二酯[poly (butylene adipate-*co*-terephthalate),PBAT]
是以对苯二甲酸、己二酸、1,4-丁二醇为主要原料,用直接缩聚法或扩链法聚合
制备的热塑性聚合物 (图 1-21)。PBAT 兼具脂肪族聚酯的优异生物降解性和芳
香族聚酯的良好力学性能[3],具有良好的延展性、耐热性、冲击性,是目前生物
基降解塑料中市场应用最好的降解材料之一,主要用于膜袋类产品的制备[50]。
PBAT 是一种半结晶型聚合物,通常结晶温度在 110℃附近,熔点在 130℃左
右,密度在 1.18~1.3 g/mL 之间,结晶度大概在 30%左右,邵氏硬度在 85 以
上。LDPE 的加工设备可用于加工 PBAT[53]。

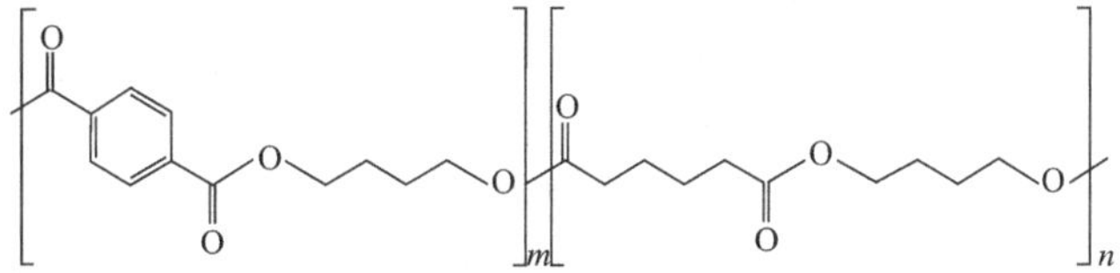

图 1-21 PBAT 分子结构式

1.2.3.5　PPC 塑料

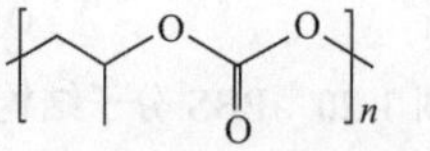

图 1-22　PPC 分子结构式

聚甲基乙撑碳酸酯（poly propylene carbonate，PPC）是以二氧化碳与环氧丙烷为原料共聚制备的一种完全可降解的环保型聚合物（图 1-22）。PPC 具有良好的力学性能和优异的生物降解性能，并且部分原料来自空气中的二氧化碳，有利于缓解温室效应，从而引起了广泛的关注。PPC 材料柔性好，氧气和水蒸气阻隔性好，易制备成薄膜，但玻璃化转变温度低致使其易黏结[51]。PPC 可用于增加一些环氧树脂的韧性；在陶瓷工业中用作牺牲黏合剂，在烧结过程中分解和蒸发，同时具有低钠含量，使其适用于制备电介质材料和压电陶瓷等电瓷。

1.2.3.6　PCL 塑料

聚 ε-己内酯（poly ε-caprolactone，PCL）是由 ε-己内酯经开环聚合得到的低熔点聚合物（图 1-23），其熔点仅 62℃，属于柔性材料，生物降解性能好，常被用于生物医用制品和低温 3D 打印材料等产品的制备[50]。

1.2.3.7　PPDO 塑料

聚对二氧环己酮（polydioxanone，PPDO）的分子量较高，是一种综合性能较好、易化学回收的可生物降解聚酯聚醚，可制备成可降解的手术缝合线，还可应用于骨科固定材料、组织修复材料细胞支架和药物载体等。在降解过程中，具有抗张强度和打结强度保留率高的特点[50]。PPDO 结构式如图 1-24 所示。

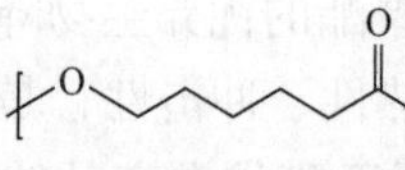

图 1-23　PCL 分子结构式

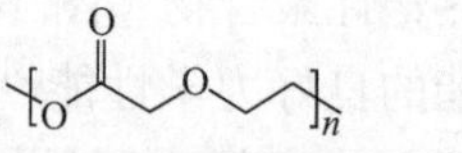

图 1-24　PPDO 结构式

1.2.3.8　PGA 塑料

聚乙醇酸（polyglycolic acid，PGA）的熔点较高，硬度较大，属于刚性材料（图 1-25）。其在各种环境中都能够快速降解且阻隔性能优良，但耐老化性能较差[50]。PGA 是由乙醇酸或乙醇酸甲酯缩聚得到的，最早于 1995 年由

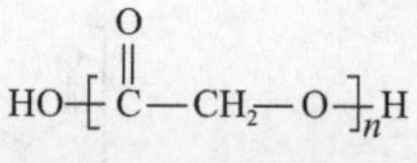

图 1-25　PGA 结构式

日本的吴羽公司工业化生产，后美国的杜邦公司与其合作于 2008 年建设了 4000 t/a 产能的生产装置。国内 PGA 则是得益于煤制乙二醇的发展，草酸二甲酯作为煤制乙二醇的中间产物，也可以通过加氢制备乙醇酸甲酯，水解后得到乙醇

酸。联产聚乙醇酸技术目前较为成熟，为 PGA 的发展提供了契机。近 5 年，国内上海浦景、丹化科技已经完成相关项目的中试，国能榆林 5 万 t/a 的项目基地已经开工，中国石化在织金县一期 20 万 t/a 的项目正在建设中。PGA 的制备工艺主要为乙醇酸甲酯加热脱醇预聚后，进一步高真空进行聚合得到。另外一种制备工艺则同 PLA 工艺基本类似，将乙醇酸脱水合成低分子量聚乙醇酸，后在高温高真空下裂解，乙交酯在引发剂作用下开环聚合，得到高分子量聚合物。相比于乙醇酸制备乙交酯再聚合的方法，虽然乙醇酸甲酯直接聚合流程短、成本低，但分子量低，因此目前主流工艺还是以乙醇酸制备乙交酯再聚合制备 PGA 为主。相比于其他降解塑料，PGA 降解性能优异，并且机械强度高、阻隔性能好，但韧性不足，加工窗口窄，因此多与其他材料复合使用[52]。

1.2.3.9　PVA 塑料

聚乙烯醇（polyvinyl alcohol，vinylalcohol polymer，PVA）是一种有机化合物，化学式为 $\text{[C}_2\text{H}_4\text{O]}_n$（图 1-26），外观是白色片状、絮状或粉末状固体，无味，易溶于水（95℃以上），微溶于二甲基亚砜，不溶于汽油、煤油、植物油、苯、甲苯、二氯乙烷、四氯化碳、丙酮、醋酸乙酯、甲醇、乙二醇等有机溶剂。聚乙烯醇是重要的化工原料，用于制造聚乙烯醇缩醛、耐汽油管道和维尼纶、织物处理剂、乳化剂、纸张涂层、黏合剂、胶水等。

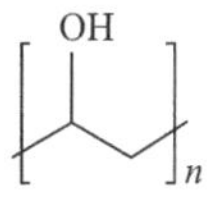

图 1-26　PVA 结构式

1.3　塑料的环境污染现状及问题

塑料被发明之后，在给人类的日常生活带来巨大便利的同时，也带来了严重的环境和生态问题。塑料垃圾的"白色污染"是一个全球性问题。不到 100 年的时间，曾经受欢迎的"白色革命"，很快就成为最糟糕的发明。由于塑料垃圾的高危害性和强稳定性，大量废弃的塑料不仅导致化石资源的极端浪费，且对各类动物（如海洋哺乳动物、水生动物、陆生动物等）的生存产生不可忽视的威胁。塑料向环境中泄漏的增塑剂、软化剂、抗氧剂等添加剂具有致畸和致突变性[10]。此外，由于其极难降解性而对自然环境产生持久的负面影响，使塑料足迹比碳足迹更危险[11]。目前，塑料污染已被列入环境与生态科学研究领域的第二大科学问题。

中国的塑料年总产量占世界年总产量的 31%，排在全球首位[9]。我国既是塑料生产大国，也是塑料消费大国，每年塑料制品产销量占全球产量的 20%以上，其消耗量位居全球之首。自 1992 年有记录以来，我国进口了 1.06 亿吨瓶罐、塑料袋、包装纸等废弃物，约占这 26 年间全球垃圾总量的 45%，同一时期，全球 72%的塑料垃圾都流往中国。中国自 2018 年 1 月起禁止进口洋垃圾后，这些废弃物将"席卷全球"。其中，聚烯烃类塑料如 PE、PP 和 PS 等的消费量超过了众多种类合成塑料总量的 50%，是塑料垃圾的首要贡献者。预计到 2030 年，全世界每年将产生 6.19 亿吨的塑料垃圾[54]，到 2050 年将有 120 亿吨的塑料垃圾进入环境中[40]。塑料垃圾污染已成为我国乃至全球生态环境面临的首要问题之一。

塑料产品的缺点很多：生产塑料过程需要消耗大量石油，而地球上的石油资源是不可再生的；塑料燃烧时产生有毒气体，如甲苯等，少量的甲苯物质就会导致失明；塑料的耐热性很弱，容易老化，导致大量塑料废弃；塑料是含有数万到数十万分子量的高聚物，物理化学性质稳定，很难降解，在自然界当中降解需要500 年以上，因此废旧塑料回收困难，且代价昂贵。这些缺点都会造成很严重的环境的问题[2]。塑料由于具有高度的化学惰性，很难甚至几乎无法被生物降解。塑料的降解周期一般为 200～400 年，使其成为高度长寿材料并在自然界中不断积累[51]。有研究指出，一些塑料制品的自然降解时间长达 10～20 年或 70～450年，有的甚至达到 500～1000 年[15]。例如，PE 塑料在填埋场自然降解 10 年后，也仅有 0.2%～0.5%的自然降解率，再加上其低回收率，造成了严重的生态危害。这导致塑料垃圾以每年 2500 万吨的速度在自然界中积累，迄今全世界已产生 63 亿吨的塑料废弃物，严重威胁和破坏了人类生存空间，已引起社会极大关注[7]。同时，一旦这些塑料废弃物进入环境，在物理、化学和生物的作用下，可以慢慢分解生成大量的塑料颗粒。这些塑料颗粒不论在大气、土壤还是水域环境中，都是各类污染物和病原菌的良好载体和富集地，进一步加剧了塑料的环境污染。此外，塑料废物还可通过食物链进入人体，直接威胁人类健康。因此，如何缓解和修复塑料污染，已经成为全世界急需解决的环境污染问题[15]。

塑料废弃物遍布全球，回收利用率却较低，环境中的废弃塑料在长时间的化学、物理、生物等作用下破碎裂解成微塑料。塑料以及微塑料既对陆地生态系统造成严重负面影响，也对淡水生态系统、海洋生态系统等产生了严重破坏。陆地是塑料生产、处理的主要地方，土壤中的塑料含量是海洋的 4～23 倍。土壤中的塑料不易分解，还可能吸附和释放有机污染物，并随土壤迁移污染地下水源，破坏土壤结构，影响动植物的生长繁殖，进而影响耕作质量，甚至通过呼吸和食物链进入人体。海洋中的塑料废弃物小部分来自于海上抛弃物，大部分来源于陆地。人类生产生活中丢弃的塑料废物，有的由河流汇入时带入海洋，有的由风卷入海中，有的是污水系统排出的等，导致大量的塑料废弃物最终聚集于海洋中。现在塑料污染遍布海洋的各个角落[1]。全世界每年有 800 万吨的塑料排放到海洋中，在太平洋上形成了一个相当于法国国土面积大小的塑料垃圾飘移带。科学家们在食盐中也已发现塑料微粒。航海家戴穆·艾伦·麦克阿瑟提醒人们，如果人类对生产塑料的数量不加控制，到 2025 年大海里塑料废弃品与鱼的比例将是 1∶3，废弃塑料的质量将超过鱼类。因而，环境中的塑料污染问题十分严峻，亟待解决[2]。

引起"白色污染"的塑料主要指以石油化工材料为原料制得的乙烯、丙烯、氯乙烯、苯乙烯等在一定条件下相互反应生成高分子聚合物，如 PE、PP、PVC、PS 等，这类未添加其他物质的基础树脂塑料又称为非改性塑料。欧洲每年产生约 3.5 亿吨的塑料垃圾，其中只有一小部分能得到回收利用，流入全球贸易的垃圾仅占 2%。在对环境造成巨大危害的同时，塑料及其制品对自然界中的其他生物也会造成生命威胁。塑料的各种处置方法中，填埋法会占用土地，无法从根本上解决塑料污染问题；焚烧法虽然彻底但对大气造成了严重污染；化学法费用高并会产生二次污染。到目前为止，国内外关于塑料降解的研究，主要包括改性生物型塑料的降解和塑料的化学强化氧化技术。由于非改性塑料不易被生物降解，关于其生物降解的研究很少，如何采用生物法治理塑料且不对环境和生态产生不良影响成为当今世界性的难题[17]。

1.3.1 塑料对水环境的污染问题

有研究报道，全球 192 个邻海国家每年向海洋中排放的塑料垃圾总量约在 480 万～1270 万吨之间。世界绿色和平组织 2016 年公布的报告显示，全世界每秒有超过 200 kg 的塑料被倒入海洋中，废弃塑料成为海洋垃圾最主要的组成之一。世界各地的海洋中观察到的塑料碎片浓度高达 5.8 万个/km^2，对海洋生物造成的危害是石油溢漏的 4 倍。此外，塑料碎片还可以通过淡水溪流、雨水径流、废水处理厂排放和大气运输等方式从陆地进入并分散到沿海海洋环境中，每年有近 640 万吨的塑料垃圾进入海洋[55]，占据海洋垃圾的大部分（60%～79%）[56]。塑料从陆地到海洋的生命周期如图 1-27 所示[57]。据估算，目前至少有 5.25 万亿个塑料碎片漂浮在海洋表面，总重可以达到 2.7×10^5 t。按目前形势预估，全球海洋环境中累积的塑料垃圾总量将在 2025 年超越 2.5 亿吨。废旧塑料制品进入海洋后，容易被海洋动物误食，同时还会对海洋动物产生机械性伤害；破坏海滩生态环境，影响视觉美观，限制旅游业的发展；干扰航行的安全，玷污损坏渔具；影响海洋生态环境，威胁海洋生物，并影响渔业生产[18]。大块的塑料袋可能会造成海洋生物的缠绕致死，其后续破损而产生的微塑料也会逐渐在海洋生物体内累积，容易造成生物出现摄食效率降低、生长延滞、行为异常等一系列问题[5]。据估计，44%的海鸟、86%的海龟和 43%的海洋哺乳动物以及许多鱼类受到海洋碎片缠绕或摄入的影响，每年约有 100 万只海鸟和 10 万只海洋哺乳动物因废弃塑料死亡。此外由于一些聚合物含有化学添加剂和污染物，包括一些已知的内分泌干扰物等，这些添加剂会对海洋生物群产生危害，从而对海洋生态系统、生物多样性和食物供应造成潜在的风险[6]。海洋中的塑料物在非生物因素（紫外线辐射、温度等）和生物因素的作用下通常被降解为大量的微塑料（直径小于 5 mm）和纳米塑料（至少小于 100 nm），而其大小正好在许多浮游动物饮食的食物大小范围内，如太平洋磷虾等。目前，已有 100 多种海洋物种被证明通过不同的机制吸收了微塑料。因此近年来，微塑料成为海洋及水环境的一类新兴污染物，其产生的危害性受到人们的持续关注[7]。水体环境中的绝大部分微塑料均为次级微塑料，主要由大的塑料残片经过光降解、物理磨损、化学作用、生物作用等一系列过程，发生碎裂和少量降解而形成。次级微塑料稳定性极强，可以在环境中存在百年甚至千年不被降解。目前，浮游生物、贝类、海龟、海鸟、鱼类、鲸类等数百种或大或小的海洋动物体内均检测到微塑料的活动迹象。我国的海域，如渤海、南海和黄海北部也已被检测出微塑料的存在。

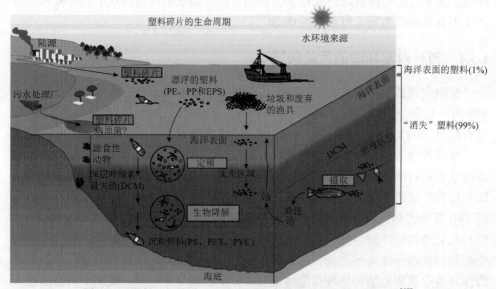

图 1-27　塑料垃圾从陆地到海洋的生命周期中的多种可能途径[57]

　　微塑料不仅大量存积于海洋生态系统中，且其在湖泊、河流、水库等淡水生态系统中的存在量也不容忽视。有报道显示，淡水环境中的塑料浓度与海水相当。湖泊是微塑料的临时或长期汇集处，河流则被认作是微塑料流入海洋的主要通道。淡水环境是陆地和海洋环境之间紧密连接的纽带，陆地环境中的微塑料至少有 80%都由经河流到达海洋环境之中。有研究表明，体积中等的微塑料更容易被淡水环境输送至海洋，而体积较大或较小的微塑料则更容易在淡水环境中沉积。目前，淡水鱼和大型溞等淡水生物也已被证实摄入了一定量的微塑料。微塑料自身的高疏水性使其表面容易吸附并富集有机污染物，并随着食物链发生转移。随着生命活动的不断进行，微塑料将对整个生态系统构成威胁[5]。

河流是环境中微塑料最终归趋的重要接纳体，同时也是海洋微塑料的一个重要陆源输入，其微塑料污染情况直接影响了近海海岸的微塑料污染程度（图 1-28），因此，近年来河流中微塑料污染逐渐成为研究热点。我国江河流域的微塑料污染严重，长江和汉江流域的微塑料含量高达 2500～3000 个/m³；椒江、瓯江和闽江等流域污染程度略低，但也在 1000 个/m³ 左右。Zhang 等研究了三峡库区典型支流香溪河的微塑料污染分布及特征，发现其微塑料含量为 0.055～34.2 个/m³，远高于瑞士河（0.011～0.22 个/m³）。此外，香溪河沉积物的微塑料含量为 80～864 个/m³，比其水体中的含量高出 1～4 个数量级。河流沉积物中微塑料的空间分布与水力条件密切相关，流速越小越有利于致密塑料颗粒的沉积。在三峡库区的影响下，香溪河段流速较为缓慢，微塑料更易于在水体沉积物中富集。河口作为连接内陆与海洋的重要环节，微塑料污染情况较河流水体和沉积物更为严重。有研究发现我国长江口等重要河口微塑料颗粒含量为（4137+2461.5）个/m³，远高于英格兰（0.028 个/m³）及澳大利亚（167 个/m³）等国家河口地区，与韩国河口微塑料污染水平（805～7820 个/m³）相当[58]。

图 1-28　各个国家水环境中的塑料污染现状

微塑料也极易通过污废水排放及频繁的人类活动进入湖泊，同时由于湖泊水体更新周期相对较长，其环境容量受湖泊大小的影响较大。因此，微塑料往往易在湖泊中累积，导致其浓度过高。如太湖表层水体中微塑料含量为 0.01～6.8 个/m³，是目前所见报道中淡水湖泊微塑料污染含量最高的区域。Wang 等研究了武汉不同区域内 20 个湖泊表层水体中的微塑料污染现状，发现湖泊中微塑料含量的分布情况与人类活动密切相关。位于武汉市中心以及人口稠密的北湖 [（8925+1591）个/m³]和皖子湖[（8550+989.9）个/m³]中微塑料含量较高，而其他微塑料含量高于 5000 个/m³ 的湖泊几乎都位于武汉城市三环区域附近及以内；东湖作为武汉市著名的旅游景点，由于人类活动较为频繁，微塑料含量也高达（5914+1580.7）个/m³，表明湖泊中微塑料含量与到城市中心距离呈负相关，即距离城市中心越近，人类活动越频繁，湖泊微塑料的污染程度越大。同时，武汉沙湖、南太子湖、南湖的微塑料含量也均在 5000 个/m³ 以上。此外，在受人类影响非常小的偏远地区内陆湖泊沉积物中也发现了微塑料污染[58]。

随着研究的不断深入，在全球不同污水处理厂的污水、污泥以及土壤、地表水甚至在饮用水体等介质中也都发现了微塑料的大量存在。近年来，饮用水体及食物中也检测到相关微塑料的存在，逐渐引起了公众的关注。2017 年，在全球十几个国家和地区采集的 159 个自来水样本中，平均 83%的水样被塑料纤维等微塑料污染。其中，美国自来水的微塑料污染率最高为 94%；英国、德国和法国在内的欧洲国家的污染率最低，但仍有 72%。水样中的微塑料浓度范围为 0～62 个/L，平均数量为 5.45 个/L，其中大多数聚合物为纤维（约 98.3%），长度为 0.1～5 mm。增塑剂是微塑料中所特有的化学成分，其会随着时间逐渐从微塑料中释放出来。全球 21 个国家的 300 多种瓶装水中也发现了大量增塑剂的存在，包括邻苯二甲酸二丁酯（DBP）、邻苯二甲酸二(2-乙基己基)酯（DEHP）、邻苯二甲酸二乙酯（DEP)、邻苯二甲酸丁酯苯甲酯（BBP）以及邻苯二甲酸二甲酯（DMP），其中 DBP 的检出率最高为 67.6%，最高含量为 222.0 μg/L；我国瓶装水中 DEHP 的平均含量为 6.1 μg/L，仅次于泰国、克罗地亚、捷克、沙特阿拉伯，排在第 5 位。此外，Yang 等研究表明，我国超市中 15 个品牌的海盐中均检测出了微塑料的存在。微塑料在饮用水及食物中的广泛存在将直接对人类健康产生潜在危害[55]。Pivokonsky 等分析了捷克共和国三家饮用水处理厂的原水和饮用水，以研究微塑料的存在情况。研究结果表明，原水的塑料浓度范围分别为 1648～2040（平均值为 1812）个/L、1384～1575（平均值为 1473）个/L 和 3123～4464（平均值为 3605）个/L，处理水的塑料浓度范围分别为 369～485（平均值为 338）个/L、243～466（平均值为 443）个/L 和 562～684（平均值为 628）个/L。而 Mintenig 等研究发现，在德国地下水和饮用水中仅观察到少量聚合物颗粒，浓度范围仅 0～7（平均值 0.7）个/m³[59]。

1.3.2　塑料对土壤的污染问题

关于微塑料在南北两极及赤道的栖息地中存在的报道在近 60 年间里已多次出现。根据几项研究结果估算，目前土壤环境中的微塑料含量总量可以达到海洋环境的 4～23 倍，其中农业生产用地中的微塑料浓度最高。已有研究在我国的西北地区、西南地区、上海郊区土壤环境中监测出相当高浓度的微塑料存在。土壤环境中的微塑料来源主要包括农用塑料薄膜（如地膜、棚膜等在土地中的分解残留），种植过程中肥料的施用，污泥的再利用，大气微塑料的沉降，地表径流和作物灌溉等。其中农用塑料薄膜在使用完毕后的不当处理是土壤微塑料最主要的源头。近年来，全球农用薄膜市场的发展势态良好，我国农业生产的需求量也在逐年扩大。有数据显示，我国 2017 年全年农用塑料薄膜的使用量超过 252.8 万吨，地膜约占 68%，是 2000 年用量的两倍。大量的农用聚乙烯塑料薄膜在使用后一般堆积和散落在田地中废弃，由于在自然条件下田地中塑料薄膜的不完全分解，导致塑料碎片和塑料微颗粒的大量积累，在土壤中持续存在长达数十年，甚至残存 400 多年。有研究表明，长期使用塑料薄膜覆盖物导致在我国的表层土壤（−20 cm）中积累了 50～260 kg/hm^2 的残余塑料，这些累积的塑料碎片和塑料颗粒会造成土壤孔隙度逐年降低，持续阻碍土壤中空气和水分的循环，破坏土壤固有的结构和理化性质，影响植物根系生长，继而影响整个土壤生态系统。除此之外，土壤中的微塑料还会吸附农业生产过程中所使用的化学药品，作为有毒化学物质的载体，对土壤环境造成进一步污染，并对农作物及周边植物的生长产生了极其不利的影响[60]。土壤中的微塑料还会被土壤动物如无脊椎动物、植物和微生物等摄入，在影响自身生长发育的同时通过食物链层层传递，不断在各生物体内富集，最终对人类造成影响[5]。微塑料对植物生长和土壤生物的影响如图 1-29 所示[61]。塑料制品除了主要由 PE 组成外，还含有少量有机物（添加剂等）和无机（Cu、Ni 等）组分，而部分添加剂和增塑剂溶出的有毒物质会进入土壤造成二次污染，在农作物中富集，并对人体造成严重危害，如增塑剂及含有不同过渡金属（特别是 Fe、Co 和 Mn）配合物的促氧化剂等[6]。有研究证实，这类有毒溴化物会干扰甲状腺激素，妨碍人类和动物脑部与中枢神经系统的正常发育[7]。塑料中的增塑剂在影响作物的正常生长发育的同时还会通过污染地下水资源的方式对人类健康产生进一步的严重危害[18]。

无微塑料　　有微塑料

图 1-29 土壤中的微塑料对植物生长和土壤生物的影响[61]

1.3.3 塑料对人体健康的危害

由于微塑料颗粒小、疏水性强、化学性质稳定、比表面积大，会富集壬基酚（NP）、多氯联苯（PCBs）、二氯联苯二氯乙烯（DDE）、二氯二苯三氯乙烷

（DDT）、氯丹等多种有毒化学物质，以及一些重金属（汞、铅等），在水生生物体内累积造成毒害作用，间接对人类产生潜在健康风险[7]。水体中积蓄的微塑料除了进入贝类、虾类和鱼类等海洋生物食品外，也会伴随着加工过程进入非海洋生物食品中。超市中常见的海盐、湖盐和岩盐产品中均已检测出微塑料的存在。除食用产品外，人类赖以生存的空气和饮用水中也出现了微塑料的"身影"。有研究估算，一个成年人每年通过食盐摄入体内的微塑料约为 $0 \sim 7.3 \times 10^4$ 个，饮用水约为 $0 \sim 4.7 \times 10^3$ 个，呼吸（尤其是在室内环境中）则比其他途径高得多，约为 $0 \sim 3.0 \times 10^7$ 个。人类长期处于含有微塑料粉尘的环境之中可能会产生呼吸障碍、呼吸炎症等不良应激反应。目前已有研究报道，人类的粪便中含有 9 种不同类型的微塑料[5]。微塑料主要是通过口腔进入食道、胃和肠，因此其毒性作用在消化道中明显。微塑料可引起肠道菌群紊乱，破坏益生菌和致病菌的比例，减少肠黏液分泌，损伤肠黏膜上皮，最终导致肠屏障被破坏，引起脂肪酸和氨基酸代谢紊乱[15]。微塑料对人体健康的潜在危害如图 1-30 所示。

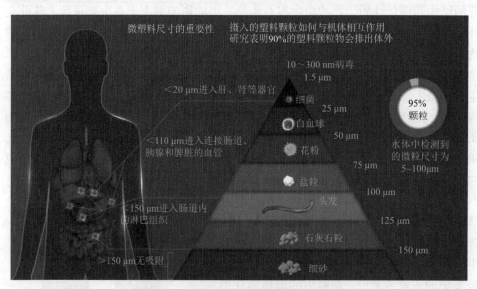

图 1-30　微塑料对人体健康的潜在危害

　　种种迹象表明，人类自身与塑料的关系要比想象中的更为密切。虽然现阶段还没有明确的报告显示微塑料对人类健康有直接影响，但研究者们普遍认为微塑料对人体的影响潜在且负面[5]。尽管塑料的主体物质合成树脂作为高分子聚合物本身无毒，但是在塑料制品加工过程中所使用的添加剂，如抗氧化剂、着色剂、增塑剂、增强剂和其他添加剂等，具有毒性。这些添加剂可能迁移到食品和药品中并对人类健康构成威胁，影响特定人类细胞系的生长和发育，并改变微生物组的群落结构和功能。例如：作为增塑剂和软化剂使用的邻苯二甲酸酯（PAEs）

具有致癌和致突变性，可通过部分方式（如食品包装袋受热）迁移至食品中导致神经系统发育异常，在人体和动物体内产生类雌性激素的作用，干扰内分泌。抗氧剂三丁基锡（TBT）对哺乳动物会产生生殖毒性、神经毒性、免疫毒性。肝脏作为外源化合物代谢的最主要器官，是 TBT 攻击的主要靶器官之一。一些反刍动物和鸟类因吞食草地上的塑料薄膜碎片，在肠胃中累积无法消化，造成肠梗阻，最终死亡[7]。

塑料作为包装袋时，在生产制造过程中会添加大量的添加剂。空气中的微塑料在被人体吸入时，可能会累积在呼吸和心血管系统中诱发多种疾病，甚至癌症。分散在空气中的可吸入纤维（小微纤维和纳米纤维）甚至可以将吸收在纤维上的化学物质释放到肺部。同时，在肝脏、肾脏和肠道中观察到吸入的微塑料对氧化应激相关的抗氧化剂［例如，超氧化物歧化酶（superoxide dismutase，SOD）、过氧化氢酶（catalase，CAT）、谷胱甘肽过氧化物酶（glutathione peroxidases，GSH-Px）］的干扰，表现为能量和脂质代谢的不平衡。作为最突出的生物标志物问题，氧化应激可进一步引发炎症、免疫反应和神经功能障碍，并影响慢性病的发病机制[15]。

塑料废弃物的焚烧处置通常会产生有害气体，如：聚氯乙烯燃烧产生氯化氢（HCl）、ABS、燃烧产生氰化氢（HCN）、聚碳酸燃烧产生光气［碳氯（$COCl_2$）］等有害气体。有机氯化物燃烧产生含二噁英的有害气体，导致氯痤疮等皮肤性疾病，同时还会产生较严重的免疫毒性、发育毒性、内分泌毒性及致畸致癌性等，严重危害人体健康[18]。塑料燃烧排放出的一些二氧化物具有"复制"雌性激素的功能，会弱化男性体能的爆发和持久力。此外，焚烧过程还可能释放二苯并呋喃等持久性有机污染物。光气分子中的羰基（C＝O）与肺组织的蛋白质、酶等发生化反应，造成细胞膜的破坏，引起化学性炎症和肺水肿，阻碍肺内气体交换引起窒息导致死亡。泡沫塑料中的氟氯烃（CFCs）等发泡剂会对臭氧层造成破坏，导致紫外线辐射的增加，加剧传染病和皮肤癌的发生概率[7]。

1.3.4　塑料污染的处理处置方法

众所周知，最常用的几种塑料对生物降解都具有抗性，导致塑料废弃物在垃圾填埋场和水中大量堆积而无法得到恰当处理。这些塑料垃圾在自然界中无法被分解，从而威胁环境和不同生态系统。大量积累的塑料垃圾不仅对景观造成了严重污染，还严重影响了作物根系的生长发育以及水肥流动，并进一步导致作物减产，从而影响深层土壤和地下水环境。据报道[62,63]，几乎所有动物学水平都可以检测到微塑料和纳米塑料的摄入，包括浮游动物、无脊椎动物、鱼类、海龟、海鸟、蠕虫、牡蛎和其他大型动物[64]。塑料碎片和微塑料（MPs）进一步破碎成纳米塑料（NPs）被认为是一种新的风险，不仅对生态环境，而且对人体健康也有影响[65]。2011 年，Salvati 等[66]研究发现，当暴露于 25 mg^{-1} 的 PS 纳米塑料（40~50 mm）中 0~4 h 后，纳米塑料便不可逆地进入人肺癌细胞，随着时间增加而在溶酶体中积累；据英国《卫报》2022 年 3 月 24 日报道，科学家首次在人类血液中发现了 MPs；当时荷兰的一个研究小组对 22 名志愿者进行了试验，发现在参与者中有 17 名志愿者（占 77%）的血液中含有可量化的 MPs。这一发现意味着 MPs 的污染范围正在扩大到不可避免的地步。塑料垃圾因其不可降解的特性而对自然环境产生负面影响，这种"塑料足迹"正变得比全球碳足迹更加危险[67]。因此，急需一种有效的处理方法，以减轻塑料垃圾对环境及生物的损害。

当前社会对塑料废弃物的处理方式集中为四种类型，即回收利用、物理填埋、化学焚烧和生物降解。在全球数量巨大的塑料垃圾中，回收的部分约占 9%，焚烧处理的部分约占 12%，垃圾场填埋包括抛入海洋、农田、森林等生态系统的部分约占 79%。据统计，2016 年欧洲共计产生了 2700 万吨的塑料废弃物，其中 27% 是被填埋。2018 年西班牙共计产生 260 万吨的废弃塑料，回收处理占 41.9%、焚烧处理占 19.3%、填埋场处理占 38.8%。2019 年，中国塑料消费量为 6800 万吨，废塑料产生量为 3900 万吨，回收量为 1890 万吨，经焚烧厂和填埋场处理的是 2000 万吨，各占比 50% 左右[1]。

塑料的回收利用方式一般有 3 类：①简单再生技术，将塑料废弃物经多种程序步骤重新加工，再与原始聚合物混合成新产品；②塑料混凝土处理，将塑料颗粒与混凝土混合形成新材料，兼具混凝土和塑料的特性；③资源化处理，利用不同塑料废弃物在不同条件下处理形成不同产物的特点，将废弃塑料进行资源化处理，重新利用。但是不是所有的塑料都能够回收利用，并且由废弃塑料形成的新生产的聚合物质量会降低，因而回收效率相对较低[1]。

除回收利用外，目前对于塑料垃圾的处理主要有 3 种方式：首先是化学焚烧，优点是可以快速将塑料分解，不用采取复杂手段，但会产生一些有毒有害的气体，威胁人体健康，造成严重的空气污染，且燃烧成本较高；其次是物理填埋，优点是方便省时省力，不需要额外处理手段，但占地面积较大，且深埋在地下的塑料会缓慢降解，分解为微塑料，扩散进土壤里，改变土壤的物理化学性质，影响周围动植物生长，并对地下水造成污染；最后生物处理，优点是绿色安全无污染，缺点是周期长且效率低、处理塑料垃圾量少，如果能找到适合的生物来进行降解，将是目前最好的处理废弃塑料废物的方法。现在越来越多的研究者逐渐将目光集中在绿色安全的生物降解方式，想要找到一个能够快速高效降解塑料的生物。目前已知具有降解塑料潜力的生物大多为昆虫，而昆虫作为世界上最古老且最庞大的动物类群，为处理各类难降解有机废物提供了丰富的生物资源[12]。其中，生物降解型塑料的研究对采用生物法治理"白色污染"和实现社会可持续发展具有重要意义[51]。

垃圾填埋可以以开放或封闭形式进行。在开放式填埋中，通常使其与其他垃圾一起堆积，并没有任何专业的塑料处理设施。露天垃圾填埋场中丢弃的塑料废物将进入自然光氧化过程。来自太阳的紫外线和温度会使塑料聚合物结构中的一些 C—H 键产生断裂，使塑料更加脆弱。因此，随着时间的推移，碎块塑料、添加剂和增塑剂会释放到环境中。此外，这种填埋方式排放的温室气体（如 CH_4、CO_2、N_2、NO、SO 和 H_2S）会对全球变暖和氧消耗有直接影响。有研究报道，北欧的开放式垃圾填埋场在处理 1 kg 塑料时将会释放 253 g 的 CO_2。在一项研究中，计算了原生和老化的塑料释放到大气中的 CH_4 含量，释放到大气中的 CH_4 含量在 10～4100 mol/g。卫生级别的封闭式填埋处理中，将塑料和其他城市固体废物埋入有保护层的深坑中，以尽量减少对土壤和水资源的浸出。由于缺乏光线和氧气，通过光氧化和热氧化进行降解是不可行的。尽管垃圾填埋中缺乏氧气，激活了大量的厌氧细菌，但由于与有氧条件相比能量产生非常低，通过这种方式对不可降解塑料的生物降解几乎为零。在厌氧条件下，埋在地下的 PE 的降解率极低，如重量损失在培养的 72 天内没有改变。因此，采用传统生活垃圾填埋技术治理"白色污染"，无法从根本上解决塑料污染问题[51]。如非降解塑料由于其惰性结构的原因，掩埋地下很难被生物降解，一般降解周期为 200～400 年，不仅影响土壤结构，而且污染地下水、投资大、运行费用高、占地面积大。此外还将浪费大量可回收利用的废旧塑料的价值。目前全世界用来处理塑料垃圾的堆积场与填埋场已有 100 多万个。塑料垃圾填埋后并不是一直待在垃圾填埋场，而是会发生垃圾渗流现象。未经处理的渗流液带着微塑料进入土壤，微塑料会释放、吸附污染物；经处理的渗流液会转化为污水污泥进入土壤，最终污染土壤环境，影响土壤的理化性质，进而对该土壤环境中生存的动物、植物、微生物的生长、发育和繁殖产生影响[1]。填埋废塑料需要占用大量土地，且塑料长期留在土壤内很难被分解，使得土壤长期处于不稳定的状态，同时废旧塑料中所含的添加成分（添加剂、稳定剂、着色剂等）也会给环境带来二次污染[2]。尽管与其他处理方法相比，填埋是最简单和最常见的处理方式，但由于相关环境和土地法规，填埋法处理塑料在许多国家受到限制[15]。

垃圾焚烧处理是非常传统的处理垃圾的方法，焚烧处理后垃圾减量的效果非常明显，不仅节省用地，同时还可以消灭各种病原体，因此垃圾焚烧法仍然是城市垃圾处理的主要方法之一。例如，在 2019 年 12 月由于新型冠状病毒在全球传播后，产生了大量的塑料废物（主要为医疗废物）。由于病毒的高传染性，这些医疗废物都被归类为传染性废物，要求在高温下焚烧，以便进行消毒，然后将残留的灰烬填埋。虽然焚烧法对非改性塑料的处理较为彻底，但是焚烧过程会产生大量的二氧化碳和各种有毒有害气体（如二噁英、氰化氢等）[49]，破坏大气环境，加重温室效应，导致空气质量的进一步恶化[1]。各种塑料垃圾焚烧后的现象各不相同。PE 塑料容易燃烧，且有熔融滴落现象并有石蜡燃烧的气味；PVC 塑料难燃烧，离火后即熄灭，有白烟，表面软化并有刺激性酸味；PS 塑料容易燃烧，离火后继续燃烧，产生浓黑烟、炭末，有软化、起泡现象并有特殊的苯乙烯单体气味。因此，现代的垃圾焚烧系统均设置有完善的烟尘净化系统，从而可以减少有毒有害气体的排放量。垃圾焚烧炉内温度一般高于 850℃，焚烧后废物体积可降低 50%～80%，对于分类回收的可燃性垃圾，其焚烧处理体积最高可降低约 90%[2]。此外，焚烧还是一种热过程，也被称为废物转化为能源的方法。在全球范围内通过焚烧技术每天可以减少约 400 万吨的固体废物质量，同时还能产生相当量的热能以回收能量。一项研究表明，工程焚烧装置可以显著回收塑料废物燃烧产生的热能。焚烧的能量回收取决于废物的热值。固体废物（纸张、食品、塑料等）的不同特性将提供不同的热值和能量。热值越高，从燃烧中回收的能量就越高。在其他固体废物中，油基塑料在燃烧时可以提供更高的热值，这使其成为能量回收的良好来源。有报告称，与其他城市固体废物的燃烧相比，有效和彻底的塑料废物焚烧可以产生几乎 3 倍的能量。但塑料和其他城市固体废物的不完全燃烧会形成二噁英、硫化氢、呋喃、CO、CO_2、多环芳烃（PAHs）等有毒气体以及重金属[22,49,50]。有研究表明，仅焚烧 1 g 的 PE 就产生 462.3 mg 的 PAHs，足以具有致癌性。虽然焚烧似乎是减少废物和能源回收的有效方法，但降低成本和减少有毒化合物的产生是目前焚烧处理厂的主要挑战之一[15]。

　　热解是将复合物在高于大气压的高温（500～800℃）和非氧化条件下裂解成较小的分子。自 19 世纪以来，热解一直应用于木材和煤炭等可生物降解有机化合物转化的研究。然而，塑料及其在环境中产生的废物大量使用导致热解也被应用于处理塑料废物降解的研究中。液体产量及其转化产物生物油/燃料是塑料废物热解的主要目标。聚烯烃（PE、PP 和 PS）塑料因其较高的热值和液油高产量而成为热解处理的良好候选者。通过这些塑料的热解，对生产液态油起到了很好的研究作用。在大多数情况下从它们的热解中获得了超过 80wt%的液态油，在350℃下从 PE 的热解中可获得约 81wt%的液体。在其他研究中，分别通过在450℃和580℃下热解 PS 和 PP 产生了 81wt%和 88wt%的液态油。与 PE、PP 和 PS 热解产生的高产率液体油（＞80wt%）相反，PET 热解产生的液体油就要低得多，仅有 23wt%～40wt%。PET 的液态油产量较低是由于 PET 的成分不同，热值低于其他塑料。PET 组成中的杂原子含量较高，因此需要更多的加热光谱和操作时间来分解分子的每个部分。一项研究表明，由于产生的油的低聚物结构，PET 热解产生的液态油量几乎为零。塑料的低导热性、高运营成本和能耗限制了热解作为一种绿色环保的降解方法[15]。

　　目前塑料的高分子降解法已被公认为是合理科学处理塑料废弃物的有效手段。通常，高分子聚合物的降解有光氧化、臭氧诱发、催化降解及生物降解等[13]，本书主要介绍塑料的生物降解[27]。光氧化降解是通过光的氧化作用分解塑料的过程。通常是一些特定分子基团在紫外线和可见光照射下产生自由基，进而引发一系列链式反应，是室温下大分子底物分解的主要方式。大多数合成高分子都被认为可以在紫外光和可见光的照射下分解。热降解和光氧化降解发生机理相似，只是诱发因素不同。此外，热降解可以使高分子材料整体同时降解，而光氧化降解只发生在表面。臭氧氧化是指在臭氧的作用下加速高分子的反应。空气中的臭氧，即使是非常小的浓度，也可以加速高分子的降解，这个过程通常是臭氧促成了高分子内部含氧化合物的组成，同时改变了高分子的分子量、力学和电学特性。大分子的机械化学降解包含大分子在机械压力和强超声振荡下的降解，通常是指在化学反应的帮助下剪切力和机械力造成的分子链的断裂[2]。

　　生物降解塑料主要是以昆虫、微生物和酶降解为主。与其他方法相比，生物降解发法的处理速率低，操作效果不如其他方法，但是具有更低的成本。此外，在生物降解处理过程不会产生有毒气体和有毒化合物，使其成为一种生态友好和环保的塑料降解方式。微生物在塑料上定殖的第一个迹象可以追溯到1970年。从那时起，寻找塑料降解微生物的鉴定就从未停止过。目前已发现来自红球菌属、曲霉菌、假单胞菌属、青霉菌属、芽孢杆菌属、沙雷氏菌属、毛类动物属、根霉属的具有降解 PE、PP、PS 和 PET 能力的菌株。关于生物降解研究的数量从 1999~2003 年的 1317 篇增加到 2019~2023 年的 15230 篇。这些研究主要集中在 PE 和 PS 塑料上，这可能是由于 PE 和 PS 的惰性结构在环境中几乎不会降解，并且与其他塑料类型相比，其生产需求更高[15]。2006 年，中学生陈重光首先发现了黄粉虫取食塑料的现象。2010 年，苗少娟等在养殖大麦虫时发现大麦虫与黄粉虫有相似的取食塑料的习性，并通过红外光谱法和热分析法相结合对其排泄物进行研究，确定大麦虫具有降解塑料的能力[18,28]。2014年，北京航空航天大学的杨军教授课题组发现大蜡幼虫可以啃食 PE 塑料薄膜，同时还在 2015 年证实 PE 可以被黄粉虫降解，通过矿化和同化作用将其分别转化为 CO_2 和虫体脂肪[7]。目前已见报道且较常见的典型啃食塑料昆虫为黄粉虫和大麦虫[27]。

　　塑料的各种处置方法中，填埋法占用土地，没有根本解决塑料污染问题；焚烧法虽然彻底但是对大气造成了严重污染；化学法处理费用高并产生二次污染。到目前为止，国内外关于塑料降解的研究，主要包括改性生物型塑料的降解和塑料的化学强化氧化技术。由于非改性塑料的不易生物降解性，关于其生物降解的研究很少。如何采用生物法治理塑料且产生环境和生态效益成为当今世界性的难题[51]。当前除了需要寻找更好的处理塑料废弃物的方式外，还需尽快清除当前已存在的塑料垃圾填埋场以及陈化垃圾，将垃圾渗流后扩大污染的隐患问题彻底解决。目前的很多现象与研究发现，利用生物降解塑料是一种有效替代的、生态友好的、可持续发展的处理方法，但是对于常用塑料废弃物的生物降解相关研究依然不是特别清晰，因此到目前为止生物降解仍未应用于规模化处理中[1]。选择使用哪种方法，除了考虑技术因素外，还应考虑废旧塑料的来源、经济性和社会效益等因素[7]。

1.4　塑料的相关政策

1.4.1　国内相关政策

为降低石油基塑料废弃物对生态环境的危害，促进塑料生产行业的绿色、碳化，我国先后颁布了"限塑令"（表 1-1）、环保税，海南省发布了"禁令"，上海市出台最严"垃圾分类"等政策和法规，并叫停了"洋垃圾"进口[16]。2007 年 12 月 31 日，国务院办公厅印发《关于限制生产销售使用塑料购物袋的通知》（原"限塑令"），开始初步推行"限塑"措施[14]。该"限塑令"规定零售行业实行购物袋有偿制度，并在全国范围内要求禁止生产、销售及使用厚度小于 0.025 mm 的塑料袋。吉林省于 2014 年成为我国第一个全省禁塑的省份，2015 年起，上海、江苏、吉林、海南等地在污染防治严峻的形势下，针对塑料袋、餐具等制品，政策由"限塑令"逐步升级到"禁塑令"[68]。海南省也于 2019 年颁布了更为严格的"禁塑令"。近年来，我国一手加强现已存在的塑料污染物治理，另一手大力推广绿色包装，发展光降解塑料、生物降解塑料、光/生物双降解塑料和全降解塑料等可降解材料，积极探索能够降低污染的塑料应用新模式[5]。

2020 年，党中央、国务院高度重视塑料污染治理工作，将制定"白色污染"综合治理方案列为重点改革任务。中央全面深化改革委员会第十次会议审议通过，由国家发展改革委、生态环境部印发的《关于进一步加强塑料污染治理的意见》（以下简称《意见》），对进一步加强塑料污染治理工作作出部署。《意见》要求要有序禁止、限制部分塑料制品的生产、销售和使用，积极推广可循环、易回收、可降解替代产品，增加绿色产品供给，规范塑料废弃物回收利用，建立健全各环节管理制度，有力有序有效治理塑料污染，努力建设美丽中国。《意见》规定到 2020 年，率先在部分地区、部分领域禁止、限制部分塑料制品的生产、销售和使用。到 2022 年，一次性塑料制品消费量明显减少，替代产品得到推广，塑料废弃物资源化能源化利用比例大幅提升；在塑料污染问题突出领域和电商、快递、外卖等新兴领域，形成一批可复制、可推广的塑料减量和绿色物流模式。到 2025 年，塑料制品生产、流通、消费和回收处置等环节的管理制度基本建立，多元共治体系基本形成，替代产品开发应用水平进一步提升，重点城市塑料垃圾填埋量大幅降低，塑料污染得到有效控制[69]。

　　2020 年 12 月 1 日起，海南省全面禁止一次性不可降解塑料袋与餐饮具等一次性不可降解塑料制品[49]。2025 年年底前，海南省全省全面禁止生产、销售和使用列入《海南省禁止销售使用一次性不可降解塑料制品名录（试行）》的塑料制品[70]。2020 年，国家发展改革委等九部门联合印发《关于扎实推进塑料污染治理工作的通知》，对可降解塑料的要求强调更高标准的循环性和健康安全性，可降解塑料在我国迎来了空前的发展[68]。2021 年，国家发展改革委、生态环境部联合印发了《"十四五"塑料污染治理行动方案》[14]。2021 年 5 月 9 日，国家发展改革委环资司发布的《污染治理和节能减碳中央预算内投资专项管理办法》中提到，国家将支持生物降解塑料的生产和应用[50]。

表 1-1　我国主要的禁塑、限塑政策[71]

时间	政策
2007	国务院办公厅《关于限制生产销售使用塑料购物袋的通知》
2012	工信部《石化和化学工业"十二五"发展规划》
2012	中国塑料加工工业协会《塑料加工业"十二五"发展规划指导意见》
2013	国家发展改革委《产业结构调整指导目录（2013 年修正）》
2016	工信部《轻工业发展规划（2016—2020 年）》
2017	国家发展改革委等 14 部门《循环发展引领行动》
	国家邮政局、国家发展改革委等 10 部门《关于协同推进快递业绿色包装工作的指导意见》
	工信部《农用薄膜行业规范条件（2017 年本）》
2018	国家质检总局、国家标准委《快递封装用品》系列国家标准
2019	国家标准委、国家市场监督管理总局《生物降解塑料购物袋》（GB/T 38082—2019）
2020	国家发展改革委、生态环境部《关于进一步加强塑料污染治理的意见》
	国家发展改革委等 9 部门《关于扎实推进塑料污染治理工作的通知》
2021	国家发展改革委《"十四五"循环经济发展规划》
	商务部《一次性塑料制品使用、报告管理办法（征求意见稿）》
	工信部《"十四五"工业绿色发展规划》
2022	国家发展改革委《"十四五"生物经济发展规划》

1.4.2 国际相关政策

各国政府为应对长期显现的塑料及微塑料污染采取了一系列措施，如"限塑"甚至"禁塑"等（表1-2）。2022年2月，在联合国环境大会第五届会议续会上，发布了首个全球范围内的"限塑令"。提出终结塑料污染，推动全球限塑。随着全球各国加快禁塑、限塑政策，一次性塑料制品的使用量有所下降，可降解塑料市场需求在政策驱动下持续增长。近年来，中国、印度、日本等多个国家也相继发布了限塑政策，例如，印度于2019年发布全国范围包括海事范围内的环保禁塑令[5]。亚洲地区对生物降解塑料的需求量将迅速增长，并有望取代欧洲成为全球最大的消费市场[71]。

表1-2 近十年世界各国家/地区限塑政策[71]

国家/地区	时间	政策
法国	2014	通过《能源转型法案》
印度	2016	通过《塑料废弃物管理规定》
肯尼亚	2017	在全国范围内实施塑料袋禁令发布
英国	2018	《未来25年国家环保战略》
欧盟	2018	发布《欧洲塑料战略》
日本	2019	禁止商家免费向顾客提供塑料袋
韩国	2019	发布《关于节约资源及促进资源回收利用法律修正案》
德国	2019	表示准备通过立法禁止超市出售轻质手提塑料袋
欧盟	2019	发布《关于减少某些塑料制品对环境影响的指令》
泰国	2020	百货商店、超市和便利店不再向顾客提供一次性塑料袋
加拿大	2020	禁止塑料吸管，2021年元旦起禁用塑料袋
欧盟	2021	发布《一次性塑料制品指南》

2018年，欧盟议会通过了一项关于控制塑料废弃物的法令。根据该法令，自2021年起，欧盟将全面禁止成员国使用饮管、餐具和棉花棒等10种一次性塑料制品，这些用品将由纸、秸秆或可重复使用的硬塑料替代。塑料瓶将根据现有的回收模式单独收集；到2025年，要求成员国的一次性塑料瓶回收率达到90%。同时，法案还要求制造商必须对其塑料产品和包装的情况承担更多责任[70]。根据欧盟委员会发布的一次性塑料指令（EU）2019/904（SUPD）的规定，自2021年7月3日起，欧盟全面禁止10种一次性塑料制品的生产和销售[5]。欧盟不仅在包装法规中明确规定了有机垃圾的回收、可堆肥、焚烧处理等要求，还在海洋防污

条例中规定 2021 年 7 月开始禁止和限制使用 10 种一次性塑料产品[50]。欧盟于 2015 年就发布了限塑指令，目标是在 2019 年底欧盟国家的民众每年每人消耗不超过 90 个塑料袋，而在 2025 年，这个数字要降低到 40。指令发布后，各个成员国都踏上了"限塑之路"。意大利作为欧洲第一个全国禁塑国家，自 2011 年起已全面禁售不可降解的塑料袋；法国于 2016 年起禁用一次性塑料袋，并于 2020 年 1 月 1 日起全面禁售一次性餐具等部分一次性塑料制品，包括一次性棉花棒、一次性杯子和盘子等塑料制品，学校食堂也禁止使用塑料瓶装纯净水[5]。"法国零废物"组织管理人表示，法国当局未来数年将逐步加强"禁塑令"，2021 年禁售塑料杯装饮用水、塑料饮管和搅拌棒、发泡胶餐盒等，水果蔬菜的塑料包装也被禁用；2022 年起禁止包括连锁快餐店在内的餐饮业向堂食顾客提供一次性餐具。最终目标是在 2040 年前，将一次性塑料制品的使用率降低到零[70]。澳大利亚的昆士兰州和西澳大利亚州于 2019 年起禁止零售行业向顾客提供一次性超薄塑料袋；新西兰于 2019 年逐步向全面禁用一次性塑料袋的局面迈进。早在 2016 年，德国政府就与有关企业达成协议，对一次性塑料袋进行征税。即商店不再无偿提供塑料袋，顾客需要支付一定费用才可以使用塑料袋。该政策实施以来，德国人均塑料袋消费量从 2015 年的 68 个下降至 2018 年的 24 个，全国塑料袋的消费量下降了 64%。2019 年 9 月，德国政府表示，加大"限塑"力度，通过立法禁止超市出售轻质手提塑料袋[70]。

在欧洲，对于"限塑"，各国采取的手段可概括为两种：一种是征税收费，另一种是彻底禁止使用。最早对塑料袋收税的是丹麦。1993 年，丹麦就开始对塑料袋生产商征税，同时还允许零售商对塑料袋收费，这一规定直接导致了当时丹麦的塑料袋使用量下降了 60%。法国、爱尔兰、保加利亚、比利时等国家均采取这个方式。在德国、葡萄牙、匈牙利、荷兰等国家，零售商则是向顾客收取塑料袋的费用。意大利则更为严厉，于 2011 年宣布，除了可生物降解或可分解的塑料袋，其他塑料袋均禁止使用[70]。

韩国是亚洲各国中最早开始限塑的国家之一。2010 年 10 月，韩国开始实行"再生计量收费垃圾袋销售"制度，规定超市不得免费提供一次性塑料袋。韩国 5 家大型连锁超市与韩国环境部签署了相关协议，积极推动用环保容器替代一次性塑料袋。2018 年 8 月起，韩国环境部禁止咖啡店使用一次性塑料杯；2019 年，限制范围扩大至超市和烘焙店；同年，韩国 2000 家大型超市和 1.1 万家面积超过 165 m^2 的超市全面禁用一次性塑料袋，违规商家将被处于最高 300 万韩元的罚款。

2019 年底，泰国颁布了"限塑令"。根据最新的政策，泰国已经开始实施全"禁塑"计划。自 2020 年 1 月 1 日起，正规商店、百货商场、超级市场以及便利店不再使用一次性塑料袋。这一举措旨在减少塑料污染，保护环境。此外，泰国还计划在 2025 年之前全面禁止进口塑料垃圾，并在 2027 年实现 100%回收塑料垃圾的目标。

2019 年 8 月 14 日，巴基斯坦"禁塑令"生效，将在首都伊斯兰堡及周边地区禁止使用一次性塑料袋，违者将被罚款 70 美元。

2019 年 6 月，日本环境大臣宣布将制定新法令，禁止商家免费向顾客提供塑料袋，并将在接下来两年内实施，塑料袋收费价格等事宜将由商家自行决定。

非洲是全球禁塑力度最大的地区之一。飞速增长的塑料垃圾给非洲带来了巨大的环境问题和经济社会问题，威胁着人民的健康安全。截至 2019 年 6 月，非洲 55 个国家中已经有 34 个国家颁布相关法令，禁止一次性塑料包装袋的使用或对其征税。早在 2008 年，卢旺达就开始全面禁止塑料袋的使用，并通过减税鼓励回收，至今已累积十余年的禁塑经验，不单单在非洲，在全球都是包装塑料污染防治中提及率最高的"模范"国家。肯尼亚则在 2017 年 8 月正式实施"全球最严"禁令，禁止使用、制造和进口所有商用和家用塑料袋，违者面临 1～4 年监禁及最高 400 万肯尼亚先令的罚款。2018 年 6 月初，继全面禁止塑料袋后，肯尼亚政府进一步宣布，在 2020 年 6 月 5 日前，在指定"保护区域"对所有一次性塑料用品实施禁令[70]。

参 考 文 献

[1] 王子君. 黄粉虫幼虫啃食聚苯乙烯泡沫塑料的肠道组学研究. 呼和浩特: 内蒙古师范大学, 2021.

[2] Pererva E. 大蜡螟降解塑料及其肠道微生物组研究. 哈尔滨: 哈尔滨工业大学, 2020.

[3] Evthinker. 塑料的发展史. https://zhuanlan.zhihu.com/p/626333004.2023-05-02.

[4] 爱创文化. 塑料的发展历史. https://zhidao.baidu.com/question/1550150967383727707.html. 2022-11-20.

[5] 毛敏敏. 大蜡螟幼虫肠道中降解聚乙烯微生物的鉴定及表征. 金华: 浙江师范大学, 2022.

[6] 池明眼. 蜡螟肠道降解聚乙烯微生物的分离及其效果的研究. 哈尔滨: 东北林业大学, 2020.

[7] 郭鸿钦. 黄粉虫啃食降解泡沫塑料特征与肠道功能菌群研究. 沈阳: 东北大学, 2020.

[8] 李小溪. 啃食降解聚苯乙烯昆虫的生物固氮作用及机制的研究. 武汉: 武汉理工大学, 2020.

[9] Plastics Europe. Plastics-the facts 2022. https://plasticseurope.org/knowledge-hub/plastics-the-facts-2022/.2023-10-15.

[10] Finat-duclos. The current plastics lifecycle is far from circular. https://public.flourish.studio/story/1130764/.2023-10-01.

[11] Geyer R, Jambeck J R, Law K L. Production, use, and fate of all plastics ever made. Science Advances, 2017, 3(7): e1700782.

[12] 李美熙. 杜比亚蟑螂降解聚苯乙烯效能的研究. 哈尔滨: 哈尔滨工业大学, 2022.

[13] 中商产业研究院. 2022～2023 年塑料制品产量-产量数据. https://s.askci.com/data/industry/a02090x/.2023-10-01.

[14] 唐艺天. "限塑令" 下塑料制品行业发展分析. 中国管理信息化, 2022, 25(20): 186-188.

[15] 马小彪. 黄粉虫幼虫肠道微生物对塑料的降解研究. 兰州: 兰州大学, 2023.

[16] 丁梦琪. 黄粉虫和黑粉虫幼虫降解聚乙烯效能的研究. 哈尔滨: 哈尔滨工业大学, 2022.

[17] 信昕. 大麦虫和黄粉虫幼虫肠道细菌在塑料生物降解中的作用研究. 杨凌: 西北农林科技大学, 2018.

[18] 苗少娟. 大麦虫 Zophobas morio 的生物学特性及其对塑料降解作用的研究. 杨凌: 西北农林科技大学, 2010.

[19] 杨莉. 黄粉虫和大麦虫肠道微生物对塑料多聚物的降解研究. 北京: 北京林业大学, 2021.

[20] Peacock A J. The chemistry of polyethylene (Reprinted from Handbook Polyethylene: Structures, Properties, and Applications, pg 375-414, 2000). Journal of Macromolecular Science-Polymer Reviews, 2001, C41(4): 285-323.

[21] 王佳蕾, 霍毅欣, 杨宇. 聚乙烯塑料的微生物降解. 微生物学通报, 2020, 47(10): 3329-3341.

[22] Plastics Europe. Plastics-the facts 2021. https://plasticseurope.org/knowledge-hub/plastics-the-facts-2021/.2022-10-06.

[23] 颜飞, 董维亮, 崔球, 等. 不可降解塑料的全细胞催化降解及升级再造. 生物加工过程, 2022, 20(4): 416-427.

[24] 周丽, Abdelkrim Y, 姜志国, 等. 微塑料: 生物效应、分析和降解方法综述. 化学进展, 2022, 34(9): 1935-1946.

[25] Amadi L O, Nosayame T O. Biodegradation of polypropylene by bacterial isolates from the organs of a fish, Liza grandisquamis harvested from Ohiakwu estuary in Rivers State, Nigeria. World Journal of Advanced Research and Reviews, 2020,7 (2):258-263.

[26] Zhou H, Saad J M, Li Q H, et al. Steam reforming of polystyrene at a low temperature for high H_2/CO gas with bimetallic Ni-Fe/ZrO_2 catalyst. Waste Management, 2020, 104: 42-50.

[27] 姜杉. 大蜡螟幼虫肠道微生物对聚苯乙烯的生物降解研究. 抚顺: 辽宁石油化工大学, 2023.

[28] Amobonye A E, Bhagwat P, Singh S, et al. Chapter 10—Biodegradability of Polyvinyl chloride//Sarkar A, Sharma B, Shekhar S. Biodegradability of Conventional Plastics. Amsterdam: Elsevier, 2023: 201-220.

[29] Danso D, Chow J, Streit W R. Plastics: Environmental and biotechnological perspectives on microbial degradation. Applied and Environmental Microbiology, 2019, 85(19):14.

[30] 冯姗姗. 水解酶催化降解聚酯塑料机理的理论研究. 济南: 山东大学, 2021.

[31] Kim N K, Lee S H, Park H D. Current biotechnologies on depolymerization of polyethylene terephthalate (PET) and repolymerization of reclaimed monomers from PET for bio-upcycling: A critical review. Bioresource Technology, 2022, 363:127931.

[32] 梁建豪. 典型聚酯化合物高值化降解利用研究. 东莞: 东莞理工学院, 2023.

[33] Thachnatharen N, Shahabuddin S, Sridewi N. The waste management of polyethylene terephthalate (PET) plastic waste: A review. IOP Conference Series: Materials Science and Engineering, 2021, 1127(1): 012002 .

[34] Rahimi R S, Nikbin I M, Allahyari H, et al. Sustainable approach for recycling waste tire rubber

and polyethylene terephthalate (PET) to produce green concrete with resistance against sulfuric acid attack. Journal of Cleaner Production, 2016, 126: 166-177.

[35] Ahmaditabatabaei S, Kyazze G, Iqbal H M N, et al. Fungal enzymes as catalytic tools for polyethylene terephthalate (PET) degradation. Journal of Fungi, 2021, 7(11):931.

[36] Chamas A, Moon H, Zheng J, et al. Degradation rates of plastics in the environment. ACS Sustainable Chemistry & Engineering, 2020, 8(9): 3494-3511.

[37] 王国圣. 基于废弃 PET 的聚氨酯弹性体制备与性能研究. 西安: 西安理工大学, 2023.

[38] 李亚新. 基于 PET 低聚物/蓖麻油共混多元醇的水性聚氨酯及其性能研究. 西安: 西安理工大学, 2023.

[39] Seymour R B, Kauffman G B. Polyurethanes: A class of modern versatile materials. Journal of Chemical Education, 1992, 69(11): 909.

[40] Daly P, Cai F, Kubicek C P, et al. From lignocellulose to plastics: Knowledge transfer on the degradation approaches by fungi. Biotechnology Advances, 2021, 50: 107770.

[41] 陈勇军. 环保无卤阻燃硬质聚氨酯泡沫塑料的结构与阻燃性能研究. 广州: 华南理工大学, 2017.

[42] 刘艳林. 硬质聚氨酯泡沫多元复合阻燃体系及其阻燃机理研究. 北京: 北京理工大学, 2021.

[43] Liu J W, He J, Xue R, et al. Biodegradation and up-cycling of polyurethanes: Progress, challenges, and prospects. Biotechnology Advances, 2021, 48:107730.

[44] 吴映雪. 高性能聚丙烯酰胺设计合成及聚丙烯酸基低共熔凝胶制备研究. 北京: 北京化工大学, 2023.

[45] 赵春森, 陈根勇. 聚丙烯酰胺聚合物提高采收率机理及发展趋势. 化学工程师, 2019, 33(4): 57-60.

[46] 江赛华. 新型透明阻燃耐热聚甲基丙烯酸甲酯材料的设计、制备与性能研究. 合肥:中国科学技术大学, 2014.

[47] 时志权. 导电聚合物/聚四氟乙烯复合薄膜的制备与研究. 南京: 南京大学, 2016.

[48] Lasercomposites. PEEK(聚醚醚酮）. https://zhuanlan.zhihu.com/p/150423638.2023-10-04.

[49] 徐伟, 赵新亭, 尤里武, 等. 生物降解塑料的发展现状及测试方法. 合成材料老化与应用, 2023, 52(4): 106-109.

[50] 侯冠一, 翁云宣, 刁晓倩, 等. 生物降解塑料产业现状与未来发展. 中国材料进展, 2022, 41(1): 52-67.

[51] 沈叶红. 黄粉虫肠道菌的分离和取食塑料现象的研究. 上海: 华东师范大学, 2014.

[52] 张宏博, 刘焦萍, 赵苏杭, 等. 生物可降解塑料发展现状及展望. 现代化工, 2023, 43(4): 9-12, 7.

[53] 程国仁, 宗文, 李均, 等. 生物降解塑料的研究与应用现状. 化工管理, 2023, (13): 84-92.

[54] European Commission. 100 Radical innovation breakthroughs for the future. LU: Publications Office, 2019.

[55] Agamuthu P. Marine debris, plastics, microplastics and nano-plastics: What next? Waste Management & Research, 2018, 36(10): 869-871.

[56] LITTERBASE: online portal for marine litter. https://litterbase.awi.de/litter.2023-10-15.

[57] Amaral-Zettler L A, Zettler E R, Mincer T J. Ecology of the plastisphere. Nature Review Microbiology, 2020, 18: 139-151.

[58] 朱莹, 曹淼, 罗景阳, 等. 微塑料的环境影响行为及其在我国的分布状况. 环境科学研究, 2019, 32(9): 1437-1447.

[59] 申茂才. 湘江水体中微塑料的污染特征和载体效应及去除机理研究. 长沙: 湖南大学, 2022.

[60] Lucia P, Avio C G, Giuliani M E, et al. Microplastics as vehicles of environmental PAHs to marine organisms: Combined chemical and physical hazards to the mediterranean mussels, *Mytilus galloprovincialis*. Frontiers in Marine Science, 2018, 5:103.

[61] Boosts B, Russell W C, Green S D. Effects of microplastics in soil ecosystems: Above and below ground. Environmental Science & Technology, 2019, 53(19): 11496-11506.

[62] 惠进, 龙遥跃, 李紫莹, 等. 微塑料污染对浮游生物影响研究进展. 应用生态学报, 2021, 32(7): 2633-2643.

[63] Lwanga E, Gertsen H, Gooren H, et al. Microplastics in the terrestrial ecosystem: Implications for *Lumbricus terrestris* (Oligochaeta, Lumbricidae). Environmental Science & Technology, 2016, 50(5): 2685-2691.

[64] Nguyen L H, Nguyen B S, Le D T, et al. A concept for the biotechnological minimizing of emerging plastics, micro-and nano-plastics pollutants from the environment: A review. Environmental Research, 2023, 216:114342.

[65] Wang L, Wu W M, Bolan N S, et al. Environmental fate, toxicity and risk management strategies of nanoplastics in the environment: Current status and future perspectives. Journal of Hazardous Materials, 2021, 401: 123415.

[66] Salvati A, Åberg C, Santos T D, et al. Experimental and theoretical comparison of intracellular import of polymeric nanoparticles and small molecules: Toward models of uptake kinetics. Nanomedicine-Nanotechnology Biology and Medicine, 2011, 7(6): 818-826.

[67] Kumar A G, Anjana K, Hinduja M, et al. Review on plastic wastes in marine environment: Biodegradation and biotechnological solutions. Marine Pollution Bulletin, 2020, 150:110733.

[68] 李雪, 刘德杰, 王战喜, 等. 新"限塑令"下可降解塑料行业的发展前景. 广东化工, 2022, 49(15): 113-114.

[69] 林世东, 杜国强, 顾君, 等. 我国生物基及可降解塑料发展研究. 塑料工业, 2021, 49(3): 12, 37.

[70] 世界各地限塑禁塑政策大盘点. https://www.antpedia.com/news/20/n-2353120.html.2020-01-19.

[71] 王维. 可降解塑料发展现状及趋势研究. 石油化工应用, 2023, 42(6): 10-14, 20.

2 塑料生物降解技术研究概况
——文献计量可视化分析

2.1 引　言

　　自 Leo Baekeland 于 1907 年发明第一种全合成塑料——树脂以来，塑料就因其重量轻、耐腐蚀、成本低和易于制造等优点，为人类带来了巨大的利益[1]。然而，塑料在商品生产中的使用却导致了日益恶化的环境和生态问题。在过去的半个世纪里，全球塑料产量从 1950 年的 200 万吨稳步增长到 2020 年的 3.67 亿吨[2]。预计到 2050 年底，全球塑料总产量将达到 260 亿吨[3,4]。在全球广泛使用的多种塑料中，聚乙烯（PE）、聚丙烯（PP）、聚氯乙烯（PVC）、聚对苯二甲酸乙二酯（PET）、聚氨酯（PUR）和聚苯乙烯（PS）是造成环境污染的主要塑料类型。由于各种塑料产品的消费和使用，2020 年欧洲产生的消费后的塑料废物高达 2950 万吨[2]。据统计，欧洲近 60%的塑料垃圾来自包装材料或其他一次性塑料产品，大多数的塑料产品在生产后一年内就会被废弃。2018 年，欧洲消费后塑料垃圾的回收利用呈现出积极的增长趋势（42%），但仍有 18.5%的塑料垃圾通过填埋处理[2]。此外，塑料在生产、储存、运输、使用以及回收利用过程中，都有可能向环境释放微塑料[5]。因此，尽管塑料回收利用在某些地区呈现出积极趋势，但到 2030 年，全球每年产生的塑料垃圾废弃物预计将达到 6.19 亿吨[6]。到 2050 年，预计将有 120 亿吨塑料废物进入环境中[3]。

　　早在 20 世纪 40 年代初，人们就开始了对塑料生物腐蚀和生物降解性能的研究。例如，1945 年就有关于合成树脂 PVC 上真菌生长情况的报道[7]。与"生物降解"相比，"生物腐蚀"一词更常用于描述合成塑料聚合物的生物分解和破坏。早在 1974 年[8]的文献中就有关于塑料生物降解（或生物腐蚀）的综述文章。1971 年有报道[9]称细菌可通过降解增塑剂等添加剂从而逐渐减少 PVC 的质量。1978 年，Albertsson 发现 ^{14}C 标记的 PE 在两年内只有 0.5%被真菌转化为 $^{14}CO_2$，这表明 PE 塑料具有极强的抗生物降解能力。Albertsson 还报道称，^{14}C-LDPE 和 HDPE 在紫外线下的暴露可促进其中 $^{14}CO_2$ 的释放[10,11]。15 年后，Albertsson 等[12]利用衰减全反射傅里叶变换红外光谱（ATR-FTIR）分析、差示扫描量热（DSC）分析和化学发光（CL）分析发现，使用 0.5%的非离子表面活性剂和铜绿假单胞菌（*Pseudomonas aeruginosa*）可以增强 LDPE 的可生物降解性。1995 年，Otake 等[13]证实埋藏了 32 年的低密度聚乙烯瓶仍然能够被生物降解。之后，大量关于塑料生物降解的研究相继发表[14-17]，特别是关于海洋塑料污染的解决方案[18]、通过酶对塑料的生物降解[4]、生物基和生物可降解塑料价值链[19]、聚乙烯塑料的微生物降解[20]、真菌降解塑料的潜力[21]以及基于共培养或微生物联合体的塑料降解策略[22]。2019 年，塑料的微生物降解数据库（PMBD）建立，其是一个在线资源，采用人工编辑的方式确定了微生物与塑料之间的 949 种关系以及参与塑料生物降解的 79 个基因[23]。但这些工作依赖于研究者的叙述性分析，可能会包含研究人员自身的认知偏差，因此无法定量评估科学发现之间的相互联系。此外，很少有研究人员对各种塑料的生物降解、随时间的演变及其转变的知识领域进行研究。而这些研究工作对于研究人员和非专业人士了解塑料生物降解的历史、进步和未来发展却极为重要。

我们从 WoSCC（Web of Science Core Collection）中下载了所有相关的英文出版物，并使用 CiteSpace（一种采用计算和统计方法的文献计量软件应用程序）对其进行了分析。与传统的文献综述相比，文献计量分析是获得研究领域高层次洞察力的另一种优越方法[24]。通过利用数学技术量化期刊论文的信息和指标，文献计量学可以从定性的角度识别一个研究领域内文献的时间属性、研究方向、知识结构和主要议题[25,26]。因此，通过使用 CiteSpace 进行文献综述，能够探索塑料生物降解相关著作中的知识领域、研究热点、量化研究模式、时间演变趋势、当前问题、网络分析方法和新兴趋势。此外，对这些文章的定量和定性分析可作为未来研究的基础，使科学家能够了解当前的研究兴趣，提供更准确、更完整的信息，进而进一步深入了解研究领域和对长期趋势进行分析。这一研究结果将使人们对塑料生物降解领域的科学进展现状有一个全面的了解。

图 2-1 采用 Carrot 系统通过创建可视化效果（即形式树）来展示互联网上有关塑料生物降解的主要研究领域。合成塑料的微生物降解和酶降解（synthetic plastics' microbial and enzymatic degradation）、微生物菌株和酶（microbial strains and enzymes）、甲虫幼虫（beetle larvae）、肠道微生物群（gut microbiota）和塑料活性酶（plastics-active enzymes）是塑料生物降解研究中最活跃的几个领域。本书主要依据 WoSCC 中的学术论文，将其作为塑料生物降解文献的严谨可靠的代表。通过对文献进行纵向和系统的研究，利用科学绘图工具 CiteSpace 对与塑料生物降解有关的文献进行了交互式可视化和大量文献计量学分析。这项文献计量学分析的研究目的是提供有关塑料生物降解在过去 30 余年（1991～2023 年）的简明概述，并通过科学绘图来扩展和展示塑料生物降解研究进展和演变的数据。

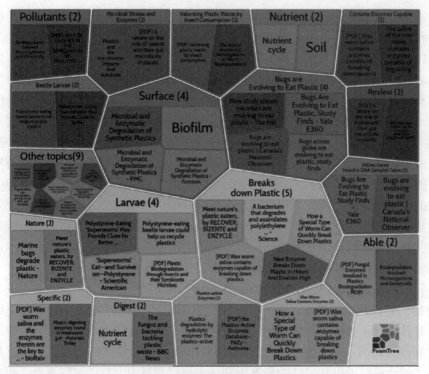

图 2-1　由 Carrot 系统从网上搜索塑料生物降解生成的可视化形式树
(http://search.carrotsearch.com/carrot2-webapp)

2.2　数据来源和分析方法

2.2.1　数据收集

本书选择了 WoSCC 数据作为文献挖掘数据库，为后期的可视化分析和软件处理奠定了基础。2023 年 5 月 19 日，采用 WoSCC 在线数据库检索相关出版物（http://apps.webofknowledge.com），使用搜索主题(TS) = （"*plastic" OR "*plastics"）AND TS = （"PS" OR "Polystyrene" OR "*DPE" OR "PE" OR "Polyethylene" OR "PP" OR "polypropylene" OR "PUR" OR "polyurethane" OR "PET" OR "polyethylene terephthalate" OR "PVC" OR "polyvinyl chloride"）AND TS = （"Biological degrad*" OR "Biodegrad*" OR "Bio-degrad*" OR "Bioconversion*"）AND TS= （"*Worm*" OR "Insect*" OR "Microbi*" OR "Microflora" OR "*organism*" OR "*Bacteri*" OR "Enzym*" OR "Communit*" OR "Gut*"）。值得注意的是，*DPE 的缩写包括线型低密度（LLDPE）、中密度（MDPE）、低密度（LDPE）和高密度（HDPE）。这些缩写词被用作搜索主题，是为了提供生

物和自动化系统等非相关主题的文档数量，但是会导致数据缺乏代表性且不准确。采用 WOS 类别：（"环境科学"或"高分子科学"或"生物技术应用微生物学"或"工程环境"或"微生物学"或"化学多学科"或"多学科科学"或"生物化学分子生物学"或"工程化学"或"绿色可持续科学技术"），检索语言为英语，共获得 1640 篇出版物，时间跨度为 1991 年至 2023 年 5 月 30 日。获得的检索记录按文献类型进行了细化，分为："研究性文章"和"综述文章"。经过第二轮人工筛选，所有符合要求的 1549 篇文献的标题、摘要和内容都被保存在我们最终的文献数据库中。然后将每篇文献的标题、关键词、摘要、作者、出版年、作者所在国家和被引参考文献（如有）导入 CiteSpace 软件（5.7.R5 版）[27]。

　　此外，我们还通过谷歌学术进行了数据搜索，将日期参数设置为 1960 年至 2023 年，并以"塑料"和"生物降解"为关键词搜索已发表的文章和专利。

2.2.2　数据分析

　　随着信息网络的快速发展，研究人员可以利用基于文献的数据绘制研究领域的科学知识图谱，通过对学科知识的可视化评估来评价一个学科领域[28]。本节利用引文网络分析工具和 CiteSpace 软件对文献进行数据挖掘和可视化分析。利用 WoSCC 数据库中的数据对以下因素进行了研究：按国家/地区、机构、期刊、作者和研究课题划分的出版物分布情况。采用 CiteSpace 对按照国家、类别、参考文献、期刊和关键词分类的内容进行了分析。频次和中心性是 CiteSpace 调查中使用的两个统计指数。一个节点在连接任意两个网络节点的路径中的包含程度被评估为该节点的中心性[27]。被称为"引文爆发"的指标显示了特定科学主题中最活跃的领域（可能包括特定作者、参考文献等）[29]。"聚类"是一种将调查组划分为具有特殊相似性的几个子类别的技术[29]。利用 Carrot2 项目（波兰波兹南理工大学的 Dawid Weiss 创建的"气泡图可视化"）来提取重要的关键词，并为每个关键词分配相对影响。CiteSpace 得出的结果可以与微生物、酶和昆虫对塑料进行生物降解的研究进展和未来研究计划相匹配。

2.3　塑料生物降解研究文献的统计分析

2.3.1　文献发表趋势分析

　　谷歌学术搜索结果显示，1964 年之前没有发现同时包含"生物降解"和"塑料"的文章。1967 年出现了包含这两个关键词的塑料降解研究性文章，其中包含关于 PS 和 PVC 降解的论文。有关塑料生物降解的工作始于 1971 年，即对

PVC 中增塑剂生物降解的研究。20 世纪 70～80 年代，包含这两个词的文章数量一直低于 1000 篇。1989 年，文章数量从 1130 篇增加到 1990 年的 2380 篇，然后从 2000 年的 4810 篇增加到 2010 年的 14300 篇，最后增加到 2021 年的 28000篇。因此，我们选择 1991 年 1 月作为本书研究的起始时间。

利用 WoSCC 数据，以发表的论文的数量衡量发表趋势是衡量特定主题科学活动和关注度的一个量化指标。在 WoSCC 数据库收集的论文中，有关塑料生物降解的论文包括 20 多个主题类别。在研究领域的十大主题类别分析中，有 589 篇出版物被归类为"环境科学"，成为最受欢迎的主题类别。这一数字占审查出版物总数的 35.9%。在"环境科学"之后，"工程环境"是最受欢迎的学科类别。第三大最受欢迎的学科类别是"高分子科学"，共有 246 篇出版物属于这一类别。其余学科类别依次为"生物技术应用微生物学"、"微生物学"、"多学科化学"、"生物化学分子生物学"、"多学科科学"、"绿色可持续科学技术"和"工程化学"。

1990 年之前，每年发表的有关塑料降解文献数量有限，但从 1996 年到 2023年，从 WoSCC 数据库中检索到的文献数量呈指数增长（图 2-2）。从 1991 年 1月到 2023 年 5 月，共发现 1549 篇有关塑料生物降解的出版物。这些文献被分为不同的文献类型，包括研究性文章、综述论文和其他。研究性文章是最主要的文献出版类型（占出版物总数的 79.66%），其次是综述论文（20.34%）。出版物的年际差异显示，根据出版成果的特点，塑料的生物降解研究可分为三个阶段，即 1991～2004 年、2005～2018 年和 2019～2023 年 5 月。在 1991～2004 年的第一阶段，研究刚刚起步。在此期间，论文数量几乎没有增长，14 年间仅发表了 70 篇论文，占总产出的 4.52%。第二阶段为 2005～2018 年，发文量大幅增加，共计文献 376 篇，占总产出的 24.27%，平均每年发表 26.86 篇论文。自2019 年以来，有关塑料生物降解的论文成果呈爆发式增长，尤其是在 2021 年和2022 年。2019 年 1 月至 2023 年 5 月，即第三阶段，共发表了 1103 篇文章，占

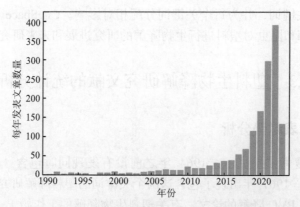

图 2-2　1991.1～2023.5 有关塑料生物降解的年度出版物数量

产出的 71.21%。这意味着平均每年有 220.6 篇文章发表，表明近年来塑料生物降解研究取得了重大突破。从数据库中收集到的信息表明，25 个国家的研究人员在这一研究领域中发表了相关文章。

由于出版商和语言不同，出版物数量众多，虽然 WoSCC 数据库包括了大多数学术文献来源，但并不能涵盖所有文献。实际产出的数量应该高于上述所报道的数量。不过，我们的分析仍能为塑料的生物降解研究提供可靠的趋势。此外，对三十年来塑料生物降解研究的分析，尤其是对聚烯烃生物降解研究的分析，对于发现未来的解决方案至关重要，因为聚烯烃在很大程度上被认为是不可生物降解的[30]或降解速度极其缓慢的[31]。目前，对塑料生物降解的研究已经取得了突破性进展，例如证实了生物降解的可能性，这对于寻找解决全球塑料垃圾问题的方法来说是一个充满希望的信号[32]。

2.3.2　学科层面的研究趋势分析

利用双图叠加作为一种分析方法，通过参考路径显示域级引文的集中度[33]。在底图上可以描绘 10000 多种已出版期刊的关系。将所有期刊聚集分类，形成的区域类别可用于指明域级期刊的出版和引用[33]。图 2-3 是塑料生物降解相关文献的双图叠加；左侧为引文轨迹，右侧为被引轨迹，曲线表示从外侧到合适侧的引文链接。例如，如果引文轨迹显示引文期刊基图从一个区域转移到另一个区域，这表明主要学科发生了变化，相关论文发表在不同的期刊群中就是证明[33]。图 2-3 根据基础期刊中经常使用的短语确定区域。引用区域的颜色可以区分引文轨迹。这些轨迹的粗细与 z 分数评估的引用频率成正比。该图可用于识别并挖掘中已发表作品如何引用不同知识基础（引用参考文献）的模式[33]。

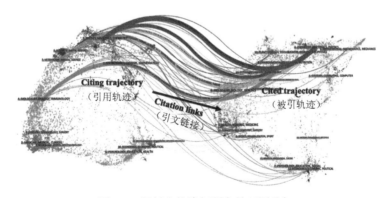

图 2-3　塑料生物降解研究的双图叠加

如图 2-3 所示，数据集包含五条主要引用路径。每一行都用与相关路径相同的颜色标记。最常涉及的领域是：①7.兽医、动物、科学；②5.物理、材料、化学；③4.分子、生物、免疫学；④2.环境、毒理学、营养学；⑤4.化学、材料、物理。多个出版物领域的引文情况清楚地表明了塑料生物降解领域研究的多学科性质。此外，在"兽医、动物、科学"和"物理、材料、化学"引文区域中，大多数塑料生物降解方面的出版物都与右侧被引文基图中的领域相同（图 2-3 中的被引区域："环境、毒理学、营养学" "物理、材料、化学"）。与此同时，跨学科特征也被识别出来。塑料生物降解中的"分子、生物、免疫学"研究基于环境、毒理学和营养学的视角。此外，分类分析还显示，越来越多的塑料生物降解研究开始将研究领域多元化，例如从经济、政治、教育、社会和计算的角度进行调查。根据这些观察，塑料生物降解研究部分属于多学科交叉研究，部分属于单学科研究。

2.3.3　主要研究国家分析

科学计量学评估的结果以可视图集的形式显示，其中圆圈的大小代表特定科学计量学指数的频率，线条的数量代表指数节点之间的耦合强度，各种颜色代表相关研究的时间[34]。结果表明，欧洲国家是塑料生物降解研究的主要贡献国家，在前 20 个国家中发表了 28.31%的论文，其次是中国（23.49%）、美国（18.52%）、印度（13.40%）（图 2-4）。中国、美国和欧洲的研究人员合作发表的论文较多。而印度以独立发表的论文为主（图 2-4）。总体中心度衡量了指标节点与特定科学计量学分析材料中其他节点的相关程度[34]，根据总体中心度（图 2-5），印度的中心度为零，表明印度的研究人员独立进行塑料生物降解的研究，与其他国家之间的合作关系松散（图 2-4）。

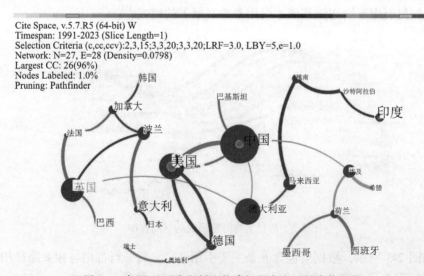

Cite Space, v.5.7.R5 (64-bit) W
Timespan: 1991-2023 (Slice Length=1)
Selection Criteria (c,cc,ccv):2,3,15;3,3,20;3,3,20;LRF=3.0, LBY=5,e=1.0
Network: N=27, E=28 (Density=0.0798)
Largest CC: 26(96%)
Nodes Labeled: 1.0%
Pruning: Pathfinder

图 2-4　各国/地区在塑料生物降解研究方面的合作网络

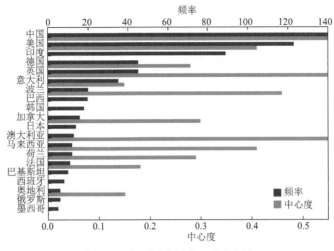

图 2-5 主要国家的中心度和频率

由于快速的城市化和经济增长，发展中国家的塑料消费量高于全球平均水平[35]。据统计，2019 年亚洲的塑料产量为 3.68 亿 t，占全球总量的 51%[2]。其中，中国的塑料产量占比最高（31%）。最近的研究表明，南美洲、东亚、中东、印度和中国每年向海洋生态系统排放的塑料分别约为 0.6 t、1.3 t、1.5 t、2.0 t 和 2.2 t[36]。目前，已发现约有 25 万 t 的塑料材料漂浮在海洋中，对海洋生物造成了极大的负面影响[37]。根据这些国家/地区公众对塑料生物降解技术研究的关注程度和政府支持力度，这些国家/地区在出版物产出排名中的领先地位似乎是有道理的。

如上所述，塑料生物降解研究是一项高度国际合作的活动。塑料生物降解研究的国家/地区合作网络如图 2-4 所示，节点和标签的大小与国家/地区出现的次数相对应。来自英国的链接最多，国家间的合作主要体现在欧洲国家与其他国家之间的合作。英国、德国、意大利、波兰、西班牙、法国、荷兰等在欧洲地区形成了一个集群，是塑料生物降解研究的活跃国家/地区。相比于论文数量，在各个国家中心度的排名中，英国排名第一（0.89），其次是波兰（0.46）、荷兰（0.29）、德国（0.28）、法国（0.18）、意大利（0.15）、奥地利（0.15），表明这些国家在该研究领域占据核心地位（图 2-5）。根据统计数据，2018 年英国收集处理的消费后塑料垃圾约 400 万 t。从 2006～2018 年，回收量增加了 2.4 倍，能源回收量增加了 6.8 倍，填埋量减少了 66%[2]。荷兰和比利时分别收集了 90 万 t 和 60 万 t 消费后塑料废弃物，填埋量分别减少了 97%和 83.6%[2]。由此看来，欧洲国家似乎比其他国家更早认识到塑料垃圾污染造成的环境问题。另一方面，丹麦等欧洲国家致力于焚烧塑料垃圾（占比最高，达 76%）。焚烧会产生有害的副产品，如废气、炉渣和灰烬，需要进一步处理[21]，否则会对生态环境造成更大的危害。因此，有必要采取并改进管理塑料垃圾的策略，如采用先进、安全的塑料降解程序[38]，同时鼓励规范塑料产品的使用。通过这些现状引发的塑料产品处理问题值得我们深入探讨，但它们只是对各国行动意识的一种提示，反映了各国在塑料处置和生物降解领域的研究成果。

2.4　塑料生物降解研究前沿及发展趋势分析

2.4.1　参考文献关键词聚类分析

文献计量学分析技术中应用最广泛的是参考文献分析[39]。文献计量学分析通过研究其他作者对文献的引用频率，可以识别对研究课题有重大影响的关键文献或核心文献。时间轴可视化显示了引用聚类从左到右的水平移动，用来描述共被引参考文献网络。图 2-6 描述了一个拥有 900 个节点和 4831 个链接的知识网络。采用对数似然比（LLR）提取每个聚类的标签。根据聚类数据，塑料生物降解领域的专业在共引簇中定义明确，其聚类模块值 Q 为 0.8373。平均轮廓值 S 可以用来衡量聚类的同质性[39]。塑料生物降解的 S 值为 0.9251，表明这一结果具有可靠性。CiteSpace 根据 LLR 算法和引用文章的标题，以"# + 编号 + 标签"的格式为共引文献的聚类分配标签。从引文中提取的索引短语指定的聚类按大小降序垂直排列，曲线显示聚类之间的共引关系。由于引用突发、引用次数多或两者兼具，带有红色树环或大尺寸的节点代表需要重点考虑[40]。一个聚类内的参考文献彼此关系密切，而与其他聚类的关系较远[41]。

图 2-6 是一个可视化的时间轴，沿水平时间轴展示了 24 个聚类的演变情况，以及具有代表性的文献在过去 33 年中的引用历史。从时间轴的顶端开始，逐行向下探索，发现了这些聚类中的若干代表性引用文献。另外，图 2-6 还描述了这些聚类中主要研究主题的出现、流行和衰退情况。"#2 塑料废弃物（#2 plastic debris）"的聚类表明，最早对塑料废弃物问题的研究与废塑料薄膜的生物降解有关。这意味着，对塑料在各种环境中的分解和生物降解的研究已经持续了数十年。从对塑料碎片生命周期的研究开始，塑料碎片已在自然环境中聚集。如图 2-6 所示，"#4 早期生物膜形成（#4 early stage biofilm formation）"、"#8 中期酶（#8 middle-aged enzyme）"和"#17 生物膜形成（#17 biofilm formation）"与该领域微生物和酶对塑料的分解和生物降解有关。在列出的 20 篇共被引频次较高的文献中，第 1、3～4、7～9、13～16 和 18～20 号文章（表 2-1）描述了垃圾场周围水域、陆地或海洋环境中微生物和酶的生物降解作用。Yoshida 等[42]在 Science 上报道了一种可以降解和同化聚对苯二甲酸乙二醇酯的细菌，该篇文献的被引频率最高（表 2-1）。这种分离细菌（Ideonella sakaiensis 201-F6）将

PET 用作能量和碳源的主要来源，并能利用该菌株产生的两种酶将 PET 转化为对苯二甲酸和乙二醇等单体。

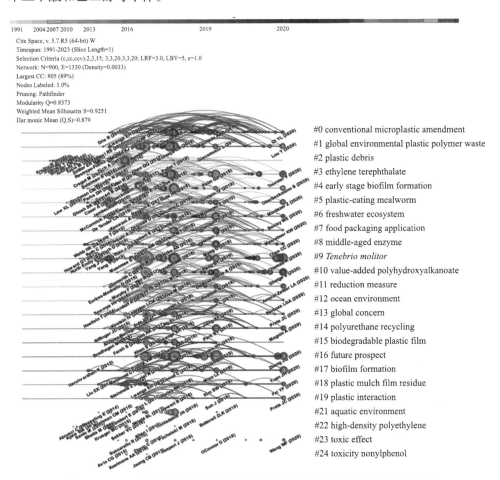

图 2-6 1991 年至 2023 年 5 月塑料生物降解关键词年度变化及聚类分析

表 2-1 塑料生物降解研究中共同引用频次最高的 20 篇文献综述

序号	频率	中心性	年份	参考资料
1	132	0	2016	[42]
2	120	0.01	2017	[3]
3	76	0.01	2018	[43]
4	75	0.02	2019	[44]
5	73	0.04	2015	[45]
6	70	0.04	2018	[46]
7	67	0.02	2018	[47]

序号	频率	中心性	年份	参考资料
8	65	0	2017	[48]
9	59	0	2018	[49]
10	54	0.02	2020	[50]
11	53	0	2017	[51]
12	50	0.03	2017	[52]
13	50	0	2020	[53]
14	49	0.02	2018	[54]
15	49	0	2020	[55]
16	49	0	2017	[56]
17	48	0.02	2015	[57]
18	46	0.05	2018	[58]
19	46	0.01	2020	[59]
20	45	0	2017	[60]

"#5 食塑黄粉虫（#5 plastic-eating mealworm）"和"#9 *Tenebrio molitor*"是当前的研究热点。害虫对塑料包装材料 PE、PP 和 PVC 的破坏早在 1954 年就有报道[61]，但它们对塑料的生物降解直到 2014 年才得到证实[62]。数据库显示，这些昆虫大多是鞘翅目和鳞翅目的暗纹甲虫科和侏儒蛾科的暗纹甲虫和侏儒蛾[61,63,64]。自 2014 年以来，拟步甲科中被分类为暗甲虫的昆虫及其幼虫（*Tenebrio molitor*、*Tribolium castaneum*、*Tenebrio obscurus*、*Lasioderma serricorne*、*Rhizopertha*、*Tenebrioides mauritanicus*、*Plesiophthalmus davidis*、*Zophobas atratus*、*Alphitobius diaperinus* 和 *Uloma* sp.）[57,65-70]和螟蛾科的昆虫及其幼虫[*Galleria mellonella*、*Plodia interpunctella*、*Corcyra cephalonica* (Stainton)和*Achroia grisella*]能消耗或生物降解 PE、PS 等塑料聚合物[52,62,71-75]。2014 年，研究人员从以 LDPE 为食的印度粉蛾 *P. interpunctella* 的幼虫体内分离出两株降解 LDPE 的细菌菌株——芽孢杆菌 YP1 和肠杆菌 *E. asburiae* YT1[62]，这证明昆虫幼虫也能够在肠道中生物降解 LDPE。20 篇具有较高共被引频次的文献表明，有关昆虫对塑料的生物降解的文章（分别为第 6、12 和 17 号文献，见表 2-1）在共被引频次方面排名前两位。如图 2-6 所示，所报道的昆虫对塑料的生物降解研究主要涉及天牛属的幼虫，尤其是"#9 *T. molitor*"。目前，在已报道的可生物降解塑料的黄粉虫物种中[76]，黄粉虫（*T. molitor*）在全球范围内都有，并可在全球范围内进行商业销售，而黑粉虫（*T. obscurus*）在美国、中国和欧洲均有发现，但很少在市场上销售[65]。褐黄粉虫（*Tenebrio opacus* Duftschmid, 1812）仅在法国发现[77]。其他螟

蛾科的昆虫（如 *Tribolium castaneum*、*Lasioderma serricorne*、*Rhizopertha*、*Plesiophthalmus davidis*、*Tenebrioides mauritanicus* 和 *Uloma* sp.）可以快速消耗塑料，然后高效地对其进行生物降解，因此有可能大大改善塑料废物管理和废旧塑料资源回收的前景。

2.4.2 关键词共现分析

关键词可以概括每篇出版物的核心信息，包括目标、方法和研究领域[78]。关键词共现评估的目的是发现反映研究热点和领域发展趋势的关键词。通过 Cite Space 软件得到的关键词共现图谱如图 2-7 所示。创建塑料生物降解关键词共现图谱的目的是为了揭示该领域的研究热点。图 2-7 中的每个节点代表一个关键词，节点越大表示该关键词的出现频率越高。图 2-7 所示网络中出现频率最高的前 15 个关键词是"塑料（plastics）"、"生物降解（biodegradation）"、"微生物降解（microbial degradation）"、"降解（degradation）"、"酶（enzyme）"、"微塑料（microplastics）"、"污染（pollution）"、"生物膜（biofilm）"、"生物塑料（bioplastics）"、"海洋环境（marine environment）"、"土壤（soil）"、"机械性能（mechanical property）"、"昆虫（insect）"、"生物修复（bioremediation）"和"真菌（fungi）"。频率较高的节点在网络中起着关键作用，而节点的粗细则反映了不同关键词之间的关联程度。由于当前最活跃的关键词在表达塑料生物降解领域的研究边界方面具有关键作用，因此应予以突出。在可视化网络中可以找到不同的塑料生物降解途径，如酶、酶降解、黄粉虫、幼虫、肠道微生物群、细菌菌株和微生物群落。

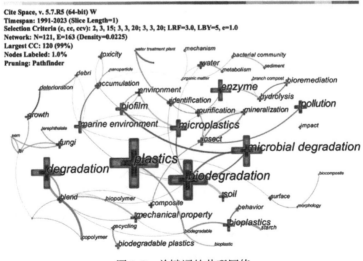

图 2-7 关键词的共现网络

图 2-8 列出了 1991 年 1 月至 2023 年 5 月期间 1549 篇出版物中关键词的中心度和频率排名前 20 位的关键词。中心度超过 0.1 的关键词与热点话题相对应[79]。关键词"生物降解"的中心度高达 0.85，在 20 个关键词中排名第一，表明了其在塑料生物降解研究中的核心地位。此外，关键词"微塑料（microplastics）"、"塑料（plastics）"和"酶（enzyme）"，同样在塑料生物降解研究中占据了重要地位，中心度分别为 0.55、0.49 和 0.28。近年来，人们发现了许多可改变或降解抗性塑料聚合物的微生物衍生酶。有研究表明，用微生物或酶分解常用的、难降解的石油基聚合物，对于塑料废物的替代回收和处理程序是有利的[48]。

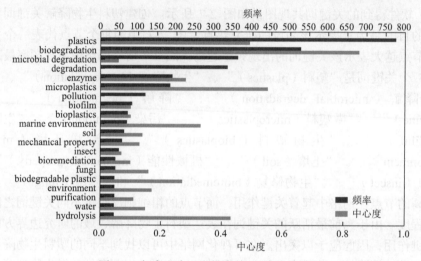

图 2-8　频率和中心度排名前 20 位的关键词

2.4.3　突现词分析

关键词突现检测是为了监测某一研究领域内热点问题的突现和发展趋势[80]。图 2-9 展示了引用突现强度最高的前 20 个关键词。蓝线表示从 1991 年 1 月到 2023 年 5 月的时间跨度，红线为关键词的突现时间跨度，表示突现词的持续时间，可用于描述关键词突现热度的发展[81]。图 2-9 中的强度表示关键词的突现强度。强度值越高，相关关键词热度越高。在第二列中，"年份"表示关键词首次出现的时间。塑料生物降解研究的热门关键词从"塑料（plastics）"到"生物塑料（bioplastics）"，再到"降解（degradation）"和"生物降解（biodegradation）"，然后到"纯化（purification）"、"环境（environment）"、"土壤（soil）"和"复合材料（composite）"，最后到"毒性（toxicity）"、"真菌（fungi）"、"污染（pollution）"、"命运（fate）"和"淡水（fresh water）"。一些关键词的突现持续时间较长，如"塑料"持续了 20 年。关键词

"降解"和"生物降解"在 2009 年成为热点关键词，突现强度较高，分别为 4.49 和 3.66（图 2-9）。由此可以推断，对塑料废物降解和处置的集中研究在 20 世纪 90 年代并不突出，而在 2009 年之后开展的研究越来越频繁，这与图 2-3 中观察到的结论是一致的。

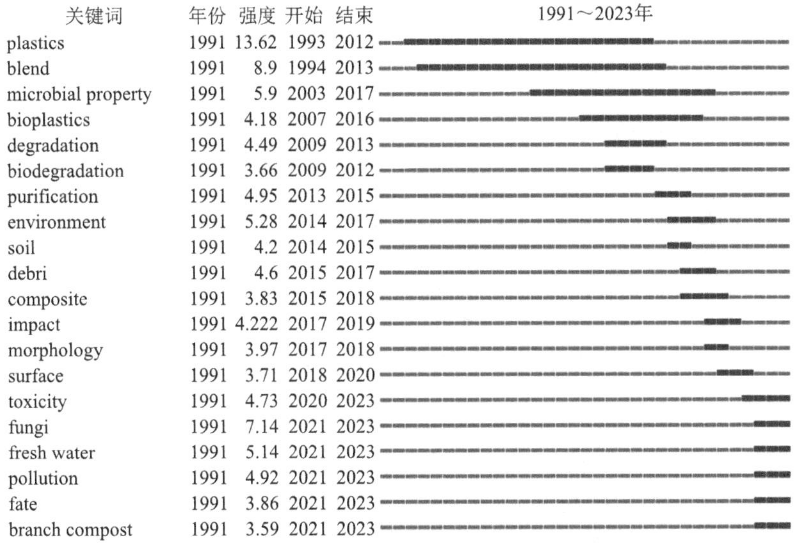

关键词	年份	强度	开始	结束	1991～2023年
plastics	1991	13.62	1993	2012	
blend	1991	8.9	1994	2013	
microbial property	1991	5.9	2003	2017	
bioplastics	1991	4.18	2007	2016	
degradation	1991	4.49	2009	2013	
biodegradation	1991	3.66	2009	2012	
purification	1991	4.95	2013	2015	
environment	1991	5.28	2014	2017	
soil	1991	4.2	2014	2015	
debri	1991	4.6	2015	2017	
composite	1991	3.83	2015	2018	
impact	1991	4.222	2017	2019	
morphology	1991	3.97	2017	2018	
surface	1991	3.71	2018	2020	
toxicity	1991	4.73	2020	2023	
fungi	1991	7.14	2021	2023	
fresh water	1991	5.14	2021	2023	
pollution	1991	4.92	2021	2023	
fate	1991	3.86	2021	2023	
branch compost	1991	3.59	2021	2023	

图 2-9　引用突现强度最高的前 20 个关键词
（扫描封底二维码可查看本书彩图内容）

2.4.4　关键词时序演变特征分析

为了预测塑料生物降解研究的总体趋势，我们使用年度快照来表示关键词的发展时间线区域（图 2-10）。每个节点代表一个关键词。关键词在数据集中重复出现的次数用"十字"表示。环的颜色表示出现的时间段。在某个时间段内出现的次数与环的粗细直接相关。几个关键词之间的关系表示它们在同一篇论文中同时出现[82]。如关键词时间轴区域所示（图 2-10），在 1991 年 1 月至 2023 年 5 月期间，与塑料生物降解相关的研究经历了四个阶段。

（1）在第一阶段（1991～1998 年），除"塑料（plastics）"、"降解（degradation）"和"生物降解（biodegradation）"等一般关键词外，其他具体的关键词还未得到人们的关注。1994 年期间，塑料的生物降解研究主要针对 PE。人们试图通过微生物外酶促进商业上可光降解 PE 的降解。早期的一项研究结论认为，非生物氧化必须先于生物降解[83]。Otake 等[13]在一项著名的研究中对埋在土壤中超过 32 年的 PE 薄膜和瓶子进行了凝胶渗透色谱法（GPC）和傅里叶变换红外光谱法（FTIR）测试，结果表明薄膜和瓶子确实发生了生物降解，但降解速度非常缓慢。

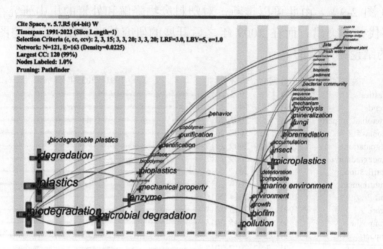

图 2-10　研究关键词的时区分布图

（2）在第二阶段（1999～2010 年），"微生物降解（microbial degradation）"、"酶（enzyme）"和"纯化（purification）"等关键词在塑料生物降解研究中逐渐流行起来。研究人员利用来自不同环境（包括土壤、垃圾填埋场、污泥和其他污染区域）的酶、细菌或菌群，确定了原生 PE 的生物降解效率极低[84-88]。

（3）在第三阶段（2013～2016 年），"污染（pollution）"、"海洋环境（marine environment）"、"微塑料（microplastics）"、"恶化(deterioration)"和"环境(environment)"等关键词在塑料生物降解研究中受到密切关注。在此期间，关注和控制塑料环境污染的研究成为人们关注的主要话题，导致相关出版物数量激增。

值得注意的是，由塑料废弃物降解产生的关键词"微塑料"开始出现在人们的视野中。微塑料的尺寸很小，因此能够被土栖动物摄入[89-92]。由于这些被消化的塑料可在土壤食物链中进行生物累积，并影响所有营养级的动物，且由于塑料碎片和 MPs 可进一步破碎成纳米塑料（NPs，1～1000 nm），被认为是一种新出现的环境和人类健康风险[93]。此外，塑料中含有添加剂，包括稳定剂、增塑剂和根据需要添加的化学品[18]，这意味着在环境中可能会发生复杂的生化反应。从环境中析出的塑料添加剂（如增塑剂、软化剂和抗氧化剂）具有致畸性和致突变性，会诱发哺乳动物的生殖毒性、神经毒性和免疫毒性。图 2-11 展示了塑料的去向及其对环境和生态系统的负面影响。据联合国环境规划署报道，在环境和生态科学研究领域，解决如此大量的塑料污染所带来的严重环境和生态问题的第二大科学问题是塑料污染。

图 2-11　塑料废物、碎片、微塑料和纳米塑料的去向及其对环境和生态系统的负面影响

（4）2016 年至今，"昆虫（insect）"、"细菌群落（microbial community）"、"新陈代谢（metabolism）"、"解聚（degradation）"和"生物降解（biodegradation）"等关键词成为塑料生物降解的最新研究热点（图 2-10）。昆虫及其幼虫对石油基塑料的生物降解能力的发现，为探索塑料废弃物和碎片在环境中的去向开辟了一条新的道路。随着该领域研究的不断深入，对昆虫引起的塑料生物降解过程的研究也在进行并逐渐增加。

生物降解被认为是降解塑料废弃物最具有可持续发展潜力的途径，可通过生物摄取塑料碳源的方法完全降解塑料废弃物，并使塑料废弃物最终以 CO_2 和 H_2O 等产物的形式进入地球化学循环，同时产生能源和合成生物质[94-97]。石油基塑料的微生物降解至少包括四个步骤（图 2-12）：①附着在聚合物表面；②解聚或分解聚合物链为单体或降解中间体；③降解中间体为低分子代谢物，如脂肪酸、醇等；④降解产物矿化为 CO_2 和 H_2O。随着塑料生物降解的进行，能源的产生和微生物生物质的合成相互关联。然而，通过自然生物降解清除塑料废物极具挑战性，因为塑料大量降解或清除的速度通常是以周、月或年为单位进行评估的，降解速度非常缓慢[10,84,98-102]。由于塑料的结构组成复杂、分子量大、表面疏水，自然环境中的大多数塑料都不易被微生物分解[31,103]。这些特性使得微生物酶极难在聚合物内部发挥作用。然而，昆虫体内的塑料生物降解速率（如果发生的话）比体外任何塑料降解微生物都要快得多，例如，从黄粉虫体内分离出的细菌菌株被发现能够在两个月内将 LDPE 的质量减少 8%～10%[62,104]，而黄粉虫在 12～15 小时内就能将摄入的 LDPE 质量减少 40%以上[46]。

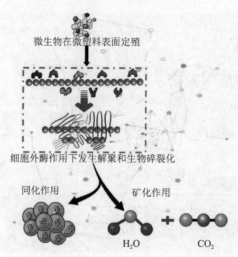

微生物在微塑料表面定殖

细胞外酶作用下发生解聚和生物碎裂化

同化作用　　　　　　矿化作用

H_2O　　　　CO_2

图 2-12　微生物降解塑料聚合物的概念和步骤

2.5 结 束 语

　　对塑料生物降解的研究始于 20 世纪 60 年代初，到 1965 年，相关文献将"生物降解"和"塑料"这两个关键词串联在一起。如今，塑料的生物降解不仅已成为全球关注的主流问题，也是环境科学和工程学的一个主要研究领域。许多科学家、研究人员和工程师在这一领域做出了巨大努力。最早的生物劣化/生物降解研究始于 PVC、PS 和可堆肥聚合物聚乳酸（PLA），1967 年出现了关于合成聚合物生物降解的综述文章。20 世纪 70 年代，对塑料生物降解的研究逐渐增多，在 [14]C 标签塑料可用于测试后，PVC、PS、LDPE 和 HDPE 成为研究重点。

　　直到 20 世纪 90 年代，早期的研究结果表明，大多数石油基塑料对生物降解具有极强的抵抗力，促使人们对塑料废物在环境中的命运得出悲观的结论。1990～2000 年期间，通过各种方法探索可生物降解塑料和测试新产品的生物降解性的研究占据了主导地位。可降解的长链分子聚合物（如淀粉）对现有塑料结构的修饰作用得到了人们的重视。研究人员开始寻找可生物降解聚合物（如PLA、PBAT 等）的合成方法，并通过天然聚合物（如 PHBV）生产可替代产品。

　　21 世纪初期，对微生物降解的研究证明，塑料在环境中的生物降解速度十分缓慢，降解时间以数月甚至数年计算。此外，正是在这一时期，从环境中分离、选择和工程化可降解塑料的微生物，以及随后对降解塑料的酶进行表征和工程化，吸引了越来越多的研究者的兴趣。尽管早在 20 世纪 50 年代就有关于塑料在昆虫幼虫（尤其是拟步甲科和螟蛾科等）肠道中的渗透、破坏和摄入的报道，但到在 21 世纪 10 年代，人们才发现并验证了塑料可以在一些昆虫幼虫的肠道中快速降解，其降解速率以小时为单位进行评估。在以塑料为食的无脊椎动物（主要是昆虫及其肠道微生物群）体内的生物降解，已成为塑料生物降解方面一个颇具吸引力的话题。

近十年来，随着研究工作的加快，人们发现所有的主要塑料产品，包括 PE、PP、PVC、PS、PUR 等都可以在降解塑料的昆虫体内进行生物降解，而且降解速率以小时为单位。关于塑料在昆虫及其肠道微生物群落中的生物降解过程以及降解机理的研究取得了重大的进展，为了解聚合物类型和物理化学结构对生物降解的影响、宿主与肠道微生物之间的相互作用、与降解相关的基因和酶、提高生物利用率的消化因素以及影响和调控生物降解的因素等提供了新的认识。

我们预计，除了其他各种相关课题的扩展，昆虫体内的塑料生物降解及其肠道微生物组将继续成为未来的研究热点。目前，有关昆虫体内塑料生物降解的研究大多集中在环境科学、生物学和微生物学领域。这项研究的发现有可能使人们对塑料在环境中的命运有新的认识，并有助于环境监管和塑料废物的管理，同时有助于开发可用于塑料回收、资源回收和废物处理解决方案的生物技术。

参 考 文 献

[1] Bowden M E. Chemical achievers: The human face of the chemical sciences. Philadelphia, PA: Chemical Heritage Foundation, 1997.

[2] Plastics Europe. An analysis of European plastics production, demand and waste data. Plastics-the Facts, 2021: 1-42.

[3] Geyer R, Jambeck J R, Law K L. Production, use, and fate of all plastics ever made. Science Advances, 2017, 3: e1700782.

[4] Bahl S, Dolma J, Singh J J, et al. Biodegradation of plastics: A state of the art review//Materials Today-Proceedings. Amsterdam: Elsevier, 2021: 31-34.

[5] An L, Liu Q, Deng Y, et al. Sources of microplastic in the environment. Microplastics in terrestrial environments-emerging contaminants and major challenges. The Handbook of Environmental Chemistry, 2020, 95: 143-159.

[6] United Nations Environment Programme. The State of Plastics: World Environment Day Outlook 2018. United Nations Environment Programme, ecosystems and biodiversity, 2018.

[7] Brown A E. The problem of fugal growth on synthetic resins. Modern Plastics, 1945, 23: 189.

[8] Mills J, Klausmeier R F. The biodeterioration of synthetic polymers and plasticizers. Critical Reviews in Environmental Control, 1974, 4: 341-351.

[9] Sharpe A N, Woodrow M N. A rapid test for biodegradability of PVC film by pseudomonads. Journal of Applied Bacteriology, 1971, 34(2): 485-489.

[10] Albertsson A C. Biodegradation of synthetic polymers. II. A limited microbial conversion of ^{14}C in polyethylene to $^{14}CO_2$ by some soil fungi. Journal of Applied Polymer Science, 1978, 22: 3419-3433.

[11] Albertsson A C. The shape of the biodegradation curve for low and high density polyethenes in prolonged series of experiments. European Polymer Journal, 1980, 16: 623-630.

[12] Albertsson A C, Sares C, Karlsson S. Increased biodegradation of LDPE with nonionic surfactant. Acta Polymerica, 1993, 44(5): 243-246.

[13] Otake Y, Kobayashi T, Asabe H, et al. Biodegradation of low-density polyethylene, polystyrene, polyvinyl-chloride, and urea-formaldehyde resin buried under soil for over 32 years. Journal of Applied Polymer Science, 1995, 56: 1789-1796.

[14] Shimao M. Biodegradation of plastics. Current Opinion in Biotechnology, 2001, 12: 242-247.

[15] Shah A A, Hasan F, Hameed A, et al. Biological degradation of plastics: A comprehensive review. Biotechnology Advances, 2008, 26: 246-265.

[16] Matjašič T, Simčič T, Medvešček N, et al. Critical evaluation of biodegradation studies on synthetic plastics through a systematic literature review. Science of the Total Environment, 2021, 752.

[17] Jadaun J S, Bansal S, Sonthalia A, et al. Biodegradation of plastics for sustainable environment. Bioresource Technology, 2022, 347: 126697.

[18] Kumar G A, Anjana K, Hinduja M, et al. Review on plastic wastes in marine environment: Biodegradation and biotechnological solutions. Marine Pollution Bulletin, 2020, 150: 110733.

[19] Garcia-Depraect O, Bordel S, Lebrero R, et al. Inspired by nature: Microbial production, degradation and valorization of biodegradable bioplastics for life-cycle-engineered products. Biotechnology Advances, 2021, 53: 107772.

[20] Restrepo-Flórez J M, Bassi A, Thompson M R. Microbial degradation and deterioration of polyethylene: A review. International Biodeterioration and Biodegradation, 2014, 88: 83-90.

[21] Sharma B, Jain P. Deciphering the advances in bioaugmentation of plastic wastes. Journal of Cleaner Production, 2020, 275: 123241.

[22] Skariyachan S, Taskeen N, Kishore A P, et al. Recent advances in plastic degradation: From microbial consortia-based methods to data sciences and computational biology driven approaches. Journal of Hazardous Materials, 2022, 426: 128086.

[23] Gan Z Q, Zhang H J. PMBD: A comprehensive plastics microbial biodegradation database. Database, 2019, 1-11.

[24] Li J, Goerlandt F, Reniers G. Mapping process safety: A retrospective scientometric analysis of three process safety related journals (1999—2018). Journal of Loss Prevention in the Process Industries, 2020, 65: 104141.

[25] Du H, Wei L, Brown M A, Wang Y, et al. A bibliometric analysis of recent energy efficiency literatures: An expanding and shifting focus. Energy Efficiency, 2013, 6: 177-190.

[26] Tang M, Hong J, Guo S, et al. A bibliometric review of urban energy metabolism: Evolutionary trends and the application of network analytical methods. Journal of Cleaner Production, 2021, 279: 123403.

[27] Chen C M. CiteSpace II: Detecting and visualizing emerging trends and transient patterns in scientific literature. Journal of the American Society for Information Science and Technology, 2006, 57: 359-377.

[28] Hu W, Li C, Ye C, et al. Research progress on ecological models in the field of water eutrophication: CiteSpace analysis based on data from the ISI web of science database. Ecological Modelling, 2019, 410: 108779.

[29] Zeb A, Liu W, Wu J, et al. Knowledge domain and emerging trends in nanoparticles and plants interaction research: A scientometric analysis. NanoImpact. 2021, 21: 100278.

[30] Zhong Z, Nong W, Xie Y, et al. Long-term effect of plastic feeding on growth and transcriptomic response of mealworms (*Tenebrio molitor* L.). Chemosphere, 2022, 287(1): 132063.

[31] Min K, Cuiffi J D, Mathers R T. Ranking environmental degradation trends of plastic marine debris based on physical properties and molecular structure. Nature Communications, 2020, 11(1): 727.

[32] Ahmed T, Shahid M, Azeem F, et al. Biodegradation of plastics: Current scenario and future prospects for environmental safety. Environmental Science and Pollution Research, 2018, 25: 7287-7298.

[33] Chen C, Leydesdorff L. Patterns of connections and movements in dual-map overlays: A New method of publication portfolio analysis. Journal of the Association for Information Science and Technology, 2014, 65: 334-351.

[34] Chen X, Cheng X, Meng H, et al. Past, present, and future perspectives on the assessment of bioavailability/bioaccessibility of polycyclic aromatic hydrocarbons: A 20-year systemic review based on scientific econometrics. Science of the Total Environment, 2021, 774: 145585.

[35] Muenmee S, Chiemchaisri W, Chiemchaisri C. Enhancement of biodegradation of plastic wastes via methane oxidation in semi-aerobic landfill. International Biodeterioration and Biodegradation. 2016, 113: 244-255.

[36] DSouza G C, Sheriff R S, Ullanat V, et al. Fungal biodegradation of low-density polyethylene using consortium of *Aspergillus* species under controlled conditions. Heliyon, 2021, 7(5): e07008.

[37] Compa M, Alomar C, Wilcox C, et al. Risk assessment of plastic pollution on marine diversity in the Mediterranean Sea. Science of the Total Environment, 2019, 678: 188-196.

[38] Lambert S, Wagner M. Environmental performance of bio-based and biodegradable plastics: The road ahead. Chemical Society Reviews, 2017, 46: 6855-6871.

[39] Gao H, Ding X H, Wu S. Exploring the domain of open innovation: Bibliometric and content analyses. Journal of Cleaner Production, 2020, 275: 122580.

[40] Chen C. Science mapping: A systematic review of the literature. Journal of Data and Information Science, 2017, 2: 1-40.

[41] Li C, Ji X, Luo X. Phytoremediation of heavy metal pollution: A bibliometric and scientometric analysis from 1989 to 2018. International Journal of Environmental Research and Public Health, 2019, 16: 4755.

[42] Yoshida S, Hiraga K, Takehana T, et al. A bacterium that degrades and assimilates poly(ethylene terephthalate). Science, 2016, 351: 1196-1199.

[43] Austin H P, Allen M D, Donohoe B S, et al. Characterization and engineering of a plastic-

degrading aromatic polyesterase. Proceedings of the National Academy of Sciences of the United States of America, 2018, 115(19): E4350-E4357.

[44] Danso D, Chow J, Streit W R. Plastics: Environmental and biotechnological perspectives on microbial degradation. Applied and Environmental Microbiology, 2019, 85(19): e01095-19.

[45] Jambeck J R, Geyer R, Wilcox C, et al. Plastic waste inputs from land into the ocean. Science, 2015, 347(6223): 768-771.

[46] Brandon A M, Gao S H, Tian R, et al. Biodegradation of polyethylene and plastic mixtures in mealworms (larvae of *Tenebrio molitor*) and effects on the gut microbiome. Environmental Science & Technology, 2018, 52: 6526-6533.

[47] Auta H S, Emenike C U, Jayanthi B, et al. Growth kinetics and biodeterioration of polypropylene microplastics by *Bacillus* sp. and *Rhodococcus* sp. isolated from mangrove sediment. Marine Pollution Bulletin, 2018, 127: 15-21.

[48] Wei R, Zimmermann W. Microbial enzymes for the recycling of recalcitrant petroleum-based plastics: How far are we? Microbial Biotechnology, 2017, 10: 1308-1322.

[49] Muhonja C N, Makonde H, Magoma G, et al. Biodegradability of polyethylene by bacteria and fungi from Dandora dumpsite Nairobi-Kenya. PloS One, 2018, 13(7): e0198446.

[50] Chamas A, Moon H, Zheng J J, et al. Degradation rates of plastics in the environment. ACS Sustainable Chemistry & Engineering, 2020, 8(9): 3494-3511.

[51] Pathak V M. Navneet review on the current status of polymer degradation: A microbial approach. Bioresources and Bioprocessing, 2017, 4(15): doi.org/10.1186/s40643-017-0145-9.

[52] Bombelli P, Howe C J, Bertocchini F. Polyethylene bio-degradation by caterpillars of the wax moth *Galleria mellonella*. Current Biology, 2017, 27: R292-R293.

[53] Mohanan N, Montazer Z, Sharma P K, et al. Microbial and enzymatic degradation of synthetic plastics. Frontiers in Microbiology, 2020, 11.

[54] Joo S, Cho I J, Seo H, et al. Structural insight into molecular mechanism of poly(ethylene terephthalate) degradation. Nature Communications, 2018, 9: 580789.

[55] Tournier V, Topham C M, Gilles A , et al. An engineered PET depolymerase to break down and recycle plastic bottles. Nature, 2020, 580(7802): 216-219.

[56] Paco A, Duarte K, da Costa J P, et al. Biodegradation of polyethylene microplastics by the marine fungus *Zalerion maritimum*. Science of the Total Environment, 2017, 586: 10-15.

[57] Yang Y, Yang J, Wu W M, et al. Biodegradation and mineralization of polystyrene by plastic-eating mealworms: Part 1. Chemical and physical characterization and isotopic tests. Environmental Science & Technology, 2015a, 49: 12080-12086.

[58] Skariyachan S, Patil A A, Shankar A, et al. Enhanced polymer degradation of polyethylene and polypropylene by novel thermophilic consortia of *Brevibacillus* sps. and *Aneurinibacillus* sp. screened from waste management landfills and sewage treatment plants. Polymer Degradation and Stability, 2018, 149: 52-68.

[59] Ru J K, Huo Y X, Yang Y. Microbial degradation and valorization of plastic wastes. Frontiers in Microbiology, 2020, 11: 00442.

[60] Wilkes R A, Aristilde L. Degradation and metabolism of synthetic plastics and associated

products by *Pseudomonas* sp.: Capabilities and challenges. Journal of Applied Microbiology, 2017, 123(3): 582-593.

[61] Gerhardt P D, Lindgren D L. Penetration of various packaging films by common stored-product insects1. Journal of Economic Entomology, 1954, 47: 282-287.

[62] Yang J, Yang Y, Wu W M, et al. Evidence of polyethylene biodegradation by bacterial strains from the guts of plastic-eating waxworms. Environmental Science & Technology, 2014, 48: 13776-13784.

[63] Cline L D. Penetration of seven common flexible packaging materials by larvae and adults of eleven species of stored product insects. Journal of Economic Entomology, 1978, 71: 726-729.

[64] Newton J. Insects and packaging: A review. International Biodeterioration & Biodegradation, 1988, 24: 175-187.

[65] Peng B Y, Su Y, Chen Z, et al. Biodegradation of polystyrene by dark (*Tenebrio obscurus*) and yellow (*Tenebrio molitor*) mealworms (Coleoptera: Tenebrionidae). Environmental Science & Technology, 2019, 53: 5256-5265.

[66] Peng B Y, Li Y, Fan R, et al. Biodegradation of low-density polyethylene and polystyrene in superworms, larvae of *Zophobas atratus* (Coleoptera: Tenebrionidae): Broad and limited extent depolymerization. Environmental Pollution, 2020a, 266: 115206.

[67] Wang Z, Xin X, Shi X, et al. A polystyrene-degrading Acinetobacter bacterium isolated from the larvae of *Tribolium castaneum*. Science of the Total Environment, 2020, 726: 138564.

[68] Woo S, Song I, Cha H J. Fast and facile biodegradation of polystyrene by the gut microbial flora of *Plesiophthalmus davidis* larvae. Applied and Environmental Microbiology, 2020, 86: e01361-20.

[69] Cucini C, Leo C, Vitale M, et al. Bacterial and fungal diversity in the gut of polystyrene-feed *Alphitobius diaperinus* (Insecta: Coleoptera). Animal Gene, 2020, 17-18: 200109.

[70] Kundungal H, Synshiang K, Devipriya S P. Biodegradation of polystyrene wastes by a newly reported honey bee pest *Uloma* sp. larvae: An insight to the ability of polystyrene fed larvae to complete its life cycle. Environmental Challenges, 2021, 4: 100083.

[71] Lou Y, Ekaterina P, Yang S S, et al. Biodegradation of polyethylene and polystyrene by greater wax moth larvae (*Galleria mellonella* L.) and the effect of co-diet supplementation on the core gut microbiome. Environmental Science & Technology, 2020, 54(5): 2821-2831.

[72] Mahmoud E A, Al-Hagar O E A, Abd El-Aziz M F. Gamma radiation effect on the midgut bacteria of *Plodia interpunctella* and its role in organic wastes biodegradation. International Journal of Tropical Insect Science, 2021, 41: 261-272.

[73] Zhu P, Pan X, Li X, et al. Biodegradation of plastics from waste electrical and electronic equipment by greater wax moth larvae (*Galleria mellonella*). Journal of Cleaner Production, 2021, 310: 127346.

[74] Kesti S S, Thimmappa S C. First report on biodegradation of low density polyethylene by rice moth larvae, *Corcyra cephalonica* (Stainton). The Holistic Approach to Environment, 2019, 4: 79-83.

[75] Kundungal H, Gangarapu M, Sarangapani S, et al. Efficient biodegradation of polyethylene

(HDPE) waste by the plastic-eating lesser waxworm (*Achroia grisella*). Environmental Science and Pollution Research, 2019a, 26: 18509-18519.

[76] Yang, S S, Wu W M. Biodegradation of plastics in *Tenebrio genus* (mealworms). Microplastics in terrestrial environments-emerging contaminants and major challenges. The Handbook of Environmental Chemistry, 2020, 95: 385-422.

[77] Calmont B, Soldati F. Ecologie et biologie de *Tenebrio opacus* Duftschmid, 1812 Distribution et détermination des espèces françaises du genre *Tenebrio Linnaeus*, 1758 (Coleoptera, Tenebrionidae). Revue de l'Association Roussillonnaise d'Entomologie, 2008, T XVII (3), 81-87.

[78] Chen M H, Chang Y Y, Lee C Y. Creative entrepreneurs' guanxi networks and success: Information and resource. Journal of Business Research, 2015, 68: 900-905.

[79] He K, Zhang J, Zeng Y. Knowledge domain and emerging trends of agricultural waste management in the field of social science: A scientometric review. Science of the Total Environment, 2019, 670: 236-244.

[80] Dong G Z, Li R G, Yang W, et al. Microblog burst keywords detection based on social trust and dynamics model. Chinese Journal of Electronics, 2014, 23: 695-700.

[81] Jiang K, Ashworth P. The development of Carbon Capture Utilization and Storage (CCUS) research in China: A bibliometric perspective. Renewable and Sustainable Energy Reviews, 2021, 138: 110521.

[82] Li Z, Xu S, Yao L. A Systematic literature mining of sponge city: Trends, foci and challenges standing ahead. Sustainability, 2018, 10: 1182.

[83] Arnaud R, Dabin P, Lemaire J, et al. Photooxidation and biodegradation of commercial photodegradable polyethylenes. Polymer Degradation and Stability,1994, 46: 211-224.

[84] Guillet J E, Regulski T W, Mcaneney T B J. Biodegradability of photodegraded polymers. II. Tracer studies of biooxidation of ecolyte PS polystyrene. Environmental Science & Technology, 2002, 8: 923-925.

[85] Sivan A, Szanto M, Pavlov V. Biofilm development of the polyethylene-degrading bacterium *Rhodococcus ruber*. Applied Microbiology and Biotechnology, 2006, 72: 346-352.

[86] Atiq N, Ahmed S, Ali M I, et al. Isolation and identification of polystyrene biodegrading bacteria from soil. African Journal of Microbiology Research, 2010, 4: 1537-1541.

[87] Kyaw B M, Champakalakshmi R, Sakharkar M K, et al. Biodegradation of low density polythene (LDPE) by *Pseudomonas* species. Indian Journal of Microbiology, 2012, 52: 411-419.

[88] Tribedi P, Sil A K. Low-density polyethylene degradation by *Pseudomonas* sp. AKS2 biofilm. Environmental Science and Pollution Research, 2013, 20: 4146-4153.

[89] Rillig M C. Microplastic in terrestrial ecosystems and the soil? Environmental Science & Technology, 2012, 46: 6453-6454.

[90] Huerta Lwanga E, Gertsen H, Gooren H, et al. Microplastics in the terrestrial ecosystem: Implications for *Lumbricus terrestris* (Oligochaeta, Lumbricidae). Environmental Science & Technology, 2016, 50: 2685-2691.

[91] Cao D, Wang X, Luo X, et al. Effects of polystyrene microplastics on the fitness of earthworms in an agricultural soil//3rd International Conference on Energy Materials and Environment

Engineering. Iop Publishing Ltd Bristol, 2017: 012148.

[92] Rodriguez-Seijo A, Lourenco J, Rocha-Santos T A P, et al. Histopathological and molecular effects of microplastics in *Eisenia andrei* Bouche. Environmental Pollution, 2017, 220: 495-503.

[93] Wang L W, Wu W M, Bolan N S, et al. Environmental fate, toxicity, and risk management strategies of nanoplastics in the environment: Current status and future perspectives. Journal of Hazardous Materials, 2021, 401.

[94] Kunwar B, Cheng H N, Chandrashekaran S R, et al. Plastics to fuel: A review. Renewable and Sustainable Energy Reviews, 2016, 54: 421-428.

[95] Benavides P T, Lee U, Zare-Mehrjerdi O. Life cycle greenhouse gas emissions and energy use of polylactic acid, bio-derived polyethylene, and fossil-derived polyethylene. Journal of Cleaner Production, 2020, 277: 124010.

[96] Hayes D G. Commentary: The relationship between "biobased," "biodegradability" and "Environmentally-Friendliness (or the Absence Thereof)". Journal of the American Oil Chemists' Society, 2017, 94(11): 1329-1331.

[97] Iwata T, Gan H, Togo A, et al. Recent developments in microbial polyester fiber and polysaccharide ester derivative research. Polymer Journal, 2021, 53(2): 2211-2238.

[98] Sielicki M, Focht D D, Martin J P. Microbial degradation of [^{14}C] polystyrene and 1,3-diphenylbutane. Canadian Journal of Microbiology, 1978, 24: 798-803.

[99] Kaplan D L, Hartenstein R, Sutter J. Biodegradation of polystyrene, poly(metnyl methacrylate), and phenol formaldehyde. Applied and Environmental Microbiology, 1979, 38: 551-553.

[100] Yamada-Onodera K, Mukumoto H, Katsuyaya Y, et al. Degradation of polyethylene by a fungus, *Penicillium simplicissimum* YK. Polymer Degradation and Stability, 2001, 72: 323-327.

[101] Cacciari I, Quatrini P, Zirletta G, et al. Isotactic polypropylene biodegradation by a microbial community-physicochemical characterization of metabolites produced. Applied and Environmental Microbiology, 1993, 59: 3695-3700.

[102] Arkatkar A, Juwarkar A A, Bhaduri S, et al. Growth of *Pseudomonas* and *Bacillus* biofilms on pretreated polypropylene surface. International Biodeterioration and Biodegradation, 2010, 64: 530-536.

[103] Lucas N, Bienaime C, Belloy C, et al. Polymer biodegradation: Mechanisms and estimation techniques. Chemosphere, 2008, 73: 429-442.

[104] Yin, C F, Xu Y, Zhou N Y. Biodegradation of polyethylene mulching films by a co-culture of *Acinetobacter* sp. strain NyZ450 and *Bacillus* sp. strain NyZ451 isolated from *Tenebrio molitor* larvae. International Biodeterioration and Biodegradation, 2020, 155: 105089.

3 微生物对塑料的生物降解

3.1 塑料的微生物降解技术

塑料废弃物的生物处理指利用生物代谢过程对塑料高聚物进行解聚降解，将其转化为二氧化碳、水和生物质等降解产物，最终进入生物地球化学循环。与传统的塑料废弃物处理方法相比，生物处理技术具有较小的二次污染可能性。因此，利用生物技术进行塑料降解被认为具有更好的环境生态效益和成本效益而成为研究的热点。由于塑料制品的高分子量结构的复杂性和疏水性表面，大多数塑料都无法被微生物分解。这些特性使得微生物酶无法接触到聚合物。几十年来，人们一直在研究塑料在各种环境中的分解和降解潜力，以探究塑料在环境中的归宿，并找到解决塑料废物日益积累问题的办法。然而，这些塑料大多不耐微生物的生物降解，降解速度通常非常缓慢。

微生物降解方法是一种被广泛认可的主流的自然降解机制，利用该方法进行塑料废弃物管理被认为具有更好的环境生态效益和成本效益。微生物降解技术可以原位进行，并涉及自然过程，这使得它成为修复环境时最理想的方法。细菌、真菌以及藻类都被报道可以降解塑料聚合物。细菌可以栖息在塑料污染的土壤或水体中代谢塑料。目前，已经报道的 *Bacillus* spp.、*Pseudomonas* spp.和 *Streptomyces* spp.细菌菌株对不同塑料显示出较高的降解效率；而真菌菌丝分布面积较广，可以通过菌丝穿透聚合物物质表面，以便有效地进入和降解传统的塑料聚合物；对于胞外酶（例如解聚酶）对塑料的生物降解过程，也可以通过菌丝体分泌到细胞外并将聚合物分解成低聚物、二聚体和单体，随后产生的单体可以被真菌细胞内酶同化和矿化[1]。与细菌相比，真菌分泌的酶浓度更高。真菌对聚合物的降解率高于细菌，然而。真菌在降解塑料的过程中需要比细菌更稳定的环境条件[2]。部分研究表明，藻类也具有降解塑料聚合物的能力，丝状蓝绿藻（如 *Anabaena spiroides*）能够在 PE 废物的表面生长并显示出在塑料表面定殖的潜力。Moog 等[3]以及 Gopal 等[4]近年来还报道了几种硅藻和蓝藻降解 PE 的研究进展。微生物降解为废弃塑料的绿色、清洁处理提供了条件，高效塑料降解微生物的筛选为发展塑料废物生物处理技术提供了帮助。

3.2   微生物对塑料生物降解的研究进展

常见的聚烯烃塑料，包括不同类型的 PE、PP、PS 和 PVC 等，归类为不可水解聚合物，由具有生物降解抗性的 C—C 和 C—H 键链接，其键能远高于 C—O 和 C—N 键，这意味着聚烯烃比由酯键组成的塑料（如 PET 和 PU）更耐降解[5]。聚烯烃塑料由具有高度疏水性的碳氢化合物组成[6]，由于没有可用的官能团供水解或供微生物攻击，其在自然环境中的降解速度非常缓慢[7]。尽管自 20 世纪 60 年代以来，研究人员一直在研究塑料垃圾的微生物降解，但"顽固的"塑料被认为是生物化学惰性的，因为它们：①C—C 为惰性骨架结构，完全没有官能团；②大分子量长链结构形成空间位阻，使高分子塑料无法直接进入微生物细胞而被细胞内酶降解；③极其疏水的表面，很难被普通生物酶攻击或水解，只能通过高能氧化反应分解。这些特性使得它们极难被生物降解，到目前为止，很少有微生物和酶能够显著氧化塑料结构。目前，研究者在一些大型无脊椎动物对塑料的生物降解方面已经取得了重大发现。2019 年，欧盟将昆虫进食塑料列为 100 项创新技术之一。

3.2.1   聚苯乙烯塑料的生物降解研究进展

研究人员对 PS 塑料生物降解的研究工作始于 20 世纪 70 年代，国内外研究人员曾尝试通过提出不同假设（包含 PS、改性 PS 以及与其他物质混合的 PS）以揭示 PS 的生物降解过程。目前已报道的可降解 PS 的微生物主要有 *Alcaligenes* sp.、*Bacillus* sp.、*Exiguobacterium* sp.、*Pseudomonas* sp. 和 *Salmonella* sp.等。

为了准确定量测定土壤微生物降解 PS 的速率，加拿大多伦多大学化学系 Guillet 等在 1974 年首次用 α-和 β-^{14}C 标记的苯乙烯单体合成了 ^{14}C 标记的 PS 单体（85%）和非标记的乙烯基甲酮（5%）的共聚物进行生物降解的研究，证实了土壤微生物对 PS 的生物降解速率较为缓慢[8]。Kaplan 等研究的无菌培养真菌和混合微生物菌群对 PS 的生物降解也非常缓慢[9]。Sielicki 等通过测量释放的 $^{14}CO_2$ 来研究[β-^{14}C]PS 在土壤和液体富集培养基中的生物降解能力，研究表明经过 4 个月的富集培养，仅有 1.5%~3.0%的 PS 被降解[10]。尽管此实验中 PS 去除有限，但其结果已经高于 Kaplan 等[9]研究报道的 15~30 倍。然而，在 1980~2000 年间，极少有关于 PS 生物降解研究的报道。2010 年，Chen 等将天然淀粉通过硅化、干燥等处理后作为添加剂加入到 PS 中，发现 PS 降解速率明显快于单独添加 PS 塑料 [11]。

直到 2011 年，PS 塑料的生物降解研究取得了突破性进展。Oikawa 等首次报道了关于分离高效降解 PS 降解菌的研究。Oikawa 的研究中采用重量损失法测试了从土壤中分离的 5 株细菌对苯乙烯单体和 PS 的降解能力，其中黄单胞菌属

Xanthomonas sp.和鞘氨醇杆菌属 *Sphingobacterium* sp.能降解 PS，芽孢杆菌属 *Bacillus* sp. STR-Y-O 可同时降解苯乙烯单体和 PS[12]。Sekhar 等从垃圾填埋厂中分离得到了 4 种能够降解高抗冲性聚苯乙烯（high impact polystyrene，HIPS）的细菌：*Enterobacter* sp.、*Alcaligenes* sp.、*Citrobacter sedlakii* 和 *Brevundimonas diminuta*，研究结果表明，分离得到的 4 种降解菌在 30 天内可使 HIPS 的质量下降 12.4%[13]。同样的，Mohan 等从垃圾填埋区域分离得到具有降解 HIPS 能力的 1 株芽孢杆菌 *Bacillus* sp.和 1 株假单胞菌 *Pseudomonas* sp.，其中芽孢杆菌处理 30 天后 HIPS 膜的重量减少了 23%[14]。2017 年，南京大学季荣教授团队分离得到一株 *Penicillium variabile* CCF3219，该菌株可以有效地降解 [14]C 标记的 PE 聚合物，臭氧氧化预处理 PE 聚合物可有效强化其被真菌降解的效率[15]。同年，Auta 等在马来半岛的红树林沉积物中分离出的 *Bacillus cereus* 和 *Bacillus gottheilii* 均表现出对 PS 的降解潜力[16]。2021 年，Kim 等研究报道了从各种土壤中获得的两株嗜温细菌 *Pseudomonas lini* JNU01 和 *Acinetobacter*，这两株嗜温细菌在以 PS 为唯一碳源的选择培养基上富集，其生物量生长了三倍以上，红外光谱（FTIR）结果证实了 PS 的氧化，并进一步明确了 *Pseudomonas lini* JNU01 中的烷烃单加氧酶（alkane-1-monooxygenase，AlkB）参与了 PS 的生物降解过程[17]。如上所述，尽管前期报道的关于 PS 生物降解的研究其降解能力有限，但仍显示出令人鼓舞的研究前景。对于环境中是否存在某些微生物在其生存条件下能够快速降解 PS 还需要更多的研究。

总结来说，尽管 PS 中的苯环使其单体比 PE 和 PP 的单体更难降解，然而，研究人员已经发现多种可能参与 PS 降解的微生物，包括细菌菌株，如 *Xanthomonas* sp.、*Sphingobacterium* sp.、*Bacillus* sp. STR-YO、*P. putida* CA-3、*P. aeruginosa*、*Rhodococcus ruber* C208、*Microbacterium* sp. NA23、*Paenibacillus urinalis* NA26、*Bacillus* sp. NB6、*B. subtilis*、*Staphylococcus aureus*、*Streptococcus pyogenes*；以及真菌菌株如 *Curvularia* sp.、*Rhizopus oryzae* NA1、*Aspergillus terreus* NA2 和 *P. chrysosporium* NA3 等[18]。在 PS 降解过程中，微生物首先附着在塑料表面形成生物膜，且 PS 的生物降解途径因参与的微生物而异。目前为止，单体苯乙烯主要通过两种途径氧化，一种为双加氧酶和二氢二醇脱氢酶催化的针对非特异性芳香环的攻击，另一种为苯乙烯单加氧酶氧化乙烯基侧链，释放环氧苯乙烯[19]。

3.2.2 聚乙烯塑料的生物降解研究进展

与 PS 塑料生物降解的研究进展类似，关于聚乙烯（PE）塑料的微生物降解并将其无机矿化成 H_2O 和 CO_2 的研究最早可追溯到 20 世纪 70 年代，一些从土壤、海洋、垃圾站点等环境中分离筛选出的具有 PE 降解能力的菌株被陆续报道。然而前期研究结果表明，土壤中富含具有对 PE 催化转化能力的细菌和真菌，即 HDPE 和 LDPE 塑料的微生物降解进程及降解效率都极为缓慢[20]，其降解过程主要发生在短链低聚物部分，对长链部分的降解比较有限，但具体可被土壤微生物降解的 PE 分子量上限以及分子量与降解速率之间的关系尚不明晰[21]。

近 20 年来，研究人员对从土壤中分离的 PE 降解菌有了较为积极的研究成果[22]。2004 年，Gilan 等用 PE 薄膜作为唯一碳源，从土壤样本中富集分离了一株细菌 *Rhodococcus ruber*，在液体培养基中，该菌在 PE 表面上形成生物膜，并在培养的 30 天之内，PE 生物膜的重量减少了 8%[23,24]。2013 年，印度 Tribedi 等从土壤中富集分离得到一种可降解 LDPE 的假单胞菌属细菌 AKS2，该细菌在 45 天内实现了 4%~6%的 PE 降解效率[25]，而在农田废弃地膜中富集分离出了的红球菌 C208 可以每周 0.86%的速率降解 PE 塑料薄膜，C208 所分泌的胞外漆酶的酶促氧化在 PE 的生物降解中起主要作用，进一步在降解过程中添加铜时，发现 PE 的生物降解有效增加了 75%[26]。2016 年，Kowalczyk 等从土壤中分离出新的菌株，通过分析 16S rRNA 基因序列进行了菌种鉴定。并以 PE 薄膜为底物进行该菌种的生物降解实验，并通过采用 ATR-FTIR 和 SEM 分析 PE 薄膜降解前后的样品表明，PE 薄膜的表面物理化学结构产生了明显变化，在整个降解过程中检测到约9%的重量损失[27]。2017 年，Peixoto 等从当地土壤中发现的塑料碎片中分离出了 9 种新型的 PE 降解细菌，在以 PE 为唯一碳源培养 90 天后，这些来自 *Comamonas*、*Delftia* 和 *Tenotrophomonas* 属的细菌显示出代谢活性和细胞活力；此外，ATR-FTIR 检测表明，生物降解后的 PE 经历了氧化，并新生成了羧基等极性基团；AFM 和 SEM 证实了表面粗糙度的显著变化和 PE 表面的严重破坏[28]。

相较于纯的 PE 聚合物，研究发现 PE 改性后其生物降解难度有所降低。韩秋霞等[29]从农田土壤、生活垃圾堆肥和污泥中分离到 10 株对改性 PE 具有潜在降解能力的霉菌，发现其中只有一株真菌可以改性 PE 膜为唯一碳源，培养 30 天后，PE 膜重量损失可达 20%以上，从而证实了改性 PE 膜的可生物降解性。之后，研究人员从垃圾填埋场的土壤中筛选分离出 1 株 *Bacillus amyloliquefaciens* 菌株，该菌株被证明具有高效降解淀粉改性 PE 塑料的能力，且使用淀粉填充改性 PE 塑料可有效强化 PE 塑料的降解效果[30]。

近年来，国内外研究人员也开展了一些海洋 PE 降解微生物的筛选研究工作。2008 年，印度 Doble 等[31]从海洋浅水区分离出 4 种海洋细菌：孢杆球形芽菌 *Bacillu sphericus*、蜡样芽孢杆菌 *Bacillus cereus*、假单胞菌属 *Pseudomonas* sp. 和节杆菌属 *Arthrobacter* sp.，研究表明利用这些分离得到的海洋细菌可以得到较高的 PE 塑料降解失重率。2013 年，印度 Jha 等[32]从阿拉伯海海水中分离出 60 种海洋细菌，以 PE 为唯一碳源，筛选得到可降解 LDPE 的三种细菌：沼泽考克氏菌 M16（*Kocuria palustris* M16）、短小芽孢杆菌 M27（*Bacillus pumilus* M27）和枯草芽孢杆菌 H1584（*B. subtilis* H1584）。在对这三种细菌进行 30 天的培养实验研究发现，这三种细菌对 LDPE 的降解率分别达到 1%、1.5%和 1.75%。此外，研究人员从印度马纳尔湾的塑料废物堆放场中分离出 15 种 HDPE 降解细菌（GMB1～GMB15），其中 GMB5 和 GMB7 在培养 30 天后对 PE 膜的降解率分别达到 12%和 15%，且 FTIR 结果显示 HDPE 降解后的样品中，羰基键指数和乙烯基指数均有所增加[33]。2019 年，Delacuvellerie 等以 LDPE、聚对苯二甲酸乙二酯（polyethylene terephthalate，PET）和 PS 塑料为唯一碳源，从海洋环境样品中富集潜在的可降解塑料细菌，结果显示细菌群落组成显然依赖于塑料种类，诸如 *Alcanivorax* sp.、*Marinobacter* sp.和 *Arenibacter* sp.这些烃类降解细菌，在 LDPE 和 PET 中含量非常丰富，表明这些细菌是塑料降解过程的潜在参与者。试验数据还首次显示了 *Alcanivorax borkumensis* 能够在 LDPE 上形成厚厚的生物膜，并证实了其降解这种石油基塑料的能力[25,34]。以上的研究都是从海洋中获得微生物资源，并证实了这些细菌对 PE 的有效降解。

此外，一些研究人员将研究目标锁定在垃圾填埋场。2009 年，Shah 等从黏附在 PE 碎片表面的污水污泥中分离富集出一种真菌菌株，用光学显微镜在 PE 塑料片的表面上观察到了厚厚的真菌菌丝网络，该真菌菌株被鉴定为镰刀菌属（*Fusarium* spp.）；在 30℃和 150 r/min 的基础盐培养基中共同培养 2 个月，在 PE 碎片表面观察到了明显有镰刀菌生长；通过 SEM 检测分析观察 PE 塑料薄膜片时，发现其表面产生了凹坑、裂纹和腐蚀；通过 Sturm Test 检测到降解过程中产生了约 1.85 g/L 的 CO_2，而在对照实验中只产生了 0.45 g/L 的 CO_2[35]。2010 年，Zahra 等从德黑兰一个市政垃圾填埋场采集的样品中分离出了包括 *Aspergillus fumigatus*、*A. terreus* 和 *F. solani* 在内的真菌，这些真菌可通过在培养基中形成生物膜来降解 LDPE[36]。2012 年，Jeon 等从堆肥样品中分离出能够降解低分子量 PE（low molecular weight polyethylene，LMWPE）的嗜热细菌，可将重均分子量（M_w）在 1700～23700 范围内的 LMWPE 矿化为 CO_2；LMWPE 的生物降解性随 M_w 的增加而降低。由于降解后 LMWPE 的低分子量分数显著降低，并伴随 M_w 的增加，表明 LMWPE 塑料的低分子量部分被优先降解[37]。2018 年，Ndahebwa Muhonja 等从丹多拉垃圾填埋场筛选出多种 PE 降解细菌，对细菌的 16S rDNA 和 18S rDNA 序列进行分析表明，属于真假单胞菌属、芽孢杆菌属、短杆菌属、纤维素微生物属、赖氨酸杆菌属。在以 LDPE 为唯一碳源生长 16 周后，通过 FTIR 分析结果显示，由于碳氢化合物降解，出现了新的官能团，证明了该研究中 LDPE 经过生物降解前后物化性质的变化，该研究组还通过调节培养温度来探究提高降解效率的最佳调控条件。2020 年，Maroof 等从巴基斯坦的一处垃圾处理厂筛选出 6 株具有潜在生物降解活性的菌株，用无添加剂 LDPE 薄膜作为唯一碳源培养 90 天后，利用 SEM 观察到 LDPE 薄膜有轻微的表面破裂，FTIR 光谱显示其 LDPE 薄膜经过降解后形成了典型的羰基峰。通过羰基指数测定，孵育后的羰基峰明显减少。X 射线衍射分析显示 LDPE 薄膜经过降解后的结晶度百分比增加，并进一步在细菌分离物中鉴定出不同的负责降解 LDPE 的基因[38]。同年，Li 等研究了 *Micrococcus hydrolysae* 的生长特性及其在 LDPE 生物降解中的应用，该菌株从富含木质素的海洋纸浆厂废物中分离得到，木质素是一种天然复合聚合物，与 PE 一样也含有饱和碳碳键。菌株培养 30 天后，通过 SEM 分析观察到聚合物表面明显的形态变化，ATR-FTIR 分析表明了聚合物链中其他羰基的形成，研究结果可以清楚地证明 LDPE 颗粒的生物降解效能[39]。综上，尽管部分真菌和细菌被分离并研究证明其降解 PE 的能力[40]，但是目前报道研究表明，利用微生物进行 PE 生物降解效率仍然十分有限。

3.2.3 聚丙烯塑料的生物降解研究进展

聚丙烯（PP）塑料与其他碳碳骨架塑料类似，具有高分子量、强疏水性、高化学键能以及较低的生物可及性，这些特性导致这类塑料在环境中很难被微生物降解。目前关于 PP 塑料生物降解的报道非常少。研究发现，预辐照技术（紫外线和 γ 射线辐照）、相溶剂和生物添加剂（天然纤维、淀粉和聚乳酸）对不同 PP 衍生物的生物劣化率有不同程度的影响（图 3-1）[41]。

对于 PP，由于具有侧链的异构烷烃的微生物降解比线型正构烷烃的生物降解更困难[42]。因此，在聚烯烃塑料中，每个重复单元上都有甲基侧链的 PP，其生物降解反应比 PE 更难。迄今为止只发现少数微生物可能具有降解 PP 的能力，并且常需要将 PP 进行预处理后再进行生物降解（见表 3-1）。到目前为止，人们对 PP 聚合物的生物降解知之甚少。研究人员试图从露天堆场土壤、堆肥土壤、垃圾管理填埋场、污水处理厂、海洋生物、红树林系统等分离 PP 降解微生物。回顾先前的研究，大多数研究需要通过连续的两步反应来实现微生物对 PP 的降解，即首先对 PP 进行物理化学预处理，然后由微生物进行生物降解[43]。而很少关于能够对原始的、未经处理的 PP 进行生物降解的微生物报道，或者即便存在可直接降解未经处理的 PP 的微生物，也需要在数月甚至数年内显示出有限的 PP 微生物降解能力，其降解性能仍无法满足快速处理大量的 PP 废弃物的需求。

目前已报道的研究发现，降解 PP 能力较强的细菌主要包括 γ-变形菌纲（γ-Proteobacteria）的假单胞菌属（*Pseudomonas*）和弧菌属（*Vibrio*）、厚壁菌门（Firmicutes）的芽孢杆菌属（*Bacillus*）和放线菌纲（Actinobacteria）的红球菌属（*Rhodococcus*）等[44-46]。Cacciari 等较早探究了微生物菌群对 PP 塑料的降解能力[44]，指出通过微生物菌群进行 PP 塑料生物降解约 6 个月后，PP 塑料重量有所

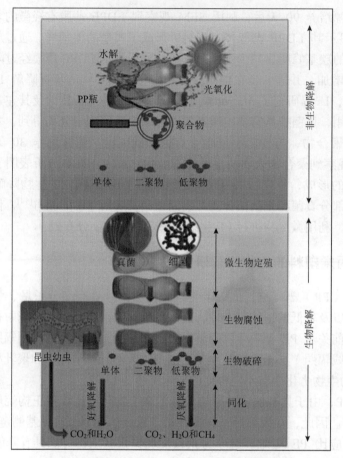

图 3-1　PP 在生物和非生物条件下的生物降解方案[41]

下降，且有机试剂萃取得到的小分子产物有所上升，但微生物菌群的降解效率非常低。Jeon 和 Kim 利用含有低分子量 PP 的培养基从土壤中分离出了嗜中性细菌 *S. panacihumi* PA3-2[6]，利用该分离细菌针对低分子量聚丙烯（LMWPP）和高分子量聚丙烯（HMWPP）进行测试，结果表明其生物降解性分别为 20.3%±1.39% 和 12.7%±0.97%。此外，据报道 *S. panacihumi* 菌降解高分子量聚合物的能力更强，这与通常认为微生物不降解高分子量聚合物的观点相反。

　　Auta 等[46]报告称，细菌菌株（即 *Bacillus* sp. strain 27 和 *Rhodococcus* sp. strain 36）可在水性合成介质中生长并劣化 PP 塑料。他们注意到，*Rhodococcus* sp. strain 36 比 *Bacillus* sp. strain 27 处理过的 PP 重量减少率更高。Habib 等[47]在 Bushnell Haas 培养基中研究了两种南极土壤细菌（即 *Rhodococcus* sp. ADL36 和 *Pseudomonas* sp. ADL15）在 40 天内腐烂 PP 的生物破坏能力。ADL 15 和 ADL 36 的重量损失分别为 17.3% 和 7.3%，并进一步通过 FTIR 光谱分析验证这两株菌对

PP 的降解作用。Amadi 和 Nosayame[48]从大泉荃鱼中分离出五种不同的细菌。随后，他们通过 FTIR 光谱和重量测量技术评估了这些细菌对 PP 的生物降解能力。结果表明，在使用扁平杆菌（*Bacillus lentus*）的情况下，生物降解能力最强，其次是地衣芽孢杆菌（*Bacillus licheniformis*）、葡萄球菌（*staphylococcus*）、肺炎克雷伯氏菌（*Klebsiella pneumonia*）和大肠杆菌（*Escherichia coli*）。

李胪等[49]研究了青岛近海微生物随富集时间的不同在 PP 颗粒上的群落演替，揭示了富集后期 PP 微塑料上附着细菌的优势类群。选取在 PP 颗粒上富集 40 天分离所得的 15 株细菌，而后分别以 1%和 10%的接种量接种到以 PP 为唯一碳源的 MSM 培养基中培养 4 周，通过筛选发现具有 PP 降解活性的细菌，如铜绿假单胞菌 *Pseudomonas aeruginosa* LX1681、反硝化无色杆菌 *Achromobacter denitrificans* LX1668 可实现较高的降解效率，这一研究进一步丰富了 PP 微塑料降解细菌资源库，对缓解海洋微塑料污染及改善海洋生态具有重要的应用价值。Jain 等利用五种不同的芽孢杆菌分离物，即 *B. cereus* (P3)、*B. licheniformis* (P6)、*B. thuringenesis* (P8)、*B. thuringenesis* (P10)、*B. cereus* (P13)以及菌株联合体，在实验室条件下对 PP-聚左旋乳酸共混薄膜进行生物降解，结果表明所有芽孢杆菌菌种都能生物降解塑料。此外，FTIR 光谱和 TG 分析进一步证实了细菌处理后塑料样品羰基键的断裂和热性能的下降。细菌处理样品后，塑料混合物薄膜的机械性能也有所下降[50]。从上述讨论中可以发现，该研究中的芽孢杆菌和红球菌对 PP 的降解能力最强，因此在 PP 塑料样品的生物降解过程中，这两种菌株可能比其他菌株更受青睐。

同样有研究证实，PP 改性和预处理有助于提高微生物的降解效率。Arkatkar 等发现在土壤中培养一年后，热处理的 PP 塑料降解效率是未经处理的 PP 塑料的 25 倍，这揭示了预处理对于强化微生物降解 PP 塑料的重要性[45]。从土壤中分离得到的微生物菌株对于经过紫外辐照后的 PP 塑料显示出一定的降解能力，而对于未经预处理的 PP 塑料没有降解能力。这一研究说明所获得的微生物菌株其降解效率低下，且非生物因素的处理在提高 PP 塑料的生物可及性中发挥着重要功能。

与上述的 PE 和 PS 研究报道类似，目前已有研究报道了真菌对 PP 的生物降解能力，但研究发现没有经过预处理的 PP 塑料很难被真菌利用。Jeyakumar 等探究了不同预处理手段及混合淀粉等可降解材料对真菌降解 PP 塑料的辅助效果[51]，结果发现紫外线处理、金属离子氧化剂处理或混合淀粉等可降解材料均能在一定程度上提高真菌对 PP 塑料的降解能力，而没有预处理的 PP 很难被真菌利用。

Sheik 等[52]从当地特有两种植物 *Psychotria flavida* 和 *Humboldtia brunonis* 中筛选并分离出了多种内生真菌（*Hypoxylon anthochroum*、*Cunnighamella echinate*、*Pestalotiopsis* sp.、*Aspergillus* sp.、*Paecilomyces lilacinus* 和

Lasiodiplodia theobromae），前期研究表明，这些真菌通常会产生不同的塑料降解酶，并在疏水性塑料表面生长得更快。在接种真菌之前，先用 0～100 kGy 的不同 γ 射线对 PP 带（厚度为 20 mm）进行预处理，与处理后称重并将其转移到装有玫瑰红肉汤培养基的烧瓶中，在其中接种真菌 90 天。研究结果采用失重率、FTIR 光谱、SEM、差示扫描量热法（DSC）、黏度以及平均分子量的变化评估内生真菌的生物降解能力，研究发现从 *Psychotria flavida* 植物中分离出的 *Lasiodiplodia theobromae* 菌株具有最高的 PP 生物降解能力。Butnaru 等还使用了 γ 射线（30～60 kGy）预辐照技术，将 *Bjerkandera adusta* 真菌接种到 PP 生物复合材料片材中，并持续培养 7 周。该实验使用了 3 种不同类型的 PP/生物质复合材料（70/30，质量比）：厚度为 1 mm、规格长度为 40 mm 的 PP/苎麻、PP/桉树球、PP/松果。该实验通过形态变化、机械性能化学发光和接触角测量技术证实了 PP/生物质复合材料板材的生物降解。研究结果表明，随着接种时间的延长，生物复合材料板材表面的裂纹和粗糙度也在增加，而且随着 γ 辐射剂量的增加，裂纹和粗糙度也在增加。此外，还注意到经过真菌处理的预辐照样品的黏度和动态模量都比未经过预辐照的样品要低，这证实了 γ 射线辐照会导致 PP 塑料的链断裂[53]。Kord 等[54]通过对 PP 稻草生物复合材料进行长达 120 天的白腐真菌（*Coriolus versicolor*）测试，研究了碳纳米管（CNT）负载对 PP 稻草生物复合材料生物降解性的影响，结果表明真菌对 CNT/PP/稻草生物降解的影响体现在重量损失上，将 CNT 加入聚合物复合材料后，重量损失明显减少。此外，还评估了真菌侵蚀后聚合物复合材料的机械和物理特性，包括冲击强度、弯曲强度和吸水性。载入 CNT 的生物复合材料被真菌降解后，其冲击强度、弹性模量和断裂模量均显著增加，而不含碳纳米管的生物复合材料试样比含有碳纳米管的试样具有更高的吸水特性，这是因为含有碳纳米管的复合材料中的小孔数量有所减少。综上说明，非生物因素的处理在提高微生物降解 PP 塑料的过程中发挥了重要作用。

　　近年来，研究人员的目光不止聚焦在筛选单一菌株降解 PP。研究发现，将芽孢杆菌 *Bacillus* sp.和假单胞菌 *Pseudomonas* sp.共培养于 28℃条件下，并与经预处理的 PP 薄膜培养一年后，PP 表面形成了生物膜并减重 1.95%±0.18%[55]。2018年，研究者从污水处理厂筛选菌群，发现由一些 *Aneuribinacillus aneurinilyticus* btDSCE01、*Brevibacillus agri* btDSCE02、*Brevibacillus* sp. btDSCE03、*Brevibacillus brevis* btDSCE04 组成的菌群能够显著降解 LDPE、HDPE、PP、塑料片的失重率分别为 58.21%±2%、46.6%±3%、56.3%±2%；LDPE、HDPE、PP 颗粒的失重率分别为 45.7%±3.0%、37.2%±3.0% 和 44.2%±3.0%[56]。Nanthini Devi 等[57]评估了 *Bacillus* sp.（BS-1）、*Bacillus* sp.（BS-2）、*Bacillus cereus*（BC）和 *Bacillus paramycoides*（BP）4 种细菌对 PP 的生物降解能力，结

果表明，用 BP 分离物处理 PP 时，其劣化程度最高。然而，在采用综合方法的情况下，BP+BC 微生物处理的 PP 塑料重量减少最多。同年，Skariyachan 等[58]从牛粪中分离出 23 种不同的细菌，随后配制了 10 种不同的微生物联合体来降解 PP 薄膜。关于微生物降解 PP 的研究综述见表 3-1。

表 3-1　关于微生物降解 PP 的研究综述

PP 塑料	微生物	降解条件	降解性能	参考文献
含低分子量 PP 和高分子量 PP 的 PP 粉	从城市固体废物露天贮存场回收的土壤中分离出的 *S. panacihumi* PA3-2 的中温细菌	在 37℃的堆肥条件下 90 d	菌株 PA3-2 对 HMWPP 的生物降解率为 12.70%±0.97%	[6]
含有促氧化剂的 PP 薄膜	*Rhodococcus rhodochrous*	180 d	含锰/铁或锰添加剂的 PP 可支持细菌生长，高于 150 ppm 的 Co 衍生物对微生物有毒性	[43]
浸泡在海水中的 PP	*Pseudomonas* sp.；厌氧、异养和铁还原细菌	6 个月	初始量为 20 g 的 PP 减重 0.5%～0.6%	[31]
未经预处理和纯水、芬顿、热和短波紫外预处理 PP	*Pseudomonas azotoformans*、*Pseudomonas stutzeri*、*Bacillus subtilis* 和 *Bacillus flexus*	12 个月	四种微生物都可利用该聚合物作为碳源。*Bacillus flexus* 对短波紫外预处理的 PP 重量损失最高（2.5%）	[45]
预处理（100℃或紫外照射 10 d）和掺杂（助氧化剂或淀粉）的 PP	*Phanerochaete chrysosporium* NCIM 1170（F1）和 *Engyodontium album* MTP091（F2）	12 个月	F2 菌株和 F1 菌株使紫外预处理后的 PP 减分别重 18.8%和 9.42%，TGA 失重率分别为 79% 和 57%	[51]
PP 颗粒和条状物	从污水处理厂和垃圾填埋场筛选的嗜热菌	140 d，50℃	初始重量约为 0.13 g 的 PP 颗粒失重 44.20%±3.00%，PP 条失重 56.30%±2.00%；FTIR、SEM、AFM、^{1}H NMR 和 EDS 分析表明降解，GC-MS 分析显示脂肪酸终产物	[56]
含有促氧化剂的 PP 薄膜	*Rhodococcus rhodochrous*	180 d	含锰/铁或锰添加剂的 PP 可支持细菌生长，高于 150 ppm 的 Co 衍生物对微生物有毒性	[43]
紫外或热预处理 PP 薄膜	*Bacillus flexus* + *Pseudomonas azotoformans*	12 个月，（28±2）℃	TG 失重 22.70%，重量损失 1.95%±0.18%，亲水性和羰基指数增加	[55]
含低分子量和高分子量的 PP 粉	从城市固体废物露天贮存场回收的土壤中分离出的 *S. panacihumi* PA3-2 的中温细菌	在 37℃的堆肥条件下 90 d	菌株 PA3-2 对 HMWPP 的生物降解率为 12.70%±0.97%	[6]
等规 PP MPs 颗粒	暴露于 PP MPs 的红树林沉积物中分离出来的 *Bacillus* sp. 菌株 27 和 *Rhodococcus* sp.菌株 36	在 29℃的旋转摇床中孵育 40 d	*Rhodococcus* sp. 36 和 *Bacillus* sp. 27 菌株分别使初始 0.50 g PP 减重 6.40%和 4.00%。FTIR 和 SEM 证明了 PP 结构和形态的变化	[46]

综上所述，国内外研究人员利用纯菌株和复杂的微生物种群研究了 PP 的生物降解，同时，通过改性和预处理方法提高了 PP 的生物降解率。未来的研究还应该聚焦于塑料添加剂对微生物降解 PP 效率的影响。

3.2.4　聚氨酯塑料的生物降解研究进展

常见的杂原子塑料聚合物，如聚氨酯（PU）和 PET 归类为可水解塑料，具有可水解的酯骨架（含有 C—O 官能团），比只有 C—C 骨架的石化乙烯塑料更容易被微生物降解和被酶攻击。2019 年，全球 PU 塑料年产量占合成塑料总产量的 7.9%（达 29.1 百万吨）[59]。其中，中国的 PU 塑料年产量达 13.7 百万吨，并以每年 4%～5%的增速在增加[60,61]。Otto Bayer 于 1937 年首先开始生产 PU 塑料。PU 是由二异氰酸酯分子与多元醇分子聚合而成的一种具有氨基甲酸酯重复结构单元（—NHCOO—）的聚合物。通常，多异氰酸酯基团作为硬段链为聚合物提供硬度和强度，构成聚合物的结晶区；软链段由多元醇基团组成，提供吸收、弹性和伸长性状，构成聚合物的结晶区[62]。多异氰酸酯基团作为硬段链构成结晶部分的程度是影响聚合物 PU 生物降解的重要因素[63]。

20 世纪 70 年代，利用微生物降解 PU 的研究陆续出现，其中利用细菌降解 PU 的研究进程稍晚于利用真菌降解 PU 的相关研究。1968 年，Darby 和 Kaplan 率先开展了真菌降解 PU 塑料的研究，其团队制备了 100 余种线型结构的聚酯型 PU 或聚醚型 PU 薄膜，发现 *Aspergillus niger* QM386、*Aspergillus flavus* QM380、*Aspergillus versicolor* QM432、*Penicillium funiculosum* QM391、*Pullularia pullulans* QM279c、*Trichoderma sp.*、QM365 和 *Chaetomium globosum* QM459 这 7 株真菌均能在聚酯型 PU 膜表面大量生长，但都不能在聚醚型 PU 膜表面生长[64]。Filip 等将 PU 塑料在填埋垃圾中孵育 3 个月后，在大多数聚氨酯的测定中均未发现明显的重量损失，这些初步研究表明 PU 对非生物和生物条件具有高水平的抗性[65]。1987 年，Bentham 等利用麦芽糖培养基从土壤中掩埋的交联聚酯型 PU 泡沫和线型聚酯型 PU 板表面分离到了 15 株真菌，在以聚酯型 PU 泡沫为唯一碳源的无机盐培养基中，这些菌株 21 天内能在 PU 泡沫表面生长，并造成一定的重量损失[66]。1991 年，Kay 等从掩埋于土壤中的线型聚酯型 PU 塑料表面分离和鉴定出 *Serratia rubidaea* B2、*Corynebacterium* sp. B3、*Corynebacterium* sp. B4、*Alcaligenes denitnficans* B5、*Corynebacterium* sp. B6、*Enterobacter agglomerans* B7、*Corynebacterium* sp. B8、*Corynebacterium* sp. B10、*Pseudomonas maltophilia* B11、*Corynebacterium* sp. B12、*Aeromonas salmonicida* B13 和 *Pseudomonas aeruginosa* B16 共计 12 株细菌，以交联聚酯型 PU 泡沫为唯一碳源，发现只有 *Corynebacterium* sp. B12 和 *Pseudomonas*

aeruginosa B16 能降解交联聚酯型 PU 泡沫，在 12 周内使重量损失达 15.77%和 9.3%，力学强度下降了 47.61%和 16.57%；若添加 1%（w/V）的酵母提取物，其他菌株对 PU 的降解能力明显加强[67,68]。同年，Jansen 等从感染的导尿管（一种线型聚醚型 PU 弹性体）上分离出一株细菌 *Staphylococcus epidermidis* KH11，该细菌能以聚醚型 PU 为唯一碳源存活，并产生脲酶降解聚醚型 PU[69]。1994 年，Crabbe 等从土壤中筛选到一株塞内加尔弯孢霉 *Curvularia senegalensi* 能降解一种线型聚酯型 PU 乳液（Impranil DLN，Bayer）且降解效果较好，同时该菌纯化可得到分子质量为 28 kDa 的具有酯酶特性的胞外水解酶[70]。1995 年，Nakajima-Kambe 等从土壤中分离到 *Comamonas acidovorans* TB-35，当以线型聚酯型 PU 作唯一碳源时，可在 7 天内几乎完全矿化加入的塑料；当以线型聚酯型 PU 既作为唯一碳源又作为唯一氮源时，可实现在 7 天内降解 48%的 PU 塑料[71,72]。2003 年，Barratt 等从土壤掩埋的 PU 片材表面分离出 *Nectria gliocladioides*、*Penicillium ochrochloron* 和 *Geomyces pannorum* 三种真菌，均能在含 Impranil DLN 琼脂平板上产生透明水解圈[73]。

　　2007 年，Oceguera-Cervantes 等从垃圾填埋场的废弃 PU 泡沫中分离得到 2 株细菌 *Alicycliphilus* sp. BQ1 和 *Alicycliphilus* sp. BQ8，Oceguera-Cervantes 团队研究表明这两种细菌可以利用一种线型聚酯型 PU 乳液（Hydroform，Polyform）和其他 4 种线型聚酯型 PU 膜作为唯一碳源生长[74,75]。Nair 等从 PU 塑料垃圾污染的水体中分离出 *Bacillus pumilus* NMSN-1d，该菌能够以能在含 Impranil DLN 的平板上生长并产生透明的水解圈[76]。2008 年，Shah 等从土壤中掩埋 6 个月的线型聚酯型 PU 膜上分离出 *Bacillus* sp. AF8、*Pseudomonas* sp. AF9、*Micrococcus* sp. AF10、*Arthrobacter* sp. AF11 和 *Corynebacterium* sp. AF12 共计 5 株细菌，这 5 株细菌均能在含线型聚酯型 PU 为唯一碳源的无机盐琼脂平板上生长[77]。2010 年，Matsumiya 等从环境样品中分离到一株真菌 *Alternaria* sp. PURDK2，该真菌可以降解交联聚醚型 PU 泡沫；在添加 1%（w/V）葡萄糖的 LB 培养基中，该菌在 70 天内能使交联聚醚型 PU 泡沫的重量减少达 27.5%[78]。2011 年，Russell 等从番石榴茎干中分离到 *Pestalotiopsis microspora* E2712A，可在厌氧和好氧条件下均能以 Impranil DLN 为唯一碳源，在 2 周内降解率达 99%，酶学分析发现该菌分泌的 21 kDa 丝氨酸水解酶对降解起到了至关重要的作用[79]。2012 年，Mathur 等从堆积垃圾的土壤中分离出 *Aspergillus flavus* ITCC 6051，在以线型聚酯型 PU 膜为唯一碳源时，该菌在 30 天内使薄膜的重量减少了 60.6%[80]。

　　2013 年，Shah 等从土壤中分离出了 *Bacillus subtilis* MZA-75 和 *Pseudomonas aeruginosa* MZA-85 两株细菌，这两株细菌均能以线型聚酯型 PU 膜作为唯一碳源生长，且在 30 天内使重量损失达到 20%；而当将这两株菌进行混合培养时，可在 30 天内实现 40%的重量损失[81,82]。2014 年，Peng 等从土壤中分离到一株

Pseudomonas putida A12，该菌能以 Impranil DLN 为唯一碳源生长，并能在 4 天内降解 92%的 Impranil DLN[83]。2015 年，Nakkabi 等从腐烂的木材中分离到两株细菌 *Bacillus safensis* 和 *Bacillus subtilis*，这两株细菌均能在含 0.6%（*V/V*）Impranil DLN 的 LB 培养基中生长并降解 Impranil DLN[84,85]。2017 年，彭瑞婷等从载人航天器的冷凝水中分离到一株细菌 *Bacillus* sp. S10-2，该菌能在含 Impranil DLN 平板上产生透明水解圈，并能以线型聚酯型 PU 膜作为唯一碳源生长，在 60 天内使重量损失达到 19%；这应该是首次报道的既能降解聚酯型 PU 乳液又能降解聚酯型 PU 薄膜的细菌[86]。2017 年，Khan 等从垃圾填埋场中分离出 *Aspergillus tubingensis* 细菌，该菌能够在沙氏琼脂平板（SDA）上降解线型聚酯型 PU 薄膜，并形成肉眼可见的孔洞；将该菌种在含 2%（*w/V*）葡萄糖的无机盐培养基中培养，发现在 2 个月内可将线型聚酯型 PU 薄膜降解成碎片[60]。同年，Osman 等从垃圾填埋场中分离出另一种真菌 *Aspergillus* sp. S45，在以线型聚酯型 PU 膜为唯一碳源的情况下，该菌在 28 天内使 PU 薄膜的重量减少了 20%[87]。2017 年，研究者对分离自土壤的不同微生降解聚醚型 PU 的能力进行了研究，通过对其降解能力的验证和对微生物培养前后的 PU 特性进行比较分析，表明聚醚型 PU 结构更稳定且更难被降解[88]。2018 年，在漂浮塑料碎片上确定了 3 个腐生真菌能够降解 PU，其中芽枝状枝孢霉（*C. cladosporioides*）最高效，即在 PU 培养基中培养 3 周后可达 4 mm/d 的透明圆膨胀率[89]。同年，Oprea 等在染病的落叶中发现一株能够降解聚醚 PU 的真菌——细极交链孢霉（*Alternaria tenuissima*）[90]。2019 年，Magnin 等从含 PU 的肥料中筛选真菌，发现有 3 种真菌能够以 PU 为唯一碳源，其中青霉（*Penicillium* sp.）降解率最高[91]。从以上研究可以看出，PU 的复杂结构引起了许多研究人员的兴趣。通过实验探究发现，由于聚酯 PU 和聚醚 PU 结构的不同，导致它们对微生物的耐受程度也有差异。究其原因可能是聚酯 PU 分子主链中的酯键要比聚醚 PU 分子主链中的醚键更易受到微生物的攻击。然而，当前对聚醚型 PU 的降解机理的研究更是少之又少，且目前降解机理也只是对降解过程的初步了解。

迄今为止，越来越多的微生物被报道可用于降解 PU，包括细菌菌株 *Acinetobacter gerneri*、*Alicycliphilu* sp. BQ1、*Arthrobacter* sp. AF11、*Comamonas acidovorans*、*Bacillus* sp.、*Corynebacterium* sp. BI2、*Pseudomonas* sp.等；以及真菌菌株 *Alternaria* sp.、*Aspergillus* sp.、*Penicillium* sp.、*A. flavus*、*A. niger*、*Chaetomium globosum*、*Cladosporium herbarum* 和 *Yarrowia lipolytica* 等。最早确定作用于 PU 的酶之一是来自 *Pseudomonas chlororaphis* 的 PueB 脂肪酶。据报道[90]其对 PU 具有相对较高的降解速率，需要 4 天才能生长并消耗所添加的 PU 胶体。Schmidt 等[92]使用已知的聚酯水解酶 LC-角质酶、TfCut2、Tcur1278 和 Tcur0390，在 200℃下进行 70 h 测试，发现用于 PET 降解的角质酶也可以作用

于 PU。并且值得注意的是，目前研究发现的大多数针对 PU 降解酶和微生物均作用酯键，尚未报道作用于聚氨酯的醚键部位的酶。因此，推测由于二者结构的相似性，其作用的微生物或酶可能是相同的，可通过对一种石油基杂原子塑料聚合物的研究推测其他杂原子塑料聚合物的降解。

　　然而，由于聚酯类聚合物链是通过范德瓦耳斯力和氢键结合在一起的，而且聚合物的晶体结构具有疏水表面，微生物对聚酯类聚合物的降解速度仍然很慢，降解时间通常为几天到几周。杂原子塑料聚合物的酶法回收研究已有 20 多年的历史[93]，研究者通过对微生物中的水解酶进行实验及改造，用于分解杂原子塑料聚合物废弃物[94]，并发现酶法降解聚酯类聚合物具有良好的前景，然而迄今为止，由于技术、工程和经济方面的挑战，其大规模或工业规模的应用尚未实现，探索有效的聚酯类聚合物生物解聚方法仍是研究瓶颈[95]。

3.2.5　聚对苯二甲酸乙二醇酯塑料的生物降解研究进展

　　目前为止，已经从环境中富集和分离了一些可降解聚对苯二甲酸乙二醇酯（PET）的细菌和真菌[96-98]（表 3-2）。大多数具有 PET 降解潜力的细菌分离株都是革兰氏阳性放线菌门的成员，*Thermobifida* sp.和 *Thermomonospora* sp.为典型的 PET 降解菌属。目前，发现的 PET 降解菌中，起主要作用的是参与 PET 降解的酶[如 PET 水解酶（PETase）、单宁酶和单(2-羟乙基)对苯二甲酸酯水解酶（MHETase）]为典型的丝氨酸水解酶，包括角质酶（EC 3.1.1.74）、脂肪酶（EC 3.1.1.3）和羧基酯酶（EC 3.1.1.1）等，这些酶具有典型的 α/β-水解酶折叠，催化三联体由丝氨酸、组氨酸和天冬氨酸残基组成。2016 年，Yoshida 等[97]发现 *Ideonella sakaiensis* 201-F6 可利用 PET 作为能源和碳源，该细菌通过编码 PETase 和 MHETase 在 75 天内对低结晶度 PET（1.9%）的去除率为 75.00%。除了细菌，*Fusarium* 和 *Humicola* 等真菌也可水解 PET，2007 年，Nimchua 等[99]比较了两种真菌 *Fusarium oxysporum* LCH I 和 *Fusarium solani* f. sp. *pisi* 分泌的水解酶对 PET 的水解情况，表明来源于前者的水解酶可更有效地将 PET 水解为苯甲酸。

表 3-2　关于微生物降解 PET 的研究综述

PET 塑料	微生物	降解条件	降解性能	参考文献
结晶度为 1.9%的 PET 膜（20.00 mm× 15.00 mm× 0.20 mm）	*Ideonella sakaiensis* 201-F6	28℃，75 d	初始 60.00 mg 减重 75.00%	[97]
Stenotrophomonas pavanii JWG-G1 预处理的 PET 膜被 *Thermobifida fusca* 角质酶水解	*Stenotrophomonas pavanii*	37℃和 150 r/min 下，5 d	初始（115.00±2.00）mg 减重 91.40%，亲水性增加	[100]

续表

PET 塑料	微生物	降解条件	降解性能	参考文献
直径 1.00 cm 的 PET 瓶膜	*Vibrio* sp.	36～37℃，6 周	使 PET 减重 35.00%	[101]
直径 1 cm 的 PET 瓶膜	*Aspergillus* sp.	36～37℃，6 周	使 PET 减重 22.00%	[101]
紫外处理的 PET 颗粒（粒径 250.00 μm，密度 1.68 g/mL）	*Bacillus cereus*	29℃，150 r/min，40 d	使初始 0.5 g 减重 6.60%	[16]
消费后的 PET 包装（厚度 0.10 mm）	*P. simplicissimum*	30℃，170 r/min，28 d	初始 1.00 g 的 PET 减重 3.09%	[98]
PET 片（2.00 cm×3.00 cm）	NH-D-1	37℃，90 d	使初始 201.00 mg 减重 27.36%	[102]
PET 纺线和 PET 纤维（20.00 cm × 2.00 cm）	*Fusarium oxysporum* LCH 1	30℃，168 h，80 U 酶浓度	微生物中的粗酶使初始 2.00 g/L PET 纺线释放对苯二甲酸 17.00 μg/mL；亲水性增加	[99]
PET 纺线和 PET 纤维（20.00 cm × 2.00 cm）	*Fusarium solani* f. sp. *pisi*	30℃，168 h，80 U 酶浓度	微生物中的粗酶使初始 2.00 g/L PET 纺线释放对苯二甲酸 10.00 μg/mL；亲水性增加	[99]

　　聚对苯二甲酸乙二醇酯（PET）是一种聚酯塑料，其单体是由苯二甲酸（TPA）和乙二醇（EG）组成，其结构分为结晶型和无定形[97]。因其在较宽的温度范围内具有优良的机械性能、耐疲劳、稳定性好等优点，使得 PET 塑料的应用非常广泛，其中绝大多数被用作包装材料和纺织品，因此 PET 塑料是当前主要的塑料产品之一。PET 塑料的生物降解机制负载，概括描述主要是通过微生物产生的 PET 水解酶将聚合物表面的聚合链末端或环状结构作为靶点进行酶解，由此提高聚合物的亲水性，从而提高后续酶解效率。在这个过程中，酶作用于酯键后将 PET 降解为对苯二甲酸（terephthalic acid，TPA）和乙二醇（ethylene glycol，EG），并生成不完全水解产物单(2-羟乙基)对苯二甲酸酯 [mono(2-hydroxyethyl)terephthalate，MHET]和双(2-羟乙基)对苯二甲酸酯[bis(2-hydroxyethyl) terephthalate，BHET][94,103]。由于构成结晶型 PET 的酯键位置被其他成分包围，降解酶难以接触到，因此不易降解。

　　PET 的解聚涉及的反应有表面聚酯纤维的改性和内部结构的水解，由具有不同性质的不同酶进行。PET 表面修饰酶包括脂肪酶、羧基酯酶、角质酶和蛋白酶，这些水解酶可以修饰产生极性羟基和羧基的表面成分，但不会降解 PET 的内部结构，例如来自 *P. mendocina* 的类角质酶 PmC 和来自 *F. solani* 的 FsC 都是对 PET 进行表面修饰。PET 结构的水解是由聚合物链的柔韧性和酶的结构特性（特别是活性位点对聚合物表面的可及性）决定的，PET 水解酶可导致 PET 结构单元的大量降解，如来自 *Thermobifida fusca* 的类角质酶水解酶 TfH[104]、来自 *Thermomyces insolens* 的 HiC[103]，以及来自 *Saccharomonospora viridis* AHK190 的 Cut190 等[105]。

当前在自然界中寻找 PET 降解微生物的一种常见的策略是收集塑料富集地的土壤、水等物质，以塑料作为碳源来筛选具有降解塑料功能的微生物，如 Müller 等首次发现由褐色嗜热单孢菌 *Thermobifida fusca* 介导的酶解反应能在 55℃下降解 PET，21 天能够实现 PET 膜重量减少 50%[106]。Ribitsch 等以 PET 低聚物作为碳源筛选得到的枯草芽孢杆菌，能分泌一种对硝基苄基酯酶[107]；Nimchua 等分离的尖孢镰刀菌菌株，能分泌一种水解酶[99]，这些酶都能对 PET 产生一定的降解效能，但都没有阐述对 PET 的降解机理。Kawai 等从绿色糖单胞菌 *Saccharomonospor viridis* AHK190 中分离得到了与角质酶相似的另一种酶 Cut190，经改造后能够高效降解 PET，并且具有降解其他几类聚酯的能力[105]。直到 2016 年，Yoshida 等从日本大阪垃圾填埋场筛选出了 *Ideonella sakaiensis* 201F6 细菌，该细菌表达了 PET 生物降解和摄取的完整酶促途径：关键酶 PETase 是由 *Ideonella sakaiensis* 201F6 天然分泌的，它可能黏附在 PET 表面，启动其生物降解效能，然后将降解产物传递到细胞内，再由单(2-羟乙基)对苯二甲酸酯水解酶（MHETase）进一步降解。这两种酶具有将 PET 塑料分解成对环境无害的单体——对苯二甲酸和乙二醇的能力，且 PETase 在自然界温度下表现出迄今为止最高的天然 PET 降解效率，它们还能通过蛋白质工程不断优化[97]。Moog 等将来自 *I. sakaiensis* 的 PETase 酶组装到光合微藻三角褐指藻（*Phaeodactylum tricornutum*）中，建立了能够分泌 PETase 的微生物工厂，为 PET 的生物降解工程化应用提供了可能[3]。

由于 PET 降解速率极低，且由自然界中筛选的 PET 塑料降解微生物通常降解效率较低，难以满足目前对塑料降解的需求。为此，研究人员利用基因工程原理根据需求构建了许多工程菌，以期提高天然微生物的降解能力，实现对 PET 塑料的高效降解。比较常见的是将功能基因导入大肠杆菌、酵母菌这种培养简便、繁殖能力强、培养密度高的实验室模式生物中，培养后用于后续研究。还有的研究是利用启动子和信号肽构建分泌型细菌，实现对 PET 的直接降解，减少细胞破碎与酶纯化步骤，用全细胞生物催化剂的 PET 降解可以显示出比使用游离酶更大的优势。在构建不同类型的分泌型细菌时，需采用不同策略强化对于常温型降解酶，如 PETase（*Ideonella sakaiensis* 201-F6 的分泌蛋白）的表达水平[108]。此外，埃希氏菌和芽孢杆菌也常被用来表达 PETase。对于构建耐热型降解酶分泌细菌，则需选择嗜热型细菌，如热纤梭菌、热纤丝酵母这类耐高温型细菌，具有代表性的是 Yan 等利用强启动子，将嗜热角质酶（LCC）在热纤丝酵母中高水平表达[109]，这为在塑料降解中使用工程全细胞生物催化剂提供了一个范例。

虽然基因工程菌在降解 PET 方面有着许多优点，如降解效率高、技术简单、易于培养等，但仍存在某些必须克服的缺点，如这些细菌难以在高渗透压的海洋环境中生存。然而，大多数塑料垃圾是在海洋环境中积累的，所以研发适应海洋环境的降解微生物非常有必要。三角褐指藻（*Phaeodactylum tricornutum*）兼具了光合生物和大肠杆菌、酵母等已建立的实验室模式生物的优点，具有较大的生物技术应用潜力。有研究人员利用三角褐指藻分泌表达了 PETase，并证明其能在不同的条件下对 PET 进行生物降解，这些结果表明三角褐指藻能成为利用光合作用来消除海水中塑料的模式生物。

综上，当前对于 PET 的生物降解研究主要是在自然界中筛选能够降解 PET 的微生物或酶，或利用现代技术改造具有 PET 降解能力的微生物或酶来提高其降解率，并进一步降低 PET 塑料的生物降解成本，此外，还可以利用基因库比对相似基因来验证其降解性等利用生物信息学手段结合新型的筛选方法，大量筛选具有高效降解能力的菌株。如 Cregut 等创建了一种新型高效的筛选方法。这种方法是基于目前已发现的塑料降解微生物的相关基因，建立一种能够基于隐马尔可夫模型的搜索算法，对具有 PET 降解潜力的 500 种菌株进行筛选，证实了4 种新的 PET 水解酶并鉴定了其生化特性[110]。另外，在今后的研究中值得注意的是，PET 属于聚酯型聚合物，其玻璃化转变温度在 75℃左右，在 75℃以上 PET 处于易于降解的高弹态，而在 75℃以下处于不易降解的玻璃态。但目前发现 PET 降解酶的最适温度一般低于 75℃，因此提高了 PET 降解酶的作用温度，寻找耐高温的 PET 降解菌对于提高 PET 的降解效率至关重要。而以上研究表明，工程化改造酶是提高 PET 降解效率的有效方法，同时嗜高温菌株对于 PET 的降解更具优势。

3.2.6　聚氯乙烯塑料的生物降解研究进展

塑料在环境中的积累是一个涉及长期废物管理的重大问题。聚氯乙烯（PVC）塑料是最常用的石油基塑料聚合物之一，2019 年欧洲的年需求量约为500 万吨，主要用于食品包装、电子涂层、医疗器械和其他工业应用[111]。关于生物降解 PVC 的研究报道较少，在目前的研究报道中，*Kluyveromyces* sp.、*Bacillus* sp.、*Rho-dotorula aurantiaca* 和 *Aureobasidium pullulans* 等少数细菌可在 PVC 上定殖并进行生物降解[112]。同样，其他研究也表明，*Pseudomonas fluorescens* FS1、*Mycobacterium* sp.和 *Coryneform* 细菌能够对 PVC 中的塑化成分进行生物修复[113,114]。Patil 和 Bagde 报道中，从塑料材料污染场地分离出的微球菌菌株在含有 PVC 作为唯一碳源的培养基中 70 天内显示出 0.36%的氯化物释放和 8.9%的 CO_2 矿化率[115]。

2018 年，Kumari 等在海洋中分离到的芽孢杆菌（*Bacillus* sp. AIIW2）以 PVC 薄膜为唯一碳源的培养基中 30℃、180 r/min 培养 3 个月后可使其减重 0.26%，有降解作用[116]。2019 年，研究者发现香茅醇假单胞菌（*Pseudomonas citronellolis* DSM50332）和弯曲芽孢杆菌（*Bacillus flexus* DSM1320）可以降解含有约 35%添加剂的 PVC 薄膜，在 30℃培养 30 天后，可以使 PVC 薄膜减重约 13.07%～18.58%，同时可以有效降低 10%的 PVC 薄膜分子量[116]。同年，球毛壳霉（*Chaetomium globosum*）被用来研究对 PVC 的降解情况，在 28℃的条件下培养 28 天后，可以观察到该菌在 PVC 上黏附并生长[117]。Anwar 等从土壤中分离得到了菌群，包括假单胞菌属（*P. otitidis*）、蜡状芽孢杆菌（*B. cereus*）和足棘皮杆菌（*Acanthopleurobacter pedis*），并进一步分析了不同培养时间下菌群对 PVC 塑料的降解情况[118]。2020 年，Giacomucci 等从海洋样品中富集了 16 个厌氧菌群，并对不同菌群降解 PVC 的能力进行了评估[119]。

Khandare 等[120]确定了海洋细菌对 PVC 的生物降解能力。经过初步筛选，确定了三种潜在的海洋细菌分离物：T-1.3、BP-4.3 和 S-237（分别为弧菌、*Altermonas* 和 *Cobetia*）。它们在 PVC 表面形成了活跃的生物膜，具有显著的生存能力并形成了蛋白质。培养 60 天后，BP-4.3 分离物对 PVC 薄膜造成的重量损失最大（1.76%）。CO_2 同化试验证实了 PVC 薄膜的再矿化。场发射扫描电子显微镜（FE-SEM）和原子力显微镜（AFM）证实了表面形貌的变化。在 1000～1300 cm^{-1} 区域范围内，末端氯基团的官能团峰强度降低，表明在降解过程中发生了脱氯的现象。通过采用 TG、拉伸强度和接触角分析表明，生物降解后 PVC 薄膜的机械性能下降，亲水性增强。Novotný 等研究了一种新的两阶段生物降解技术，该技术结合了用于 PVC 预处理的堆肥工艺，以及随后在固态发酵（SSF）条件下新分离的真菌和细菌菌株对 PVC 的两阶段生物降解技术用于商业 PVC 薄膜的生物降解。结果表明，使用两阶段生物降解技术，在 SSF 培养的第二阶段中使用哈马真菌（*Trichoderma hamatum*）和淀粉芽孢杆菌（*Bacillus amyloliquefaciens*），110 天后 PVC 薄膜的累积质量降解率分别高达 29.3%和 33.2%。然而，FTIR 分析结果表明，PVC 薄膜质量的减少主要是由于 PVC 塑料中大量添加剂的去除，但 PVC 聚合物链并未被降解[121]。

目前对于 PVC 塑料生物降解的一系列研究表明，自然菌群对不同的塑料都有降解性，且通过菌群中菌株的相互协同作用，可能会达到比单一菌株更有效的降解结果。这是相对于纯菌株而言的，也是利用菌群进行塑料降解逐渐成为科学家研究热点的原因所在。另一方面，塑料的预处理和改性亦会加强微生物对塑料的降解效率。未来的研究可进一步探索微生物降解塑料的组合工艺，从而有效强化菌群降解能力。

3.3　结　束　语

　　塑料是由不同单体聚合而成的高分子聚合物，自然条件下很难被微生物吸收同化，且作为稳定的高分子材料，微生物或酶首先从塑料表面发挥作用，其致密交联结构导致生物降解效率极低。以往的研究大多集中在分离微生物菌株和表征其降解 PE、PS、PP 和 PET 等的效率。而事实上，分离出的培养物在目标塑料的微生物生长和代谢方面表现不尽如人意。即由于目前筛选到的具有降解塑料能力的菌株的降解效率还十分有限，菌株分泌胞外酶的活性显著降低，导致菌株降解效率不高，且多为实验室条件下的研究结果。

　　目前已知的降解机理也只是对降解过程有了初步的了解，对于限速酶、酶反应机制等问题仍然有待探索，大多数报道主要集中在塑料上的定殖、塑料的质量损失、鉴定表面修饰以及检测代谢产物等间接方法，这些方法所得结果极可能是生物降解外的其他因素导致的，不能确定减重是否由塑料降解导致，对实验结果的解释能力有限。同时，关键的代谢基因和酶很少被揭示，这些都是制约微生物塑料降解实际应用的关键问题。因此，未来的研究工作还应进一步探索优化塑料生物降解的手段，深入研究高效塑料生物降解途径，寻找有效的生物降解不同微生物和酶系统，丰富塑料降解菌株资源库。此外，近年来很多研究都证明了微塑料对自然环境的严重危害，因此对于塑料的生物降解应注意二次污染问题，即需注意生成的中间产物和终产物是否对环境产生严重的危害性，这对解决塑料污染问题具有重大意义。

　　现如今，全球塑料污染范围不断变广，也给世界敲响了警钟，解决塑料污染刻不容缓，尤其是极端环境中塑料垃圾的生物降解菌株的筛选，从环境中分离筛选得到更多能够高效降解塑料的微生物以及从微生物中鉴定更多的降解酶，并通过定向改造提高酶促效率将是未来研究工作的重点。迄今为止，塑料降解菌株似乎分散在整个微生物发育树中，其中主要的一些细菌门和真菌门也都包含在已报道可以降解塑料的菌种，但目前还没有证实古生菌具有塑料降解能力。需要利用生物信息学手段结合新型的筛选方法，大量筛选具有高效降解能力的菌株，通过宏基因组和高通量测序技术相结合等方法，从宏基因组中筛选相关塑料降解基因检测哪类不可作为纯培养目标微生物或菌群，并通过微生物菌群的共同作用，筛选能够降解塑料的菌群，同时结合合成生物学的方法，构建高效降解塑料的生物体系。

此外，由于现有的微生物资源效率低下，高效且高特异性的降解菌株未见报道。在未来的研究中，可以通过偶联其他安全、环保、低碳的物理化学手段，如紫外线、过渡金属氧化剂、接枝或混合其他可降解材料等方法，对塑料进行预处理。与此同时，进一步通过生物强化、生物刺激等条件的优化，并进一步结合新型反应器的开发等来提高微生物的降解效率。在此基础上，还可结合合成生物学的方法构建高效降解塑料的生物体系，鉴定不同生境内塑料降解功能微生物及共生微生物的交互因子，揭示共生微生物与功能微生物互作机制及代谢特性，实现塑料生物降解效率的有效提高，加快利用微生物进行塑料降解的安全、绿色的方法走向实践。

参 考 文 献

[1] Ali S S, Elsamahy T, Koutra E, et al. Degradation of conventional plastic wastes in the environment: A review on current status of knowledge and future perspectives of disposal. Science of the Total Environment, 2021, 771: 144719.

[2] Muhonja C N, Makonde H, Magoma G, et al. Biodegradability of polyethylene by bacteria and fungi from Dandora dumpsite Nairobi-Kenya. PLoS One, 2018, 13(7): e0198446.

[3] Moog D, Schmitt J, Senger J, et al. Using a marine microalga as a chassis for polyethylene terephthalate (PET) degradation. Microbial Cell Factories, 2019, 18(1): 171.

[4] Gopal Mrsb R. Biodegradation of polyethylene by green photosynthetic microalgae. Journal of Bioremediation & Biodegradation, 2017, 8(381): 2.

[5] 徐俊玉. 碳链氧化断裂及塑料降解机理的研究. 北京: 北京化工大学, 2020.

[6] Jeon H J, Kim M N. Isolation of mesophilic bacterium for biodegradation of polypropylene. International Biodeterioration & Biodegradation, 2016, 115: 244-249.

[7] Markandan M M. Growth of *Actinomycetes* and *Pseudomonas* sp., biofilms on abiotically pretreated polypropylene surface. European Journal of Zoological Research, 2014, 3: 6-17.

[8] Guillet J E, Regulski T W, Mcaneney T. Brian biodegradability of photodegraded polymers. Ⅱ. Tracer studies of biooxidation of ecolyte PS polystyrene. Environmental Science & Technology, 2002, 8(10): 923-925.

[9] Kaplan D L, Hartenstein R, Sutter J. Biodegradation of polystyrene, poly(methyl methacrylate), and phenol formaldehyde. Applied and Environmental Microbiology, 1979, 38(3): 551-553.

[10] Sielicki M, Focht D D, Martin J P. Microbial degradation of [$C^{14}C$]polystyrene and 1,3-diphenylbutane. Canadian Journal of Microbiology, 1978, 24(7): 798-803.

[11] Chen G-Q. Introduction of bacterial plastics PHA, PLA, PBS, PE, PTT, and PPP. Microbiology Monographs 2010, 14.

[12] Oikawa E, Linn K T, Endo T, et al. Isolation and characterization of polystyrene degrading microorganisms for zero emission treatment of expanded polystyrene. Environmental Engineering Research, 2003, 40: 373-379.

[13] Sekhar V C, Nampoothiri K M, Mohan A J, et al. Microbial degradation of high impact

polystyrene (HIPS), an e-plastic with decabromodiphenyl oxide and antimony trioxide. Journal of Hazardous Materials, 2016, 318: 347-354.

[14] Mohan A J, Sekhar V C, Bhaskar T, et al. Microbial assisted high impact polystyrene (HIPS) degradation. Bioresource Technology, 2016, 213: 204-207.

[15] Tian L, Kolvenbach B, Corvini N, et al. Mineralisation of ^{14}C-labelled polystyrene plastics by *Penicillium variabile* after ozonation pre-treatment. New Biotechnology, 2017, 38: 101-105.

[16] Auta H S, Emenike C U, Fauziah S H. Screening of Bacillus strains isolated from mangrove ecosystems in Peninsular Malaysia for microplastic degradation. Environmental Pollution, 2017, 231: 1552-1559.

[17] Kim H W, Jo J H, Kim Y B, et al. Biodegradation of polystyrene by bacteria from the soil in common environments. Journal of Hazardous Materials, 2021, 416: 126239.

[18] Zhang Y, Pedersen J N, Eser B E, et al. Biodegradation of polyethylene and polystyrene: From microbial deterioration to enzyme discovery. Biotechnology Advances, 2022, 60: 107991.

[19] Jacquin J, Cheng J, Odobel C, et al. Microbial ecotoxicology of marine plastic debris: A review on colonization and biodegradation by the "Plastisphere". Frontiers in Microbiology, 2019, 10: 865.

[20] Albertsson A-C. Biodegradation of synthetic polymers. II. A limited microbial conversion of ^{14}C in polyethylene to [14]CO_2 by some soil fungi. Journal of Applied Polymer Science, 1978, 22(12): 3419-3433.

[21] Kawai F, Watanabe M, Shibata M, et al. Experimental analysis and numerical simulation for biodegradability of polyethylene. Polymer Degradation and Stability, 2002, 76(1): 129-135.

[22] 钟越, 李雨竹, 张榕麟, 等. 一株聚乙烯降解菌的筛选及其降解特性研究. 生态环境学报, 2017, 26(4): 681-686.

[23] Orr I G, Hadar Y, Sivan A. Colonization, biofilm formation and biodegradation of polyethylene by a strain of *Rhodococcus ruber*. Applied Microbiology and Biotechnology, 2004, 65(1): 97-104.

[24] Sivan A, Szanto M, Pavlov V. Biofilm development of the polyethylene-degrading bacterium *Rhodococcus ruber*. Applied Microbiology and Biotechnology, 2006, 72(2): 346-352.

[25] Tribedi P, Sil A K. Low-density polyethylene degradation by *Pseudomonas* sp. AKS2 biofilm. Environmental Science and Pollution Research, 2013, 20(6): 4146-4153.

[26] Santo M, Weitsman R, Sivan A. The role of the copper-binding enzyme-laccase-in the biodegradation of polyethylene by the actinomycete *Rhodococcus ruber*. International Biodeterioration & Biodegradation, 2013, 84: 204-210.

[27] Kowalczyk A, Chyc M, Ryszka P, et al. Achromobacter xylosoxidans as a new microorganism strain colonizing high-density polyethylene as a key step to its biodegradation. Environmental Science and Pollution Research, 2016, 23(11): 11349-11356.

[28] Peixoto J, Silva L P, Krüger R H. Brazilian Cerrado soil reveals an untapped microbial potential for unpretreated polyethylene biodegradation. Journal of Hazardous Materials, 2017, 324: 634-644.

[29] 韩秋霞, 王庆昭, 张萌. 改性 PE 膜的生物可降解性研究. 塑料工业, 2009, 37(10): 48-51.

[30] 陆辰霞, 刘龙, 李江华, 等. 淀粉填充聚乙烯类塑料降解微生物的筛选和降解特性. 应用与环境生物学报, 2013, 19(4): 683-687.

[31] Sudhakar M, Doble M, Murthy P S, et al. Marine microbe-mediated biodegradation of low- and high-density polyethylenes. International Biodeterioration & Biodegradation, 2008, 61(3): 203-213.

[32] Harshvardhan K, Jha B. Biodegradation of low-density polyethylene by marine bacteria from pelagic waters, Arabian Sea, India. Marine Pollution Bulletin, 2013, 77(1): 100-106.

[33] Balasubramanian V, Natarajan K, Hemambika B, et al. High-density polyethylene (HDPE)-degrading potential bacteria from marine ecosystem of Gulf of Mannar, India. Letters in Applied Microbiology, 2010, 51(2): 205-211.

[34] Delacuvellerie A, Cyriaque V, Gobert S, et al. The plastisphere in marine ecosystem hosts potential specific microbial degraders including *Alcanivorax borkumensis* as a key player for the low-density polyethylene degradation. Journal of Hazardous Materials, 2019, 380: 120899.

[35] Aamer A, Shah A, Hasan F, et al. Isolation of *Fusarium* sp. AF4 from sewage sludge, with the ability to adhere the surface of polyethylene. African Journal of Microbiology Research, 2009, 3.

[36] Zahra S, Abbas S S, Mahsa M-T, et al. Biodegradation of low-density polyethylene (LDPE) by isolated fungi in solid waste medium. Waste Management, 2010, 30(3): 396-401.

[37] Jeon H J, Kim M N. Isolation of a thermophilic bacterium capable of low-molecular-weight polyethylene degradation. Biodegradation, 2013, 24(1): 89-98.

[38] Maroof L, Khan I, Yoo H, et al. Identification and characterization of low density polyethylene-degrading bacteria isolated from soils of waste disposal sites. Environmental Engineering Research, 2020, 26(3): 1226-1025.

[39] Li Z, Wei R, Gao M, et al. Biodegradation of low-density polyethylene by *Microbulbifer hydrolyticus* IRE-31. Journal of Environmental Management, 2020, 263: 110402.

[40] Raghavan D, Torma A E. DSC and FTIR characterization of biodegradation of polyethylene. Polymer Engineering and Science, 1992, 32(6): 438-442.

[41] Rana A K, Thakur M K, Saini A K, et al. Recent developments in microbial degradation of polypropylene: Integrated approaches towards a sustainable environment. Science of the Total Environment, 2022, 826: 154056.

[42] Atlas R M, Bartha R. Degradation and mineralization of petroleum by two bacteria isolated from coastal waters. Biotechnology and Bioengineering, 1972, 14(3): 297-308.

[43] Fontanella S, Bonhomme S, Brusson J-M, et al. Comparison of biodegradability of various polypropylene films containing pro-oxidant additives based on Mn, Mn/Fe or Co. Polymer Degradation and Stability, 2013, 98(4): 875-884.

[44] Cacciari I, Quatrini P, Zirletta G, et al. Isotactic polypropylene biodegradation by a microbial community: Physicochemical characterization of metabolites produced. Applied and Environmental Microbiology, 1993, 59(11): 3695-3700.

[45] Arkatkar A, Juwarkar A, Bhaduri S, et al. Growth of *Pseudomonas* and *Bacillus* biofilms on pretreated polypropylene surface. International Biodeterioration & Biodegradation, 2010, 64: 530-536.

[46] Auta H S, Emenike C U, Jayanthi B, et al. Growth kinetics and biodeterioration of polypropylene microplastics by *Bacillus* sp. and *Rhodococcus* sp. isolated from mangrove sediment. Marine Pollution Bulletin, 2018, 127: 15-21.

[47] Habib S, Iruthayam A, Abd Shukor M Y, et al. Biodeterioration of untreated polypropylene microplastic particles by Antarctic bacteria. Polymers (Basel), 2020, 12(11): 2616.

[48] Amadi L, Nosayame O. Biodegradation of polypropylene by bacterial isolates from the organs of a fish, liza grandisquamis harvested from Ohiakwu estuary in Rivers State, Nigeria. World Journal of Advanced Research and Reviews, 2020, 7: 258-263.

[49] 李肸，张晓华，于敏. 青岛近海样品中聚丙烯微塑料降解微生物的富集培养及活性研究. 中国海洋大学学报:自然科学版, 2021, 51(10): 11.

[50] Jain K, Bhunia H, Reddy M S. Degradation of polypropylene-poly-L-lactide blends by *Bacillus* isolates: A microcosm and field evaluation. Bioremediation Journal, 2022, 26(1): 64-75.

[51] Jeyakumar D, Chirsteen J, Doble M. Synergistic effects of pretreatment and blending on fungi mediated biodegradation of polypropylenes. Bioresource Technology, 2013, 148: 78-85.

[52] Sheik S, Chandrashekar K R, Swaroop K, et al. Biodegradation of gamma irradiated low density polyethylene and polypropylene by endophytic fungi. International Biodeterioration & Biodegradation, 2015, 105: 21-29.

[53] Butnaru E, Darie-Niţă R N, Zaharescu T, et al. Gamma irradiation assisted fungal degradation of the polypropylene/biomass composites. Radiation Physics and Chemistry, 2016, 125: 134-144.

[54] Kord B, Ayrilmis N, Ghalehno M D. Effect of fungal degradation on technological properties of carbon nanotubes reinforced polypropylene/rice straw composites. Polymers and Polymer Composites, 2020, 29(5): 303-310.

[55] Aravinthan A, Arkatkar A, Juwarkar A A, et al. Synergistic growth of *Bacillus* and *Pseudomonas* and its degradation potential on pretreated polypropylene. Preparative Biochemistry & Biotechnology, 2016, 46(2): 109-115.

[56] Skariyachan S, Patil A A, Shankar A, et al. Enhanced polymer degradation of polyethylene and polypropylene by novel thermophilic consortia of *Brevibacillus* sps. and *Aneurinibacillus* sp. screened from waste management landfills and sewage treatment plants. Polymer Degradation and Stability, 2018, 149: 52-68.

[57] Nanthini Devi K, Raju P, Santhanam P, et al. Biodegradation of low-density polyethylene and polypropylene by microbes isolated from Vaigai River, Madurai, India. Archives of Microbiology, 2021, 203(10): 6253-6265.

[58] Skariyachan S, Taskeen N, Kishore A P, et al. Novel consortia of Enterobacter and Pseudomonas formulated from cow dung exhibited enhanced biodegradation of polyethylene and polypropylene. Journal of Environmental Management, 2021, 284: 112030.

[59] Plastics Europe. Plastics, in The Facts 2020. An analysis of European plastics production, demand and waste data. https://plasticseurope.org/knowledge-hub/plastics-the-facts-2020/. 2020.

[60] Khan S, Nadir S, Shah Z U, et al. Biodegradation of polyester polyurethane by *Aspergillus tubingensis*. Environmental Pollution, 2017, 225: 469-480.

[61] 彭瑞婷, 夏孟丽, 茹家康, 等. 聚氨酯塑料的微生物降解. 生物工程学报, 2018, 34(9): 1398-1409.

[62] Urgun-Demirtas M, Singh D, Pagilla K. Laboratory investigation of biodegradability of a polyurethane foam under anaerobic conditions. Polymer Degradation and Stability, 2007, 92(8): 1599-1610.

[63] Cregut M, Bedas M, Durand M J, et al. New insights into polyurethane biodegradation and realistic prospects for the development of a sustainable waste recycling process. Biotechnology Advances, 2013, 31(8): 1634-1647.

[64] Darby R T, Kaplan A M. Fungal susceptibility of polyurethanes. Applied Microbiology, 1968, 16(6): 900-905.

[65] Filip Z. Decomposition of polyurethane in a garbage landfill leakage water and by soil microorganisms. European Journal of Applied Microbiology and Biotechnology, 1978, 5(3): 225-231.

[66] Bentham R H, Morton L H G, Allen N G. Rapid assessment of the microbial deterioration of polyurethanes. International Biodeterioration, 1987, 23(6): 377-386.

[67] Shah Z, Gulzar M, Hasan F, et al. Degradation of polyester polyurethane by an indigenously developed consortium of *Pseudomonas* and *Bacillus* species isolated from soil. Polymer Degradation and Stability, 2016, 134: 349-356.

[68] Kay M J, McCabe R W, Morton L H G. Chemical and physical changes occurring in polyester polyurethane during biodegradation. International Biodeterioration & Biodegradation, 1993, 31(3): 209-225.

[69] Jansen B, Schumacher-Perdreau F, Peters G, et al. Evidence for degradation of synthetic *Polyurethanes* by *Staphylococcus epidermidis*. Zentralblatt für Bakteriologie, 1991, 276(1): 36-45.

[70] Crabbe J R, Campbell J R, Thompson L, et al. Biodegradation of a colloidal ester-based polyurethane by soil fungi. International Biodeterioration & Biodegradation, 1994, 33(2): 103-113.

[71] Nakajima-Kambe T, Onuma F, Kimpara N, et al. Isolation and characterization of a bacterium which utilizes polyester polyurethane as a sole carbon and nitrogen source. FEMS Microbiology Letters, 1995, 129(1): 39-42.

[72] Nakajima-Kambe T, Onuma F, Akutsu Y, et al. Determination of the polyester polyurethane breakdown products and distribution of the polyurethane degrading enzyme of *Comamonas acidovorans* strain TB-35. Journal of Fermentation and Bioengineering, 1997, 83(5): 456-460.

[73] Barratt S R, Ennos A R, Greenhalgh M, et al. Fungi are the predominant micro-organisms responsible for degradation of soil-buried polyester polyurethane over a range of soil water holding capacities. Journal of Applied Microbiology, 2003, 95(1): 78-85.

[74] Oceguera-Cervantes A, Carrillo-García A, López N, et al. Characterization of the polyurethanolytic activity of two *Alicycliphilus* sp. strains able to degrade polyurethane and *N*-methylpyrrolidone. Applied and Environmental Microbiology, 2007, 73(19): 6214-6223.

[75] Pérez-Lara L, Vargas-Suárez M, López-Castillo N, et al. Preliminary study on the biodegradation of adipate/phthalate polyester polyurethanes of commercial-type by *Alicycliphilus* sp. BQ8. Journal of Applied Polymer Science, 2015, 133: DOI:

10.1002/app.42992.

[76] Nair S, Kumar P. Molecular characterization of a lipase-producing Bacillus pumilus strain (NMSN-1d) utilizing colloidal water-dispersible polyurethane. World Journal of Microbiology & Biotechnology, 2007, 23(10): 1441-1449.

[77] Shah A A, Hasan F, Akhter J I, et al. Degradation of polyurethane by novel bacterial consortium isolated from soil. Annals of Microbiology, 2008, 58(3): 381-386.

[78] Matsumiya Y, Murata N, Tanabe E, et al. Isolation and characterization of an ether-type polyurethane-degrading micro-organism and analysis of degradation mechanism by *Alternaria* sp. Journal of Applied Microbiology, 2010, 108(6): 1946-1953.

[79] Russell J R, Huang J, Anand P, et al. Biodegradation of polyester polyurethane by endophytic fungi. Applied and Environmental Microbiology, 2011, 77(17): 6076-6084.

[80] Mathur G, Prasad R. Degradation of polyurethane by *Aspergillus flavus* (ITCC 6051) isolated from soil. Applied Biochemistry and Biotechnology, 2012, 167(6): 1595-1602.

[81] Shah Z, Hasan F, Krumholz L, et al. Degradation of polyester polyurethane by newly isolated *Pseudomonas aeruginosa* strain MZA-85 and analysis of degradation products by GC-MS. International Biodeterioration & Biodegradation, 2013, 77: 114-122.

[82] Shah Z, Krumholz L, Aktas D F, et al. Degradation of polyester polyurethane by a newly isolated soil bacterium, *Bacillus subtilis* strain MZA-75. Biodegradation, 2013, 24(6): 865-877.

[83] Peng Y H, Shih Y H, Lai Y C, et al. Degradation of polyurethane by bacterium isolated from soil and assessment of polyurethanolytic activity of a *Pseudomonas putida* strain. Environmental Science And Pollution Research, 2014, 21(16): 9529-9537.

[84] Nakkabi A, Sadiki M, Fahim M, et al. Biodegradation of poly(ester urethane)s by *Bacillus subtilis*. International Journal of Environmental Research, 2015, 9(1): 157-162.

[85] Asmae N, Sadiki M, Saad I, et al. Biological degradation of polyurethane by a newly isolated wood bacterium. International Journal of Recent Advances in Multidisciplinary Research, 2015, 2: 0222-0225.

[86] 彭瑞婷, 秦利锋, 杨宇. 载人航天器下行细菌对聚氨酯塑料的分解作用//中国生物工程学会青年工作委员会. 中国生物工程学会第二届青年科技论坛暨首届青年工作委员会学术年会摘要集, 2017: 113-114.

[87] Osman M, Satti S M, Luqman A, et al. Degradation of polyester polyurethane by *Aspergillus* sp. strain S45 isolated from soil. Journal of Polymers and the Environment, 2018, 26(1): 301-310.

[88] Stepien A E, Zebrowski J, Piszczyk Ł, et al. Assessment of the impact of bacteria *Pseudomonas denitrificans*, *Pseudomonas fluorescens*, *Bacillus subtilis* and yeast *Yarrowia lipolytica* on commercial poly(ether urethanes). Polymer Testing, 2017, 63: 484-493.

[89] Brunner I, Fischer M, Rüthi J, et al. Ability of fungi isolated from plastic debris floating in the shoreline of a lake to degrade plastics. PLoS One, 2018, 13(8): e0202047.

[90] Oprea S, Potolinca V O, Gradinariu P, et al. Biodegradation of pyridine-based polyether polyurethanes by the *Alternaria tenuissima* fungus. Journal of Applied Polymer Science, 2018, 135(14): 46096.

[91] Magnin A, Hoornaert L, Pollet E, et al. Isolation and characterization of different promising

fungi for biological waste management of polyurethanes. Microbial Biotechnology, 2019, 12(3): 544-555.

[92] Schmidt J, Wei R, Oeser T, et al. Degradation of polyester polyurethane by bacterial polyester hydrolases. Polymers (Basel), 2017, 9(2): 65.

[93] Kleeberg I, Hetz C, Kroppenstedt R M, et al. Biodegradation of aliphatic-aromatic copolyesters by *Thermomonospora fusca* and other thermophilic compost isolates. Applied and Environmental Microbiology, 1998, 64(5): 1731-1735.

[94] Kawai F, Kawabata T, Oda M. Current knowledge on enzymatic PET degradation and its possible application to waste stream management and other fields. Applied Microbiology and Biotechnology, 2019, 103(11): 4253-4268.

[95] Branson Y, Badenhorst C P S, Pfaff L, et al. High-throughput screening for thermostable polyester hydrolases. Methods in Molecular Biology, 2023, 2555: 153-165.

[96] Brott S, Pfaff L, Schuricht J, et al. Engineering and evaluation of thermostable IsPETase variants for PET degradation. Engineering in Life Sciences, 2022, 22(3-4): 192-203.

[97] Yoshida S, Hiraga K, Takehana T, et al. A bacterium that degrades and assimilates poly(ethylene terephthalate). Science, 2016, 351(6278): 1196-1199.

[98] Moyses D N, Teixeira D A, Waldow V A, et al. Fungal and enzymatic bio-depolymerization of waste post-consumer poly(ethylene terephthalate) (PET) bottles using *Penicillium* species. 3 Biotech, 2021, 11(10): 435.

[99] Nimchua T, Punnapayak H, Zimmermann W. Comparison of the hydrolysis of polyethylene terephthalate fibers by a hydrolase from *Fusarium oxysporum* LCH I and *Fusarium solani* f. sp. *pisi*. Biotechnology Journal, 2007, 2(3): 361-364.

[100] Huang Q S, Yan Z F, Chen X Q, et al. Accelerated biodegradation of polyethylene terephthalate by *Thermobifida fusca* cutinase mediated by *Stenotrophomonas pavanii*. Science of the Total Environment, 2022, 808: 152107.

[101] Sarkhel R, Sengupta S, Das P, et al. Comparative biodegradation study of polymer from plastic bottle waste using novel isolated bacteria and fungi from marine source. Journal of Polymer Research, 2019, 27(1): 16.

[102] Hussein A, Alzuhairi M, Aljanabi N. Degradation and depolymerization of plastic waste by local bacterial isolates and bubble column reactor//International Conference on Technologies and Materials for Renewable Energy, Environment and Sustainability.2018.

[103] Ronkvist A, Xie W, Lu W, et al. Cutinase-catalyzed hydrolysis of poly(ethylene terephthalate). Macromolecules, 2009, 42.

[104] Mueller U G, Gerardo N M, Aanen D K, et al. The evolution of agriculture in insects. Annual Review of Ecology Evolution & Systematics, 2005, 36(1): 563-595.

[105] Kawai F, Oda M, Tamashiro T, et al. A novel Ca²⁺ -activated, thermostabilized polyesterase capable of hydrolyzing polyethylene terephthalate from *Saccharomonospora viridis* AHK190. Applied Microbiology and Biotechnology, 2014, 98(24): 10053-10064.

[106] Müller R-J, Schrader H, Profe J, et al. Enzymatic degradation of poly(ethylene terephthalate): Rapid hydrolyse using a hydrolase from *T. fusca*. Macromolecular Rapid Communications,

2005, 26(17): 1400-1405.

[107] Ribitsch D, Heumann S, Trotscha E, et al. Hydrolysis of polyethyleneterephthalate by *p*-nitrobenzylesterase from *Bacillus subtilis*. Biotechnology Progress, 2011, 27(4): 951-960.

[108] Shi L, Liu H, Gao S, et al. Enhanced extracellular production of IsPETase in *Escherichia coli* via engineering of the pelB signal peptide. Journal of Agricultural and Food Chemistry, 2021, 69(7): 2245-2252.

[109] Yan F, Wei R, Cui Q, et al. Thermophilic whole-cell degradation of polyethylene terephthalate using engineered *Clostridium thermocellum*. Microbial Biotechnology, 2021, 14(2): 374-385.

[110] Danso D, Schmeisser C, Chow J, et al. New insights into the function and global distribution of polyethylene terephthalate (PET)-degrading bacteria and enzymes in marine and terrestrial metagenomes. Applied and Environmental Microbiology, 2018, 84(8): e02773-02717.

[111] PlasticsEurope. The Facts 2021. An analysis of European plastics production, demand and waste data. https://plasticseurope.org/knowledge-hub/plastics-the-facts-2021/. 2021.

[112] Webb J S, Nixon M, Eastwood I M, et al. Fungal colonization and biodeterioration of plasticized polyvinyl chloride. Applied and Environmental Microbiology, 2000, 66(8): 3194-3200.

[113] Nakamiya K, Hashimoto S, Ito H, et al. Microbial treatment of bis(2-ethylhexyl) phthalate in polyvinyl chloride with isolated bacteria. Journal of Bioscience and Bioengineering, 2005, 99(2): 115-119.

[114] Feng Z, Kunyan C, Jiamo F, et al. Biodegradability of di(2-ethylhexyl) phthalate by *Pseudomonas fluorescens* FS1. Water, Air, and Soil Pollution, 2002, 140(1): 297-305.

[115] Patil R. Isolation of polyvinyl chloride degrading bacterial strains from environmental samples using enrichment culture technique. African Journal of Biotechnology, 2012, 11.

[116] Kumari A, Chaudhary D R, Jha B. Destabilization of polyethylene and polyvinylchloride structure by marine bacterial strain. Environmental Science and Pollution Research, 2019, 26(2): 1507-1516.

[117] Vivi V K, Martins-Franchetti S M, Attili-Angelis D. Biodegradation of PCL and PVC: *Chaetomium globosum* (ATCC 16021) activity. Folia Microbiologica, 2019, 64(1): 1-7.

[118] Anwar M S, Kapri A, Chaudhry V, et al. Response of indigenously developed bacterial consortia in progressive degradation of polyvinyl chloride. Protoplasma, 2016, 253(4): 1023-1032.

[119] Giacomucci L, Raddadi N, Soccio M, et al. Biodegradation of polyvinyl chloride plastic films by enriched anaerobic marine consortia. Marine Environmental Research, 2020, 158: 104949.

[120] Khandare S D, Chaudhary D R, Jha B. Bioremediation of polyvinyl chloride (PVC) films by marine bacteria. Marine Pollution Bulletin, 2021, 169: 112566.

[121] Novotný Č, Fojtík J, Mucha M, et al. Biodeterioration of compost-pretreated polyvinyl chloride films by microorganisms isolated from weathered plastics. Frontiers in Bioengineering and Biotechnology, 2022, 10: 832413.

4 昆虫对塑料的生物降解

4.1 塑料的昆虫降解技术

昆虫类生物的肠道系统是一个复杂多变的生理环境。部分昆虫类生物具备降解天然高分子物质（如木质素、纤维素、半纤维素和蜂蜡）的能力，因此研究人员对其是否能够降解人造高聚物产生了浓厚的兴趣。早在 2006 年，西安六中学生陈重光就报道了黄粉虫幼虫摄食泡沫塑料的现象。之后，北京航空航天大学杨军教授等申请了黄粉虫幼虫虫体匀浆制作酶制剂降解聚苯乙烯塑料的中国专利，并开展了印度谷螟幼虫的塑料降解相关研究。此后，美国斯坦福大学吴唯民教授等对鞘翅目拟步甲科粉甲虫属昆虫的塑料废弃物摄食行为进行了广泛调查，并在全球范围内开展了合作研究。

本书总结了目前有关昆虫取食塑料、微塑料和纳米塑料的生物降解研究，并探讨了相关的降解特性和机理。基于研究热度较高的关键词，我们发现昆虫幼虫，尤其是黑粉虫［拟步甲科（Tenebrionidae）］和大蜡螟［螟蛾科（Pyralidae）］幼虫及其肠道微生物组的塑料生物降解是当前新兴的研究热点，包括测试的主要昆虫及其降解性能、相关酶、微生物组的贡献以及影响塑料生物降解的关键生理因素。本章全面总结了从 2010 年到 2023 年 14 年间有关昆虫及其肠道微生物降解塑料的最新研究成果，并阐明了昆虫降解塑料的机理。在本章的最后，我们提出了该课题未来的研究前景。

根据物理和化学特性，传统的塑料聚合物可分为可水解塑料（如 PET 和 PUR）和不可水解塑料（PP、PE、PVC 和 PS）。不可水解的塑料具有更强的抗酶解聚和生物降解能力[1,2]。自 20 世纪 60 年代以来，即使是最常用的塑料也具有抗生物降解性，这导致塑料废物在垃圾填埋场和水环境中堆积，而这些地方往往是塑料废物处理不当的地方。产生的塑料垃圾不会分解，进而威胁到环境及其多样化的生态系统。大量日益增多的塑料废弃物散落在陆地、湖泊、海岸线、海洋表面和海底。塑料垃圾造成的污染无处不在，甚至在海洋最深处的海底以及北极海冰区都发现了塑料垃圾，这很可能对环境造成数千年危害。据估计，每年进入海洋环境的塑料垃圾接近 640 万吨[3]。塑料垃圾占海洋垃圾成分的 62.31%，占海底垃圾总量的 49%，占海面垃圾的 81%[4]。在陆地环境中，包括微塑料

（MPs，<5 mm）在内的塑料污染主要来自未收集和未处置的塑料垃圾、农用塑料地膜残留物、城市径流、污水排放、废水灌溉和污水污泥施用等[5,6]。大量的塑料废弃物不仅会对景观造成严重污染，还会严重影响作物根系的生长发育和水肥的流动，会进一步导致作物减产，进而影响深层土壤和地下水环境。

常见的处理塑料的方法，如填埋、回收和焚烧，在处理塑料废弃物方面存在许多缺点和局限性。生物降解技术因其经济性和生态友好性而极具吸引力[7]，这种方法可以在污染现场通过自然过程进行，因此成为修复环境时最理想的方法。然而，尽管研究人员从 20 世纪 60 年代起就开始研究塑料废弃物的微生物降解，但塑料具有极难被生物降解的特性，包括：①广泛的惰性 C—C 主干结构，不含任何功能基团；②大分子量长链结构形成的立体阻碍，使其无法直接进入微生物细胞并被胞内酶降解；③耐大多数生物酶水解，需要高能氧化反应才能降解[2]。目前已知的微生物和酶很少能显著氧化这些高能结构[2]。尽管最近利用昆虫幼虫及其肠道微生物组进行的降解研究令人鼓舞，但人们对石油基塑料生物降解的了解仍然非常有限。包括微生物、酶和昆虫在内的相关过程，以及聚合物基质的物理特性（与化学结构无关）对生物降解的限制，已经引起了世界各地研究人员的广泛关注。

早在 20 世纪 50 年代，人们就发现了昆虫及其幼虫对塑料包装的破坏。根据当时出版物的报道，人们发现一些昆虫及其幼虫咬坏了由 PE、PP 和 PVC 制成的塑料包装材料。这些昆虫是鳞翅目、鞘翅目和蜚蠊目中的成虫和幼虫，主要属于螟蛾科和拟步甲科[8-12]（图 4-1）。近年来，人们发现螟蛾科和拟步甲科的成

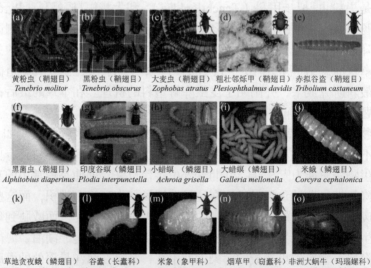

图 4-1　食塑料昆虫幼虫及其成虫照片

（a）黄粉虫；（b）黑粉虫；（c）大麦虫；（d）粗壮邻烁甲；（e）赤拟谷盗；（f）黑菌虫；（g）印度谷螟[34]；（h）小蜡螟[41]；（i）大蜡螟；（j）米蛾[42]；（k）草地贪夜蛾；（l）谷蠹；（m）米象；（n）烟草甲；（o）非洲大蜗牛

员可以消耗和/或生物降解 PE、PP、PS 和 PVC 等塑料。迄今为止，能降解塑料的鞘翅目昆虫幼虫包括 *Tenebrio molitor*[13-22]、*Tenebrio obscurus*[21,23-25]、*Zophobas atratus*[26-28]、*Tribolium castaneum*[29]、*Plesiophthalmus davidis*[30]、*Alphitobius diaperinus*[31]和 *Uloma* sp.[32]；鳞翅目（Pyralidae）中的幼虫包括 *Plodia interpunctella*[33-34]、*Galleria mellonella*[35-40]、*Achroia grisella*[41]和 *Corcyra cephalonica*（Stainton）[42]。除昆虫外，还观察到其他无脊椎动物也能降解塑料，但对它们的进一步研究很少。例如，陆地蜗牛 *Achatina fulica* 被发现能够降解膨胀 PS（EPS）[43]。已发表的研究成果表明，对拟步甲科中的黄粉虫、黑粉虫和大麦虫的幼虫，以及对鳞翅目中的大蜡螟幼虫的研究比较深入，PS 和 LDPE 两种聚合物是这些昆虫生物降解研究中的主要目标塑料。

欧盟在 2019 年将昆虫进食塑料列为 100 项创新技术之一。根据目前的趋势，昆虫对塑料的生物降解已被证明是近十年来最新兴、最具扩展性的趋势之一。图 4-2 概述了有关昆虫对不同塑料的生物降解的主要研究文章。然而，尽管利用昆虫幼虫及其肠道微生物进行塑料降解的研究逐渐增多，但科学界对其对塑料生物降解的理解仍然非常有限。这其中所涉及的机理、微生物、酶和昆虫，以及独立于化学结构的聚合物基质物理特性所施加的限制因素的重要性，已成为研究的热点和焦点，并引起了全世界的关注。

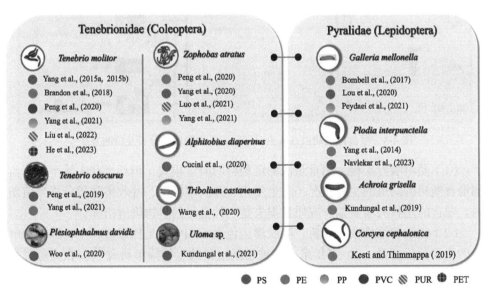

图 4-2　食塑料昆虫对不同塑料的生物降解研究进展

4.2　塑料生物降解的表征方法

塑料质量损失、啮食塑料经过昆虫消化系统前后的塑料的物化特性变化，以及生物降解中间体和产物的鉴定、宿主及其肠道微生物的组学分析等，是用来描述昆虫及其肠道微生物对塑料进行生物降解效能最常用的分析方法。自 2015 年以来，研究人员已经开展了大量昆虫对不同塑料进行生物降解的研究。如图 4-3 所示，大量的研究成果已经基本建立了表征昆虫体内塑料生物降解的技术和方法[44]。

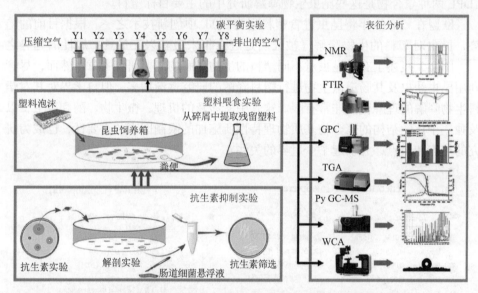

图 4-3　喂食昆虫幼虫或成虫对塑料的生物降解的分析及检测方法

（1）塑料喂养实验：用重量法测定塑料的质量损失（消耗率和去除率），监测喂食塑料的幼虫的生理状况（质量变化、存活率等），并收集碎屑分析残留塑料。喂食的塑料的质量减少或质量损失是一种常见的生物降解指标。

（2）化学和结构改性分析：凝胶渗透色谱（GPC）是探索塑料生物降解和解聚的重要分析工具，20 多年来一直被用于塑料的生物降解研究[45]。在实验过程中，研究人员采用 GPC 和高温 GPC（HT-GPC）测定聚合物样品（所喂食的塑料原样及昆虫粪便）的分子量及分子量分布（MWD）。GPC 结果包括重量平均分子量（M_w）、数量平均分子量（M_n）、黏度平均分子量（M_v）和尺寸平均分子量（M_z）。分散度（或多分散指数，PDI）的计算公式为：$PDI=M_w/M_n$。

傅里叶变换红外光谱（FTIR）一直用于分析聚合物结构的化学修饰以及聚合

物表面的化学变化。FTIR 分析可揭示生物降解或酶的作用导致的官能团变化[46]。

利用质子核磁共振（^1H NMR）可对生物降解引起的塑料聚合物化学变化进行研究。该技术利用核磁共振光谱分析物质分子中的氢-1 核以确定其化学结构。生物处理后，样品光谱中出现的新峰可以用来评估塑料的生物降解情况。

聚合物的热稳定性是通过热重分析（TGA）测定的。物理性质变化的结果可作为聚合物降解的指标。

水接触角（WCA）分析可以用来评估生物降解后聚合物表面疏水性的变化。疏水性降低表明塑料聚合物已被肠道中的微生物和消化酶生物降解。

^{14}C 标记的塑料聚合物已被用于评估塑料的矿化和生物降解[47,48]。降解过程中形成的 $^{14}CH_4$ 和 $^{14}CO_2$（如果在厌氧条件下评估）是矿化的直接标志，可通过测定含 ^{14}C 的可溶性有机物来监测中间产物的产生。使用 ^{13}C 标记的同位素聚合物作为示踪剂也有助于检查生物降解和矿化情况。在用 ^{13}C 标记的塑料喂养幼虫后，所产生的 CO_2 中 $\delta^{13}C$ 的变化和生物质成分（如脂肪酸）中 ^{13}C 的变化可作为塑料矿化和同化的指标[13]。此外，用氘同位素标记的 PE 塑料可用于检测氘化分子是否被代谢[49]。

根据实验目标的不同，研究人员还采用了其他分析技术来评估塑料的生物降解，如 X 射线光电子能谱（XPS）被用于确认官能团组成和表面化学成分的变化[14]；固态 C 交叉极化/魔角旋光核磁共振（CP/MAS NMR）用于确定固体材料中新出现的官能团[13]；衰减核磁共振（A NMR）分析用于分析固体材料中新出现的官能团[14]；固态 ^{13}C 交叉偏振/魔角旋转 NMR（^{13}C CP/MAS NMR）用于明确固体材料中新出现的官能团[13]；采用衰减全反射傅里叶变换红外光谱（ATR-FTIR）研究塑料微生物生物降解过程中液体或固体样品中新官能团的发展[50]。X 射线衍射（XRD）和差示扫描量热法（DSC）用于测量聚合物的结晶度[51,52]。

（3）碳平衡测试。碳平衡测试可通过收集喂食塑料的幼虫与对照组（未喂食的幼虫）释放的 CO_2 进行。碳平衡的计算基于释放的总 CO_2 中的 C 含量、摄取的塑料总 C、残渣中的总 C、生物量中的初始总 C 和生物量中的最终总 C，以估算幼虫摄取塑料中的 C 的转化率[13]。该测试结果非常可靠，但如果幼虫之间存在相残的现象，由于会摄食幼虫虫体导致 C 含量摄入，则可能会干扰检测结果。

（4）抗生素抑制实验与 GPC 分析一起用于表征肠道微生物在塑料解聚/生物降解中的作用。早期的研究使用单一抗生素（庆大霉素）[13,15,53]/混合抗生素（如庆大霉素、利福平和链霉素，重量比为 3∶2∶6）来抑制昆虫幼虫的肠道微生物[44]。如果塑料的解聚在抗生素抑制下停止，则解聚/生物降解依赖于肠道微生物；反之，则解聚与肠道微生物无关或不太依赖肠道微生物。

4.3　拟步甲科（鞘翅目）对塑料的生物降解

拟步甲科（或称黑暗甲虫）是鞘翅目中第七大物种类群，在全球有 2300 个属和 20000 多个物种[54,55]。对拟步甲科（Tenebrionidae）降解塑料的研究始于黄粉虫幼虫（*T. molitor* larvae）咀嚼和吞食 PS 泡沫塑料（或 PS 粉末塑料）的发现，这是 21 世纪初，学生在科学竞赛中提出了黄粉虫可能会生物降解 PS 的假设。中学生陈重光用 PS 泡沫饲养黄粉虫，并申请了黄粉虫生物降解 PS 的专利[56]。除黄粉虫外，Riudavets 等[12]还发现谷蠹（*Rhyzopertha dominica*，鞘翅目，长蠹科）、米象（*Sitophilus oryzae*，鞘翅目，象牙科）和烟草甲（*Lasioderma serricorne*，鞘翅目，窃蠹科）也摄食塑料薄膜。曾一清女士在关于 PS 的科学展览会上报告了从黄粉虫肠道中分离细菌菌株的发现[57]。此外，学生们还在科学展览会上测试了大麦虫（*Zophobas atratus*，鞘翅目，拟甲步科）幼虫吃 PS 泡沫塑料的能力。

4.3.1　黄粉虫

黄粉虫（*Tenebrio molitor*）属于拟步甲科，该物种在世界各地都有发现。黄粉虫自然存在于有腐木的森林中[58]，它们吃干树叶和木质纤维素材料[21,25,59]。黄粉虫在世界各地被商业化用作动物饲料，也被认为是食物蛋白质的潜在可持续替代品[60]。

4.3.1.1　PS 生物降解的证据

关于黄粉虫体内塑料生物降解的突破性报告发表于 2015 年。Yang 等[13]利用 GPC 分析发现，黄粉虫幼虫可以降解 PS 泡沫，M_w 和 M_n 分别降低了 20.8%和 20.2%。根据报道，在一个月的饲养期内，黄粉虫幼虫（500 只）消耗了 31.0%±1.7%的 PS 塑料（初始质量为 5.8 g）作为其唯一食物，摄入的 PS 中 47.7%的碳转化为 CO_2。热重-博里叶变换红外（TG-FTIR）分析表明，残留在磷屑中的 PS 形成了氧化功能基团。用 $\alpha^{13}C$ 和 $\beta^{13}C$ 标记的 PS 进行的试验表明，在给幼虫喂食 $\alpha^{13}C$ 标记和 $\beta^{13}C$ 标记的 PS 后，CO_2 和脂质的 $\delta^{13}C$ 值明显增加。

研究人员证实了 PS 在黄粉虫幼虫体内的广泛生物降解，报告称，全球以下 25 个地方的黄粉虫食用 PS 泡沫，包括北美洲的墨西哥、加拿大和美国；南美洲的哥斯达黎加和智利；亚洲的中国、柬埔寨、日本、印度、印度尼西亚、以色列、伊朗、韩国、马来西亚和泰国；欧洲的法国、德国、芬兰、斯洛文尼亚、波兰、英国、西班牙和土耳其；非洲的尼日利亚和南非以及澳大利亚[15,16,61]。我们在斯坦福大学和哈尔滨工业大学的联合研究团队于 2018 年[16]报告了来自美国（5 个来源地）、中国（6 个来源地）和英国（1 个来源地）等 12 个来源地的黄粉虫幼虫对 PS 的消化和生物降解情况。进一步的研究表明，共同饲喂不同比例的正常食物[如麦麸（WB）]可显著提高 PS 和 PE 的消耗率[15,16,22]。例如，当幼虫共喂大豆蛋白或麦麸时，PS 的消耗率高于只喂 PS 时的消耗率。在最初喂食 1.8 g PS 泡沫的基础上，当给喂食 PS 的黄粉虫补充 0.9 g 麦麸和 0.9 g 蛋白质时，28 天的 PS·消费率分别为：仅喂食 PS 的为 24.5%，PS 联合喂食麦麸的为 42.8%，PS+麦麸+蛋白质的为 84.5%[15]。配合饲料所产生的增效作用是因为塑料只含有碳和氢元素，虽然可以为幼虫提供能量和碳源，但不能为酶的合成和幼虫的发育提供必要的营养物质。因此，补充营养丰富的配合饲料有助于幼虫发育和消化活动。

当 PS 与麦麸一起喂养时，黄粉虫幼虫能够完成其生命的所有阶段（幼虫、蛹、甲虫和卵）。这是因为塑料分解过程中的营养补充能够支撑黄粉虫交配和繁殖，从而实现选择性繁殖[15]。交配产卵后，第二代黄粉虫出现（图 4-4）。喂食 PS 和麦麸的第二代幼虫与第一代幼虫相似。用 PS 泡沫和麦麸饲养新一代幼虫三个月后，它们似乎对 PS 泡沫有更高的亲和力，消耗和降解 PS 的能力得以保持，甚至有所增强（图 4-4），与从第一代和第二代幼虫身上收集的残留 PS 的 M_w 和 M_n 分析结果相比，第二代幼虫的 PS 解聚程度可能高于第一代幼虫，且第二代黄粉虫幼虫长大后也能够进化成蛹和甲虫。

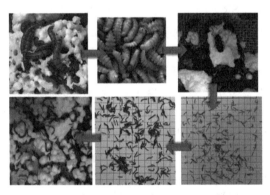

图 4-4　PS 泡沫与麦麸混合喂养的黄粉虫幼虫完成了从幼虫—蛹—成虫—PS 泡沫喂养繁殖的第二代幼虫

此外，Tsochatzis 等[62,63]使用气相色谱-质谱和气相色谱-发射光谱-质谱鉴定了在丹麦获得的黄粉虫中 PS 降解的代谢中间产物。苯乙烯、PS 低聚物（二聚体、三聚体）和几种脂肪酸被鉴定为解聚产物。在这项研究中，给幼虫喂食了不同的食物（4∶1 的 PS/麸皮、20∶1 的 PS/麸皮），并比较了有水和无水条件下幼虫的生长发育情况[64]。研究结果证实，PS 的生物降解和新陈代谢导致应激水平上升。Ding 等[65]研究了仅饲喂 LDPE 和 LDPE+配合饲料（4∶1 的 LDPE/配合饲料）、普通饲料麸皮或玉米粉作为常规饲料以及农作物秸秆稻草和玉米秸秆的黄粉虫和黑粉虫的肠道微生物群的反应。他们发现，在这两种幼虫中，农作物秸秆的存在增加了 LDPE 的消耗和解聚。与单独喂食 LDPE 饲料的幼虫相比，喂食混合饲料的幼虫组的肠道微生物群显示出更复杂的相关性，而黄粉虫和黑粉虫降解 LDPE 的活性代谢途径存在差异，表明固氮和生物降解是关键的活跃过程。Mamtimin 等[66]在分析 PS 和玉米秸秆（CS）喂养幼虫的肠道微生物群结构、代谢途径和酶谱的基础上发现，适应 PS 和 CS 生物降解的肠道微生物群具有高度相似性，这表明黄粉虫幼虫的塑料降解能力可能起源于降解天然木质纤维素的古老机制。

4.3.1.2　其他塑料和聚合物的后续生物降解

自 2015 年以来，世界各地的研究人员一直在使用前文所述的方法测试黄粉虫幼虫体内主要塑料聚合物的生物降解情况。这些聚合物包括 LDPE[22]、HDPE[67]、PVC[17]、PP[68]、PU[69]、硫化丁苯橡胶（SBR）和轮胎屑[52]以及生物塑料 PLA[70]。在有限的肠道滞留时间（<12 h）内，观察到这些塑料聚合物都有较高的质量减少效率（>30%～70%）。

Brandon 等[22]通过一项为期 32 天的短期实验发现，单独喂食泡沫 LDPE 的黄粉虫幼虫的存活率（SR）与喂食麦麸的对照组以及喂食 LDPE 和麦麸的共喂幼虫的存活率差别不大。这项研究结果表明，麦麸共喂幼虫的 LDPE 解聚程度略高于仅喂食 LDPE 的幼虫；两种喂养方式的实验对比分析，M_n 分别下降了 47.61% 和 40.10%，而 M_w 分别降低了 51.84% 和 61.27%。研究发现，PS 和 LDPE 在黄粉虫幼虫肠道内发生了广泛的解聚（M_w 和 M_n 均发生了下降）。

除了 PS 和 PE 塑料，研究人员对于探索黄粉虫幼虫降解其他石油基塑料的研究也在不断进行中。Bożek 等[71]研究发现喂食 PS、PVC 和 PLA 塑料的黄粉虫幼虫的虫体体重分别减少了 9%、12% 和 3%，而喂食塑料的幼虫虫体重量分别减少 18%、15% 和 19%，而喂食麦麸的幼虫的重量仅增加 45%。正如在 PS 降解研究[15,16]中所观察到的，塑料聚合物并不支持幼虫的生长和发育。不过，在该研究中，他们并未对测试塑料的生物降解特性进行描述。此外，Peng 等[17]通过用硬质 PVC 微塑料粉末喂养黄粉虫幼虫证实了 PVC 在幼虫体内的生物降解作用。在以 PVC 为唯一食物的 5 周内，幼虫的存活率可达 80%。然而，这项研究中的幼虫没有完整经历其生命周期，3 个月后发现，该实验的黄粉虫幼虫存活率下降到了 39%。而研究表明，黄粉虫幼虫对 PVC 也同样进行了广泛的解聚，即 M_w、M_n 和 M_z 分别减少 33.4%、32.8% 和 36.4%。氯元素的质量平衡表明，虽然摄入的 PVC 有 65.4%被生物降解，但降解过程中释放的氯化物仅占摄入 PVC 总量的 2.9%，而 62.51%以氯化有机中间体的形式积累，34.6%的 PVC 残留被直接排出体外，并在收集的碎屑中发现，这表明 PVC 的矿化作用有限。此外，Peng 等[72]发现，与残留的 PE 和 PS 颗粒相比，残留的 PVC 微塑料颗粒更难被黄粉虫幼虫分解和排泄。黄粉虫的氧化应激反应水平（包括活性氧、抗氧化酶活性和脂质过氧化反应）也明显增高。

2020 年，我们团队进一步研究了黄粉虫幼虫对 PP 塑料的降解效果。在 35 天的实验过程中，以 PP 泡沫为唯一食物的黄粉虫幼虫和大麦虫幼虫对 PP 塑料的消耗量分别为(1.0±0.4) mg/(100 幼虫·d)和(3.1±0.4) mg/(100 幼虫·d)。喂食 PP 泡沫加麦麸的幼虫的 PP 消耗率分别提高了 68.11%和 39.70%。喂食 PP 的黄粉虫和大麦虫幼虫粪便中残留的 PP 聚合物只显示 M_w 减少了 20.4%±0.8%和 9.0%±0.4%；M_n 减少了 12.1%±0.4%和 61.5%±2.5%；M_z 增加了 33.8%±1.5% 和 32.0%±1.1%，这一结果证明黄粉虫幼虫对 PP 塑料的降解同样可能呈现不同的解聚模式。

为了进一步探索黄粉虫幼虫对典型可水解塑料 PU 和 PET 的生物降解效能，Liu 等[69]通过喂食 PU 塑料的 35 天周期实验发现，黄粉虫幼虫（108 只）的生存率与麸皮喂养的幼虫相似，尽管消耗 PU 泡沫导致塑料的质量显著减少（1 g 泡沫的 67%），且通过 FTIR、XPS 和 GPC 分析证实了生物降解，而在喂食 PU 塑料的黄粉虫幼虫粪便中检测到的聚醚型 PU 碎片表明，聚醚型 PU 在幼虫肠道内的生物降解并不完全。Wang 等[73]还对比分析了黄粉虫幼虫摄入 PU 和 PS 与麸皮的结果。喂食 PU 和 PS 的幼虫表现出相同的存活率和体重变化，而 ATR-FTIR 分析进一步表明摄入的聚合物发生了氧化。Zhu 等[74]发现，黄粉虫幼虫对废弃冰箱中 PU 的生物降解对其肠道微生物产生了相当大的影响；Orts 等[75]的研究中指出，乳球菌是唯一能通过黄粉虫消化道与 PU 食物相关联的细菌。

为了探索黄粉虫幼虫作为宿主与其肠道微生物菌群对 PET 塑料生物降解的贡献情况。我们团队在 2023 年的研究成果[76]发现，黄粉虫幼虫可在 12～15 h 内将商用 PET 快速生物降解 70%以上，这比 Yoshida 等于 2016 年发表的使用快速降解 PET 细菌 *Ideonella sakaiensis* 201-F6 的报道要快得多。按半衰期计算，与菌株 201-F6 相比，幼虫仅花费了其 0.36%的时间。这项研究为我们提供了一种全新的角度，可以更好地了解肠道微生物群在应对 PET 膳食时，尤其是在面临营养压力（尤其是氮源匮乏）时的适应性，以及它们在 PET 降解过程中的贡献。Peng 等[70]研究了 PLA 在黄粉虫体内生物降解的可能性。结果表明，PLA 和 PLA-麦麸混合物（10%、20%、30%和 50% PLA 重量比）在黄粉虫体内均能被生物降解。与单独喂食 PLA 的幼虫相比，喂食 PLA-麦麸混合物能促进幼虫发育，提高存活率，降低自残率。当只食用 PLA 时，PLA 的转化效率为 90.9%；

而使用 PLA-麦麸混合物时，PLA 的转化效率介于 81.5% 和 86.9% 之间。研究还发现，当 PLA 和麦麸的比例为 20% 时，能够获得最高的昆虫生物量产量。

另一项关于聚(己二酸丁二醇酯-对苯二甲酸丁二酯)（PBAT）的生物降解和解聚的研究已经得到了证实[77]。有趣的是，麸皮的添加改变了 PBAT 的解聚模式，从广泛的解聚变为有限范围的解聚，这是由于竞争性消化的结果。

此外，黄粉虫幼虫还表现出对硫化轮胎屑和丁苯橡胶的生物降解能力[52]。利用 TGA、ATR-FTIR、XRD 分析和 SEM 观察对生物降解进行了表征。Liu 等[78]使用 ^{14}C 标记的氧化石墨（GO）证实，幼虫降解并部分矿化了 GO，回收了 0.26% 的 $^{14}CO_2$。Cheng 等[79]从黄粉虫肠道中分离出一种 *Acinetobacter* sp.并能够以硫化橡胶作为唯一的碳源生长。

4.3.2　黑粉虫

Tenebrio obscurus 幼虫（或黑粉虫）是美国、欧洲和中国的本土物种[61,80]，其体内中含有独特的氨基酸，但与黄粉虫相比，由于饲养时间较长、孵化成本较高，因此商业化程度较低。

与黄粉虫幼虫相比，黑粉虫幼虫对光更敏感，它们主要成群躲在塑料泡沫下面。研究人员对于黑粉虫生物降解塑料的研究要滞后于对黄粉虫研究的几年时间。在 2019 年，Peng 等[21]在一项比较同一来源的黄粉虫和黑粉虫幼虫的研究中发现，黑粉虫幼虫具有更强的降解 PS 的能力[21][图 4-5（c）]。从美国和中国收集到的所有黑粉虫幼虫都有咀嚼并消耗 PS 泡沫的能力。研究结果表明，黑粉虫幼虫消耗 PS 的速度与来自同一来源的黄粉虫幼虫相当，甚至更高。在啃食 PS 塑料的黑粉虫粪便中，PS 聚合物的 M_n 和 M_w 分别降低了 26.0% 和 59.2%，而 M_n 和 M_w 在黄粉虫粪便样品中的残留 PS 中分别减少了 11.7% 和 29.8%。这表明，与黄粉虫幼虫相比，黑粉虫幼虫具有更强的解聚 PS 的能力。

2021 年，我们团队通过比较黑粉虫幼虫和黄粉虫幼虫，证实了黑粉虫幼虫对 LDPE 的生物降解作用[25]。在 36 天的时间里，两种幼虫都被喂食了 PE-1 和 PE-2 两种 LDPE 泡沫，这两种泡沫的 M_n 值分别为 28.9 kDa 和 27.3 kDa，M_w 值分别为 342.0 kDa 和 264.1 kDa。对于黑粉虫幼虫，PE-1 和 PE-2 的 M_w 分别下降了 45.4%±0.4% 和 34.8%±0.3%，而对于黄粉虫幼虫，则分别下降了 43.3%±0.5% 和 31.7%±0.5%。根据质量平衡分析，两种幼虫使 PE 都被广泛解聚，消耗的 LDPE 中约有 40% 被消化为 CO_2。在抗生素抑制实验中，使用庆大霉素显著减少了黄粉虫和黑粉虫幼虫的肠道菌群，但 M_w、M_n 和 M_z 的下降，表明解聚并没有被阻止。可见，与黄粉虫的 PS 降解[53]不同，黑粉虫的 LDPE 生物降解受肠道微生物的影响较小，或者不受肠道微生物的影响，黑粉虫幼虫对 LDPE 的解聚可能是由肠道消化酶完成的。

4.3.3 大麦虫

大麦虫（*Zophobas atratus*，鞘翅目，拟甲步科）的幼虫通常被称为超级蠕虫。该物种最初发现于中美洲和南美洲的热带地区，现已传播到世界其他地区[80-84]。由于大麦虫幼虫营养价值高、生命力强、耐饥耐渴，已被作为动物饲料资源进行商业销售[83]。在分类学上，*Zophobas atratus* 与 *Zophobas rugipes* 和 *Zophobas morio* 被归为同种。与黄粉虫和黑粉虫相比，它们的幼虫体长可达 5.0～6.0 cm，体型大 1.5～3.0 倍。大麦虫的幼虫和蛹往往会被同类食用[81]。2010 年，研究人员采用 LDPE、PS、乙烯-醋酸乙烯（EVA）、LLDPE 和 PVC 微塑料作为不同的投加食物来研究大麦虫幼虫对塑料的生物降解能力[28]。提供给幼虫的各种塑料与麦麸的重量比分别是 1∶1、0.5∶1、0.2∶1、0∶1。然而可能是分析工具的限制，这项研究无法提供确凿的数据来证实生物降解。

直到最近，有关大麦虫与塑料生物降解的研究才正式重新受到关注。Yang 等[85]和 Peng 等[59]的研究小组分别用美国和中国的 PS 泡沫塑料[图 4-5（d）]对大麦虫幼虫进行了测试，并对排出的碎屑进行了表征。结果表明，PS 被幼虫解聚并生物降解。Peng 等[59]利用来自美国（大麦虫 M）和中国（大麦虫 G）的幼虫进一步验证了 LDPE 的生物降解作用。作为其唯一的营养来源，大麦虫 G 幼虫以(58.7±1.8) mg /(100 幼虫·d)的速率摄入 LDPE 泡沫，以(61.5±1.6) mg /(100 幼虫·d)的速率摄入 PS 泡沫。对于 LDPE 和 PS 消耗量分别为(57.1±2.5) mg/ (100 幼虫·d)和(30.3±7.7) mg/(100 幼虫·d)，大麦虫 M 需要补充辅食（卷心菜或麸皮）。FTIR 和 ^{1}H MNR 分析证实了氧化官能团的形成，并揭示了这两种大麦虫对 LDPE 和 EPS 的生物降解作用。根据 GPC 研究，大麦虫 G 对 PS 塑料表现出广泛的解聚模式，而大麦虫 M 对 PS 的解聚程度较低。对于该研究所选择的测试材料，两种大麦虫都在有限程度上成功地解聚了 LDPE。抗生素抑制研究结果表明，当使用抗生素作为抑制剂时，大麦虫对于 PS 或 LDPE 的解聚都会大大减少或停止。这表明，大麦虫对 PS 和 LDPE 的解聚/生物降解能力取决于肠道微生物[59,85]。Luo 等[86]通过质量消耗、ATR-FTIR 和 DSC-TGA 分析证实了大麦虫幼虫体内聚氨酯泡沫的生物降解，表明聚氨酯利用热稳定性和官能团的变化部分氧化和降解。为了比较 ATR-FTIR 和 FTIR 的有效性，Wang 等[73]研究了大麦虫幼虫体内 PS 和 PU 的生物降解。在 35 天的时间里，PS 和 PU 的相对消耗率分别为 26.23 mg PU/幼虫和 49.24 mg PS/幼虫。他们发现，大麦虫幼虫内脏中的 PS 和 PU 泡沫经历了相似的生物降解和氧化过程。更重要的是，Chen 等[84]证明了超级蠕虫（大麦虫幼虫）在不同进食轨迹下肠道中产生了活性氧（ROS），进而诱导摄入的 PS 氧化分解。ROS 和肠道微生物细胞外氧化酶的组合效应表明，它们在有效地氧化分解大麦虫幼虫肠道中的 PS 方面发挥了重要作用。

4.3.4　其他拟步甲科昆虫

除了以上几种典型的拟步甲虫外，研究人员还对其他拟步甲科昆虫的幼虫（包括 *Plesiophthalmus davidis*、*Uloma* sp. 和 *Tribolium castaneum*[29,30,32][图 4-5（e）~（g）]进行了塑料生物降解效能的研究。

Plesiophthalmus davidis 是一种原产于东亚（尤其是韩国和中国）的拟步甲虫，在以色列也有发现。在自然环境中，*P. davidis* 幼虫和成虫以腐朽木材和其他木质纤维素植物残留物为食[30]。使用膨胀 PS 泡沫对幼虫进行了测试，14 天内每只幼虫消耗了(34.27±4.04) mg PS[图 4-5（e）]。FTIR 分析结果验证了摄入的 PS 泡沫的氧化情况，GPC 分析也证实了这一点。此外，该研究还从幼虫肠道中分离并鉴定了一种 PS 降解肠道细菌 *Serratia* sp.[30]，这一发现扩大了对塑料降解昆虫的认知。

Uloma 是拟步甲科的一个属，分布于世界各地，包括至少 150 个物种[87,88]。这些物种通常栖息在树皮下或腐烂的木材中，但在树林外和种植区也能发现它们的踪迹。成虫体长 7~10 mm。Kundungal 等[32]发现，属于 *Uloma* 属的食蜂蜡甲虫幼虫会摄取 PS 泡沫[图 4-5（f）]。与单独喂食 PS 的幼虫相比，补充蜂蜡增加了近两倍的 PS 的摄入量（每 100 只幼虫每天摄入 37.14 mg）。FTIR、^{1}H NMR 和 TGA 分析法测定的粪便中 PS 残留的理化变化结果支持了 PS 的生物降解。

Tribolium castaneum，又称红面粉甲虫，属于拟步甲科，是一种对储藏产品，特别是粮食造成广泛危害的害虫。成虫长约 3~4 mm，呈均匀的锈色、棕色或黑色。幼虫看起来与黄粉虫相似，但体型要小得多[图 4-5（g）]。Abdulhay[1]分析了 *T. castaneum* 幼虫对 PS、PE 和乙烯-醋酸乙烯泡沫的摄食情况。在 30 天内测定了塑料泡沫的质量减少量。不过，研究中都没有报道有力的分析证据来证实生物降解。Wang 等[29]发现 *T. castaneum* 幼虫会咀嚼并摄食 PS 泡沫。对喂食塑料和麸皮的 *T. castaneum* 幼虫肠道微生物群的研究发现，*Acinetobacter* sp.与塑料消耗量有很大关系，且发现 *Acinetobacter* sp.是唯一能够降解 PS 的肠道细菌菌株。根据 16S rDNA 序列以及利用 GPC、^{1}H NMR、TGA 和 SEM 进行的研究，可以确定其降解性能。尽管 *T. castaneum* 幼虫和成虫多年来一直被认为是降解塑料的候选昆虫，但要验证它们的塑料生物降解能力，还需要开展进一步的研究。

较小的粉虫——*Alphitobius diaperinus* 的幼虫，同样属于拟步甲科的一员，也会严重破坏和吞食 EPS[图 4-5（h）]。该物种是美国食品储藏室和禽舍中数量最多、生命力最顽强的害虫之一。幼虫体型较小，长 11 mm，成虫长 6 mm。Cucini 等[31]报道了 *Alphitobius diaperinus* 的幼虫对 PS 泡沫的消耗以及喂食 PS 后细菌和真菌多样性的变化。然而，其对 PS 的生物降解尚未定性。因此，虽然拟步甲科其他昆虫的成虫和幼虫都表现出啮食各种塑料的行为，但要证实它们对塑料的生物降解能力还需要进行更多的研究。

4.3.4.1 螟蛾科（鳞翅目）

螟蛾科（Pyralidae）属于鳞翅目（Lepidoptera），共有 150000 多个物种，其中蝴蝶约有 18000 种，蛾类超过 130000 种[89]，螟蛾科俗称毒蛾、草蛾或鼻蛾，全世界已描述的毒蛾种类超过 6000 种。一些储藏室中的大多数害蛾都属于这个家族，它们与人类共同生活了数千年。70 多年来，许多鳞翅目昆虫也被发现会破坏和穿透塑料包装材料[8]。最近，研究人员探索了部分鳞翅目昆虫[包括大蜡螟（Galleria mellonella）[35,90]、印度谷螟（Plodia interpunctella）[33,91]、小蜡螟（Achroia grisella）[41]、草地贪夜蛾（Spodoptera frugiperda）[92]和米蛾（Corcyra cephalonica）[42]]对塑料咀嚼和降解效能的研究[图 4-5（i）~（k）]。

4.3.4.2 印度谷螟

Plodia interpunctella （Guenée，1845），通常被称为印度谷蛾或印度谷螟，是一种属于螟蛾科的小型蛾类，主要被认为是谷物害虫。该物种的幼虫体长可达 12 mm，具有咬穿塑料和纸板的能力[9]。经常可以观察到该物种吞食 LDPE 薄膜[图 4-5（i）]。Yang 等[33]报道了印度谷螟幼虫咀嚼和吞食 LDPE 薄膜的情况，并分离出两种肠道 LDPE 降解细菌菌株。根据扫描电镜（SEM）观察，这两种细菌都对 PE 薄膜有显著降解作用[34]。尽管人们认为幼虫肠道中存在大量降解 PE 的细菌[33,34,93]，但迄今为止，尚未有研究证实幼虫体内存在降解 LDPE 的细菌。

4.3.4.3 大蜡螟

较大的蜡蛾通常被称为蜂巢蛾或大蜡螟（G. mellonella），是一种经常危害蜂巢的害虫，属于螟蛾科。大蜡螟在世界各地都有分布，它们的幼虫通常被称为蜡虫或毛虫，可在宠物店作为鸟类和小动物的饲料出售。Bombelli 等[35]首次报道了大蜡螟幼虫对 LDPE 薄膜的快速生物降解。大蜡螟咀嚼并摄入 LDPE 薄膜后，可能会对摄入的 LDPE 进行处理，并将乙二醇作为副产品排出体外。随后的几项研究也证明了大蜡螟幼虫对 LDPE 的生物降解以及副产品和中间产物的生成[36-38,40]。许多对大蜡螟幼虫的研究表明，它们不仅能降解 PE 薄膜，还能吃掉 PS[图 4-5（j）]和其他塑料[39,93,94]（PS、PE 和 PP 薄膜或泡沫）。FTIR 光谱检测到了粪便样品中氧化聚烯烃代谢中间产物的功能性羧基物质。Burd 等[95]研究了来自巴西圣保罗的幼虫对 LDPE 和 PS 泡沫板的生物降解性能，发现幼虫消耗了 LDPE 和 PS 板，并对塑料板的表面进行了破坏。他们用 FTIR 光谱和接触角分析了与幼虫接触后的塑料板，结果显示出可能的氧化和表面改性，但 Burd 等的研究没有按照图 4-3 所述的系列方法进行降解效能确定。Zhu 等[19]对比了九种废弃电器和电子设备（WEEE）塑料作为大蜡螟幼虫和黄粉虫的饲料的降解结果，研究表明大蜡螟幼虫对塑料的偏好程度依次递减顺序为：PU＞酚醛树脂＞PE＞PP＞PS ≈ PVC。当给大蜡螟幼虫喂食多种塑料时，幼虫会随机摄取所有塑料。大蜡螟幼虫对 WEEE 塑料的消耗率似乎高于黄粉虫幼虫。

通过进一步的研究，科研人员提出了大蜡螟对不同塑料生物降解过程的代谢途径[96,97]。LeMoine 等[97]根据 *Geobacillus thermodenitrificans* 的生物降解模型[98]提出了一个假设的大蜡螟降解 LDPE 模型[97]。该模型通过对大蜡螟肠道组织的 RNA 测序描述了生物降解过程的机制，即在肠道微生物对 LDPE 进行初步处理后，通过幼虫分泌关键酶，进一步将烷烃链分解成醛，然后是羧酸；这些脂肪酸随后被储存或通过 β-氧化降解，并通过三羧酸循环产生能量。Kong 等[90]研究了大蜡螟的长链烃蜡的代谢过程，发现大蜡螟试验缺乏分解蜡代谢产生的长链脂肪酸的肠道微生物群，并得出结论：蜡的代谢和矿化主要独立于肠道微生物。他们认为，在 LDPE 降解过程中也可能出现类似的机制。

4.3.4.4　小蜡螟

Achroia grisella（Fabricius，1794）或称小蜡螟，是一种小型蛾类，隶属于螟蛾科。在世界大部分地区，经常能观察到小蜡螟。它们作为巢寄生虫寄居在蜂群中，以蜂蜜和密蜡为食。在印度，它的幼虫被广泛饲养，用作宠物食品，如爬行动物和两栖动物的宠物食品，以及钓鱼诱饵。小蜡螟的成虫体长约 13 mm，幼虫看起来比大蜡螟小。Kundungal 等[37]研究了小蜡螟幼虫对 HDPE 薄膜的生物降解[图 4-5（k）]，发现它们在喂食 HDPE 薄膜时能够完成生命周期。利用 FTIR 和 ¹H NMR 对排泄物中的残留聚合物进行了检测，证实了生物降解和新功能有机基团的形成。

4.3.4.5　米蛾

Corcyra cephalonica（Stainton，1866）幼虫通常被称为米蛾，属于螟蛾科。由于其幼虫喜欢取食干燥的植物材料，如种子、谷物（如大米）、面粉和干果等，是一种小型蛾类，也是世界上众所周知的主要害虫。它们的幼虫还能破坏 PE 和 PVC 薄膜[图 4-5（1）][9]，虽然幼虫能对 LDPE 进行啃食，但没有提供有关 LDPE 生物降解特征的分析数据。需要进一步研究塑料生物降解的可行性。

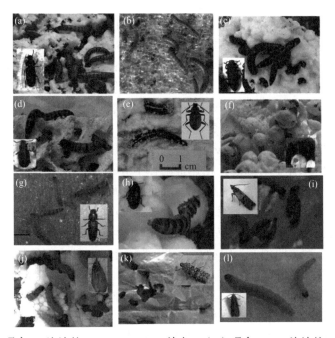

图 4-5 （a）喂食 PS 泡沫的 *Tenebrio molitor* 幼虫；（b）喂食 LDPE 泡沫的 *Tenebrio molitor* 幼虫；（c）喂食 PE 塑料的 *Tenebrio obscurus* 幼虫[25]；（d）喂食 PE 塑料的 *Zophobas atratus* 幼虫；（e）喂食 PS 泡沫的 *Plesiophthalmus davidis* 幼虫（图片来自 H. J. Cha 教授的赠送）；（f）喂食 PS 泡沫的 *Uloma* sp.（图片来自 S. P. Devipriya 教授的赠送）；（g）喂食 LDPE 泡沫的 *Tribolium castaneum*（图片来自 Dr. Z. Wang 和 Y. L. Zhang 教授的赠送）；（h）喂食 PS 泡沫的 *Alphitobius diaperinus* 幼虫（图片来自 S. P. Devipriya 教授的赠送）；（i）喂食 LDPE 塑料的 *Plodia interpunctella* 幼虫[33]；（j）喂食 PS 泡沫的 *Galleria mellonella* 幼虫；（k）喂食 HDPE 塑料的 *Achroia grisella* 幼虫；（l）*Corcyra cephalonica*（Stainton）幼虫及成虫

4.4 其他昆虫

4.4.1 蟑螂

大约在 3.5 亿年前，蟑螂就已经在地球上生活，属于最古老的昆虫类群之一，凭借其顽强的生命力、极强的环境适应能力以及进化能力在地球上生存至今[99]。记录在册的蟑螂类群有 5000 多种。在大多数人的印象当中，它们都是以害虫形象出现，如美洲大蠊（*Periplaneta americana*）、德国小蠊（*Blattella germanica*）、黑胸大蠊（*Periplaneta fuliginosa*）等[100]，它们具有超强的繁殖力和适应性，破坏食物，损坏衣服，携带并传播大量病原体，给人们的生产生活造成了极大困扰，所以人们将蟑螂列为害虫一类，一旦在环境中发现其踪影，就利用药剂等方法来消灭它[101]。但是蟑螂也并非对人类完全无益，在《本草纲目拾遗》中记载，蟑螂是可以入药，其本身是一味中药，主要是指蜚蠊科大蠊属的美洲大蠊、澳洲蜚蠊（*Periplaneta australasiae*）以及蜚蠊属东方蜚蠊（*Blatta orientalis* Linnaeus），能够治疗蛇虫叮咬，具有解毒化瘀等功效[102]。世界各地都发现过蟑螂咀嚼、吞食和穿透塑料包装材料的现象。早在 20 世纪 50 年代，Gerhart 和 Lindgren（1954年）就报道了德国蟑螂（*Blattella germanica*）咀嚼和穿透 PS 薄膜的现象。迄今为止，大多数人都认为蟑螂可以穿透轻质塑料袋，吃掉里面的食物①。

杜比亚（*Blaptica dubia* Serville 1838）是蟑螂科的一员，原产于南美洲，是热带地区发现的一种土壤蟑螂，在热带雨林中分布广泛[103]。近年因其具有丰富的蛋白质、易于饲养、存活率高、适应性强等优点，具有广泛的市场前景，养殖范围不断扩大[104]。杜比亚蟑螂（*Blaptica dubia*），属蜚蠊目（Blattaria）、蜚蠊科（Blattidae）、碧蠊属（*Blaptica*），卵胎生类昆虫[105]，一般分为七个虫龄，一到三为小型，四到五为中型，六到七为大型。一般大型的杜比亚到后期会长出翅，但不具备飞行能力[104]。杜比亚因其富含蛋白质、生命力强、适应性好、不携带大量致病菌等优点，具有广泛的市场前景，养殖范围不断扩大，开发潜力大[106]。同时，杜比亚体内含有丰富的微生物，是良好的生物储藏库，同时为降解各类有机废弃物提供了丰富的生物资源[107]。

关于杜比亚降解塑料的研究，国内外鲜少报道。但是近年来，由于其具有极强的适应性与抗逆性，经常被用于神经生理学和药理学领域及生物学实验中。研究中发现杜比亚对一些有毒有害及一些激素类物质具有抗性，甚至能够代谢这些物质，它的肠道对不同食物的刺激具有高度的适应性，同时其本身蕴含着大量的生物资源，是良好生物储藏库。而杜比亚最初生长在热带雨林的土壤中，以富含木质素和纤维素的落叶为食，能够降解木质素和纤维素，在食物链中处于分解者的位置，在全球物质循环中起着重要作用[104]。而木质素[图 4-6（a）]和纤维素[图 4-6（b）]与聚苯乙烯[图 4-6（c）]一样具有环状结构，且都属于大分子物质，同时我们发现杜比亚有取食聚苯乙烯塑料的行为。

(a)

对羟基结构(H)　　　　愈创木基结构(G)　　　　紫丁香基结构(S)

---

① 引自 https://eroaches.com/can-cockroaches-eat-plastic-bags/

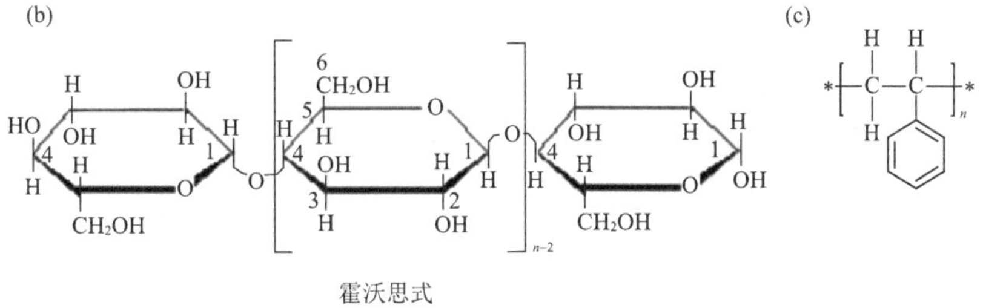

霍沃思式

图 4-6　（a）木质素的三种结构单元；（b）纤维素分子结构；（c）PS 分子结构

自 2018 年以来，我们团队一直在探索蟑螂潜在的塑料生物降解研究。首次发现了一种能够降解聚苯乙烯的新的蟑螂 *B. dubia*，而且与普通食物组相比，它在以聚苯乙烯为食的情况下仍能保持较高的存活率和体重[图 4-7（a）、（b）]。我们的研究证实了商用聚苯乙烯 MPs 的生物降解，其质量降低率高达 46.63%，并进一步证实了从低到高分子量（0.88～1040 kDa）的高纯度聚苯乙烯的生物降解。这些结果证实，分子量高达 1000 kDa 的 PS 适用于 PS 商业产品，并且可以解聚和生物降解。结果证实，分子量在 1000 kDa 以下的 PS（包括所有商用 PS 产品）可以被解聚和生物降解[图 4-7（c）]。FTIR 分析表明，与原始 PS 相比，*B. dubia* 粪便中的 PS 表面官能团发生了变化[图 4-7（d）]。在 3500～3300 cm^{-1} 处观察到一个新的羟基官能团，表明 PS 塑料在经过 *B. dubia* 肠道后发生了氧化。热重分析结果显示，*B. dubia* 粪便中产生了三个新的热失重温度[图 4-7（e）]，表明粪便中不仅含有 PS，还含有生物降解过程中产生的其他新成分。

为了研究分子量对 *B. dubia*，将 8 种高纯度 PS 微塑料分成三组，即低（0.88 kDa、1.2 kDa 和 3.9 kDa）、中（9.6 kDa、62.5 kDa 和 90.9 kDa）和高分子量（524.0 kDa 和 1040 kDa）[图 4-7（f）]：对于低分子量组（M_w < 4 kDa），PS1、PS2 和 PS3 塑料饲养组的 M_n 显著降低 17.17%、29.62% 和 32.46%；M_w 也显著降低 23.11%、25.34% 和 16.85%，证明了 *B. dubia* 对低分子量 PS（M_w < 4 kDa）的广泛解聚模式。在中分子量组中，PS4、PS5 和 PS6 塑料饲养组的 M_n 显著降低了 11.02%、13.88% 和 24.82%，而只有 PS4（M_w=9.6 kDa）塑料饲养组的 M_w 明显减少了 8.21%，PS5（M_w=62.5 kDa）塑料饲养组的 M_w 仅减少了 0.81%，而 PS6（M_w=90.9 kDa）塑料饲养组的 M_w 则增加了 2.02%。在高分子量组（M_w > 524.0 kDa）中，M_n 在 PS7 和 PS8 中分别显著降低了 24.93% 和 36.66%；而 M_w 在 PS7 和 PS8 塑料饲养组中分别升高了 6.99% 和降低了 0.55%，这表明 *B. dubia* 对较高分子量的 PS 塑料的解聚程度有限。GPC 分析表明，所有测试的 PS 聚合物都发生了解聚，而解聚模式受 PS 分子量的影响，即针对低分子量 PS 的解聚范围更广，而针对高分子量 PS 的解聚范围有限。正如我们所预期的那样，*B. dubia* 在攻击较大分子量的 PS 塑料时具有更强的抗解聚能力。

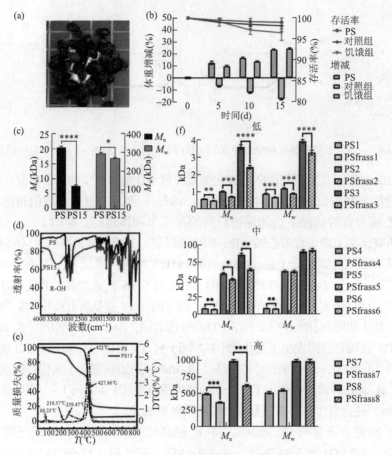

图 4-7　*B. dubia* 的培养和 PS 的解聚

（a）蟑螂在 PS 琼脂块上取食；（b）PS 组、饥饿组和对照组蟑螂的存活率和体重增减情况；（c）15 天后 PS 组蟑螂粪便和原始 PS 样品中 PS 塑料粉末的分子量变化；（d）PS 粉末 15 天后在原始 PS 样品（PS）和粪便（PS15）中的傅里叶变换红外光谱测量结果；（e）PS 粉末喂养 15 天后的 TG 结果；（f）PS 标准品的分子量变化（根据 8 种 PS 标准分为低、中、高组的 PS 商品塑料的分子量分布）。采用 *T* 检验确定组间 GPC（c、f）的差异。统计检验均为双侧检验，*p* 值（**** < 0.0001，*** < 0.001，** < 0.01，* < 0.05）

　　我们进一步证明，PS 作为食物会导致与塑料降解相关的 *B. dubia* 肠道内的功能微生物群富集。*B. dubia* 对于低、中、高分子量 PS 聚合物的生物降解导致参与 PS 降解的肠道微生物群的差异，这表明 *B. dubia* 降解不同标准分子量的 PS 会导致其肠道微生物的变化，不同功能的肠道微生物可能产生不同的代谢产物，从而采用差异降解模式来应对不同分子量的 PS：不同分子量的 PS 会在肠道菌群中形成高度共生的群落，从而提高 PS 的生物降解效率；同时，缺氮的 PS 食物也导致具有固氮特性的功能微生物数量增加。这就使得 *B. dubia* 的内源新陈代谢被重新规划，与能量生产和降解功能有关的酶显著增加，从而协同 PS 的生物降解过程。此外，*B. dubia* 对低、中、高分子量 PS 的生物降解导致不同微生物菌群和昆虫宿主体内的氧化酶和代谢酶发生变化，因此要确定酶对 PS 聚合物及其中间体生物降解的贡献，还需要进一步研究。

通过多组学方法分析研究了 *B. dubia* 的 PS 降解机制。通过 py-GCMS 和转录组分析获得的代谢物显示，编码酶的上调基因可能参与 PS 的降解和代谢（细胞色素 P450、醇脱氢酶、酯酶和醛脱氢酶）[92,108]。Ipath 结果表明，PS 最终可能通过三羧酸循环和 O_2 呼吸链代谢产生能量（图 4-8）。编码转运蛋白的基因明显上调，表明其可能参与了 PS 降解产物的胞内摄取和转运（图 4-8）。这些发现为了解蟑螂对塑料生物降解的研究提供了新视角和新方法。

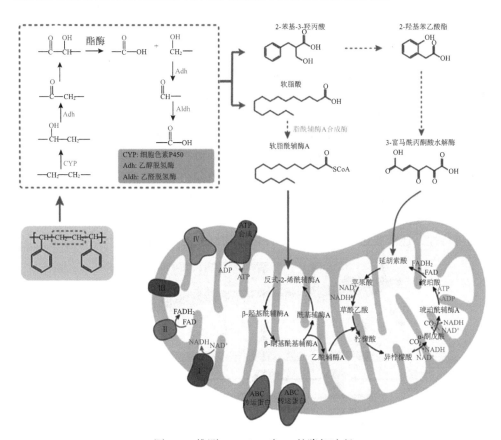

图 4-8　推测 *B. dubia* 对 PS 的降解途径

该途径是通过对喂食 PS 粉末的蟑螂的转录组和代谢物结果进行分析后提出的。图中虚线为多步反应，实线为单步反应。酶（绿色字体）、膜转运蛋白和呼吸链复合物都是转录组中上调的基因产物

4.4.2 蚯蚓

众所周知，现在在陆地环境中微塑料的积累已经对土壤健康构成严重的威胁。Meng 等[109]于 2023 年发表在 *Journal of Hazardous Materials* 的国际期刊上的论文初步探讨了 *Lumbricus terrestris*（寡毛目动物）蚯蚓减少土壤中 LDPE、PLA 和 PBAT 微塑料（20～648 μm）的潜力（图 4-9）。在蚯蚓肠道中观察到 PLA 的大量解聚和 PBAT 的疑似解聚，但没有明显证据支持蚯蚓对 LDPE 的生物降解。研究还报道，在受到微塑料（LDPE、PLA 和 PBAT）污染的土壤（1%，dw/dw）中，蚯蚓没有死亡，它们的摄食率和生长率也没有受到影响（35 天内死亡率为 0%），但在仅接触微塑料的情况下，蚯蚓几乎无法存活下来（4 天内死亡率为 30%～80%）。同时，也没有观察到蚯蚓摄取微塑料的大小依赖性。在土壤的作用下，LDPE 微塑料碎片在蚯蚓的肠胃中被破碎，LDPE 碎片（20～113 μm）的数量从土壤含量中的 8.4%增加到肠胃含量中的 18.8%。PLA 和 PBAT 微塑料在没有土壤促进的情况下被蚯蚓肠胃破碎，中小尺寸的 PLA 和 PBAT 微塑料（20～113 μm）在肠道中的比例分别比各自在土壤中的原始分布高出 55.5%和 108.2%。PLA 的大量解聚（重均分子量降低了 17.7%，并伴有分子量分布的发生），而在土壤中埋了 49 天的 PLA 和 PBAT 微塑料的摩尔质量没有变化。研究结果表明，尽管不能排除蚯蚓肠道中存在 LDPE 降解细菌的可能性，但没有明显证据支持蚯蚓体内 LDPE 的生物降解，而 LDPE 降解细菌的降解速度极其缓慢。要揭示聚合物在蚯蚓肠道中的解聚机制，并评估对蚯蚓进行无害化处理的可行性，还需要进一步的研究并评估生物修复的可行性。

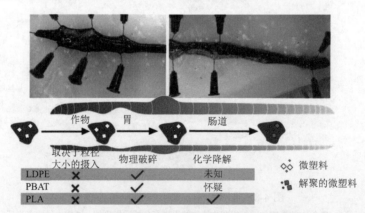

图 4-9　微塑料在蚯蚓肠道中的破碎和解聚[109]

作为一种可靠的环境友好型替代品，生物可降解塑料地膜已被引入农业实践，用于减少传统塑料产品带来的不利威胁。然而，有关可降解塑料在土壤中是否存在潜在的不良影响以及对陆生生物的影响有多大的信息仍然未知。Zhao

等[110]研究了以 *Eisenia fetida* 为代表的蚯蚓在沼气泥浆灌溉的土壤中（深度为 0～20 cm 的沼气浆灌溉的新鲜土壤，取自中国海南省海口市的一个园艺栽培基地）接触生物可降解塑料（如 PLA）和传统微塑料（如 PVC、LDPE）后的反应差异，发现了微塑料对 *Eisenia fetida*（蚯蚓）的存活率和生长率有不利影响，这表明微塑料对 *E. fetida* 的毒性作用具有时间依赖性。他们的研究进一步证实，与 PVC 和 LDPE 相比，PLA 没有观察到生物毒性差异。微塑料对蚯蚓的生态毒性与时间有关，而与塑料类型无关。连续接触 50 g/kg 浓度的微塑料会导致蚯蚓上皮黏液空泡化、经筋紊乱和颗粒状脂褐素沉积。此外，还观察到肠道组织的纤维化和空腔形成，这说明微塑料在蚯蚓肠道内刺激了其氧化应激系统，体内丙二醛（MDA）含量进一步增加。接触微塑料 28 天后，当其浓度达到 50 g/kg 时，蚯蚓的抗氧化防御系统就会崩溃。更值得关注的是，PLA 与 LDPE 具有类似的生态毒性效应，这可能违背了生物降解塑料对陆生生物具有较少有害或无毒影响的初衷。因此，应进一步探索含有生物降解塑料的土壤中蚯蚓的分子和遗传机制，以便更好地了解生物降解塑料在农业生态系统中造成的风险。该研究团队从个体、组织、细胞等水平多角度探讨了微塑料污染对土壤蚯蚓的毒性效应及其胁迫机制，阐明了微塑料对蚯蚓的毒性随着暴露时间的延长增强，但与微塑料的类型无关。

4.4.3　蜗牛

尽管有越来越多的证据表明土壤中普遍存在塑料污染，但人们对塑料受土壤动物影响的命运仍然知之甚少。华东师范大学何德富团队首次揭示了分布于全球的土壤无脊椎动物陆生蜗牛 *Achatina fulica* 对 EPS 的摄取和生物降解能力[43]。经过 4 周的接触，每只蜗牛摄入了(18.5±2.9) mg 聚苯乙烯，并在粪便中排出了(1.343±0.625) mm 的微塑料，质量损失平均为 30.7%（图 4-10）。GPC 分析表明，粪便中残留的聚苯乙烯的重量平均分子量（M_w）和数量平均分子量（M_n）显著增加，表明其解聚程度有限。FTIR 光谱和 ^{1}H NMR 分析证实了氧化中间体功能基团的形成。用土霉素抑制肠道微生物并不影响解聚过程，这表明解聚过程与肠道微生物无关。高通量测序分析表明，摄入 PS 后，肠道微生物群发生了显著变化，陆地蜗牛（*Achatina fulica*）肠道中的微生物，包括肠杆菌科（Enterobacteriaceae）、鞘脂杆菌科（Sphingobacteriaceae）和气单胞菌科（Aeromonadaceae）增多，表明肠道微生物与 PS 的生物降解有关。这些研究结果表明，塑料垃圾可被 *A. fulica* 分解成微塑料，并被部分生物降解。陆地蜗牛是最常见且繁殖速度最快的陆生动物之一，这些发现对探索塑料废弃物在土壤环境中的命运及其生物降解归趋具有重要意义。

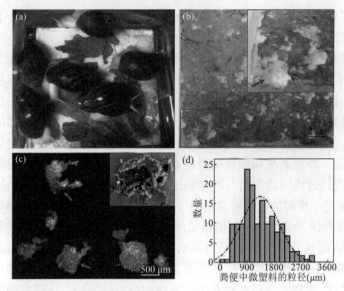

图 4-10　聚苯乙烯泡沫塑料被陆地蜗牛（*A. fulica*）摄入并分解成微塑料[43]

（a）*A. fulica* 进食聚苯乙烯泡沫塑料的照片；（b）泡沫塑料上被啃咬的痕迹（右上方框内为放大图）；

（c）粪便中的微塑料；（d）微塑料的大小分布

4.5　塑料的解聚模式

塑料（如 PS、PE、PVC、PP 等）的生物降解涉及聚合物链的分解或断裂（解聚），随后是生物降解和中间产物的产生，最终矿化为 CO_2 和 H_2O[17,25,33,53,68,111]。为了确认塑料降解的程度，最直观的手段是采用 GPC 分析考察塑料经过降解处理前后的 M_n、M_w、M_z、MWD 的变化[44]，从而分析整个解聚过程和降解程度。

根据之前公布的昆虫对塑料的生物降解数据[13-17,21,22,25,53,59,68]，在塑料的生物降解过程中会观察到两种解聚模式，即广义解聚（即 M_n 和 M_w 均减少）和有限解聚（即 M_n 或 M_n 和 M_w 均增加），这取决于聚合物类型、分子量、聚合物物理和化学结构以及昆虫来源等因素。迄今为止，黄粉虫和黑粉虫对商用 PS 泡沫进行生物降解的 GPC 结果仅显示出广泛的解聚模式[13-16,22,25,29,35]，但黄粉虫对商用 LDPE 的生物降解既有广泛的解聚模式，也发现有有限的解聚模式[22,53]。大麦虫幼虫对 PS 和 LDPE 泡沫的生物降解既有解聚模式，也有有限的解聚模式[59,85]。在商用 PP 泡沫的生物降解过程中，黄粉虫和黑粉虫都显示出有限的解聚模式[68]。在垃圾填埋场的微生物培养物对 PU 的生物降解[112]、大蜡螟幼虫对 PS 的生物降解[93]以及陆地蜗牛（*Achatina fulica*）对 PS 泡沫的生物降解[43]过程中，也观察到了有限的解聚程度。在生物降解或酶降解过程中，解聚程度有限很可能是由于低分子量聚合物链的选择性分解速度快于大分子部分。

　　解聚模式受聚合物类型的影响，也明显受聚合物分子量和物理性质（如分支、结晶度等）的影响。使用 M_w 分别为 6.70 kDa、29.17 kDa、88.63 kDa、192.9 kDa、612.2 kDa 和 1346 kDa 的高纯度 PS 微塑料（MPs）作为唯一碳源进行喂食，可以观察到在黄粉虫幼虫对不同分子量 PS 塑料解聚的影响差异。除了 1346 kDa 的 PS 通过有限程度的解聚外，幼虫通过广泛的解聚对所有 PS 微塑料进行了生物降解。就 PE 降解而言，在一项试验中，黄粉虫和黑粉虫幼虫通过广义解聚降解了 M_w 为 222 kDa 的 LDPE，但通过有限程度解聚降解了 M_w 为 110 kDa 的 LDPE 和 M_w 为 182 kDa 的 HDPE[67]，这表明高支 PE（LDPE 和 HDPE）降解过程中积累了更多的长链。在另一项实验中，观察到在三种 LDPE 微塑料（M_w 分别为 0.84 kDa、6.4 kDa 和 106.8 kDa）的生物降解过程中，与三种 LDPE 原始微塑料聚合物相比，黄粉虫幼虫粪便中聚合物残留物的 M_w 分别减少了 47.6%、88.1%和 52.3%；而对比 HDPE 微塑料（M_w 分别为 105 kDa 和 132 kDa）的生物降解结果，与这两种 HDPE 原始微塑料聚合物相比，黄粉虫幼虫粪便中聚合物残留物的 M_w 分别增加了 16.7%和 110%，这表明支化和分子量都会影响解聚模式。此外，塑料降解过程中的交联反应也可能导致分子量增加，特别是在塑料的紫外线氧化过程中[113]，而这种化学过程是否也会在昆虫体内的生物降解过程中出现，目前还不得而知。

4.6　塑料理化特性的影响

　　除分子量外，塑料聚合物的其他物理化学结构和特性也会影响生物降解效能，其中一个非常重要的影响因素就是塑料聚合物的物理结构，包括材料的机械性能、表面疏水性、结晶度和支化度等[2,114-117]。Yang 等[67]研究了黄粉虫和黑粉虫幼虫降解不同分子量和不同结晶度的高纯度 PE 塑料（LDPE、HDPE 和 LLDPE 等）的生物降解性及其互作机制。研究发现，塑料的生物降解效率与聚合物类型或物理结构有很大关系：LDPE（M_w=222.5 kDa）＞LLDPE（M_w=110.5 kDa）＞HDPE（M_w=182 kDa），而 M_w 较低的 PE 微塑料的解聚程度更高。研究结果证实，PE 的物理和化学特性会显著影响 PE 在黄粉虫和黑粉虫幼虫体内的生物降解能力，塑料聚合物较低的分支结构和较高的结晶度对解聚和生物降解有不利影响。而其他昆虫幼虫对不同分支结构的 PE 塑料的生物降解过程中也可能出现类似的影响。

　　Peng 等[118]检测了黄粉虫幼虫对不同分子量的 PS 塑料的生物降解效能的影响。对于将 M_w 分别为 6.70 kDa、29.17 kDa、88.63 kDa、192.9 kDa、612.2 kDa

和 1346 kDa 的高纯度 PS 微塑料标准样品作为黄粉虫幼虫的食物来源进行实验发现，M_w 可分别减少 74.1%、64.1%、64.4%、73.5%、60.6%和 39.7%。如前所述，除了超高分子量（M_w: 1346 kDa）的 PS 样品是通过有限程度的解聚进行生物降解外，其他 PS 样品都是通过广泛的解聚模式进行生物降解的[118]。这表明超高分子量会对生物降解效率或质量减少产生负面影响。此外，Peng 等[72]还进一步证明，PE 微塑料的去除和生物降解会对黄粉虫的生理表现、生长和平衡产生负面影响。其他研究还进一步探讨了幼虫年龄和 PS 微塑料粒径（1～4 mm）对黄粉虫生物降解和发育的相互影响[119]。研究发现，以麸皮作为日粮的一半替代物喂食三个月龄的黄粉虫 PS 的消耗和降解量最大。

4.7 昆虫降解塑料的生物毒性

商用塑料的长期赋存会释放如双酚类（BPs）、六溴环十二烷（HBCD）、邻苯二甲酸酯类（PAEs）、苯并三唑类紫外光稳定剂（BUVSs）等塑料添加剂、抗阻塞化合物、抗氧化剂、增塑剂、滑爽剂和阻燃剂，这可能在昆虫生物降解过程中产生毒性，造成不可预知的生态风险。然而目前，有关塑料添加剂在昆虫对塑料进行生物降解时的影响以及最终结果的研究还很少。迄今为止，关于 PS 中阻燃剂 HBCD 被黄粉虫幼虫塑料降解及其毒分析的报道只发表过一篇论文[120]。研究表明，啃食商品 PS 塑料的黄粉虫幼虫体内没有 HBCD 的生物累积，HBCD 很可能以虫体碎屑的形式排出体外。此外，用含有 HBCD 的商品 PS 饲养的黄粉虫幼虫作为饲料喂养太平洋白虾（*L. vannamei*）时，也未观察到毒性证据。Zielińska 等[121]用泡沫塑料喂养黄粉虫和大麦虫幼虫 30 天。他们发现，幼虫的生物量并没有增加细胞毒性。黄粉虫幼虫的体内增加了蛋白质含量，减少了脂肪和碳水化合物含量，而大麦虫幼虫则没有表现出任何显著变化。

此外，由于无脊椎动物（尤其是昆虫）的咀嚼、摄取和消化过程会使塑料发生碎裂，较小尺寸的塑料残留物（如 MPs 甚至 NPs）的形成和积累一直是昆虫体内塑料生物降解过程备受争议的问题。Peng 等[59]使用激光粒度仪（0.01～3500 μm）检测了喂食 PS 和 LDPE 泡沫的大麦虫粪便中残留塑料颗粒的粒度分布。研究结果表明，残留 PS 和 PE 粒子的大小频率分布相当，按聚合物总体积计算的平均值分别为 174.3 μm 和 185.8 μm。颗粒的数量百分比在大约 6 μm 时达到峰值（PS 颗粒为 6.3 μm，PE 颗粒为 5.7 μm）。所有颗粒均为 MPs（>4 μm），或在雌虫胎粪中未检测到 NPs（1～100 nm）。这表明 NPs 可能不会在大麦虫幼虫的肠道中形成或积聚。LDPE 和 PS 喂养的黄粉虫幼虫的胎粪中没有 NPs 的现象也得到了证实。据报道，在将 PS MPs（<75 μm）强行喂入幼虫肠道 48 小时

后，PS MPs 从降解 PS 的大蜡螟幼虫肠道中完全消失[96]。结果表明，在能够生物降解塑料的昆虫或无脊椎动物的肠道中，可能不会产生或积累 NPs。酶促反应发生在聚合物表面，由于 NPs 比 MPs 具有更大的比表面积，因此对于具有 NPs 尺寸的聚合物来说，酶促反应的速率将呈指数增长。因此，NPs 在幼虫内脏中积累的可能性极低。

Sanchez-Hernandez[122]强调了与塑料生物降解相关的毒理学。这一知识对于了解限制或影响塑料降解和幼虫发育相关酶活性都至关重要。除了添加剂 HBCD 对黄粉虫没有影响[120]之外，塑料中的添加剂对降解性能、宿主昆虫的生理机能以及这些材料的归宿影响还有待研究，应在今后的研究中加以解决。尽管之前有报告称，食入 PS 泡沫塑料中的 NPs 未在大麦虫中积累，但仍应进一步研究食入塑料破碎产生的 MPs 和 NPs 的影响。

4.8　昆虫肠道菌群

昆虫肠道内含有数以万计的微生物，是丰富的微生物资源库。昆虫为肠道微生物提供了一个相对特殊且较外界环境稳定的生境，与此同时，肠道微生物为昆虫提供营养物质、协助免疫系统，为昆虫的发育和代谢作出贡献。例如，白蚁肠道中木质纤维素等复杂或持久性有机物的生物降解是通过与细菌、古细菌和真核生物肠道共生体的多样化群落共生消化完成的[123]。啃食/降解塑料昆虫的肠道是塑料降解微生物和参与塑料生物降解的关键酶的重要栖息地，昆虫的消化系统（消化酶、肠道微生物分解酶和因子等）及其肠道微生物之间的协同作用，是昆虫对塑料进行生物降解的重要原因。Brandon 等[22]报道，用 PS 和 PE 喂养的黄粉虫幼虫的肠道微生物组发现，柠檬酸杆菌和科萨克氏菌属与 LDPE 和 PS 饮食都密切相关。Sun 等[124]发现了与大麦虫幼虫 PS 降解相关的假单胞菌属、*Rhodacoccus* 和棒状杆菌。研究还发现不同的饲养条件会改善昆虫肠道细菌群落的组成以及有助于塑料降解的菌属的相对丰度，这进一步决定了塑料在昆虫肠道中的代谢途径和降解模式[6,21,23,93,97,125]。但对昆虫体内塑料生物降解代谢途径的研究刚刚起步。目前，关于大蜡螟和黄粉虫对 PS、PE 和 PVC 进行生物降解的主要潜在途径的研究结果有限[70]。由于昆虫及其肠道微生物群的复杂性、饲养条件和聚合物的物理化学特性的多样性，主要塑料聚合物的生物降解性和新陈代谢大部分还是未知数。图 4-11 描述了降解塑料的幼虫肠道中塑料的拟代谢途径。

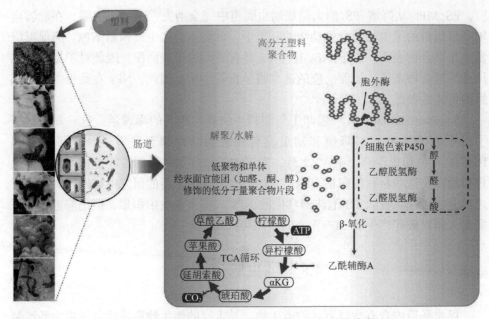

图 4-11　喂食塑料昆虫幼虫肠道中的潜在塑料生物代谢途径

4.8.1　抗生素抑制

在最初的抗生素抑制肠道菌群实验研究中，庆大霉素作为一种常用的单一抗生素，被用作昆虫肠道微生物群落塑料降解性能的主要抑制剂[13,21,53,59]。而后，为了实现对肠道微生物更广泛的抑制，多种或混合抗生素已被更广泛地使用在近期的研究中[25,44,85]。最近的研究表明，用庆大霉素或混合抗生素抑制黄粉虫的肠道微生物可有效阻止 PS、PP 和 PVC 的解聚[15,53,70]。然而我们惊奇的发现，LDPE 和 HDPE 的解聚还在受抗生素抑制的黄粉虫幼虫体内持续发生，但其降解程度会减少或解聚模式会有所改变[15,53,85]。因此，PS、PVC 和 PP 的降解似乎依赖于肠道微生物，而 LDPE 和 HDPE 的降解似乎与肠道微生物无关。另一项研究发现，用庆大霉素抑制肠道微生物可减少黑粉虫幼虫体内 PS 和 PVC 的解聚[17,21]，但庆大霉素对 LDPE 的解聚没有影响[25]。对于大麦虫幼虫，抗生素抑制作用下阻止了 PS、LDPE 和 PP 在大麦虫幼虫肠道内的解聚[59,68]。而在大蜡螟幼虫体内，LDPE 的生物降解似乎又与肠道微生物无关。Kong 等[90]用氨苄青霉素、卡那霉素、B 多黏菌素和万古霉素的混合物研究了抗生素对蜂蜡和 LDPE 在大蜡螟体内生物降解的影响。他们发现，无论是否存在肠道微生物，蜂蜡的降解程度都是一样的。结果表明，幼虫降解蜂蜡与微生物群无关。研究人员认为，利用没有肠道微生物群的幼虫对 LDPE 进行生物降解或类似代谢方法也可能存在于幼虫体内，也就是说，无论是否存在肠道微生物群，大蜡螟都能够在其自身的消化系统中降解 PE。不过，目前还没有关于抗生素抑制 LDPE 和 PS 解聚的报道，因此无法验证肠道微生物群对大蜡螟幼虫体内 LDPE 和 PS 降解的作用。

4.8.2　功能酶

除了探索昆虫肠道菌群对塑料的生物降解机制，科研人员还在不断地进行研究并试图进一步确定参与塑料生物降解的功能酶。对于具有肠道微生物依赖性的昆虫，还需重点考虑其肠道微生物组和宿主分泌的酶的互作机制[41,90]。Sanluis-Verdes 等[126]分析了 PE 薄膜与唾液腺蛋白质组的接触情况，发现唾液腺有助于大蜡螟幼虫体内 PE 的降解。他们在大蜡螟的唾液中发现了两种属于酚氧化酶家族，这两种酶能够降解 LDPE 的 C—C 键。通过 HT-GPC 分析发现，经唾液处理后，商用 LDPE 薄膜的 M_w 从 207.1 kDa 降至 199.5 kDa，降幅为 3.7%；PE 标准品的 M_w 从 4.0 kDa 降至 3.9 kDa，降幅为 2.5%。考虑到 GPC 的分析偏差范围小于 ±5%，GPC 结果并不强烈支持 PE 薄膜和 PE 标准品（M_w=4.0 kDa 的 PE 标准品）的解聚结果。采用 GC-MS、Raman 和 FTIR 光谱分析表明，酶主要通过产生中间产物来降解塑料。未来仍需要进一步研究以确定酶的结构及其活性。Przemieniecki 等[127]比较了喂养纤维素、LDPE 和 PS 塑料的黄粉虫肠道微生物组和酶谱的影响与变化。结果发现，喂食不同的塑料可以改变消化系统分泌的水解酶的活性。此外，黄粉虫幼虫在降解 PS 的过程中，固氮细菌的数量有所增加，这表明幼虫通过肠道微生物群从摄入的大气氮中合成蛋白质。Brandon 等[128]进一步提供的证据表明，黄粉虫幼虫分泌的分子量为 30~100 kDa 的乳化因子介导了塑料的生物利用率。昆虫肠道微生物也分泌分子量小于 30 kDa 的因子，可增强 PS 体外肠道微生物培养的呼吸作用。通过富集含有这些因子的黄粉虫幼虫肠液，确定了 8 种与 PS 生物降解相关的细菌菌株，包括 *Serratia marcescens*、*Klebsiella aerogenes* 和 *Citrobacter freundii*。结果表明，幼虫本身和肠道微生物群都会加速黄粉虫体内 PS 的生物降解。Peng 等[129]收集了饲喂 PS 和 LDPE 的黄粉虫的肠道内容物，并进行了 RT-qPCR 分析，以确定饲喂 PS 和 LDPE 的导致的上调基因。其中包括丝氨酸水解酶和芳基酯酶在内的肠道微生物群功能酶在喂食 PE 和喂食 PS 的幼虫体内均出现上调。它们可能与塑料降解有关。Sun 等[124]根据喂食 PS 的大麦虫幼虫体内的微生物组，提出了细菌降解 PS 和苯乙烯的途径和酶，但宿主肠道对此没有贡献。

4.8.3　功能菌

昆虫肠道是微生物分布的一类特殊生境，存在种类繁多、数量庞大的微生物。昆虫肠道系统受多变的环境影响，因此这类微生态具有多样性，该多样性与昆虫种类、食性、宿主的生理功能等密切相关。啮食塑料昆虫肠道内塑料降解菌的筛选和鉴定程序与从环境中筛选鉴定塑料降解菌的程序基本相同[44]，步骤如下：①在液体无碳基础培养基（LCFBM），以目标塑料粉末或小片材作为唯一碳源，对微生物培养物进行富集；②将高度富集的培养物在 Luria-Bertaini（LB）培养基琼脂平板上平铺，在 25℃下形成单菌落，LB 培养基含有（每 1000 mL 去离子水）10 g 细菌胰蛋白胨和 5 g 酵母提取物，以支持大多数塑料降解菌所属的异养菌的生长；③挑选菌落并将其与目标塑料粉末或薄片一起转移到 LCFBM 中；④随着细胞的生长（浑浊度增加），在显微镜下检查形态；⑤重复上述步骤，直到观察到单一培养物或相同形态的细胞；⑥使用既定方法鉴定分离的塑料降解培养物，包括观察塑料的质量损失，菌群的生长曲线，对比 GPC、FTIR、^{1}N NMR、TGA、XPS 等分析结果等（图 4-12）。由于商用塑料产品中含有多种添加剂，也可以用高纯度塑料材料进行富集和分离。

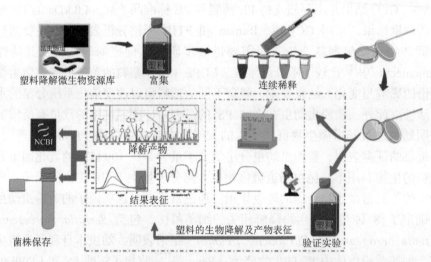

图 4-12　从食塑昆虫肠道和环境样本中富集、分离和鉴定塑料降解菌的步骤概述

　　昆虫与其肠道微生物互作的研究，有利于从昆虫肠道这一特殊生境中挖掘具有特殊功能的微生物资源。以筛选啮食/降解塑料的昆虫幼虫肠道内高效降解功能菌株为目标的研究或报告，除了在学生科学展览会上看到的关于分离塑料降解菌的报道外，Yang 等[33]首次从印度谷螟幼虫的肠道中分离出降解 LDPE 的肠杆菌 YT1 和芽孢杆菌 YP1，并鉴定了它们的 PE 降解能力。YP1 和 YT1 细菌培养物（10^8 cells/mL）在 60 天的培养期内可有效降解约 10.7%±0.2%和 6.1%±0.3%的 PE 薄膜（100 mg）。2015 年，Yang 等[14]从黄粉虫幼虫体内分离出 *Exiguobacterium* sp.菌株 YT2，研究发现该菌株在 60 天的体外悬浮培养

（10^8 cells/mL）过程中实现了对 PS 塑料的 7.4%±0.4%（2500 mg/L）的降解效率。Zhang 等[130]从黄粉虫肠道中分离出一株可降解 HDPE 的芽孢杆菌 PELW2042。接种 42 天后，观察到芽孢杆菌菌株 PELW2042 的 M_w（121.7 kDa）和 M_n（50.7 kDa）分别明显降低了 23.31%±1.25 %和30.07%±1.37 %，这表明菌株 PELW 2042 具有较强的降解 HDPE 的能力。Lou 等[131]从印度谷螟幼虫体内分离出降解 PE 的酵母菌株 *Meyerozyma guilliermondii* ZJC1（MgZJC1）和革兰氏阴性细菌菌株 *Serratia marcescens* ZJC2（SmZJC2）。同样，与单一培养物相比，这两种菌株的联合体具有更高的 LDPE 降解能力。这些发现揭示了由多种塑料降解菌或联合菌组成的肠道微生物群可有效地降解塑料。通过补充黄粉虫分泌的生物乳化因子，Brandon 等[128]从肠道微生物富集培养物中分离出 8 种细菌菌株，即 *Serratia marcescens*、*Klebsiella aerogenes*、*Stenotrophomonas maltophilia*、*Enterococcus faecalis*、*Pseudomonas aeruginosa*、*Citrobacter freundii*、*Enterobacter asburiae* 和 *Bacillus thuringiensis*。观察到它们形成菌落，并能在作为唯一碳源的 PS 片上生长。Kim 等[26]报道了从以 PS 为食的大麦虫幼虫肠道中分离出 PS 降解细菌菌株 *Pseudomonas aeruginosa* DSM 50071。利用 XPS、FTIR 光谱和核磁共振成像技术分析，证实了该菌株对 PS 的生物降解作用。进一步通过 RT-qPCR 分析和酶抑制剂处理试验，研究人员指出丝氨酸水解酶参与了塑料的生物降解过程。随后又有报道称，*P. aeruginosa* 菌株能够生物降解 PS、聚苯硫醚（PPS）、PE 和 PP。Nyamjav 等[132]从喂食 PVC 的大麦虫幼虫肠道中分离出一株柠檬酸杆菌（*C. koseri*）。与由多种微生物物种组成的肠道微生物群相比，*C. koseri* 对 PVC 的氧化作用相同，这验证了 *C. koseri* 与来自大麦虫肠道的可培养微生物群在利用纯 PVC 薄膜作为碳源方面具有相似的潜力。

尽管 Kong 等[90]发现所测试的大蜡螟幼虫缺乏蜂蜡降解菌，这表明蜡降解和可能的 LDPE 降解与微生物群无关，但从大蜡螟幼虫中分离 PS 降解微生物已相当成功，表明塑料（PE 和 PS）降解微生物广泛存在于大蜡螟幼虫中。2019 年，Zhang 等[133]从大蜡螟幼虫的消化道中分离出一种降解 PE 的真菌：*Aspergillus flavus* PEDX3。该菌株具有降解 LDPE 微塑料颗粒的能力，并具有两种 PE 降解酶的基因，即两种类似漆酶的多铜氧化酶（LMCOs）基因（*AFLA_006190* 和 *AFLA_053930*）。Jiang 等[134]从喂食 PS 泡沫的大麦虫幼虫肠道中分离出一种 PS 降解细菌 *Massilia* sp.，该菌株使 PS 薄膜的重量显著减少了 12.97%±1.05%［重量比，初始 0.15 g PS（M_n=64.4，M_w=144.4 kDa）］。Nyamjav 等[132]从大蜡螟幼虫的肠道中分离出一株 *Bacillus cereus*，并利用 SEM、FTIR 和 XPS 证实了其对 PP 表面微生物降解的能力。HT-GPC 分析进一步证实，*Bacillus cereus* 通过广泛的解聚作用对 PP 进行生物降解，这表明其拥有启动 PP 碳链氧化所需的全套酶。Woo 等[30]从 *Plesiophthalmus davidis* 幼虫的肠道菌群中分离出

Serratia sp. WSW（KCTC 82146）。该菌株将 C—O 和 C=O 键引入 PS 薄膜，而 PS 薄膜通过肠道菌群的降解作用并不明显。Mahmoud 等[34]从印度谷螟的中肠中分离出三种细菌菌株，并通过 16S rRNA 基因测序鉴定出它们分别为 *Enterobacter tabaci* YIM Hb-3(B1)、*Bacillus subtilis* subsp.和 Spizizenii NBRC 101239(B2)。扫描电镜分析表明，这些菌株培养 60 天后，PE 碎片表面出现了损伤。傅里叶变换红外光谱通过羧基的形成验证了生物降解。Zhang 等[92]从害虫草地贪夜蛾幼虫肠道中分离出一种 PVC 降解细菌菌株 *Klebsiella* sp.，该菌株能够解聚 PVC，并将其作为唯一的能量来源。通过转录组、基因组、蛋白质组和代谢组分析，作者推测脱卤酶、过氧化氢酶、烯醇酶、加氧酶和醛脱氢酶等蛋白质和基因可能参与了 PVC 降解。总之，吃塑料和降解塑料的昆虫体内确实存在降解塑料的微生物。然而，肠道微生物群对塑料生物降解的贡献是复杂或有争议的，并取决于昆虫的生物学特性、聚合物类型和肠道微生物结构。例如，一些研究表明，大蜡螟和黄粉虫对 LDPE 的生物降解和解聚不太依赖或独立于肠道微生物[53,90]，但黄粉虫对 PS、PP 和 PVC 以及大蜡螟对 PS 的解聚高度依赖肠道微生物群[13,17,68,93]。如上所述，从黄粉虫和大蜡螟幼虫体内都分离出了 PE 和 PS 降解肠道微生物。同时研究还发现，不同于完全依赖于黄粉虫肠道微生物的 PS 生物降解[128]，在抗生素的抑制下对不同 PE 塑料的降解并不能完全阻止其在黄粉虫体内的解聚[25,53]。此外，从黄粉虫和 *P. interpuctella* 中分离出的细菌联合体显示出更高的 LDPE 降解性能[50,131]。该研究认为，塑料降解更可能与肠道微生态系统（如肠道消化酶、肠道微生物胞外酶等）的协同作用有关[90,97,127]。

　　昆虫被认为是降解塑料的高效生物反应器，也是塑料降解剂的宝库。在今后的研究中，将继续利用昆虫的肠道微生物组来筛选能够降解塑料的微生物菌株。如前所述，已从昆虫体内分离出一些塑料降解菌。降解塑料昆虫（如黄粉虫、黑粉虫和大麦虫）的肠道微生物组将继续成为体外环境分离和筛选新型高效塑料降解功能菌的目标来源，以期发现更多新的昆虫或无脊椎动物成为塑料降解功能菌的新来源。

4.9　结　束　语

　　拟步甲科（Tenebrionidae）和螟蛾科（Pyralidae）在全世界分别有 20000 和 6000 个物种，但只有 6 个物种被确认具有可降解塑料功能。我们预计，未来还会发现更多新的可降解塑料的昆虫，尤其是拟步甲科的昆虫。迄今为止，已知陆地蜗牛（*Achatina fulica*）等大型无脊椎动物也能解聚和破碎 PS 和 PET[43]。除了拟步甲科和螟蛾科的昆虫外，其他昆虫也被证明能够咀嚼和摄取塑料薄膜[9,11]；

黑水虻幼虫（*Hermetia illucens*）是一种很有希望成为饲料工业蛋白质来源的昆虫物种，可以对其是否具有塑料降解性进行测试[135]。图 4-13 描述了塑料在昆虫肠道中生物降解的概念模型，以及以塑料为食的昆虫未来的研究方向和前景。我们预计，在未来几十年中，其他降解塑料的无脊椎动物家族成员也将逐渐被发现。

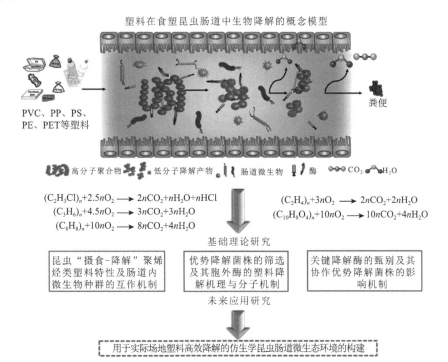

$$(C_2H_3Cl)_n+2.5nO_2 \longrightarrow 2nCO_2+nH_2O+nHCl$$
$$(C_3H_6)_n+4.5nO_2 \longrightarrow 3nCO_2+3nH_2O$$
$$(C_8H_8)_n+10nO_2 \longrightarrow 8nCO_2+4nH_2O$$

$$(C_2H_4)_n+3nO_2 \longrightarrow 2nCO_2+2nH_2O$$
$$(C_{10}H_8O_4)_n+10nO_2 \longrightarrow 10nCO_2+4nH_2O$$

图 4-13 塑料在食塑料昆虫肠道中生物降解的概念模型及其未来研究方向和前景

在未来的研究工作中，可以着重开展不同类型昆虫及其肠道微生物组降解石油基塑料的分子机理和反应机制研究，以构建仿生昆虫肠道微生态环境及其调控策略。未来研究的重点应是揭示昆虫肠道微生物种群对降解塑料的响应、关键微生物的种间相互作用机制以及宿主和肠道微生物群分泌酶的协同反应，还应探讨宿主和肠道微生物群对塑料饮食的反应及影响。

（1）开展昆虫"摄食-降解"塑料特性及肠道内微生物种群的互作机制研究。通过开展研究不同摄食塑料昆虫（黄粉虫、黑粉虫、大麦虫、蜡虫等）对不同塑料的降解特性，阐释不同影响因子（塑料物化性质差异、塑料/营养基质配比、饲养条件、抗生素抑制等）对昆虫"摄食-降解"塑料的影响规律，明晰关键影响因子对不同昆虫"摄食-降解"塑料的贡献度及作用机制。通过开展关键影响因子对不同塑料降解后的表面形貌、含量信息、化学组成以及化学结构变化的影响分析，明晰不同塑料降解代谢的中间产物和终产物，解析不同聚烯烃类塑料在昆虫肠道降解代谢过程中的迁移、转化和归趋。进一步探讨昆虫"摄食-降解"塑料的关键影响因子对肠道微生物种群动态变化的影响，阐明昆虫"摄食-降解"塑料过程中肠道菌群演替和系统发育的动态变化规律，建立关键影响因子下的微生物网络，明晰影响微生物群落稳定性的关键物种以及关键影响因子对昆虫肠道微生物种间关系的影响机制。

（2）开展优势降解菌株的筛选及其胞外酶的塑料降解机理与分子机制研究。未来的研究可以开展离体富集培养塑料降解肠道功能菌群并定向筛选纯化优势降解菌株，针对塑料降解蛋白酶设计特异性探针和引物，基于关键影响因子对塑料降解菌的富集条件，建立对肠道富集的关键塑料降解微生物 PCR 的快速定向筛选的新方法，确定优势降解菌株脱离肠道后对塑料的降解能力及降解特性。阐释多种特性影响因素对优势降解菌株胞外酶表达与活性的影响，探讨胞外酶对优势降解菌株塑料降解特性及代谢途径的调控作用，通过功能基因差异表达、降解产物、蛋白质建模等分析手段，解析塑料降解菌株胞外酶的功能基因及参与中心代谢的酶基因。探讨关键影响因子对优势降解菌株的丰度与生态位变化的影响，阐释关键影响因子对优势降解菌株塑料降解性能影响的分子机制，结合优势降解菌株与肠道菌群间互作关系对影响因子的响应，明晰与优势降解菌株互作关系密切的肠道功能微生物及种间互作机制。

（3）开展关键降解酶的甄别及其协作优势降解菌株的影响机制研究。在今后的研究中，可以开展不同饲喂方式（以葡萄糖和塑料为唯一碳源饲喂）对肠道微生物胞外酶的活性及基因表达的影响机制研究，甄别肠道微生物胞外酶中与塑料降解密切相关的关键酶，构建优势降解菌株与肠道微生物胞外关键酶的菌酶混合体系，解析菌酶混合体系促进塑料降解的协同机制。探讨不同条件组（抗生素抑制和无抗生素抑制组）昆虫肠道消化液中的保护酶及消化酶酶活的变化规律，阐释肠道消化液中参与代谢的关键酶基因的表达差异，辨析肠道消化液中与塑料降解密切相关的关键酶，揭示肠道消化液中关键酶协作菌酶混合体系促进塑料降解的作用机制。基于上述研究，未来的研究工作还可以进一步开展肠道关键酶调节下优势降解菌株在虫体外环境（脱离肠道后）的塑料降解特性研究，探讨限制优势降解菌株在虫体外环境降解能力的肠道微生态环境因素，构建促进优势降解菌株塑料降解效能的"仿"昆虫肠道微生态环境，明晰优势降解菌株脱离肠道的实际应用过程中，强化塑料降解的调控机制。

近年来，通过研究 16S rRNA 基因以及昆虫肠道的转录，已经开始探索昆虫肠道中与塑料降解有关的关键酶，以及昆虫宿主及其肠道微生物群的调控机制。未来的研究应确定关键酶、宿主的基因表达和塑料降解功能微生物。此外，还应探索通过基因工程开发高效微生物培养物和生产塑料降解酶，以解决目前塑料废弃物污染问题。基于当前和未来的研究，实现塑料安全、高效生物降解的实际场地应用是科研人员和环保工程师们的最终目标。未来的研究内容可以从以下几个方面出发：①在了解微生物降解机制的基础上，结合微生物、基因、进化、环境生态学和微生物生态学以及塑料改性，以提高生物降解性和自然衰减；②通过传统的工程方法分离和开发高效微生物培养物，进行生物修复或生物增效；③通过鉴定酶、生物辅因子和工程酶试剂开发生物催化剂；④通过开发包括预处理（例如热解）和微生物或酶法在内的工艺，从废物或废旧塑料中回收资源，以生产有机酸和生物产品。

参 考 文 献

[1] Abdulhay H S. Biodegradation of plastic wastes by confused flour beetle *Tribolium confusum* Jacquelin du Val larvae. Asian Journal Agriculture & Biology, 2020, 8(2): 201-206.

[2] Inderthal H, Tai S L, Harrison S T L. Non-Hydrolyzable plastics: An interdisciplinary look at plastic bio-oxidation. Trends in Biotechnology, 2020, 39(1): 12-23.

[3] Agamuthu P. Marine debris, plastics, microplastics and nano-plastics: What next? Waste Management & Research : The Journal of the International Solid Wastes and Public Cleansing Association, ISWA, 2018, 36(10): 869-871.

[4] LITTERBASE:Online Portal for Marine Litter. [2023-8-25]. https://litterbase.awi.de/.

[5] Wu W M, Yang J, Craig S C. Microplastics pollution and reduction strategies. Frontiers of Environmental Science & Engineering, 2017, 11(1): 1-4.

[6] Wang C Q, O'Connor D, Wang L W, et al. Microplastics in urban runoff: Global occurrence and fate. Water Research, 2022, 225: 119129.

[7] Sánchez C. Fungal potential for the degradation of petroleum-based polymers: An overview of macro- and microplastics biodegradation. Biotechnology Advances, 2019, 40(19): 107501.

[8] Gerhardt P D, Lindgren D L. Penetration of various packaging films by common stored-product insects 1. Journal of Economic Entomology, 1954, 47(2): 282-287.

[9] Daniel C L. Penetration of seven common flexible packaging materials by larvae and adults of eleven species of stored-product insects. Journal of Economic Entomology, 1978, 71(5): 726-729.

[10] Highland H A, Wilson R. Resistance of polymer films to penetration by lesser grain borer and description of a device for measuring resistance 13. Journal of Economic Entomology, 1981, 74(1): 67-70.

[11] Newton J. Insects and packaging: A review. International Biodeterioration, 1988, 24(3): 137-195.

[12] Riudavets J, Salas I, Pons M J. Damage characteristics produced by insect pests in packaging film. Journal of Stored Products Research, 2007, 43(4): 564-570.

[13] Yang Y, Yang J, Wu W M, et al. Biodegradation and mineralization of polystyrene by plastic-eating mealworms: Part 1. Chemical and physical characterization and isotopic tests.

Environmental Science & Technology, 2015, 40(20): 12080-12086.

[14] Yang Y, Yang J, Wu W M, et al. Biodegradation and mineralization of polystyrene by plastic-eating mealworms: Part 2. Role of gut microorganisms. Environmental Science & Technology, 2015, 49(20): 12087-12093.

[15] Yang S S, Brandon A M, Flanagan J C A, et al. Biodegradation of polystyrene wastes in yellow mealworms (larvae of *Tenebrio molitor* Linnaeus): Factors affecting biodegradation rates and the ability of polystyrene-fed larvae to complete their life cycle. Chemosphere, 2018, 191: 979-989.

[16] Yang S S, Wu W M, Brandon A M, et al. Ubiquity of polystyrene digestion and biodegradation within yellow mealworms, larvae of *Tenebrio molitor* Linnaeus (Coleoptera: Tenebrionidae). Chemosphere, 2018, 212: 262-271.

[17] Peng B Y, Chen Z B, Chen J B, et al. Biodegradation of polyvinyl chloride (PVC) in *Tenebrio molitor* (Coleoptera: Tenebrionidae) larvae. Environment International, 2020, 145: 106106.

[18] Lou Y, Li Y R, Lu B Y, et al. Response of the yellow mealworm (*Tenebrio molitor*) gut microbiome to diet shifts during polystyrene and polyethylene biodegradation. Journal of Hazardous Materials, 2021, 416: 126222.

[19] Zhu P, Shen Y L, Li X W, et al. Feeding preference of insect larvae to waste electrical and electronic equipment plastics. Science of the Total Environment, 2022, 807: 151037.

[20] Zhong Z, Nong W Y, Xie Y C, et al. Long-term effect of plastic feeding on growth and transcriptomic response of mealworms (*Tenebrio molitor* L.). Chemosphere, 2022, 287: 132063.

[21] Peng B Y, Su Y M, Chen Z B, et al. Biodegradation of polystyrene by dark (*Tenebrio obscurus*) and yellow (*Tenebrio molitor*) mealworms (Coleoptera: Tenebrionidae). Environmental Science & Technology, 2019, 53(9): 5256-5265.

[22] Brandon A M, Gao S H, Tian R M, et al. Biodegradation of polyethylene and plastic mixtures in mealworms (larvae of *Tenebrio molitor*) and effects on the gut microbiome. Environmental Science & Technology, 2018, 52(11): 6526-6533.

[23] Pham T Q, Longing S, Siebecker M G. Consumption and degradation of different consumer plastics by mealworms (*Tenebrio molitor*): Effects of plastic type, time, and mealworm origin. Journal of Cleaner Production, 2023, 403: 136842.

[24] Liu Q, Wu H, Sun W X, et al. Cooperation between tenebrio molitor (mealworm larvae) and their symbiotic microorganisms improves the bioavailability of polyethylene. Journal of Polymers and the Environment, 2023, 31(9): 3925-3936.

[25] Yang S S, Ding M Q, Zhang Z R, et al. Confirmation of biodegradation of low-density polyethylene in dark- versus yellow- mealworms (larvae of *Tenebrio obscurus* versus *Tenebrio molitor*) via. gut microbe-independent depolymerization. Science of the Total Environment, 2021, 789: 147915.

[26] Kim H R, Lee H M, Yu H C, et al. Biodegradation of polystyrene by *Pseudomonas* sp. isolated from the gut of superworms (larvae of *Zophobas atratus*). Environmental Science & Technology, 2020, 54(11): 6987-6996.

[27] Tan K M, Fauzi N A M, Kassim A S M, et al. Isolation and Identification of polystyrene degrading bacteria from *Zophobas morio*'s gut. Walailak Journal of Science and Technology, 2021,18(8): 9118.

[28] 苗少娟, 张雅林. 大麦虫 *Zophobas morio* 对塑料的取食和降解作用研究.环境昆虫学报, 2010, 32(4): 435-444.

[29] Wang Z, Xin X, Shi X F, et al. A polystyrene-degrading *Acinetobacter bacterium* isolated from the larvae of *Tribolium castaneum*. Science of the Total Environment, 2020, 726: 138564.

[30] Woo S, Song I, Cha H J. Fast and facile biodegradation of polystyrene by the gut microbial flora of *Plesiophthalmus davidis* larvae. Applied and Environmental Microbiology, 2020, 86(18): e01361-20.

[31] Cucini C, Leo C, Vitale M, et al. Bacterial and fungal diversity in the gut of polystyrene-fed *Alphitobius diaperinus* (Insecta: Coleoptera). Animal Gene, 2020,17-18:200109.

[32] Kundungal H, Synshiang K, Devipriya S P. Biodegradation of polystyrene wastes by a newly reported honey bee pest *Uloma* sp. larvae: An insight to the ability of polystyrene-fed larvae to complete its life cycle. Environmental Challenges, 2021, 4: 100083.

[33] Yang J, Yang Y, Wu W M, et al. Evidence of polyethylene biodegradation by bacterial strains from the guts of plastic-eating waxworms. Environmental Science & Technology, 2014, 48(23): 13776-13784.

[34] Mahmoud E A, Al-Hagar O E A, El-Aziz M F A. Gamma radiation effect on the midgut bacteria of *Plodia interpunctella* and its role in organic wastes biodegradation. International Journal of Tropical Insect Science, 2021, 41:261-272.

[35] Bombelli P, Howe C J, Bertocchini F J C B. Polyethylene bio-degradation by caterpillars of the wax moth *Galleria mellonella*. Current Biology: CB, 2017, 27(8): R292-R293.

[36] Vasileva A V, Medvedeva I V, Kostyukova N M K, et al. Engenieering technology in plastic biodegradation by large bee moth larvae depends on the type of polyethylene. International Journal of Engineering & Technology, 2018, 7(4): 215-218.

[37] Kundungal H, Gangarapu M, Sarangapani S, et al. Role of pretreatment and evidence for the enhanced biodegradation and mineralization of low-density polyethylene films by greater waxworm. Environmental Technology, 2021, 42(5): 717-730.

[38] Billen P, Khalifa L, Van Gerven F, et al. Technological application potential of polyethylene and polystyrene biodegradation by macro-organisms such as mealworms and wax moth larvae. Science of the Total Environment, 2020, 735:139521-139530.

[39] Peydaei A, Bagheri H, Gurevich L, et al. Impact of polyethylene on salivary glands proteome in *Galleria melonella*. Comparative biochemistry and physiology D-genomics & proteomics. Comparative Biochemistry and Physiology Part D: Genomics and Proteomics, 2020, 34:100678.

[40] Cassone B J, Grove H C, Kurchaba N, et al. Fat on plastic: Metabolic consequences of an LDPE diet in the fat body of the greater wax moth larvae (*Galleria mellonella*). Journal of Hazardous Materials, 2022, 425: 127862.

[41] Control S B P. Wax Moth Larvae. (2019-05-04) [2023-08-28]. https://pestcontrolsydney.

com.au/wax-moth-larvae/.

[42] Reismotte-Corcyra cephalonica. [2023-08-28]. https://schaedlingskunde.de/schaedlinge/steckbriefe/ schmetterlinge/reismotte-corcyra-cephalonica/reismotte-corcyra-cephalonica/.

[43] Song Y, Qiu R, Hu J N, et al. Biodegradation and disintegration of expanded polystyrene by land snails *Achatina fulica*. Science of the Total Environment, 2020, 746: 141289.

[44] Wu W M, Criddle C S. Characterization of biodegradation of plastics in insect larvae. Methods in Enzymology, 2021, 648: 95-120.

[45] Otake Y, Kobayashi T, Asabe H, et al. Biodegradation of low-density polyethylene, polystyrene, polyvinyl chloride, and urea formaldehyde resin buried under soil for over 32 years. Journal of Applied Polymer Science, 2010, 56(13): 1789-1796.

[46] Sandt C, Waeytens J, Deniset-Besseau A, et al. Use and misuse of FTIR spectroscopy for studying the bio-oxidation of plastics. Spectrochimica acta, Part A. Molecular and Biomolecular Spectroscopy, 2021, (258): 119841.

[47] Albertsson A C. The shape of the biodegradation curve for low and high density polyethenes in prolonged series of experiments. European Polymer Journal, 1980, 16(7): 623-630.

[48] Albertsson A C. Biodegradation of synthetic polymers. Ⅱ. A limited microbial conversion of ^{14}C in polyethylene to $^{14}CO_2$ by some soil fungi. Journal of Applied Polymer Science, 2010, 22(12): 3419-3433.

[49] Réjasse A, Waeytens J, Deniset-Besseau A, et al. Plastic biodegradation: Do *Galleria mellonella* larvae bioassimilate polyethylene? A spectral histology approach using isotopic labeling and infrared microspectroscopy. Environmental Science & Technology, 2022, 56(1): 525-534.

[50] Yin C F, Xu Y, Zhou N Y. Biodegradation of polyethylene mulching films by a co-culture of *Acinetobacter* sp. strain NyZ450 and *Bacillus* sp. strain NyZ451 isolated from *Tenebrio molitor* larvae. International Biodeterioration & Biodegradation, 2020, 155: 105089.

[51] Kong Y, Hay J N. The measurement of the crystallinity of polymers by DSC. Polymer, 2002, 43(14): 3873-3878.

[52] Aboelkheir M G, Visconte L Y, Oliveira G E, et al. The biodegradative effect of *Tenebrio molitor* Linnaeus larvae on vulcanized SBR and tire crumb. Science of the Total Environment, 2018, 649: 1075-1082.

[53] Yang L, Gao J, Liu Y, et al. Biodegradation of expanded polystyrene and low-density polyethylene foams in larvae of *Tenebrio molitor* Linnaeus (Coleoptera: Tenebrionidae): Broad versus limited extent depolymerization and microbe-dependence versus independence. Chemosphere, 2021, 262: 127818.

[54] Zhang Z Q, Hooper J N A, Van Soest R W M, et al. Animal biodiversity: An outline of higher-level classification and taxonomic richness. Zootaxa, 2011, 3148: 7-237.

[55] Cheng L X, Tong Y J, Zhao Y C, et al. Study on the relationship between richness and morphological diversity of higher taxa in the darkling beetles (Coleoptera: Tenebrionidae). Diversity, 2022, 14(1): 60.

[56] 陈重光. 黄粉虫可消化有机塑料的发现. 科学 24 小时, 2005(2): 1.

[57] Technology. Treehugger. [2023-08-28]. https://www.treehugger.com/technology-4846040.

[58] Calmont B, Soldati F. Biology and ecology of *Tenebrio opacus* Duftschmid, 1812; distribution and identification of French species belonging to the genus *Tenebrio* Linnaeus, 1758 (Coleoptera, Tenebrionidae) (in French). Rare, 2008, T. XVII(3): 81-87.

[59] Peng B Y, Li Y R, Fan R, et al. Biodegradation of low-density polyethylene and polystyrene in superworms, larvae of *Zophobas atratus* (Coleoptera: Tenebrionidae): Broad and limited extent depolymerization. Environmental Pollution, 2020, 266(Pt 1): 115206.

[60] Bovera F, Piccolo G, Gasco L, et al. Yellow mealworm larvae (*Tenebrio molitor*, L.) as a possible alternative to soybean meal in broiler diets. British Poultry Science, 2015, 56(5): 569-575.

[61] Nismah N, Suratman U, Puspita A S, et al. Effect of styrofoam waste feeds on the growth, development and fecundity of mealworms (*Tenebrio molitor*). OnLine Journal of Biological Sciences, 2018, 18(1): 24-8.

[62] Tsochatzis E, Lopes J A, Gika H, et al. Polystyrene biodegradation by *Tenebrio molitor* larvae: Identification of generated substances using a GC-MS untargeted screening method. Polymers, 2020, 13(1): 17.

[63] Tsochatzis E D, Berggreen I E, Nrgaard J V, et al. Biodegradation of expanded polystyrene by mealworm larvae under different feeding strategies evaluated by metabolic profiling using GC-TOF-MS. Chemosphere, 2021, 281: 130840.

[64] Tsochatzis E D, Berggreen I E, Vidal N P, et al. Cellular lipids and protein alteration during biodegradation of expanded polystyrene by mealworm larvae under different feeding conditions. Chemosphere, 2022, 300: 134420.

[65] Ding M Q, Yang S S, Ding J, et al. Gut microbiome associating with carbon and nitrogen metabolism during biodegradation of polyethene in *Tenebrio* larvae with crop residues as co-diets. Environmental Science & Technology, 2023, 57(8): 1031-1041.

[66] Mamtimin T, Han H, Khan A, et al. Gut microbiome of mealworms (*Tenebrio molitor* larvae) show similar responses to polystyrene and corn straw diets. Microbiome, 2023, 11(1): 98.

[67] Yang S S, Ding M Q, Ren X R, et al. Impacts of physical-chemical property of polyethylene on depolymerization and biodegradation in yellow and dark mealworms with high purity microplastics. Science of the Total Environment, 2022, 828: 154458.

[68] Yang S S, Ding M Q, He L, et al. Biodegradation of polypropylene by yellow mealworms (*Tenebrio molitor*) and superworms (*Zophobas atratus*) via gut-microbe-dependent depolymerization. Science of the Total Environment, 2020, 756(1): 144087.

[69] Liu J W, Liu J Y, Xu B, et al. Biodegradation of polyether-polyurethane foam in yellow mealworms (*Tenebrio molitor*) and effects on the gut microbiome. Chemosphere, 2022, 304: 135263.

[70] Peng B Y, Chen Z B, Chen J B, et al. Biodegradation of polylactic acid by yellow mealworms (larvae of *Tenebrio molitor*) via resource recovery: A sustainable approach for waste management. Journal of Hazardous Materials, 2021, 416: 125803.

[71] Bożek M, Hanus-Lorenz B, Rybak J, et al. The studies on waste biodegradation by *Tenebrio molitor*. E3S Web of Conferences, 2017, 17: 11.

[72] Peng B Y, Sun Y, Zhang X, et al. Unveiling the residual plastics and produced toxicity during biodegradation of polyethylene (PE), polystyrene (PS), and polyvinyl chloride (PVC) microplastics by mealworms (larvae of *Tenebrio molitor*). Journal of Hazardous Materials, 2023, 452: 131326.

[73] Wang Y M, Luo L P, Li X, et al. Different plastics ingestion preferences and efficiencies of superworm (*Zophobas atratus* Fab) and yellow mealworm (*Tenebrio molitor* Linn) associated with distinct gut microbiome changes. Social Science Electronic Publishing, 2022, 837: 155719.

[74] Zhu P, Gong S S, Deng M Q, et al. Biodegradation of waste refrigerator polyurethane by mealworms. Frontiers of Environmental Science & Engineering, 2023, 17(3): 38.

[75] Orts J M, Parrado J, Pascual J A, et al. Polyurethane foam residue biodegradation through the *Tenebrio molitor* digestive tract: Microbial communities and enzymatic activity. Polymers, 2023, 15(1): 204.

[76] He L, Yang S S, Ding J, et al. Responses of gut microbiomes to commercial polyester polymer biodegradation in *Tenebrio molitor* larvae. Journal of Hazardous Materials, 2023, 457: 131759.

[77] Peng B Y, Zhang X, Sun Y, et al. Biodegradation and carbon resource recovery of poly(butylene adipate-*co*-terephthalate) (PBAT) by mealworms: Removal efficiency, depolymerization pattern, and microplastic residue. ACS Sustainable Chemistry & Engineering, 2023, 11(5): 1774-1784.

[78] Liu Z M, Zhao J, Lu K, et al. Biodegradation of graphene oxide by insects (*Tenebrio molitor* larvae): Role of the gut microbiome and enzymes. Environmental Science & Technology, 2022, 56(23): 16737-16747.

[79] Cheng X T, Xia M L, Yang Y. Biodegradation of vulcanized rubber by a gut bacterium from plastic-eating mealworms. Journal of Hazardous Materials, 2023, 448: 130940.

[80] Rumbos C I, Athanassiou C G. The superworm, *Zophobas morio* (Coleoptera:Tenebrionidae): A 'sleeping giant' in nutrient sources. Journal of Insect Science, 2021, 21(2):13.

[81] Bai Y, Li C, Yang M, et al. Complete mitochondrial genome of the dark mealworm *Tenebrio obscurus* Fabricius (Insecta: Coleoptera: Tenebrionidae). Mitochondrial DNA Part B: Resources, 2018, 3(1): 171-172.

[82] Tschinkel W R. Larval dispersal and cannibalism in a natural population of *Zophobas atratus* (Coleoptera: Tenebrionidae). Animal Behaviour, 1981, 29(4): 990-996.

[83] 陈鹤, 耿玉林. 韩国长期护理社会保障制度的发展历程与现状分析. 医学与社会, 2023, 36(12): 118-131.

[84] Chen Z, Zhang Y L, Xing R Z, et al. Reactive oxygen species triggered oxidative degradation of polystyrene in the gut of superworms (*Zophobas atratus* larvae). Environmental Science & Technology, 2023, 57(20): 7867-7874.

[85] Yang Y, Wang J L, Xia M L. Biodegradation and mineralization of polystyrene by plastic-eating superworms *Zophobas atratus*. Science of the Total Environment, 2020, 708:135233.

[86] Luo L P, Wang Y M, Guo H Q, et al. Biodegradation of foam plastics by *Zophobas atratus* larvae (Coleoptera: Tenebrionidae) associated with changes of gut digestive enzymes activities and microbiome. Chemosphere, 2021, 282: 131006.

[87] Soldati L, Kergoat G J, Clamens A L, et al. Integrative taxonomy of New Caledonian beetles: Species delimitation and definition of the *Uloma isoceroides* species group (Coleoptera, Tenebrionidae, Ulomini), with the description of four new species. ZooKeys, 2014, 415: 13367.

[88] Niu Y, Ren G, Liu S. *Uloma (Uloma) intricornicula* Liu, Ren & Wang, 2007 (Coleoptera, Tenebrionidae, Ulomini): Descriptions of the larva and pupa and new distributional records. Biodiversity Data Journal, 2023, 11: e107036.

[89] Kristensen N P, Scoble M J, Karsholt O K. Lepidoptera phylogeny and systematics: The state of inventorying moth and butterfly diversity. Zootaxa, 2007, 1668(1): 699-747.

[90] Kong H G, Kim H H, Chung J H, et al. The *Galleria mellonella* hologenome supports microbiota-independent metabolism of long-chain hydrocarbon beeswax. Cell Reports, 2019, 26(9): 2451-2464.

[91] Navlekar A S, Osuji E, Carr D L. Gut microbial communities in mealworms and indianmeal moth larvae respond differently to plastic degradation. Journal of Polymers and the Environment, 2023, 31(6): 2434-2447.

[92] Zhang Z, Peng H R, Yang D C, et al. Polyvinyl chloride degradation by a bacterium isolated from the gut of insect larvae. Nature Communications, 2022, 13(1):5360.

[93] Lou Y, Ekaterina P, Yang S S, et al. Bio-degradation of polyethylene and polystyrene by greater wax moth larvae (*Galleria mellonella* L.) and the effect of co-diet supplementation on the core gut microbiome. Environmental Science & Technology, 2020, 54(5): 2821-2831.

[94] Peydaei A, Bagheri H, Gurevich L, et al. Mastication of polyolefins alters the microbial composition in *Galleria mellonella*. Environmental Pollution, 2021, 280: 116877.

[95] Burd B S, Mussagy C U, de Lacorte Singulani J, et al. Galleria mellonella larvae as an alternative to low-density polyethylene and polystyrene biodegradation. Journal of Polymers and the Environment, 2023, 31(3): 1232-1241.

[96] Wang S, Shi W, Huang Z C, et al. Complete digestion/biodegradation of polystyrene microplastics by greater wax moth (*Galleria mellonella*) larvae: Direct *in vivo* evidence, gut microbiota independence, and potential metabolic pathways. Journal of Hazardous Materials, 2022, 423: 127213.

[97] LeMoine C M R, Grove H C, Smith C M, et al. A very hungry caterpillar: Polyethylene metabolism and lipid homeostasis in larvae of the greater wax moth (*Galleria mellonella*). Environmental Science & Technology, 2020, 54(22): 14706-14715.

[98] Feng L, Wang W, Cheng J S, et al. Genome and proteome of long-chain alkane degrading *Geobacillus thermodenitrificans* NG80-2 isolated from a deep-subsurface oil reservoir. Proceedings of the National Academy of Sciences of the United States of America, 2007, 104(13): 5602-5607.

[99] 荆秀昆. 蟑螂的防治. 中国档案, 2020(11): 83.

[100] 贺盼, 马强. 我国蜚蠊的分布及防制概况. 医学动物防制, 2018, 34(9): 868-872.

[101] 周明浩. 蟑螂的化学防治和效果评估实例. 中华卫生杀虫药械, 2015, 21(3): 217-222.

[102] 王学勇. 李树楠团队蟑螂入药有奇效. 致富天地, 2019(7): 46-47.

[103] Ardestani M M, Sustr V, Hnilicka F, et al. Food consumption of the cockroach species

Blaptica dubia Serville (Blattodea: Blaberidae) using three leaf litter types in a microcosm design. Applied Soil Ecology, 2020, 150: 103460.

[104] 单体江, 段志豪, 吴春银, 等. 杜比亚蟑螂共生真菌次生代谢产物及其生物活性. 环境昆虫学报, 2020, 42(1): 170-179.

[105] Tian X X, Ma G Y, Cui Y, et al. The complete mitochondrial genomes of *Opisthoplatia orientalis* and *Blaptica dubia* (Blattodea: Blaberidae). Mitochondrial DNA. Part A, DNA Mapping, Sequencing, and Analysis, 2017, 28(1-2): 139-140.

[106] 邹树文. 中国昆虫学史. 北京: 科学出版社, 1981.

[107] Wu H, Appel A G, Hu X P. Instar determination of *Blaptica dubia* (Blattodea: Blaberidae) using gaussian mixture models. Annals of the Entomological Society of America, 2013, 106(3): 323-328.

[108] Yeom S J, Le T K, Yun C H. P450-driven plastic-degrading synthetic bacteria. Trends in Biotechnology, 2022, 40(2): 166-179.

[109] Meng K, Lwanga E H, van der Zee M, et al. Fragmentation and depolymerization of microplastics in the earthworm gut: A potential for microplastic bioremediation? Journal of Hazardous Materials, 2023, 447: 130765.

[110] Zhao Y Y, Jia H T, Deng H, et al. Response of earthworms to microplastics in soil under biogas slurry irrigation: Toxicity comparison of conventional and biodegradable microplastics. Science of the Total Environment, 2023, 858(3): 160092.

[111] Pitre H N, Hogg D B. Development of the fall armyworm (lepidoptera, noctuidae) on cotton, soybean and corn. Journal of the Georgia Entomological Society, 1983, 18: 187-194.

[112] Gaytan I, Sanchez-Reyes A, Burelo M, et al. Degradation of recalcitrant polyurethane and xenobiotic additives by a selected landfill microbial community and its biodegradative potential revealed by proximity ligation-based metagenomic analysis. Frontiers in Microbiology, 2020, 10: 2986.

[113] Lucas N, Bienaime C, Belloy C, et al. Polymer biodegradation: Mechanisms and estimation techniques. Chemosphere, 2008, 73(4): 429-442.

[114] Min K, Cuiffi J D, Mathers R T. Ranking environmental degradation trends of plastic marine debris based on physical properties and molecular structure. Nature Communations, 2020, 11(1): 727.

[115] Shah A A, Hasan F, Hameed A, et al. Biological degradation of plastics: A comprehensive review. Biotechnology Advances, 2008, 26(3): 246-265.

[116] Restrepo-Flórez J M, Bassi A, Thompson M R. Microbial degradation and deterioration of polyethylene: A review . International Biodeterioration & Biodegradation, 2014, 88: 83-90.

[117] Wei R, Tiso T, Bertling J, et al. Possibilities and limitations of biotechnological plastic degradation and recycling. Nature Catalysis, 2020, 3(11): 867-871.

[118] Peng B Y, Sun Y, Xiao S Z, et al. Influence of polymer size on polystyrene biodegradation in mealworms (*Tenebrio molitor*): Responses of depolymerization pattern, gut microbiome, and metabolome to polymers with low to ultrahigh molecular weight . Environmental Science & Technology, 2022, 56(23): 17310-17320.

[119] Zhong Z, Zhou X, Xie Y C, et al. The interplay of larval age and particle size regulates micro-polystyrenebiodegradation and development of *Tenebrio molitor* L. Science of the Total Environment, 2023, 857(2):157335.

[120] Brandon A M, El Abbadi S H, Ibekwe U A, et al. Fate of hexabromocyclododecane (HBCD), a common flame retardant, in polystyrene-degrading mealworms: Elevated HBCD levels in egested polymer but no bioaccumulation. Environmental Science & Technology, 2020, 54(1): 364-371.

[121] Zielińska E, Zieliński D, Jakubczyk A, et al. The impact of polystyrene consumption by edible insects *Tenebrio molitor* and *Zophobas morio* on their nutritional value, cytotoxicity, and oxidative stress parameters. Food Chemistry, 2021, 345: 128846.

[122] Sanchez-Hernandez J C. A toxicological perspective of plastic biodegradation by insect larvae. Comparative Biochemistry and Physiology Part C: Toxicology & Pharmacology, 2021, 248: 109117.

[123] Brune A. Symbiotic digestion of lignocellulose in termite guts. Nature Reviews Microbiology, 2014, 12(3): 168-180.

[124] Sun J R, Prabhu A, Aroney S T N, et al. Insights into plastic biodegradation: Community composition and functional capabilities of the superworm (*Zophobas morio*) microbiome in styrofoam feeding trials. Microbial Genomics, 2022, 8(6):842-860.

[125] Urbanek A K, Rybak J, Wrobel M, et al. A comprehensive assessment of microbiome diversity in *Tenebrio molitor* fed with polystyrene waste. Environmental Pollution, 2020, 262:114281.

[126] Sanluis-Verdes A, Colomer-Vidal P, Rodriguez-Ventura F, et al. Wax worm saliva and the enzymes therein are the key to polyethylene degradation by *Galleria mellonella*. Nature Communication, 2022, 13(1): 5568-5578.

[127] Przemieniecki S W, Kosewska A, Ciesielski S, et al. Changes in the gut microbiome and enzymatic profile of *Tenebrio molitor* larvae biodegrading cellulose, polyethylene and polystyrene waste. Environmental Pollution, 2020, 256: 113265-113273.

[128] Brandon A M, Garcia A M, Khlystov N A, et al. Enhanced bioavailability and microbial biodegradation of polystyrene in an enrichment derived from the gut microbiome of *Tenebrio molitor* (mealworm larvae). Environmental Science & Technology, 2021, 55(3): 2027-2036.

[129] Peng B R, Sun Y, Wu Z Y, et al. Biodegradation of polystyrene and low-density polyethylene by Zophobas atratus larvae: Fragmentation into microplastics, gut microbiota shift, and microbial functional enzymes. Journal of Cleaner Production, 2022, 367: 132987-132998.

[130] Zhang H, Liu Q, Wu H, et al. Biodegradation of polyethylene film by the *Bacillus* sp. PELW2042 from the guts of *Tenebrio molitor* (mealworm larvae). Process Biochemistry, 2023, 130: 236-244.

[131] Lou H, Fu R, Long T Y, et al. Biodegradation of polyethylene by *Meyerozyma guilliermondii* and *Serratia marcescens* isolated from the gut of waxworms (larvae of *Plodia interpunctella*). Science of the Total Environment, 2022, 853: 158604-158613.

[132] Nyamjav I, Jang Y J, Lee Y E, et al. Biodegradation of polyvinyl chloride by *Citrobacter*

koseri isolated from superworms (*Zophobas atratus* larvae). Frontiers in Microbiology, 2023, 14: 1175249.

[133] Zhang J Q, Gao D L, Li Q H, et al. Biodegradation of polyethylene microplastic particles by the fungus *Aspergillus flavus* from the guts of wax moth *Galleria mellonella*. Science of the Total Environment, 2020, 704: 135931.

[134] Jiang S, Su T T, Zhao J J, et al. Isolation, identification, and characterization of polystyrene-degrading bacteria from the gut of *Galleria mellonella* (Lepidoptera: Pyralidae) larvae. Frontiers in Bioengineering and Biotechnology, 2021, 9: 736062.

[135] Lievens S, Poma G, Smet J, et al. Chemical safety of black soldier fly larvae (*Hermetia illucens*), knowledge gaps and recommendations for future research: A critical review. Journal of Insects as Food and Feed, 2021, 7: 1-14.

5 典型鞘翅目拟步甲科粉甲虫属昆虫降解塑料研究

粉甲虫属（*Tenebrio*）隶属于昆虫纲（Insecta）、鞘翅目（Coleoptera）、拟步甲科（Tenebrionidae，也称拟步行科），拟步甲科包含至少 2000 种昆虫。粉甲虫属共有三种昆虫：黄粉虫（*Tenebrio molitor* Linnaeus，1758）、黑粉虫（*Tenebrio obscurus* Fabricius，1794）和褐粉虫（*Tenebrio opacus* Duftschmid，1812），其中，黄粉虫是世界范围内分布最广的物种；黑粉虫则相对较少见，多分布于温带地区；而褐粉虫仅在 20 世纪的法国野外被发现。因此，黄粉虫和黑粉虫被科研人员认为是粉甲虫属的主要物种。

野生黄粉虫原活动于树木及灌木丛中，后入侵人类居住地，成为一种常见的仓库害虫，因其繁殖速度快、喜食青菜菜叶和小麦类作物而深受农业工作者诟病。然而，在 20 世纪 70 年代，黄粉虫开始被用于杀虫剂的药效检测和毒性测试，后来又被昆虫学界用于解剖学、昆虫生理学等学科的教学。最近的研究发现，黄粉虫的幼虫和虫蛹中富含动物蛋白、氨基酸和微量元素等[1,2]，使得黄粉虫幼虫成为畜禽养殖饲料的理想蛋白质添加剂。此外，黄粉虫幼虫还可作为鲜活饲料，用于饲养观赏性的鱼、鸟、蛙、龟等。因此，近年来黄粉虫幼虫的人工养殖得到了广泛推广，成为一种具有经济效益的资源型昆虫。黄粉虫的全生命周期包含虫卵、幼虫、虫蛹和成虫四个虫类形态[3]，其常规的饲料为麦麸。

相较于被广泛研究的黄粉虫，由于商业化程度较低、养殖难度较高和虫源稀少，同属于拟步甲科粉甲虫属的黑粉虫的塑料降解研究报道相对较少。2019年，有研究人员报道了来自两个国家、三个不同地源的黑粉虫幼虫咀嚼和摄食聚苯乙烯（PS）泡沫塑料的现象[4]，与同等大小的黄粉虫幼虫相比，黑粉虫幼虫对聚苯乙烯泡沫塑料的消耗解聚程度更高。

大麦虫也被称为超级粉虫或王者粉虫，其起源可追溯到中美洲和南美洲的热带地区，随后被引入欧洲和亚洲的其他地区。相比于黑粉虫和黄粉虫，大麦虫体型更大，且由于蛋白质和脂肪含量高，已作为一种可持续的动物饲料资源[5]。与黄粉虫相似，大麦虫同样是商业化程度较高的经济型昆虫。近年来，有关于大麦虫幼虫的塑料降解研究也逐渐深入。

5.1　黄粉虫对 PS 的啮食-降解能力研究

5.1.1　黄粉虫对 PS 的啮食-降解能力

黄粉虫是一种典型的咀嚼式口器昆虫，它们可以积极咀嚼和啮食 PS 发泡塑料。黄粉虫啮食可使塑料块减重，如 500 条黄粉虫（$N=3$）可在 30 d 使 5.8 g 的 EPS 块减重 31.0%±1.7%，每条虫的平均啮食速率约为 0.12 mg/d。30 d 内，以 EPS 饲养组和麦麸饲养组的存活率无显著差异（t-test，$p > 0.05$），但 EPS 饲养组的存活率显著高于无食物饲养组（t-test，$p < 0.05$）（图 5-1）。说明啮食 EPS 的黄粉虫可能具有代谢 PS 的能力，从而获取能量维持生存。

黄粉虫在啮食 EPS 之后的 12~24 h 内排泄虫粪，这表明食物在幼虫肠道消化系统内的停留时间在 24 h 内。通过比较分析虫粪和 PS（EPS）原样的化学成分可以获得 PS 经肠道消化系统降解后发生的化学结构和组分变化的证据，从而证实幼虫可以降解 PS。

（1）与 PS 原样相比，虫粪组分的分子量分布曲线向低分子量部分偏移（图 5-2）。虫粪组分的重均分子量（M_w）为 32260，与 PS 原样的 40430 相比，降低了 20.2%。虫粪组分的数均分子量（M_n）为 98330，与 PS 原样的 124200 相比，降低了 20.8%。结果表明，PS 的长链结构经肠道消化系统降解后发生了断裂，生成了相对较低分子量的产物。

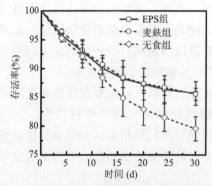
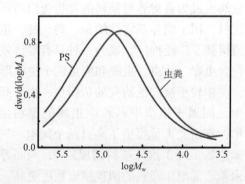

图 5-1　黄粉虫以 PS 发泡塑料为食、以麦麸　　图 5-2　虫粪组分与 PS 原样的分子量分布比较
　　　为食和无食物饲养时的存活率

（2）^{13}C NMR 直接分析虫粪和 PS 原样化学组分的波谱结果显示了 PS 的解聚（图 5-3）。PS 原样主要包括 4 个峰：化学位移（δ）为 146 ppm 和 128 ppm 处的峰属于苯环上的非质子化和质子化的苯环碳。$\delta=41$ ppm 和 46 ppm 处的峰属于

甲基和亚甲基碳（烷基碳）。虫粪组分中，属于 PS 的苯环碳和烷基碳的 4 个峰的峰强都明显减弱，表明虫粪中的 PS 组分比降解前明显减少。此外，虫粪组分中出现了一些新的峰。比如，δ=10 ppm 和 40 ppm 处的峰属于烷烃碳。δ=175 ppm、104 ppm、99 ppm、84 ppm、75 ppm、73 ppm、61 ppm、55 ppm 和 23 ppm 处的峰属于几丁质碳，几丁质可能来源于幼虫的表皮[6]。δ=140 ppm、154 ppm 和 160 ppm 处的峰属苯环取代物的苯环碳[7]。这些苯环取代物可能是 PS 断链和解聚后形成的低分子产物[8]。这说明，PS 经肠道消化系统发生了断链和降解。

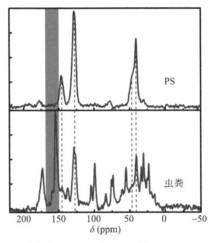

图 5-3　虫粪组分与 PS 原样的 ^{13}C NMR 波谱比较

（3）虫粪组分热分解动力学和热分解产物的变化曲线显示（图 5-4），PS 原样只有 1 个分解阶段：98%失重发生在 360～480℃，最大分解速率温度为421℃。虫粪则有 3 个分解阶段：第 1 阶段，15.8%失重发生在 175～275℃，最大分解速率温度为 233℃；第 2 阶段，23.4%失重发生在 275～360℃，最大分解速率温度为 327℃；第 3 阶段，26.6%失重发生在 360～480℃，最大分解速率温度为 431℃。在相同的升温程序下，虫粪比 PS 原样拥有更多的分解阶段，说明虫粪中含有除 PS 之外的新组分。此外，在第 3 阶段，虫粪的失重率明显低于 PS 原样，说明经黄粉虫肠道消化系统后，虫粪中的 PS 组分明显减少。依据一级动力学方程和阿伦尼乌斯方程的 Coats-Redfern 整合方程，对 PS 原样的 1 个主要分解温度段和虫粪的 3 个主要分解温度段的热分解动力学常数进行计算进一步证实了，PS 经黄粉虫肠道消化系统后，进入虫粪中的 PS 组分明显减少，并且出现了一些易分解的新组分。结合 FTIR 实时检测 TGA 产生的热分解产物，可进一步分析虫粪和 PS 原样间的组分差异，这些新组分可能是 PS 经肠道代谢系统降解后的产物。

（4）虫粪热裂解产物的定量分析结果如图 5-5 所示。PS 有 3 个特征裂解产物：苯烯单体（monomers，M）、苯乙烯二聚体（dimmers，D）和苯乙烯三聚体（trimers，T）。它们占 PS 原样的质量比分别为 68.1%、20.3% 和 22.2%。虫粪的裂解产物中，3 个 PS 的裂解特征产物占虫粪的质量比分别为 15.9%、2.8% 和 4.1%，分别下降了 76.7%、86.1% 和 81.5%。此外，如苯酚（phenol，0.3%，w/w）和取代苯酚（substituted phenol 1，0.5%，w/w）只在虫粪的裂解产物中出现，却没有在 PS 的裂解产物中出现。这些新特征产物可能是 PS 断链和解聚后形成的低分子产物，这与图 5-3 分析结果是一致的。进一步说明，PS 经肠道消化系统发生了断链和降解。

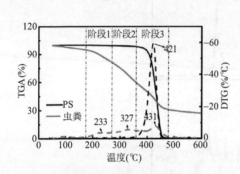

图 5-4　虫粪和 PS 原样的 TGA（实线）和　DTG（虚线）曲线比较

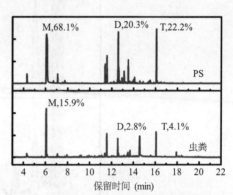

图 5-5　虫粪和 PS 原样的热裂解色谱图

5.1.2　黄粉虫矿化和同化 PS 的证据

依据实验测定的 EPS 啮食和降解过程中的碳衡算（饲喂时间分别设置为 4 d、8 d、12 d 和 16 d）结果证实了，被啮食 EPS 中的碳元素被转化为 CO_2 的百分比随时间的延长而增加，16 d 时 CO_2 的转化比例为 47.7%。被转换为虫体组织的百分比基本保持不变，16 d 时转化为虫体组织的比例为 0.5%。被转换为虫粪的百分比随时间的延长而减少，16 d 时转化为虫粪的比例为 49.2%。同位素示踪实验进一步证实黄粉虫可将 PS 矿化为 CO_2。16 d 内，饲喂两种不同的 ^{13}C 标记 PS 样品（$\alpha^{13}C$-PS 和 $\beta^{13}C$-PS）的黄粉虫呼出的 CO_2 的 $\delta^{13}C$ 值从本底负

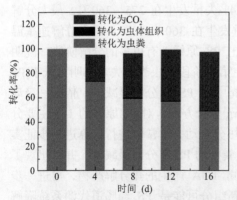

图 5-6　被黄粉虫啮食的聚苯乙烯发泡塑料转化为 CO_2、虫体组织和虫粪的碳衡算分析

值变为正值，而麦麸饲喂组和空白对照组保持本底负值不变。这说明被啮食的 ^{13}C-PS 被矿化为 ^{13}CO$_2$，证实了黄粉虫可将 PS 矿化为 CO$_2$。收集被饲喂两种不同的 ^{13}C 标记 PS 样品（α^{13}C-PS 和 β^{13}C-PS）16 d 的黄粉虫，进而检测虫体组织中各种脂肪酸分子中 δ^{13}C 的变化。饲喂两种不同的 ^{13}C 标记 PS 样品的虫体各种脂肪酸分子的 δ^{13}C 值均显著高于麦麸饲喂虫体（ t-pair test，$p < 0.05$），即黄粉虫具有将部分 PS 同化为虫体组织的能力（图 5-6）。

5.1.3　黄粉虫对 PS 生物降解的肠道组学研究

肠道共生微生物对昆虫的代谢起到十分重要的作用[9-12]。在饲喂 10 d 含庆大霉素食物（30 mg/g）的条件下，饲养一批黄粉虫。将一部分抗生素饲喂虫（抑制组）改喂 EPS，30 d 后，收集虫粪，测定虫粪的分子量。与 EPS 原样的 M_n（40430）和 M_w（124200）相比，抑制组的虫粪产物的 M_n（39620）和 M_w（122650）分别仅减少了 810 和 1550（图 5-7）。没有饲喂抗生素的对照组啮食 EPS 后的虫粪的 M_n（32260）和 M_w（98330）却分别减少了 8170 和 25870。减少量是抑制组的 10 倍和 16 倍。这表明，抗生素抑制肠道微生物后，PS 经肠道消化系统后基本没有发生解聚。给抑制组饲喂含 α^{13}C-PS 或 β^{13}C-PS 的食物进行 ^{13}C 示踪实验，结果显示，与没有饲喂抗生素的对照组相比，抑制组呼出的 CO$_2$ 的 δ^{13}C 值基本没有升高。综上可知，在缺少肠道微生物的情况下，黄粉虫自身的消化酶不足以降解 PS。共生肠道微生物的存在对 PS 的解聚和矿化起到十分重要的作用，是不可或缺。

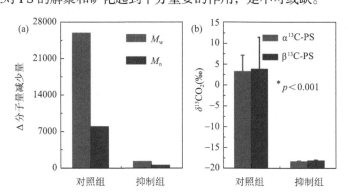

图 5-7　抗生素抑制组和对照组黄粉虫对 PS 解聚和矿化能力的比较

5.1.4　黄粉虫肠道细菌降解 PS 的特性

图 5-8（a）所示为黄粉虫的肠道结构图。肠道主要分为三个部分：前肠（foregut），主要包含一个嗉囊（crop），是食物的短暂储存场所；中肠（midgut），是食物主要代谢场所；后肠（hindgut），主要包含一个直肠（rectum），是吸收水分和保存粪便的场所。图 5-8（b）和（c）为以 EPS 为食的黄粉虫中肠内容物的 SEM 照片。可见中肠的内含物中有丰富的微生物群落，包含球

状、短杆状和杆状等不同形形状的微生物。前肠的嗉囊内含物中基本没有微生物，后肠的内含物中的微生物极少，说明黄粉虫的中肠是肠道微生物的主要共生场所。

图 5-8　黄粉虫肠道结构（a）和中肠内容物中的微生物群落 SEM 观察［（b）和（c）］

通过提取黄粉虫肠道微生物的总 DNA，对 16S rRNA 基因进行 PCR 扩增。对扩增产物进行高通量测序，在 97% 的相似度时，所有序列可以划分为 48 个 OTUs。白蚁和蟑螂等昆虫的肠道细菌一般有 150～250 OTUs[13-17]。相比而言，黄粉虫的细菌群落的物种丰度较简单。这 48 个 OTUs 在门（phylum）分类水平上可以划分为 4 个门。其中厚壁菌门和变形菌门占比较高，分别为 60.8% 和 33.7%。放线菌门和拟杆菌门占比较低，分别为 1.7% 和 3.8%。图 5-9 表示黄粉虫肠道细菌种群在属（genus）分类水平上的百分比组成。肠道细菌种群主要由 28 个属构成。其中百分比排在前 10 位的属包括：厚壁菌门的乳球菌属（*Lactococcus*，30.22%）、肠球菌属（*Enterococcus*，21.12%）和乳杆菌属（*Lactobacillus*，7.76%）；

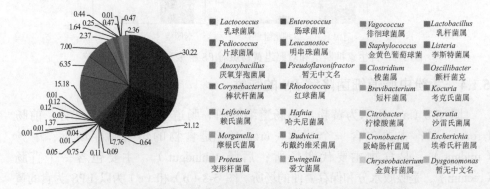

图 5-9　表示黄粉虫肠道细菌种群在属分类水平上的百分比组成

变形菌门的哈夫尼菌属（*Hafnia*，15.18%）、沙雷氏菌属（*Serratia*，7.00%）、柠檬酸菌属（*Citrobacter*，6.35%）、摩根氏菌属（*Morganella*，2.37%）和布戴约维采菌属（*Budvicia*，1.64%）；放线菌门的棒状杆菌属（*Corynebacterium*，1.37%）；拟杆菌门的 *Dysgonomonas* 属（2.36%）。其他菌属占 4%。

　　细菌在固体表面形成生物膜的能力通常决定了其降解固体有机物的潜能[18,19]。*Exiguobacterium* sp. YT2 和 *Chryseobacterium* sp. YT3 显示了较强的生长能力。在 PS 薄膜上的细菌数目分别达（9.3±0.3）CFU/cm^2 和（2.6±0.2）CFU/cm^2。因此，选择菌株 YT2 和 YT3 作为具有降解 PS 潜能的细菌进行深入研究。在 CFBAM 固体培养基上培养 28 d 后的 PS 薄膜表面的 SEM 照片表明，无菌对照 PS 薄膜表面形貌无明显变化。菌株 YT2 和 YT3 在 PS 薄膜上造成严重侵蚀。由图 5-10（d）～（f）可见，菌株 YT2 的侵蚀造成 PS 薄膜表面出现直径最大为 150 μm 的凹陷结构，大量菌株 YT2[长×宽=（1.2～1.3）μm×（0.5～0.6）μm]生长在侵蚀凹陷中。由图 5-10（g）～（i）可见，菌株 YT3 的侵蚀造成 PS 薄膜表面形成直径最大为 30 μm 的凹陷结构，大量菌株 YT3[长×宽=（1.1～1.3）μm×（0.5～0.6）μm]以胞外聚合物包裹成菌团形式生长在侵蚀的凹陷结构中。在之前的报道中，未见细菌对 PS 薄膜产生如此明显的侵蚀现象[20-22]。PS 薄膜表面疏水性降低，且薄膜表面产生明显的氧化降解作用。PS 细片在 LCFBM 液体培养基中降解 60 d 后，相

图 5-10　经菌株 YT2 和 YT3 降解 28 d 后的聚苯乙烯薄膜表面物理形貌的 SEM 照片

对无菌对照来看（0.9%±0.6%），PS 细片经菌株 YT2 和 YT3 降解后，失重率分别为 7.5%±0.4%和 6.5%±0.9%。该效率高于文献报道的土壤分离菌株 *Rhodococcus ruber* C208 的降解效率（8 周内降解 0.8%）[20]。

图 5-11 所示为 PS 细片在 LCFBM 液体培养基中降解 60 d 后的分子量变化。相对于无菌对照组而言，菌株 YT2 和 YT3 降解 60 d 后的 PS 细片的分子量分布曲线向低分子量部分偏移[图 5-11（a）]。图 5-11（b）表明，菌株 YT2 和 YT3 降解 60 d 后的 PS 细片的 M_w 分别为 242270 和 241470，比无菌对照组的 M_w（255600）分别降低了 5.2%和 5.5%。降解 60 d 后的 PS 细片的 M_n 分别为 100415 和 96483，比无菌对照组的 M_n（113010）分别降低了 11.1%和 14.6%。GC/MS 检测结果证实了 PS 细片经菌株 YT2 和 YT3 的培养液中出现了明显的低分子物质的峰，而这在无菌对照组没有出现。其中在出峰时间为 13.048 min 和 18.023 min 处的对应物质为苯环衍生物。可以认为这些物质就是来自于 PS 长链分子断链和解聚产生的低分子产物。进一步证实了 YT2 和 YT3 具有降解 PS 的能力。

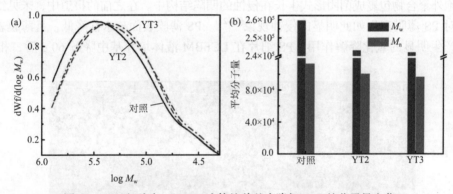

图 5-11　PS 细片在 LCFBM 液体培养基中降解 60 d 的分子量变化

5.1.5　不同喂食条件对黄粉虫降解 PS 的影响

在 PS、麦麸和不饲喂 3 种喂食条件（将其分别命名为 B1+PS、B1+B 和 B1-Unfed 组，每组设置 3 个平行）下，黄粉虫的存活率（survival rate，SR）为：B1+B（63%）>B1+PS（54%）>B1-Unfed（43%）。黄粉虫的存活率结果与其他已报道能够啃食 PS、PE 的黄粉虫相比偏低[23]，表明黄粉虫降解聚苯乙烯过程中虫源也是一个重要的影响因素。从黄粉虫的成蛹率（pupation rate）结果中发现，在实验前期，各组的黄粉虫均能够完成正常的化蛹。但从第二个月开始，B1+PS 和 B1-Unfed 组的黄粉虫已经不能完成正常的成蛹。而只有 B1+B 组的黄粉虫可以继续完成正常成蛹的现象。因此可以得出结论，黄粉虫要完成正常的化蛹需要一定的营养物质来支持，仅仅喂食 PS 或者不喂食任何食物的条件下均不能给黄粉虫提供足够的营养物质。B1+PS 和 B1-Unfed 组的黄粉虫之所以在前期能完成正常成蛹现象可能是利用了黄粉虫自身本来的储藏物质。黄粉虫的互相残杀率（cannibal rate）分别为：B1-Unfed 组（32%）B1+PS 组（15%）>B1+B 组（12%），喂食 PS、PE-1 或者不喂食组的黄粉虫自相残杀率很高。黄粉虫本身就具有自相残杀的现象，在没有足够的营养物质条件下更加剧了它们之间的自相残杀。PS 的减少量（accumulate consumption）的结果显示，在 60 d 内，黄粉虫可以消耗大约 1.5 g 的 PS。与起始重量 3 g 相比，PS 的重量减少了 50%。另外，喂食麦麸与喂食秸秆、塑料的黄粉虫相对增长率、相对增宽率、相对增重率、存活率、蛹化率均存在显著性差异。麦麸组的生长发育指标均明显优于仅喂食秸秆组、仅喂食塑料组以及塑料与秸秆配比实验组，不同塑料与秸秆配比组间的生长情况优于仅喂食秸秆、仅喂食塑料组，可见塑料与秸秆配比混合饲喂有助于促进黄粉虫的生长。在存活率方面，仅喂食塑料组黄粉虫存活率为 77%，而麦麸对照组、秸秆与塑料配比系列组黄粉虫存活率均达到 89% 及以上，有利于黄粉虫的生长。但从蛹化率来看，黄粉虫饲喂秸秆、塑料的蛹化率仍然低下，影响黄粉虫发育与繁殖，不利于黄粉虫的长期饲养。不同塑料与秸秆配比条件下各系列黄粉虫幼虫取食塑料和秸秆效率存在显著性差异。秸秆与塑料配比均提升了取食降解塑料和秸秆的效率，在塑料与秸秆质量比为 1 : 1 的条件下，黄粉虫幼虫取食塑料和秸秆的效率达到较高水平，分别为 92.5%、80.44%，而随着设定比例升高，效率逐渐降低。

比较不同喂食条件下黄粉虫肠道微生物群落结构变化发现，在以 PS 为唯一食物来源实验分组的黄粉虫幼虫肠道菌群 α 多样性（Simpson 指数和 Shannon 指数）有所下降，这可能是难以参与 PS 降解的微生物无法获得碳源，降低了部分微生物的活性。同时，PS 和对照组出现明显的聚合，有显著的分组，说明用 PS 塑料喂养后，幼虫肠道微生物群落的结构发生了明显的变化。对照组中的优势菌门是 Proteobacteria 和 Firmicutes[24]，相对丰度分别为 78.2% 和 12.6%。PS 的优势菌门为 Proteobacteria、Firmicutes 和 Tenericuts，相对丰度分别为 59%、13% 和 20.4%。不同于对照组的是，塑料组中 Tenericuts 的相对丰度显著提高，较对照高 92.3%。有类似的研究表明，在塑料饮食中 Tenericuts 的丰度会上升[24]，说明 Tenericuts 是在黄粉虫幼虫肠道中参与塑料降解的主要微生物。属水平上优势物种组成差异明显，PS 组为：*Enterococcus*、*Morganella*、*Leminorella*、*Providencia*，相对丰度分别为 4.1%、6.4%、5.2% 和 5.5%。对照组为现有的研究中没有这些属关于塑料降解的研究，这可能是在肠道微生物降解塑料的过程中并不是优势属在发挥作用，而是低丰度的细菌。也可能是这些菌为目前没有报道的塑料降解菌，需

进一步深入研究证实。CB 组为 *Acinetobacter*（17.6%）、*Erwinia*（4.0%）、
Staphylococcus（3.4%）、*Citrobacter*（4.3%）。说明喂食塑料后，其肠道微生
物群落组成发生明显变化。对两组间显著差异物种（前 30）分别在门、属水
平上进行分析，PS 组与 CB 组相比，在门水平上，仅有一个 Bacteroidetes；
在属水平上，有 21 个菌属，其中，相对丰度最高的为：*Dysgonomonas*
（Bacteroidetes）、*Caloramator*（Firmicutes）、*Xenorhabdus*（Proteobacteria）、
Escherichia（Proteobacteria）。有研究表明 *Dysgonomonas* 与塑料降解有关[25]，
Xenorhabdus 对于邻苯二甲酸二甲酯有良好的降解效果[26]，邻苯二甲酸二
甲酯是一种良好的增塑剂，可以提高塑料的柔韧性，*Xenorhabdus* 参与 PS
塑料降解，使塑料更容易碎化，可为其他细菌提供更大的接触面积，加速
塑料降解。

　　这些肠道菌群的主要功能集中在环境信息处理、代谢和有机体系，在代谢
中主要是碳代谢非常高，这也说明肠道微生物提高相关碳代谢基因的表达，以
此来更加有效地利用 PS 塑料。PS 饲养和对照组饲养之间的差异功能主要是次
生代谢物的生物合成、运输和分解以及 RNA 的处理和修改。从代谢物来看，
在 PS 组中上调的有：烟酰胺、甘油 3-磷酸乙醇胺、甘油磷胆碱、硫胺素、L-
肉碱、*N*6-甲基腺嘌呤、核黄素、3-氨基丁酸。有研究表明，硫胺素作为一种增
塑剂，在生物可降解材料中经常被使用，用于提高塑料的机械强度。在土壤中
20 天降解超过 40%并释放硫胺素[27]，硫胺素含量的上升说明塑料在肠道内为
微生物降解。L-肉碱的高表达可能是因为 PS 塑料不是非常容易被利用的，将
自身的脂质加快分解[28]，以提供充足的能量。这可能是黄粉虫在以 PS 塑料为
唯一食物来源时，体重显著下降的原因。黄粉虫幼虫在咀嚼摄入 PS 塑料是难
以高效利用的，因此会对肠道造成伤害，核黄素升高是有利于肠道保护的，具
有维持肠道完整性的结构和维持胃肠道的功能，而核黄素的缺乏会导致生长停
滞，肠胃性疾病发生以及高死亡率[29]。基于 KEGG 数据库，主要有 10 个代谢
通路被富集：ABC 运输工具途径，代谢途径，半乳糖的代谢，GABA 型突触途
径，丙氨酸、天冬氨酸和谷氨酸的代谢，近端肾小管碳酸氢盐回收，维生素的
消化和吸收，淀粉和蔗糖代谢，糖醛酸和二羧酸的代谢，D-谷氨酰胺和 D-谷氨
酸的代谢。代谢途径的升高可能是碳代谢的提高，由于肠道微生物对塑料难以
彻底降解，为了获取更多的能量，提高了代谢途径通路的表达。丙氨酸、天冬
氨酸和谷氨酸的代谢途径，在多种信号通路中发挥重要作用，从而调节基因表
达、营养代谢和能量需求[30]。为肠道保持完整性和功能提供了主要能量[31]。这
与之前的代谢物核黄素非常相似，都是保护肠道的。

5.1.6　黄粉虫降解 PS 的生物固氮作用

使用含有抗生素的饲料饲喂黄粉虫时，肠道潜在固氮菌的数目被明显抑制，3 d 后，在接种了肠悬液的固氮培养基平板上没有活菌菌落，继续饲喂至一周后，涂布肠悬液的平板上一直未见菌落生长，在此期间，饲喂正常饲料的昆虫的肠道菌数目并未发生显著变化，这表明硫酸庆大霉素具有抑制黄粉虫肠道潜在固氮菌的能力，饲养周期结束后肠道中潜在固氮菌的数目较低而已无法在固氮培养基中生长。因此，在含抗生素饲料饲喂的黄粉虫在饲养周期结束后完全满足后续试验的需要。在经过聚苯乙烯泡沫饲喂两周后，六个地区黄粉虫均检测出固氮活性。其中，北京地区的黄粉虫固氮活性最高，为 20.5123 nmol 乙烯/h，成都组虫样的固氮活性最低，为 10.9414 nmol 乙烯/h，这可能是因为实验在北京进行，其他地区的样品虫由于经历运输和气候环境转变的影响而失去了部分活性。在给样品虫饲喂一周含庆大霉素的饲料再饲喂 5 d PS 塑料后，使用气相色谱法所测出的六个地区昆虫的固氮活性都受到了明显抑制，固氮活性基本维持在 8.8 nmol 乙烯/h 左右。饲喂抗生素处理后的黄粉虫的固氮活性并未降至零点的原因可能是黄粉虫肠道内含有丰富的细菌群落，庆大霉素并未能杀死肠道中全部的固氮菌。庆大霉素能够消除黄粉虫肠道内的原核生物，而对昆虫本身没有毒性，这表明黄粉虫的固氮作用是由其肠道内微生物介导的。黄粉虫可以通过固氮酶的作用进行生物固氮，这是一种普遍存在的行为。

以黄粉虫肠道菌总 DNA 为模板进行 PCR 扩增 *nifH* 基因，经琼脂糖凝胶电泳检测 PCR 产物，六个地区黄粉虫肠道菌中均存在 *nifH* 基因，即确证了黄粉虫肠道中存在固氮菌。使用 RNA 提取试剂盒成功提取了黄粉虫肠道微生物 RNA，使用 NanoDrop 检测了 RNA 样品的浓度及质量，确定 RNA 样品符合 RT-PCR 实验要求。如实验部分所述，使用 RT-PCR 检测肠道微生物中 *nifH* mRNA 的产生，在六个地区黄粉虫幼虫肠道中均发生了 *nifH* 的原位表达，充分表明黄粉虫的肠道环境具有固氮作用。通过 *nifH* 基因的扩增子高通量测序和 TA 克隆等技术分析后发现，有 6 条序列与 γ-Proteobacteria 的菌种密切相关，具体包括 *Klebsiella*、*Citrobacter*、*Kluyvera*、*Cronobacter*、Enterobacteriaceae 和 *Escherichia*，其中数目较多的是 *Cronobacter* 和 *Citrobacter*；另有 2 条序列属于 *Bacilli* 的 *Enterococcus* 和 *Listeria*；除 2 条属于 *Methanococci* 和 1 条 *Euryarchaeota* 的序列外，还有 1 条未分类 *nifH* 序列；其中，从北京和洛阳虫样肠道中扩增到的 *nifH* 基因序列与从以真菌为食生长的 *Trachymyrmex* 中分离到的 *Klebsiella* sp. AL050511 01（FJ593865.1）的 *nifH* 基因序列有 99%的相似性。在这些近似菌株中，许多都已被研究者确证具有固氮活性，比如 *Klebsiella*、*Citrobacter* 和 *Kluyvera*。从北京虫样的表达产物中克隆到了与从 Atta cephalotes

中分离出的 *Klebsiella* sp. CRLI0718a（FJ593763.1）的 *nifH* 序列高度相似的序列，同时从洛阳虫样本的表达产物中也克隆到了与 Uncultured bacterium clone ML35（EU544223.1）*nifH* 序列相似的菌株。从 *nifH* 序列的来源得知，北京和洛阳虫的肠道内存在具有较高固氮活性的 *Klebsiella*，这也很好地解释了上述中北京虫的固氮活性最高、洛阳虫其次的现象，除此之外，在成都虫和广州虫肠道中发现与 *Citrobacter* 和 *Kluyvera* 相似的 *nifH* 基因序列，而在宁波虫、上海虫的肠道中仅发现与 *Citrobacter* 相似的 *nifH* 基因序列，从 RT-PCR 产物克隆子的测序分析来看，还暂未从这四个地区虫样的肠道微生物中克隆到与 GenBank 中已被研究证实的 *nifH* 基因相似的序列。从肠道中获得的 *nifH* 基因序列基本属于 *Klebsiella* 和 *Kluyvera*。由于高通量扩增子测序采用的是 PE250 测序平台，测序得到的是双端序列数据，首先根据 PE 平台序列之间的重叠（overlap）关系，将成对的序列拼接（merge）成一条序列，同时对序列的质量和拼接的效果进行质控过滤，根据序列首尾两端的 barcode 和引物序列区分样品得到有效序列，并校正序列方向，也就是说每条完整序列在一开始都是由两条序列进行拼接得到的，这个过程可能导致部分有效序列的损失而导致最终未获得较多的 *nifH* 基因序列，同时黄粉虫肠道内菌株的复杂性及测序所用简并引物在 PCR 扩增时引起的大量非特异性扩增也会使测序质量下降。由各地区虫样肠道内固氮酶的多样性和表达情况可知，啃食 PS 塑料的黄粉虫肠道内具有固氮微生物，并且昆虫能在固氮微生物的作用下进行固氮活动。取系列稀释肠悬液涂布于固体无氮培养基。在稀释度为 10^{-2} 和 10^{-4} 时，平板上均有菌落生长。而当稀释度为 10^{-6} 时，所有组的平板上均无菌落生长。这可能是在昆虫的肠道中所含固氮菌的数目并不多，可富集培养的数目更加少，每条昆虫肠道所含固氮菌的数目仅为 5.5×10^4 CFU。挑取所有平板菌落进行划线纯化，观察每次纯化后平板上的菌落形态。经三次纯化后，所有平板上均为纯种菌株，此时共获得 101 株单菌，其基因组 DNA 经琼脂糖凝胶电泳检测，基因组主带清晰且无拖尾。所提取的单菌 DNA 完全满足后续 PCR 实验要求，使用细菌通用引物组 8F-1492R 对所有单菌 DNA 进行 16S rRNA 的扩增。使用此引物对单菌的 16S rRNA 扩增可获得单一条带，条带大小约为 1500 bp。将 PCR 产物纯化回收后送至测序公司测序，将序列结果导入 EzBiocloud 数据库进行比对，合并汇总分类结果，各菌种代表性菌株的比对结果表示，从各不同种属中挑取代表单菌，将单菌序列输入 NCBI 的 GenBank 和 Blast 得到与代表菌株相似的菌株序列，将各菌种代表性菌株序列和 Blast 的相似的菌株序列一同导入 MEGA5 软件中，选择邻接法做出系统发育树。在有氧条件下，利用无氮培养基从昆虫肠道中共分离出 101 株细菌，根据形态学特征和 16S rRNA 基因鉴定分析，共获得 22 种不同的细菌种类。其中，共有 15 种与 γ-Proteobacteria 密切相关，占据了培养分离出的肠道固氮菌种的半数以上，分别为 2 种 *Kluyvera* 的菌株、3 种 *Citrobacter* 菌株、2 种 *Klebsiella* 的菌株,
Serratia、*Pantoea*、*Hafnia*、*Enterobacter*、*Erwinia*、*Salmonella*、*Stenotrophomonas*、
Acinetobacter 的菌株各一种;除 γ-Proteobacteria,还包括一种属于
Betaproteobacteria 的 *Alcaligenes* 的菌株;另外,与 Actinobacteria 密切相关的有
3 个菌种,分别为 *Corynebacterium*、*Kocuria* 和 *Leucobacter*;最后 3 种菌种为与
Bacilli 相似的 *Bacillus*。由此,我们发现在黄粉虫肠道固氮菌群中存在三种细菌
门,Proteobacteria 占据了 72.7%,其中,*Kluyvera*、*Hafnia*、*Citrobacter*、
Pantoea、*Klebsiella* 和 *Erwinia* 等均已被证实具有固氮活性,并且 *Klebsiella* 是具
有较高固氮活性的菌属;Actinobacteria 和 Bacillus 以相同比例占据了剩下的
27.3%。将分离结果与从肠道中获得的 *nifH* 基因序列的微生物相比较,一致证
明了黄粉虫肠道中具有 *Klebsiella*、*Citrobacter* 和 *Kluyvera*,这些固氮优势菌在
黄粉虫啃食聚苯乙烯塑料时利用自身固氮酶的作用将空气中的 N_2 吸收还原为
NH_3-N,以供昆虫维持正常生长。

据文献报道,*Klyvera*、*Citrobacter*、*Pantoea* 和 *Klebsiella* 的菌株已在多
种寡氮营养型昆虫中发挥生物固氮作用,因此选择 *Azospirillam brasilense* 作
为阳性对照菌,采用乙炔还原分析法,使用气相色谱法对上述菌属的单菌进
行固氮活性的测定。通过纯培养分离得到的 4 株 *Klebsiella*,经实验分析只检
测到属于 *Klebsiella oxytoca* 菌株的固氮活性,其固氮活性最高的一株的固氮
速率为 10.93 nmol 乙烯/h,*Klebsiella michiganensis* 菌株的实验管中未检测到
乙烯的产生,但 *Klebsiella michiganensis* 是已被发现存在固氮酶的菌株[32],这
可能是因为 *Klebsiella michiganensis* 菌株固氮能力较弱或实验室菌株活性不
高。在 *Citrobacter* 和 *Klyvera* 中,分别有一株 *Citrobacter werkmanii* 和
Kluyvera intermedia 的固氮活性未被测出,产生这种结果的极大原因可能是
Klyvera 和 *Citrobacter* 的固氮酶活性本就不高,在挑取了活性较弱的单菌落
时,不能将乙炔还原成乙烯供检出。*Pantoea* 也具有较高的固氮活性,其中一
株菌的固氮速率也达到了 10 nmol 乙烯/h。*Azospirillam brasilense* 具有较高的
固氮活性,其固氮速率为 11.49 nmol 乙烯/h;与 *Azospirillam brasilense* 相
比,*Klebsiella* 的固氮活性稍低,固氮速率可达 8.72 nmol 乙烯/h,*Pantoea* 测
出的固氮活性与 *Klebsiella* 属接近,为 8.17 nmol 乙烯/h,相比之下,
Citrobacter 与 *Klyvera* 的固氮活性较低,最低的 *Citrobacter* 的固氮速率仅为
3.43 nmol 乙烯/h。综上,从黄粉虫肠道中分离出了具有体外固氮活性的
Klebsiella、*Citrobacter*、*Klyvera* 和 *Pantoea* 的纯培养物,这些菌株在黄粉虫
啃食 PS 塑料时依据自身固氮酶的作用进行固氮活动,从而为昆虫的生长发育
补充了必不可少的氮源。

5.1.7 黄粉虫降解 PS 的概念模式

食物在黄粉虫肠道内的停留时间是很短的，通常在 24 h 之内。黄粉虫的肠道消化体系可看作一个高效的"生物反应器"。咀嚼、啮食、肠道混合等机械作用与肠道微生物共生体系的降解及虫体吸收代谢产物等生化作用产生了协同降解作用。肠道共生微生物对 PS 的降解起到非常重要的作用，如同瘤胃哺乳动物消化系统中的微生物降解纤维素[33-35]，白蚁肠道中的微生物降解木质纤维素[13-17]，以及农作物害虫的肠道微生物降解农药等人工合成难降解的化合物一样[15-17]。基于上述研究结论，初步提出了黄粉虫降解聚苯乙烯的概念模式，如图 5-12 所示：①PS 被黄粉虫啮噬成颗粒（＜ 0.1 mm）进而被取食。咀嚼动作产生的机械力起到了预处理作用。机械力将大块固体塑料破碎成了颗粒，极大减小了塑料的尺寸，增大了比表面积。这为肠道微生物和消化酶与塑料之间接触提供了非常大的比表面，有利于提高降解效率。②～③啮食进入肠道的塑料颗粒与肠道微生物群落混合，通过肠道微生物群落的胞外酶作用，PS 长链高分子发生断链和解聚，产生低分子量中间产物。④～⑥低分子量中间产物被肠道微生物和幼虫本身吸收，用作能源和碳源进行代谢，被矿化为 CO_2 或者同化为虫体组织。⑦剩余部分未降解的 PS 作为虫粪残物排出体外。黄粉虫啮食聚苯乙烯的行为和完全降解 PS 能力的证实，首次表明自然界存在降解利用塑料的昆虫，昆虫肠道是塑料降解的高效生物反应器。这是最近几十年在固体废物，特别是石油基塑料废物的生物降解研究中的重大突破。同时，揭示了共生肠道微生物群落在昆虫降解的过程中起到重要作用。这为寻找降解合成塑料的微生物、酶和反应系统条件开辟了一条全新的途径。

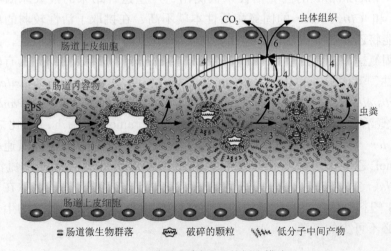

图 5-12　黄粉虫降解 PS 的概念模式

5.2 黄粉虫和黑粉虫对 PE 的啮食-降解能力研究

5.2.1 黄粉虫和黑粉虫对 PE 的啮食-降解能力

黄粉虫和黑粉虫的幼虫能够在短时间内摄食 PE 泡沫，形成肉眼可见的孔洞。市面上常用的 PE 泡沫多为低密度聚乙烯（LDPE），但不同规格的 LDPE 泡沫物理化学性质存在一定差异，且两种幼虫对不同质地的塑料啮食存在种间差异和 PE 泡沫取食偏好性。

研究表明，将两种幼虫分别放在光滑透明的聚丙烯饲养盒中，期间所有的饲养盒均置于人工气候培养箱中进行黑暗环境饲养。设置箱内的环境温度为 25±0.5℃、湿度为 65%±5%。一段时间内，黄粉虫啮食塑料能力优于黑粉虫，且两种幼虫相对更喜欢质地较软的 PE 泡沫。需要注意的是，随着黄粉虫和黑粉虫幼虫塑料消耗质量的增加，幼虫间自相残杀现象显著加剧。因而在研究中，结合动物福利的 3R 原则以及实验实际工作情况的需要，在设计探究实验的过程中应进行充分的科学考量。

黄粉虫（图 5-13）和黑粉虫（图 5-14）均能摄食两种 LDPE 泡沫。研究发现，在摄食两种 LDPE 泡沫时，黄粉虫和黑粉虫均喜欢较暗的环境，但黑粉虫对光线更敏感，更趋向于藏在泡沫的下方[36]。随着时间的推移，两种幼虫摄食的 LDPE 泡沫的质量逐渐增加[图 5-15（a）]。到第 36 天，黄粉虫幼虫消耗 PE-1 和 PE-2 的总质量分别为 882.0 mg ±9.9 mg 和 854.4 mg ±7.7 mg；而黑粉虫幼虫分别消耗 777.44 mg ±17.3 mg 和 585.2 mg ±13.2 mg 的 PE-1 和 PE-2[图 5-15（a）]。与此同时，以 PE-1 和 PE-2 泡沫为唯一饲料的黄粉虫的存活率分别为 95.6%±0.4% 和 95.5%±2.2%。啮食 PE-1 和 PE-2 的黑粉虫幼虫的存活率分别为 88.6%±0.5% 和 91.6%±0.7%[图 5-15（b）]。麦麸喂养实验组的黄粉虫和黑粉虫幼虫存活率无统计学差异。但是，无论是否饲喂麦麸或 LDPE 泡沫，黄粉虫幼虫的存活率均略高于黑粉虫幼虫[图 5-15（b）]。

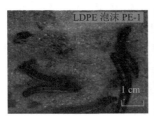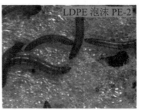

图 5-13　黄粉虫摄食两种 LDPE 泡沫

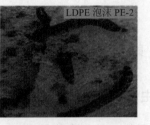

图 5-14　黑粉虫摄食两种 LDPE 泡沫

(a)

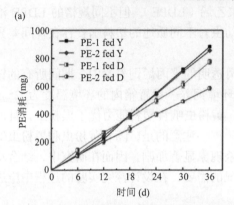

(b)

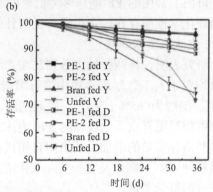

图 5-15　黄粉虫和黑粉虫对 LDPE 的摄食和存活率比较

（a）仅饲喂 LDPE 的黄粉虫和黑粉虫对 PE-1 和 PE-2 的摄取量比较；（b）存活率比较。Y=黄粉虫；D=黑粉虫（下同）

对于饥饿处理组，黄粉虫和黑粉虫的存活率分别仅为 71.7%±0.6%和 74.3% ±1.9%，极显著（$p<0.01$）低于两种 PE 喂养的黄粉虫幼虫（PE-1：95.6%± 0.4%；PE-2：95.5%±2.2%）和黑粉虫幼虫（PE-1：88.6%±0.5%；PE-2：91.6% ±0.7%），表明幼虫能够摄取 LDPE 泡沫并获得能量来维持正常的生命活动。在两种物种的幼虫均以 PS 为唯一食物的短期试验（4~5 周）相关报道中也观察到了这一现象[36-38]。基于试验期间每 100 只幼虫消耗的 LDPE 质量计算出特定的 PE 消耗率[SPCR-N，mg PE/（100 幼虫·d）]，这是一种评估幼虫消耗塑料能力的重要指标。36 d 内，黄粉虫幼虫对 PE-1 和 PE-2 的 SPCR 分别为（5.0±0.7） mg PE/（100 幼虫·d）和（4.9±0.3） mg PE/（100 幼虫·d）。黑粉虫幼虫对 PE-1 和 PE-2 的 SPCR 分别为（4.5±0.4） mg PE/（100 幼虫·d）和（3.4±0.3） mg PE/（100 幼虫·d）[图 5-16（a）]。其中黑粉虫幼虫的平均大小和重量均大于黄粉虫，但对 LDPE 的 SPCR 值要略低于黄粉虫，而两个物种的 LDPE 摄食量相似。为进一步分析二者消耗 PE 的能力，可通过计算基于黑粉虫幼虫的平均重量的 LDPE 消耗率 [SPCR-W，mg PE/（g 幼虫·d）]，结果仍远低于黄粉虫。对于黄粉虫幼虫，PE-1 的 SPCR-W 为（2.6±0.4） mg PE/（g 幼虫·d），PE-2 的 SPCR-W 为（2.4±0.1） mg PE/（g 幼虫·d）；黑粉虫幼虫 PE-1 的 SPCR-W 为（0.4±0.0）mg PE/（g 幼虫·d），PE-2 的 SPCR-W 为（0.3±0.0） mg PE/（g 幼虫·d）[图 5-16（b）]。

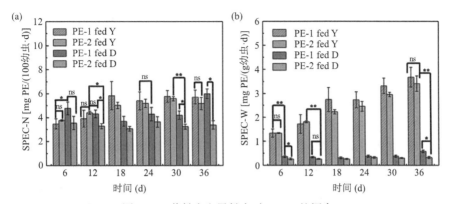

图 5-16　黄粉虫和黑粉虫对 LDPE 的摄食

（a）基于每 100 条幼虫每天的 LDPE 特定消耗率（SPEC-N）；（b）根据幼虫重量计算的 LDPE 特定消耗率（SPEC-W）。本研究进行三次重复实验，并进行 t-test：*$p<0.05$，**$p<0.01$，ns 表示无统计学意义（下同）

　　总的来说，尽管黑粉虫和黄粉虫同为粉甲属，但它们具有各自的先天习性。黑粉虫幼虫对光更敏感，不易繁殖，经常在化蛹之前死亡[39]，并且具有很高的自相残杀特征[4]。随着取食塑料时间的延长，黑粉虫幼虫对食物的适应性增强，活性提高，一段时间后自相残杀的现象加剧。自然界中存在一个公认的规律，即结构与功能相适应[40]，这也同样适用于昆虫降解塑料。而越来越多的研究表明昆虫幼虫肠道是一种有效的生物反应器[41]，其中昆虫的消化道主要分为三个部分：前肠、中肠和后肠。越来越多的研究表明昆虫幼虫肠道是一种有效的生物反应器[41]。在幼虫摄食塑料期间，幼虫的口器咀嚼进一步破碎了聚合物泡沫，而后破碎的聚合物进入肠道，导致 LDPE 与肠道微生物菌群和酶的接触面积增加，进而加快了 LDPE 的生物降解。但造成黄粉虫和黑粉虫对食物的偏好性不同的原因，仍需进一步的研究，以了解两个物种的幼虫之间的消耗率差异是否为生理结构的差异（即昆虫的口器、体壁和消化道）还是种间差异[42]。

5.2.2　黄粉虫和黑粉虫降解 PE 的相关证据

　　PE 的生物降解涉及聚合物链的分解或断裂（解聚）以及中间产物的矿化。研究者通常采用凝胶渗透色谱（GPC）分析来描述这种解聚过程，通过 M_n、M_w 和 M_z 来描述聚合物分子量和分子质量分布（MWD）的变化。通常在塑料的生物降解过程中会观察到两种解聚模式，即广义解聚（即 M_n 和 M_w 均减少）和有限解聚（即 M_n 或 M_w 和 M_z 均增加），这通常取决于聚合物类型、分子量、物理和化学结构以及昆虫来源等因素。也就是说测试 LDPE 泡沫残余聚合物的分子量变化和 MWD 可有效表征塑料的解聚程度，LDPE 泡沫（PE-1 和 PE-2）被黄粉虫和黑粉虫的幼虫显著解聚。表现为各组的虫粪中残留的 LDPE 聚合物的分子量、MWD 明显向较低的分子量部分转移。对于啃食 PE-1 的黄粉虫和黑粉虫幼虫的试验组，M_n 分别降低了 7.6%±0.9% 和 10.4%±0.3%，M_w 分别降低 43.3%±0.5% 和 45.4%±0.4%，M_z 分别降低 45.0% 和 50.1%。对于啮食 PE-2 的黄粉虫和黑粉虫试验组，M_n 降低了 11.0%±0.2% 和 6.6%±0.7%，M_w 分别下降 31.7%±0.5% 和 34.8%±0.3%，M_z 分别下降 37.2%±0.5% 和 46.0%±0.4%［图 5-17（c）和（d）］。即通过两种幼虫的消化道后，PE-1 和 PE-2 的 M_n、M_w 和 M_z 显著降低（$p < 0.05$），证实了两物种均对 LDPE 泡沫进行了广泛的解聚反应，黑粉虫幼虫的 LDPE 泡沫的 M_n、M_w 和 M_z 的降低程度均高于黄粉虫幼虫。

在对比分析黄粉虫和黑粉虫摄食两种 LDPE 后排出虫粪中残留 PE 泡沫的分子量分布规律中发现：取自黄粉虫和黑粉虫摄食 PE-1 后的虫粪样品中聚合物分子量小于 0.2 kDa 的占比分别显著下降了 8.32% 和 3.53%［图 5-17（e）］。同样摄食 PE-2 的黄粉虫和黑粉虫的虫粪中该部分分子量残留 PE 占比显著降低了 6.65%

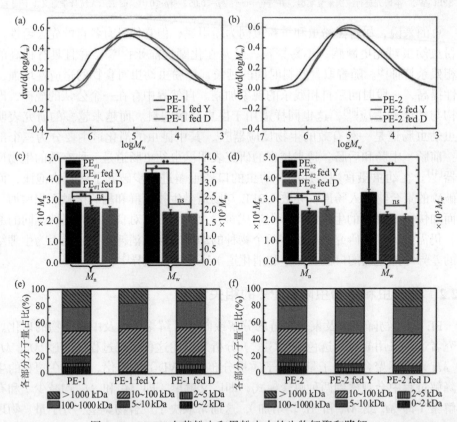

图 5-17　LDPE 在黄粉虫和黑粉虫中的生物解聚和降解

（a、b）LDPE 原样和分别摄食 PE-1 和 PE-2 的黄粉虫和黑粉虫的虫粪的分子量分布（MWD）的对比；（c、d）LDPE 原样和分别摄食 PE-1 和 PE-2 的黄粉虫和黑粉虫的虫粪的 M_n、M_w 的对比；（e、f）LDPE 原样和分别摄食 PE-1 和 PE-2 的黄粉虫和黑粉虫的虫粪的 M_n、M_w 的各部分分子量占比对比和 8.21%。与此同时，较高分子量残余 PE（>1000 kDa）占比在黄粉虫和黑粉虫幼虫的虫粪样品占比降低[图 5-17（e）和（f）]。然而，黄粉虫和黑粉虫虫粪中残余的 PE 分子量在 10.0~100.0 kDa 之间的聚合物在生物降解过程中会累积。利用助氧化剂处理 PE 促进其热氧化降解，使其分子量降低到不超过 5.0 kDa 是实现生物降解的最重要步骤[43,44]。因为塑料中的低分子量（<5.0 kDa）部分可以快速分解，并可能被代谢[45]。当不超过 5.0 kDa 分子量占主要的塑料分子量分布时，例如当分子量为 1.0 kDa 或 2.0 kDa 以下的聚合物占 20%时，较之聚合物的大分子量部分，由于微生物的贡献，该部分的聚合物可被快速生物降解[46,47]。也就是说，聚合物的解聚和生物降解导致 PE-1 中分子量大于 1000 kDa 部分的聚合物占比减少，这表明两种幼虫在大分子聚合物降解中起到积极作用。其中相对于较大分子量的聚合物，其分子量小于 10.0 kDa 的部分塑料降解较快，而 10.0~100.0 kDa 部分的聚合物含量增多可能是较大的聚合物解聚的结果，同时该部分分子量的降解速度较慢，因而这部分的分子量积累，占比增多。

PDI 是衡量聚合物分子量分布范围的指标[48]。经过生物降解后，黄粉虫虫粪中残留 PE-1 聚合物的 PDI 从 11.8 下降到 7.3，在黑粉虫虫粪中下降到 7.2，而相应的，黄粉虫虫粪中残留 PE-2 聚合物的 PDI 从 9.7 下降到 7.4，黑粉虫下降到 6.8。在通过微生物培养对生物可降解聚合物进行生物降解过程中，PDI 的降低是由于高分子量聚合物（>1000 kDa）和小分子聚合物（<5.0 kDa）的降低，因此降低了聚合物的分子量分布范围。

红外光谱属于吸收光谱，是由于化合物分子振动时吸收特定波长的红外光而产生的，化学键振动所吸收的红外光的波长取决于化学键动力常数和连接在两端的原子折合质量，也就是取决于分子的结构特征。这就是红外光谱测定化合物结构的理论依据。在使用红外光谱测定化合物结构的过程中，干涉光通过样品时某一些波长的光被样品吸收，成为含有样品信息的干涉光，由计算机采集得到样品干涉图，经过计算机快速傅里叶变换后得到吸光度或透光率随频率或波长变化的红外光谱图。傅里叶红外光谱（FTIR）的特点如下：①扫描速度快，扫描时间内同时测定所有频率的信息；②分辨率高；③不用狭缝和单色器，便能使更高的能量通过，即灵敏度高；④高精度等优点。在昆虫降解 PE 的实验规程中，FTIR 是证实其氧化和解聚的重要手段之一。将 PE-1 和 PE-2 的原样和分别饲喂黄粉虫和黑粉虫的虫粪进行分析，结果表明黄粉虫和黑粉虫虫粪的分析结果类似，但与两种泡沫原样差异显著，这揭示了新键的产生和氧的掺入（图 5-18）。从 FTIR 分析中证实了 LDPE 薄膜材料的统一性，峰值为 2921 cm^{-1} 和 2852 cm^{-1} 的 C—H 键为 PE 的特征峰，但在所有虫粪样本中 C—H 峰强度都较弱。1470 cm^{-1} 处的 C—H 环在 PE-1 和 PE-2 原料中具有高强度，而在所有的虫粪样品中消失了。在所有的虫粪样品中出现的 1700 cm^{-1}（C=O 拉伸），是典型的 C=O 分布区域。此外，3300 cm^{-1}处出现了与—OH、COO—等官能团有关的氢键吸光度峰，表明了两种 LDPE 的表面从疏水向亲水的转变。这与大麦虫、大蜡螟降解 LDPE 的虫粪样品的红外峰型结果相似。

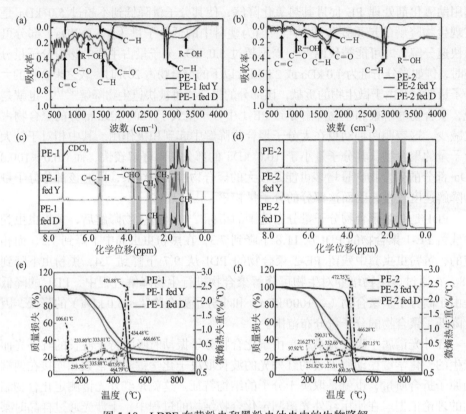

图 5-18　LDPE 在黄粉虫和黑粉虫幼虫中的生物降解

（a、b）LDPE 原样和分别摄食 PE-1 和 PE-2 的黄粉虫和黑粉虫的 FTIR 的对比；（c、d）LDPE 原样和分别摄食 PE-1 和 PE-2 的黄粉虫和黑粉虫的虫粪的 ^{1}H NMR 光谱对比；（e、f）LDPE 原样和分别摄食 PE-1 和 PE-2 的黄粉虫和黑粉虫的虫粪的 TGA 对比

　　质子核磁共振（^{1}H NMR）：利用核磁共振光谱分析物质分子中的氢，以确定其化学结构。利用该方法对生物降解引起的塑料聚合物化学变化进行研究，以评估生物处理后样品光谱中出现的新峰来解析塑料的生物降解情况。将两种 LDPE 的原样与黄粉虫和黑粉虫啃食 PE 后的虫粪中残余聚合物分别进行 ^{1}H NMR 图谱比较分析[图 5-18（c）、（d）]，与 PE 原样对比，虫粪样品中出现了生物降解 PE 过程中长链解聚伴随产生的新的化学位移。在虫粪样品中的 1.0～2.0 ppm 处观察到新的化学位移，表示 ^{1}H 的化学位移转换及 CH$_3$ 的出现[49]。在虫粪样品中的 2.9～3.9 ppm 处观察到新峰的产生，这归因于出现了连接氮原子和羰基的亚甲基团。同时，在虫粪样品中观察到的 2.78 ppm 处的新峰对应为各种代谢物或者

蛋白质的残基（如氨基酸）。此外在 2.3 ppm 处观察到了与小蜡虫降解高密度聚乙烯（HDPE）时相同的化学位移变化的新峰。虫粪样品中出现了不同于 PE 原样的 3.5~4.0 ppm（醛基）的新峰。根据化学峰之间的偏移，产生的有机质可能是脂肪族的氢原子从 0.77 ppm 转移到 3.6 ppm（H—C、CH_3 和 CH_2）；将 α 碳位的碳原子转移到 C_α—C=O（羰基）或 C=N（氨基）基团和 C_α—C—H（不饱和烯丙基）基团，表明聚合物中氧的掺入和 PE 的解聚。

物理性质变化的结果可作为聚合物降解的指标。聚合物的热稳定性是通过热重分析（TGA）测定的。对黄粉虫和黑粉虫啮食两种 PE 后排出的虫粪与 PE 泡沫原样进行热失重分析[图 5-18（e）和（f）]：LDPE 原样热失重主要在 412.03~500.55℃，这一阶段的质量损失约为 88.54%，在 476.88℃处产生了最大分解速率。在黄粉虫仅啮食 PE-1 试验组的虫粪中，于 259.78℃、335.88℃、407.95℃、434.48℃和 466.66℃出现了 5 个最大分解速率，相应的黑粉虫各组虫粪中的最大分解速率出现在 233.80℃、333.81℃、407.95℃和 464.79℃。在 100~370℃温度范围内的热失重归因于生物降解 PE 时的中间产物[3]，包括物种的肠道内容物和 LDPE 的生物降解残留。另外，黄粉虫和黑粉虫在 412.03~500.55℃的质量损失占比约为 14.41%和 9.77%，远低于 PE-1 原样（88.54%），这表明虫粪中不仅包含 PE，而且有更多的新的生物降解 PE 的产物。即 PE-1 经由幼虫的消化道后发生了解聚，相似的结果也在 PE-2 原样和摄食 PE-2 后的黄粉虫和黑粉虫虫粪的 TGA 分析中发现。TGA 分析中的最大分解速率不同进一步表明两个物种中可能存在不同的降解途径，未来须进一步研究来探究其代谢途径。

5.2.3 黄粉虫和黑粉虫幼虫生物降解不同理化性质的 PE 粉末

5.2.3.1 不同理化性质的 PE 在幼虫肠道解聚模式

PE 按照其密度和分支度分类，主要有四种类型，其中最常见的有三类：HDPE、LDPE、LLDPE。LDPE 的特征就是含有分支链以防止其紧密堆积成为晶体；对于那些支链很少，甚至没有支链，分子间堆叠形成强大的分子间作用力的 PE，称为 HDPE（通常是每 1000 个碳原子中含有不超过 2 个 CH_3 基团）；相应的，在 LLDPE 中，由于存在共聚单体（如 1-丁烯、1-己烯和 1-辛烯），含有的短支链较多（通常是每 1000 个碳原子中含有不超过 10~30 个 CH_3 基团）。显而易见，HDPE、LDPE、LLDPE 三者结构上的不同，造成了三者的结晶度、密度等性质的显著差异，使其在包装、玩具和建材等方面被广泛应用，与此同时，这些差异也对微生物降解不同 PE 的效率造成影响。本节通过 HT-GPC、FTIR、^{1}H NMR、Py-GCMS 和 WCA 方法比较分析，获得黄粉虫和黑粉虫对 HDPE、LDPE 和 LLDPE 的降解效能的差异。

在 HT-GPC 分析中，LLDPE 和 HDPE 的黄粉虫虫粪中的残余 PE 分子量升高：M_w 分别增加了 $61.98\% \pm 0.24\%$ 和 $9.75\% \pm 0.26\%$；M_n 分别增加了 $69.65\% \pm 0.12\%$ 和 $29.63\% \pm 0.37\%$；M_z 分别增加了 $66.57\% \pm 0.56\%$ 和 $-1.24\% \pm 0.21\%$。类似的结果也在黑粉虫虫粪的残余 PE 中发现：M_w 分别增加了 $74.69\% \pm 0.44\%$ 和 $10.61\% \pm 0.17\%$；M_n 分别增加了 $94.40\% \pm 0.51\%$ 和 $35.37\% \pm 0.38\%$；M_z 分别增加了 $74.86\% \pm 0.59\%$ 和 $1.51\% \pm 0.13\%$。LLDPE 和 HDPE 的 M_w、M_n 和 M_z 均显著增加（$p < 0.05$），证明在两种幼虫中存在着 LLDPE 和 HDPE 的降解和解聚作用。

两种幼虫对 LLDPE 和 HDPE 的解聚作用与 PP 的生物降解过程相似，即 M_n 和 M_w 的增加[3,50]。两种幼虫摄食的 LLDPE 和 HDPE 均表现出有限的解聚模式。黄粉虫和黑粉虫对 LDPE 的 M_w、M_n 和 M_z 的显著降低又表现出了广泛的解聚作用：M_w 分别减少了 $28.75\% \pm 0.15\%$ 和 $27.15\% \pm 0.14\%$；M_n 分别减少了 $27.35\% \pm 0.08\%$ 和 $26.12\% \pm 0.16\%$；M_z 分别减少了 $33.01\% \pm 0.14\%$ 和 $31.29\% \pm 0.30\%$（图 5-19）。表明这两个物种对 LDPE 的生物降解具有广泛的解聚模式。黄粉虫和黑粉虫对 LDPE 的降解效率最高，其次是 LLDPE，最后是 HDPE。HDPE 和 LLDPE 的支链较少，结构更紧密，因而具有更高的稳定性[51,52]。生产工艺的不同产生了三种 PE 结构和性质上的差异，研究中使用的 HDPE 的结晶度为 55.3%，而 LDPE 的结晶度为 48%。这是由于 LDPE 的支链较多，阻碍了晶体结构的形成。与 HDPE 和 LDPE 相比，LLDPE 中具有较多的短支链但缺乏长链的线型支链[51]，LLDPE 的结晶度介于 LDPE 和 HDPE 之间，为 51.9%。根据以往的研究，PE 的可降解性受到其结晶度和叔碳原子存在的影响[53,54]。在三种 PE 粉

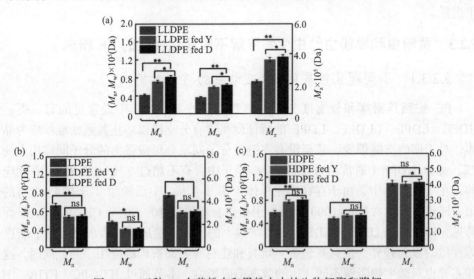

图 5-19　三种 PE 在黄粉虫和黑粉虫中的生物解聚和降解

（a）、（b）、（c）分别为 LLDPE、LDPE 和 HDPE 原样和分别喂食黄粉虫和黑粉虫后虫粪的 M_w、M_n 和 M_z 的对比

末中，LDPE 的结晶度最低，因而叔碳原子数目最多，在幼虫肠道中易产生更多的自由基，更容易从稳定结构转变为不稳定结构，物理化学性质变得活跃，更容易被生物和非生物的条件降解[51,52]。总之，分支度和结晶度不同的 PE 降解效率差异是受其自身的结构性质决定的。

比较黄粉虫和黑粉虫幼虫啮食降解六种不同分子量的高纯度 PE（LDPE840、LDPE6400、LDPE102000、HDPE52000、HDPE105000 和 HDPE132700）样品的研究发现，幼虫消耗分子量较低的 PE 微塑料（尤其是 PE 蜡）的速度比消耗分子量较高的微塑料更快，两种幼虫在相同的时间内消耗分子量为 102.0 kDa 的 LDPE 和分子量相近的 HDPE 的速率相近。总体而言，随着分子量的增加，两种幼虫对 LDPE 和 HDPE 的消耗率都逐渐降低。这是由于分子量较高的 PE 聚合物具有较高的硬度，使幼虫难以咀嚼和摄取，而分子量较低的 PE 聚合物则具有较高的硬度，使幼虫难以咀嚼和摄取。使用 HT-GPC 对六种 PE 的解聚/生物降解进行表征发现，对于喂食三种 LDPE 微塑料的黄粉虫和黑粉虫幼虫，均证实了 LDPE 在昆虫肠道内发生了显著的解聚。HDPE 与 LDPE 在黄粉虫和黑粉虫幼虫的解聚和生物降解过程中存在显著差异（$p<0.05$）[图 5-20（b1）～（b3）]。由饲喂 HDPE105000 和 HDPE132700 的实验组的有限程度的

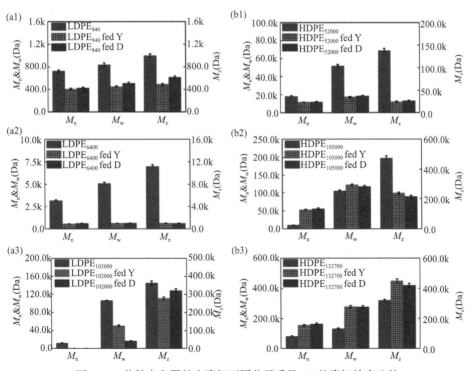

图 5-20　黄粉虫和黑粉虫降解不同分子质量 PE 的降解效率比较

生物降解结果表明，当给幼虫喂食分子量大于 100.0 kDa HDPE 微塑料时，低分子量部分比长链部分降解得更快，从而导致残留聚合物中高分子量部分的积累。此外，当 LDPE 和 HDPE 的分子量相当时，幼虫解聚 LDPE 的效率更高；同时虫源并非是影响塑料降解效率的主要因素。

5.2.3.2　不同理化性质的 PE 粉末的理化性质改变

FTIR 分析进一步证实了黄粉虫和黑粉虫幼虫氧化和解聚三种 PE 的证据[图 5-21（a1）～（a3）]。与相应的原样相比，波长位于 1100～1300 cm⁻¹ 区域的几个较弱的吸收峰强度增加，这是 C—O—C 基团伸缩振动的特征[55]，表明 PE 被幼虫生物降解后形成的醛、酮、醚或酯基团的存在。波长在 1650～1800 cm⁻¹

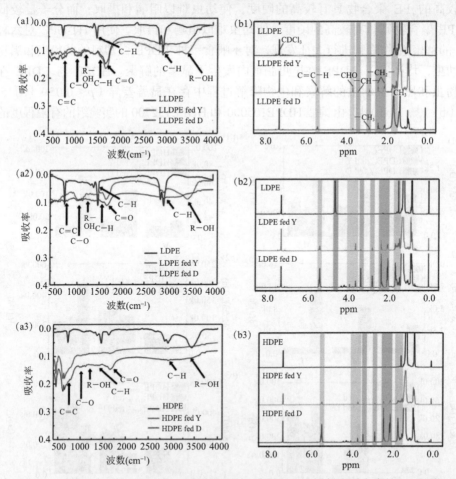

图 5-21　LLDPE、LDPE 和 HDPE 原样和分别喂食黄粉虫和黑粉虫后虫粪的 FTIR 对比
[（a1）～（a3）]以及 ¹H NMR 对比[（b1）～（b3）]

区域，所有排出虫粪中都出现了新的峰值，代表着不同氧化产物的形成，如羧酸（1708~1698 cm^{-1}）、酮（1723~1713 cm^{-1}）、醛（1740~1733 cm^{-1}）和内酯（1786~1780 cm^{-1}）[52,53,55,56]。此外，在3200~3500 cm^{-1}区域，所有虫粪样品的光谱显示出由醇羟基和酚羟基振动形成较宽的新峰，同时较之三种原样出现了CH$_2$基团的吸收峰强度降低，上述的实验现象在先前的关于细菌和真菌降解 PE的研究中也有发现[57,58]。HDPE 组的虫粪样品的光谱表现出相对较弱的 C═O 基团的伸缩振动［图 5-21（a3）］。相对于对照 HDPE 粉末，波数在2100~1600 cm^{-1}范围内（C═O 出现）和波数 3600~3100 cm^{-1}范围（C—H 键断裂）内出现了新的吸收峰[49]。新吸收峰的出现证明了 HDPE 经幼虫肠道后发生了 C—H 键的断裂和 C═O 新键的产生。对于三种 PE 粉末，在 1470 cm^{-1} 处的信号归因于聚合物主链的存在，而在这两种幼虫虫粪 FTIR 光谱中，该信号都有所降低。

三种 PE 粉末和幼虫虫粪中残余 PE 的 ^{1}H NMR 分析表明：各组的虫粪样品中均有含氧官能团的出现。在 LDPE 样品谱图的 4.7 ppm 处显示一个强度较大的峰，证实样品中有水分存在[49]。图 5-21（b1）~（b3）显示了三种 PE 原样和幼虫虫粪中残余聚合物的 ^{1}H NMR 波谱分析。在虫粪残余聚合物残光谱中，出现了与甲基、羧基、醛、氨基酸和不饱和烯丙基相关的化学位移区域相关的新峰，支持了幼虫肠道中发生长链聚合物断裂的结论。更重要的是，只有在 LDPE 和HDPE 的黑粉虫虫粪残余聚合物的虫粪波谱的 4.0 ppm 和 4.3 ppm 处发现了新的峰，这归因于聚合物消耗后产生的 CH$_2$ 基团。此外在黄粉虫虫粪残余聚合物各波谱的 1.4~1.7 ppm 化学位移处发现了比黑粉虫各组更多的峰。这些差异表明，黄粉虫和黑粉虫的生物降解过程略有不同。

聚合物的表面疏水性是由水接触角（WCA）来验证[40,59]。黄粉虫摄食LLDPE、LDPE、HDPE 后排出虫粪中残余塑料的 WCA 分别为 91.5°±1.3°、87.7°±1.5°和 99.5°±1.3°（$n=3$），显著低于三种 PE 原样的 WCA：136.7°±0.1°、134.1°±0.5°和 133.0°±0.0°（$n=3$；$p<0.05$）。相应的，黑粉虫各组虫粪的WCA 分别为：93.9°±0.2°、91.6°±0.0°和 100.0°±1.4°（$n=3$），显著低于对照组（$p<0.05$）。三种 PE 在经由黄粉虫和黑粉虫过腹转化后，聚合物的疏水性降低、亲水性强，从而耐微生物侵蚀的能力减弱[54]。同时表明，黄粉虫和黑粉虫取食HDPE 后，对其疏水性减弱较低，表明两种幼虫生物降解效率受 PE 类型的显著影响。类似的结果也出现在非生物降解 PE 的实验中[60]。

采用 Py-GCMS 对三种 PE 粉末原样和饲喂 PE 后黄粉虫和黑粉虫排出虫粪的化学成分进行分析对比，该方法可深入研究 PE 生物降解中的化学成分的变化。三种 PE 原样粉末的热分解产物相似（图 5-22）：均为在热解过程中旧键断裂和新键合成产生的脂肪烃化合物。相应的，黄粉虫和黑粉虫摄食三种粉末后排出虫粪中出现许多的新峰，这表明有降解产物生成。通过 Py-GCMS 检测到下列新增

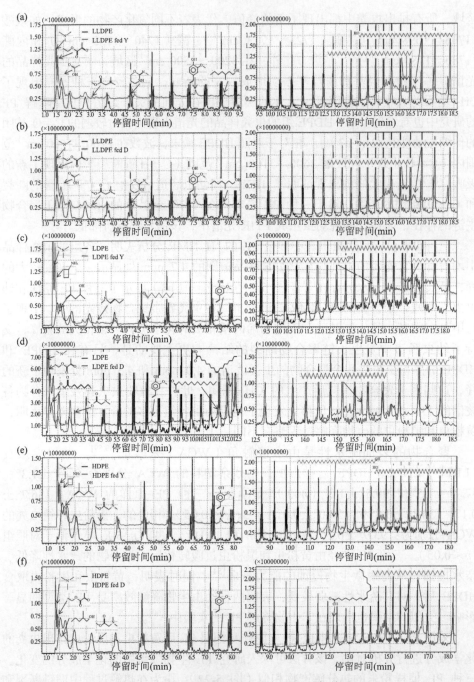

图 5-22 550℃条件下热解产物的离子色谱图

（a、b）为 LLDPE 原样分别与两种幼虫虫粪残余聚合物对比；（c、d）为 LDPE 原样分别与黄粉虫和黑粉虫幼虫
虫粪残余聚合物对比；（e、f）为 HDPE 原样分别与两种幼虫虫粪残余聚合物对比

的官能团信号：酯、酮、醇羟基、羧酸、酚和一些碳氢化合物。这些官能团的形成主要是由于聚合物在黄粉虫和黑粉虫的肠道中，长链断裂，同时伴有氧原子的插入。与三种 PE 原样相比，以下含有新增含氧官能团的长链仅在黄粉虫虫粪的离子色谱图中观察到，分别出现在谱图的停留时间（峰）中：16.505 min（正十五醇，$C_{50}H_{102}O$）、12.195 min、14.505 min（正十四醇，$C_{41}H_{84}O$）和 16.720 min（正十六酸，$C_{16}H_{32}O_2$）（峰）。与黄粉虫各组虫粪色谱结果不同，在黑粉虫各组的虫粪中发现了十八酸（$C_{18}H_{36}O_2$）、9-十六烯酸（$C_{16}H_{30}O_2$）、正十六酸（$C_{16}H_{32}O_2$）、十四酸（$C_{14}H_{28}O_2$）、油酸（$C_{18}H_{34}O_2$）和 9,12-十八烷二烯酸（$C_{18}H_{32}O_2$）。这与大蜡螟幼虫生物降解 PE 和 PS 类似[61]。黄粉虫和黑粉虫虫粪中长链脂肪酸的形成表明了三种 PE 粉末在其肠道中被消化和解聚。另一方面，在各组虫粪热解过程中均有酚类物质产生：2-甲氧基-4-乙烯基苯酚（$C_9H_{10}O_2$），含有一个 OCH_3 基团、一个酚羟基和一个乙烯基[62]。也就是说，在两种幼虫的消化系统发生了 PE 长链的随机断裂和伴有氧原子插入的新化合物的生成。

5.2.4　补充营养对黄粉虫和黑粉虫降解 PE 效能的影响

5.2.4.1　两种幼虫存活率的影响

存活率是衡量生物生长发育情况的最基本的指标。28 d 内黄粉虫在整个试验周期的存活率大小依次为：PE + RS Y＞PE + WB Y＞Bran fed Y＞PE + CS Y＞PE Y＞Starvation Y［图 5-23（a）］。饥饿组（starvation）的存活率最低（69.8%±2.6%），不足 70%，余下各组的存活率约为 80%。PE+RS Y 和 PE+WB Y 组的存活率高于 Bran fed Y 对照组，且 PE+RS Y（83.8%±2.0%）为存活率最高的实验组，表明黄粉虫幼虫可以通过摄食 PE 获取维持生命的能量。PE 和辅食共饲后，生长发育条件改善，黄粉虫获能增多。在食物匮乏、营养不充分的条件下，黄粉虫能够以 PE 为营养物质获得能量来维持自身生长发育，添加秸秆等辅食有利于改善黄粉虫摄食 PE 时的生存状态，提高存活率。

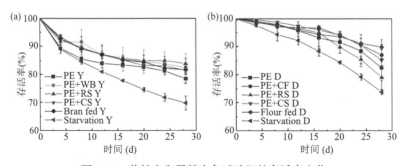

图 5-23　黄粉虫和黑粉虫各试验组的存活率变化

（a）黄粉虫各组；（b）黑粉虫各组。（所有数值均为平均数±标准差，$n=2$）

相对应的，黑粉虫各组的存活率高于黄粉虫各组。在黑粉虫各处理组中，以饥饿组和饲喂玉米粉组为对照组，存活率大小依次为：Flour fed D＞PE＋CF D＞PE＋CS D＞PE D＞PE＋RS D＞Starvation D。饥饿组（73.8%±1.0%）和PE+RS D 组（79.0%±4.2%）的存活率显著低于其余四个处理组，Flour fed D 组的存活率约为 90%，显著高于其他各实验组[图 5-23（b）]，与黄粉虫不同。黑粉虫具有较强的自相残杀特性，随着对食物的适应，黑粉虫活性增强，摄食 PE增多，生命活动所需能量增多，因而自相残杀现象加剧。同时，由于玉米粉中含有充足的营养物质，能够为黑粉虫的幼虫提供较为充足的营养以维持其生存，秸秆中粗纤维纤维较多，黑粉虫对其利用率低。在此情况下，黑粉虫通过残杀同类满足自身部分的能量需求，尤其是水稻秸秆对昆虫而言适口性低，所需能量缺口较大，存活率下降明显。长此以往，黑粉虫各组的存活率将低于黄粉虫各组。与黄粉虫相比，黑粉虫含有更为丰富的氨基酸和微量元素，虫体储存丰富的营养为黑粉虫短期内抵抗逆境提供了保障，因而短期内黑粉虫的存活率较高。黑粉虫偏爱营养较为丰富的食物，秸秆等辅食的添加，丰富了其饮食结构，因而添加秸秆同样有利于提高其存活率。

5.2.4.2　添加辅食对黄粉虫和黑粉虫啃食 PE 能力的影响

黄粉虫和黑粉虫的幼虫食性庞杂，并且有明显的偏好性，其取食量与其食物结构密切相关。由于添加的辅食不同和虫体自身的差异，各组的 PE 消耗情况有所不同（图 5-24）。黄粉虫各试验组中，PE 的消耗量存在显著差异（PE+WB Y＞PE+CS Y＞PE+RS Y＞PE Y）。PE+WB Y 组中，黄粉虫对 PE 的消耗量为（93.2±17.8） mg，显著高于其他试验组（$p < 0.05$）：PE+CS Y、PE+RS Y、PE Y 次之，且三者之间无显著差异；在黑粉虫各试验组中（PE+CF D ＞PE+RS D＞PE+CS D ＞PE D），仅 PE+CF D 组 PE 的消耗量[（30.0 ±10.3）mg]显著高于其他处理组：PE+RS D、PE+CS D、PE D 组，这三组之间秸秆的添加能够提高PE 的消耗量，但提高的效果并不显著。与先前的研究是一致的，添加辅食有利于增强黄粉虫和黑粉虫的 PE 消耗能力。尤其是辅食营养较为丰富时，提升效果

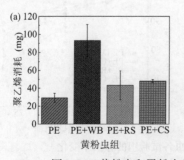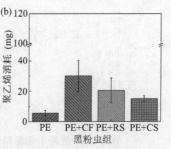

图 5-24　黄粉虫和黑粉虫各试验组的 PE 总消耗量

显著（$p<0.05$）。麦麸和玉米粉对于黄粉虫和黑粉虫而言，营养较为丰富，有助于提高两种幼虫的活性，因而显著提高了其对 PE 的消耗量，而玉米秸秆和水稻秸秆对于黄粉虫和黑粉虫而言，利用难度较高，不能显著增强幼虫活性，因而 PE 的消耗量增加不显著。

5.2.4.3　降解效能的影响

与 PE 聚合物原样分子量分布曲线对比，黄粉虫和黑粉虫各试验组中残留 PE 的 MWD 有向左偏移的趋势，即 PE 分子量有下降趋势。同时，基于 PE 分子量（M_n 和 M_w）变化（图 5-25 和图 5-26）可知，较之 PE 原样，各试验组虫粪中残留的 PE 分子量均显著降低（$p<0.05$）。添加辅食后，两种幼虫对 M_n 的降低率增加：当水稻秸秆作为辅食时，黄粉虫和黑粉虫试验组虫粪中残余 PE 的 M_n 分别降低了 27.0%±0.4%和 41.1%±0.3%；当玉米秸秆作为辅食时，黄粉虫和黑粉虫试验组虫粪中残余 PE 的 M_n 分别降低了 28.0%±0.3%和 12.9%±0.4%，而当为其添加正常的饲料作为辅食时，PE+WB Y 组的 M_n 降低了 33.9%±0.3%、PE+CF D 组的 M_n 降低了 12.8%±0.4%。另一方面，各试验组的 M_w 均有极显著下降（$p<0.01$），仅饲喂 PE 泡沫试验组的 M_w 分别降低了 43.3%±0.5%（PE Y）和 45.4%±0.42%（PE D），各组添加辅食后，M_w 的降低率略有起伏，黄粉虫各试验组虫粪中残余 PE 降低率极显著减少（$p<0.01$），三组之间无显著差异：PE+CS Y（39.2%±0.3%）>PE+WB Y（36.7%±0.3%）>PE+RSY（35.0%±0.3%）；黑粉虫各试验组中，除 PE+CF D（58.0%±0.2%）组极显著提高了 M_w 的降低率，PE+RS D（31.1%±0.3%）和 PE+CS D（29.8%±0.4%）两组的降低率极显著降低（$p<0.01$）。以上结果证实，黄粉虫和黑粉虫均能使 PE 解聚；添加辅食后，黄粉虫解聚 PE 能力提升显著。

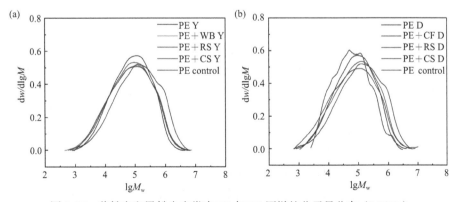

图 5-25　黄粉虫和黑粉虫虫粪中 PE 与 PE 原样的分子量分布（MWD）

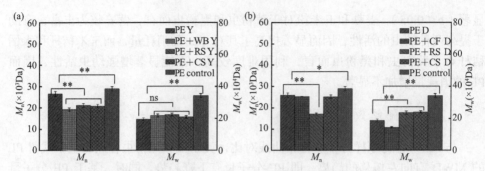

图 5-26　黄粉虫和黑粉虫虫粪中 PE 与 PE 原样的分子量（M_w 和 M_n）变化

三次重复，T-test，$*p<0.05$，$**p<0.01$，ns 表示无统计学意义

　　PE+CF D 组的分子量分布明显向左偏移且有曲线收缩的趋势，聚合物的大分子和小分子量部分减少明显。玉米粉营养丰富，淀粉含量高，利用率高，因而同比秸秆，黑粉虫可从微量的玉米粉中获得较多的能量，生物活性高，PE 的降解效能增强。玉米粉添加后，黑粉虫能有效降解 PE 中分子量较低的部分，同时对分子量较高的长链有效解聚，具有共代谢效应。添加秸秆后，黑粉虫仍能显著地降解 PE 塑料，但降解效率并未提高。麦麸是黄粉虫的正常食物，与仅饲喂 PE 相比，麦麸添加后，黄粉虫获得的能量增多，活性加强，促进了黄粉虫对 PE 中低分子量部分的降解，尤其是添加秸秆等辅食时，黄粉虫降解 PE 的效能同样加强，证实秸秆和 PE 能够在黄粉虫的肠道中共代谢。可见，当 PE 和秸秆共饲时，黄粉虫和黑粉虫降解 PE 的能力存在一定差异。推测该现象的出现与两种幼虫对秸秆的利用能力密切相关，黑粉虫对秸秆的利用率较低，获能较少，因而在此条件下，解聚大分子长链的能力减弱，未能促进 M_w 的降低，而低分子部分解聚耗能较少，促进了 M_n 的降低。总之，添加辅食后有利于提高黄粉虫和黑粉虫生物活性，增强对 PE 的降解效能。

　　利用 FTIR 分析 PE 原样和黄粉虫、黑粉虫各试验组的虫粪，以此判断两物种幼虫降解塑料的能力（图 5-27）。与 PE 原样对比，黄粉虫和和黑粉虫仅饲喂 PE 试验组中，虫粪的化学结构发生了改变。例如，在 2921 cm^{-1} 和 2852 cm^{-1} 处的 PE 的特征峰 C—H 键在虫粪中明显减弱，同时原本在 1470 cm^{-1} 处的 C—H 环具有较高的峰强度，但在虫粪中消失了。PE 的原样中没有含氧官能团，而经黄粉虫和黑粉虫摄食 PE 后排出的虫粪中发现了含氧官能团：约 1700 cm^{-1} 处 C=O 以及 3300 cm^{-1} 处—OH、—COO 等与含氧官能团有关的氢键，而氧的插入是塑料降解的关键步骤，同时也表明 PE 表面由疏水向亲水转变[3]。添加玉米秸秆和水稻秸秆共饲试验组的虫粪化学结构与仅饲喂 PE 的试验组类似，且与 PE 原样的化学结构显著不同。同样的结果也出现在添加正常食物作为辅食的 PE+WB Y 和 PE+CF D 两组。

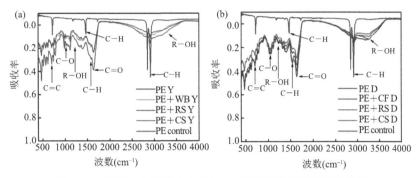

图 5-27 黄粉虫和黑粉虫虫粪与 PE 原样的红外光谱对比分析

利用 ¹H NMR 将 D-氯仿萃取的 PE 泡沫和虫粪中的 PE 进行比较：仅饲喂 PE 泡沫的黄粉虫和黑粉虫虫粪萃取液中有新峰的产生（图 5-28）。与 PE 原样对比，各试验组的虫粪样品中观察到 1.0～2.0 ppm 范围的新峰，即 PE 的长链断裂、¹H 的化学位移转换以及 CH₃ 出现；在 2.9～3.9 ppm 区域观察到了新峰，这可能是产生了与氮原子相连的 CH₂ 和 C＝O。此外在粪便样品的 2.78 ppm 处出现了与氨基酸残基相对应的新峰等[63]，3.5～4.0 ppm 部分为醛基的分布区域，含氧官能团的出现表明 PE 经黄粉虫和黑粉虫的肠道后，有氧的插入。同时在各组萃取液的谱图中发现 5.36 ppm 处的新峰（C＝CH—）[23]，进一步证实了 PE 的改性。添加辅食后，可以得到与仅摄食 PE 组虫粪相似但与原样显著不同的波谱图。值得注意的是，黑粉虫的虫粪萃取液波谱的 4.0 ppm 和 4.3 ppm 处发现了新的峰，这归因于聚合物被消耗后产生的 CH₂ 基团。这表明黄粉虫和黑粉虫的肠道发生了具有略微差异的 PE 的降解过程，且添加秸秆后二者仍能降解 PE。

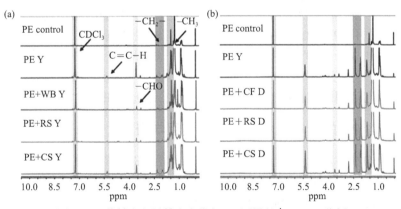

图 5-28 黄粉虫和黑粉虫虫粪与 PE 原样的 ¹H NMR 分析

利用 TGA 分析技术，测定经黄粉虫和黑粉虫摄食过后的 PE 是否发生了热改性（图 5-29）。在相同的处理条件下，试验结束后收集的虫粪较之 PE 原样分解阶段增多，说明其虫粪中出现了新的组分，这表明 PE 在黄粉虫和黑粉虫的肠道中发生了热改性。热失重分析结果表明，PE 原样在 380～500℃范围内质量损失明显，462.54℃时出现了最大分解速率。相应的，各试验组的幼虫虫粪中出现了多个质量损失明显的分解阶段：PE Y 组在 264.54℃、329.54℃、372.54℃和428.54℃产生了最大分解速率；PE D 组在 296.54℃、375.54℃和462.53℃产生了最大分解速率；PE+CF D 组在 296.53℃、414.53℃和462.53℃产生了最大分解速率；PE+WB Y 组在 254.54℃、319.53℃、412.54℃和463.54℃产生了最大分解速率；PE+RS Y 组在 323.54℃、368.53℃和414.54℃产生了最大分解速率；PE+RS D 组在 336.54℃、406.54℃和 462.53℃产生了最大分解速率；PE+CS Y 组在254.54℃、334.54℃、376.54℃、404.53℃和 461.53℃产生了最大分解速率；PE+CS D 组在 331.54℃和 405.54℃产生了最大分解速率，推测黄粉虫和黑粉虫幼虫在降解 PE 的途径存在差异。

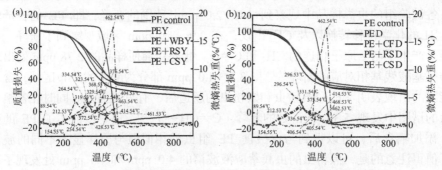

图 5-29　黄粉虫和黑粉虫虫粪与 PE 原样的热失重对比分析

通常挥发类有机物在低于 100℃的条件下分解（如肠道中某些分泌物、羧酸类物质及 PE 生物降解后产生的小分子化合物等），在 100～380℃阶段的热分解是由于两种幼虫在同化 PE 时产生的其他中间产物和 PE 长链解聚后形成的较小分子的PE，而在各组 380～500℃温度阶段的残留大分子 PE 失重不足 30%，远低于 PE 原样的失重水平，这表明虫粪中 PE 含量明显降低，成分种类增多。PE 在经过黄粉虫和黑粉虫过腹转化后，化学性质改变，解聚明显，且二者降解 PE 的途径存在差异。

5.2.5　啃食 PE 的黄粉虫和黑粉虫肠道组学研究

主成分分析（PCA）和基于加权 UniFrac 距离的热图可显示与不同饲喂条件相关的肠道微生物群落聚集情况，饲喂 LDPE、饲喂麦麸和 Unfed 各组幼虫清晰的群落聚集情况（图 5-30）。饲喂 PE-1 和 PE-2 的黄粉虫幼虫的微生物群落结构相似，类似的饲喂麦麸和 Unfed 的幼虫肠道微生物群落结构相似。在黑粉虫各试验组中的菌群结构也观察到了相似的聚集现象。取食麦麸和 Unfed 幼虫的微生物群均有相似的聚集性。LDPE 仅含有碳氢元素，营养单一，而对于 Unfed 一组，幼虫可以通过残杀更多的同类作为食物来源（幼虫有机体主要由蛋白质、脂肪、纤维、微量元素等营养物质组成）。因而那些通过残杀同类生存的 Unfed 组与那些摄食麦麸的幼虫的肠道群落结构更相似。也就是说，取食麦麸和 Unfed 的两个物种幼虫在饲料来源相同时也能诱导出相似的菌落结构。由 α 多样性和 β 多样性分析表明，饲喂 PE-1 和 PE-2 的两组黄粉虫肠道微生物群落结构差异不大，但当以不同的 LDPE 泡沫作为黄粉虫和黑粉虫幼虫的食物来源时，幼虫肠道微生物群落结构差异较大，表明这两种幼虫的肠道菌群结构与其饲喂条件和种间差异密切相关。

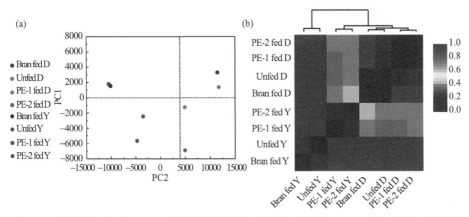

图 5-30　（a）基于加权 UniFrac 的主成分分析；（b）基于加权 UniFrac 距离的群落多样性

利用肠道微生物菌群的相对丰度差异分析来衡量幼虫的食物与肠道特有 OUT 的关系。饲喂 PE-1 和 PE-2 后，黄粉虫肠道中肠杆菌科（Enterobacteriaceae）的相对丰度由 0.41% 升高到 52.91% 和 48.01%，即肠杆菌科为黄粉虫试验组啮食 LDPE 泡沫的优势菌科。从印度古螟幼虫肠道中分离出具有降解 PE 能力的 YT1 隶属于肠杆菌科。在不同来源的黄粉虫和褐云玛瑙螺（*Achatina fulica*）——蜗牛的 PS 降解研究中，同样存在肠道中肠杆菌科菌群增加的现象。在饲喂 PE-1 和 PE-2 的黄粉虫幼虫中，同时，螺原体科（Spiroplasmataceae）为另一优势菌科，其相对丰度分别从 0.04% 增加到 30.44% 和 40.08%。在啮食麦麸、LDPE、PS 和 Bran + LDPE / PS 以及 PLA 和 Bran + PLA 的黄粉虫幼虫肠道中均观察到螺原体科菌群。然而，螺原体科在 LDPE 或 PS 降解过程中的作用机制尚不清楚，但该科只有一个属，即螺旋体属（*Spiroplasma*），属内物种与其宿主节肢动物（arthropod）或植物关联密切。在本研究中，螺原体属（*Sprodium* sp.）可能与 LDPE 降解过程中产生的中间体的生物降解有关。

此外，肠球菌科、链球菌科（Streptococcaceae）和乳杆菌科（Lactobacillaceae）的相对丰度也发生了显著变化，这些细菌也曾因是黄粉虫肠道中与塑料降解密切相关的细菌而被报道[36,64]。摄食 LDPE 的黑粉虫肠道优势科为肠杆菌科、肠球菌科和链球菌科[图 5-31（a）]。在 3 个优势科中，肠杆菌科是饲喂 PE-1 和 PE-2 的黑粉虫肠道微生物群落中的最大的优势种群，相对丰度分别为 74.06%和 71.71%，分别比仅饲喂麦麸的黑粉虫组（相对丰度 47.32%）提高了 26.73%和 24.38%。啮食 LDPE 的黑粉虫幼虫的肠杆菌科细菌所占比例略高于摄食麦麸和 Unfed 的幼虫。此外，在 Peng 等[36]的研究中，肠杆菌科是摄食 PS 后黑粉虫和黄粉虫幼虫肠道的优势科之一。Brandon 等[23]的研究工作发现在黄粉虫肠道中存在一些与降解 LDPE 和 PS 相关的肠道细菌，这些细菌属于肠杆菌科。表明能够解聚 LDPE 的微生物群广泛存在于黑粉虫幼虫的肠道中[图 5-31（a）]。此外，在黄粉虫肠道中观察到了与 PS 降解密切相关的肠球菌科和链球菌科[36,64]，推测该菌与本研究中的 LDPE 生物降解也有显著的相关性。

图 5-31（b）展示了属水平上摄食 LDPE 泡沫的黄粉虫和黑粉虫幼虫与对照组（Bran fed 和 Unfed）之间的细菌丰度差异。以 LDPE 为食的黄粉虫幼虫肠道优势菌属为螺原体属（*Sprodium* sp.）：PE-1Y 组相对丰度为 30.44%，PE-2Y 组相对丰度为 40.08%；相应的，肠球菌属（*Enterococcus* sp.）为黑粉虫组的优势菌属：在 PE-1 D 和 PE-2 D 的相对丰度分别为 16.82%和 21.50%。以往的研究发现，螺原体属和肠球菌属，分别属于螺原体科和肠球菌科，与黄粉虫降解 LDPE 和 PS 密切相关[23]。乳球菌属（*Lactococcus* sp.）、肠杆菌属（*Enterobacter* sp.）和沙雷氏菌属（*Serratia* sp.），均与 PE 降解有关[23,65]。与此同时，上述菌属的相对丰度在饲喂 LDPE 的幼虫中显著高于仅摄食麦麸和 Unfed 处理组幼虫，表明这些属的丰度变化与幼虫以 LDPE 为食有显著关系。推测肠球菌属（*Enterococcus* sp.）是粉甲属幼虫肠道中降解 PE 的功能微生物之一。16S rRNA 基因的 Illumina 测序分析表明，肠道微生物群落结构受饲喂条件的影响，不同饲喂条件下的这两种幼虫在肠道群落结构之间存在显著差异。

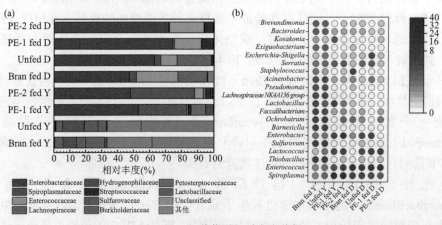

图 5-31　肠道菌群相对丰度分析

（a）科水平黄粉虫和黑粉虫不同实验组的相对丰度分析（前 10）；（b）属水平黄粉虫和黑粉虫不同实验组的相对丰度分析（前 20）

摄食不同的 PE 粉末对黄粉虫和黑粉虫的幼虫肠道结构的影响不同。种间差异和 PE 种类等因素对黄粉虫和黑粉虫的肠道群落结构产生了一定的影响。一方面，摄食三种粉末的黄粉虫各组微生物群落结构相似，在黑粉虫各组也观察到相似的情况，但黑粉虫各组的聚集现象更为明显。另一方面，摄食 HDPE 粉末的黄粉虫和黑粉虫微生物群落结构相似度较高，相应的在摄食 LDPE 的试验组中也发现了相同的情况。这可能是由于 HDPE、LDPE、LLDPE 三者结构上的差异，对微生物降解不同 PE 时的效率造成影响[59,66-68]，进而对肠道微生物群落结构产生影响。

受 PE 结构和幼虫种间因素等的影响，各试验组之间的菌群丰度分布存在一定的差异。无论是在黄粉虫还是黑粉虫的幼虫肠道中，肠球菌属（*Enterococcus*）均与 LLDPE、LDPE 和 HDPE 的降解密切相关，推测肠球菌属为三种 PE 粉末降解的关键物种。较之 LDPE、HDPE 和 LLDPE 结构更为稳定，降解难度较大，黄粉虫和黑粉虫幼虫从中获取能量的难度较大，与此同时，摄食 HDPE 和 LLDPE 组的幼虫肠道中肠杆菌属（*Enterobacter*）和肠球菌属丰度显著高于摄食 LDPE 试验组，而有研究证明，肠杆菌属与昆虫趋避不利生长条件（尤其是在能量匮乏、营养失衡）、延长自身生长寿命密切相关[69-71]。表明幼虫通过肠道对不同种类的 PE 进行生物降解，不同菌种对不同结构 PE 的化学键破坏能力存在差异，因而在菌种和 PE 的自然选择过程中造成了菌群结构和 PE 降解途径和降解效能的差异。

摄入 LDPE 和秸秆会显著影响两种昆虫肠道微生物物种的多样性，导致优势种群及其相对丰度的变化（采用 Shannon 指数）。基于 Bray-Curtis 差异性的 PERMANOVA 显示，不同食物下的微生物群落存在显著差异（R^2=0.7，p=0.001）。在 PE-Y 组中，*Enterococcus*、*unclassified-f-Enterobacteriaceae*、*Enterobacter*、*Lactococcus*、*Pantoea* 和 *Exiguobacterium* 的相对丰度显著高于 WB-Y 组（p＜0.05）。此外，*Pseudomonas*、*Acinetobacter* 和 *unclassified-k-norank-d-Bacteria* 在 PE-D 组中的相对丰度明显高于 CF-D 组。利用机器学习方法进行微生物群落分析可探索潜在的功能，如微生物的贡献和重要性，使用快速、简化的分析方法进行了随机森林机器学习分类分析和 16S rRNA 基因分析。结果发现，固氮菌在幼虫降解 PE 的过程中发挥了重要作用，并随着食物中有机氮含量的增加而减少。肠道微生物的生态功能随两种幼虫饲粮的变化而变化。其中黑粉虫幼虫潜在的塑料和碳氢化合物生物降解能力显著高于黄粉虫（p＜0.05）。与对照组相比，只饲喂 LDPE 组硝酸盐还原显著增强（图 5-32），但当 WB 和 CF 与 LDPE 同时喂养时，硝酸盐还原显著降低（p＜0.05），但发酵作用显著增加（p＜0.05）。

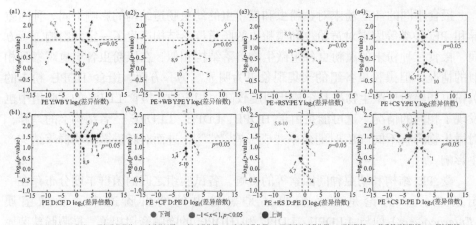

1. 化能异养；2. 发酵；3. 需氧化能异养；4. 硝酸盐还原；5. 氮呼吸作用；6. 硝酸盐呼吸作用；7. 亚硝酸盐呼吸作用；8. 碳氢降解；9. 芳香烃碳氢降解；10. 塑料降解

图 5-32　黄粉虫和黑粉虫的生态功能比较

　　黄粉虫食用 LDPE 和 LDPE 加秸秆后，肠道微生物群的生物多样性改变。饮食结构影响了降解 LDPE 的幼虫肠道微生物多样性、潜在途径和代谢组。在 LDPE 降解过程中，固氮和生物降解被认为是关键的活性过程。辅食提供了能量和氮源，在肠道微生物群的协同作用下促进了 LDPE 的生物降解。添加秸秆提供了有机氮源（蛋白质）和有机碳（淀粉、糖、纤维素、木质纤维素等）作为碳/能量，因此提高了 PE 的消耗和生物降解效率（图 5-33），即在蛋白质缺乏的底物条件下，幼虫肠道菌群能从大气氮获取氮源，以应对缺碳或缺氮饮食结构，从而提高了这些物种的碳代谢和蛋白质合成的适应能力。

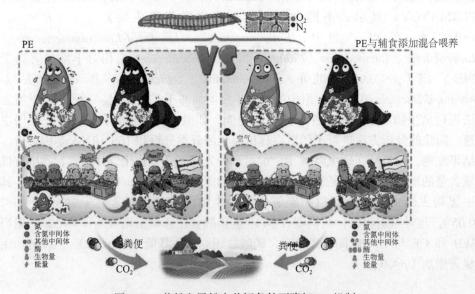

图 5-33　黄粉和黑粉虫共饲条件下降解 PE 机制

5.2.6 黄粉虫和黑粉虫肠道菌群和生物降解 PE 机制

塑料废弃物在环境中难以生物降解，对人类和野生动物造成破坏性影响，无疑是严重而关键的生态威胁。自 2015 年以来，对黄粉虫和黑粉虫幼虫进行了塑料聚合物生物降解可行性测试，相关结果取得了积极的进展。幼虫及其肠道微生物组的 PE 生物降解是当前新兴的研究热点之一。最新研究结果表明，肠道微生物与昆虫消化系统（消化酶、酶和因子等）之间的协同作用是昆虫对塑料进行生物降解的重要原因。黄粉虫幼虫经由庆大霉素处理 7～15 d 后，肠道微生物受到明显抑制。在此基础上测定啃食 PE 后的幼虫粪便的分子量。GPC 测试结果表明即使黄粉虫肠道菌群被显著抑制，PE 聚合物的 M_n、M_w 均显著下降。这说明幼虫在其肠道微生物被完全抑制的情况下，还是会使 PE 发生解聚。黄粉虫和黑粉虫幼虫的 PE 降解效能受聚合物的理化性质的影响，强烈依赖于聚合物类型。分子量较低的 PE 微塑料表现出更大的解聚程度，较少的分支结构和较高的结晶度对解聚和生物降解有负面影响。对于这两种幼虫来说，添加农作物秸秆作为辅食可增加 LDPE 的消耗和解聚。幼虫肠道代谢功能与微生物网络结构、生物利用率和实营养成分（有机氮）的差异密切相关，肠道微生物群可平衡不同饲喂条件下的碳和氮代谢，并通过微生物的协同作用加速生态系统中的碳和氮循环。

5.3　黄粉虫对 PP 的啃食-降解能力研究

5.3.1　黄粉虫对 PP 的啃食-降解能力

PP 主链上只包含一个碳-碳骨架，具有不可水解的共价键，研究者试图从不同环境的土壤样本中寻找及筛选可降解 PP 的微生物，但迄今为止，关于 PP 生物降解的报道十分有限。为了提升 PP 降解速率，常常需要通过预处理来实现 PP 的生物降解或通过接枝可生物降解的聚合物（如木质素）或掺入淀粉来提高 PP 材料的生物降解性。然而，其降解性能仍无法满足快速处理大量的 PP 塑料废弃物的需求。

与降解 PS 泡沫相似[38,64]，粉虫幼虫可以咀嚼并钻到 PP 泡沫中并在其中形成孔洞。在 35 天的实验周期内，消耗的 PP 泡沫的质量逐渐增加，然而，尽管 PP 可以为幼虫的生命活动提供能量来源，并且短期 3～5 周内投喂 PP 可以维持高于饥饿组的幼虫存活率，但由于缺乏氮源和其他营养物质，幼虫身体生物量会被消耗。如图 5-34（a）所示，当向 PP 泡沫中添加辅食 WB 之后，黄粉虫幼虫的营养摄入不足的状况得到了缓解。黄粉虫幼虫从辅食 WB 中获得了合成酶和消化试剂所需的营养，因此幼虫对 PP 泡沫的消耗活性得到增强，使得其消耗率比只饲喂 PP 泡沫的消耗率高出一倍左右。先前在黄粉虫幼虫对 PS 和 LDPE 的生物降解过程的研究中也观察到类似的现象[23,38,64]。研究表明，饲喂 PP 与 WB 混合喂养的幼虫比只饲喂 PP 泡沫的幼虫对 PP 的消耗量明显增加，研究表明补充 WB 作为辅助饲料使幼虫对 PP 的消耗量提高了 68.11%。

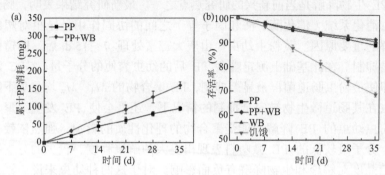

图 5-34　（a）单独饲喂 PP 和饲喂 PP+WB 的幼虫对 PP 消耗的比较；（b）分别饲喂 WB、
PP、PP+WB 和饥饿组的幼虫存活率

图 5-34（b）显示了不同处理组的 300 只黄粉虫幼虫在 25℃下饲喂 35 天内的存活率变化。只饲喂 PP 泡沫的实验组黄粉虫幼虫的存活率为 88.67%±0.67%，明显高于未喂食的对照组（68.44%±0.96%），略低于饲喂 WB（90.11%±0.38%）和 PP+WB（91.00%±0.33%）的黄粉虫幼虫。在实验期间观察到黄粉虫有自相残杀的现象。用 WB 饲喂的黄粉虫幼虫的存活率（SR）为 1.67%±0.33%。当只喂食 PP 泡沫时，黄粉虫幼虫由于不能获得足够的能量，导致存活率较低。当同时饲喂 PP 泡沫和 WB 时，黄粉虫幼虫的存活率和对 PP 泡沫的消耗率均有所提高，表明黄粉虫幼虫仅通过进食 PP 和死虫及其蜕的皮中获得的能量不足以支持其生长和发育。

5.3.2　黄粉虫对 PP 的生物降解

解聚是塑料生物降解的第一步，也是至关重要的一步。啮食 PP 的黄粉虫粪便中含有可提取的组分（残留的 PP 聚合物），包括未降解的聚合物和部分降解的聚合物，以及不可提取组分，包括固体中间产物和其他未消化的残余物[23,38,64]。通过对粪便中组分进行表征，并与 PP 泡沫对照，以分析幼虫对 PP 的解聚和生物降解情况。

GPC 通过提供 M_n、M_w 和 M_z 等指标表征塑料的解聚情况，其中，M_n 提供样品中低分子量部分的变化信息，M_w 近似代表样品的平均分子量，M_z 值对极高的分子量部分的变化比较敏感。GPC 结果表明三个指标均变化显著，PP 通过幼虫的消化系统后，M_n 增加，M_w 减少，M_z 显著减少（$p<0.01$）。残留聚合物的 M_n 值从 109.8 kDa 增加到 123.0 kDa，增加了 12.05%；M_w 从 356.3 kDa 下降到 283.6 kDa，减少了 20.39%；M_z 从 1204 kDa 下降到 711.3 kDa，减小率为 33.77%。累积分子数量组分分布（Ht，%）与分子量分布分析[图 5-35（b）]表明，降解后的 PP 的分子量分布明显向大分子量一侧移动。进而表明黄粉虫倾向于降解 PP 中分子量为 10～100 kDa 的部分。

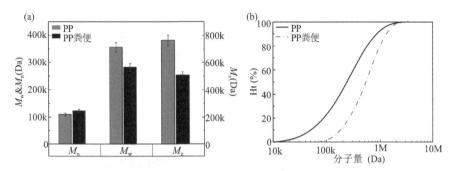

图 5-35 （a）PP 原料和饲喂 PP 的黄粉虫粪便中残余聚合物的 M_w、M_n 和 M_z 的比较[（所有数值均为平均值±SD，$n=3$。显著性（Student's t 检验）]；（b）PP 原料和饲喂 PP 的黄粉虫粪便中残余聚合物的分子量分布的变化（样品为第 35 天取得）

针对啮食塑料昆虫的多项研究表明[4,23,37,38,64,72]，幼虫对塑料主要有两种解聚模式，包括广泛的解聚（即 M_w 和 M_n 同时下降）和有限程度的解聚（即 M_w 和/或 M_n 增加）。迄今为止，粉甲属幼虫对 PS 的生物降解研究都展现出广泛的解聚模式[4,23,37,38,64,73]，但黄粉虫对不同 LDPE 的生物降解同时显示出不同的解聚模式[72]。

本书研究中，PP 在通过幼虫肠道后，M_n 从 109.8 kDa 增加到 123.0 kDa，但 M_w 下降，表明黄粉虫对 PP 的生物降解模式为有限程度的解聚。有限程度解聚的现象在生物降解其他塑料中多有报道，例如，垃圾填埋场微生物培养基对 PUR 的生物降解导致聚合物的 M_w 从 208.5kDa 先增加到 229.4 kDa，然后减少到 169.9 kDa[74]；大蜡螟幼虫对 PS 的降解过程中，M_n 从 132.1 kDa 增加到 146.9 kDa，M_w 从 361.7kDa 增加到 377.8 kDa[61]；陆生蜗牛 Achatina fulica 消化 PS 泡沫后，残留 PS 的 M_n 和 M_w 也都有所增加[75]；此外，在黄粉虫降解 LDPE 泡沫[76]、大麦虫降解 EPS、PP 和 LDPE[3,77]等研究中也报道过该现象。在这项研究中，通过 M_z 降低的现象猜测有限程度的解聚的原因可能是，和大分子部分的聚合物相比，幼虫选择性降解低分子聚合物且对低分子聚合物组分的降解速度更高。研究结果表明，啮食塑料的幼虫对 PP 的生物降解的复杂性和局限性。PDI 是衡量特定聚合物样品中分子质量分布的一种方法。在塑料降解过程中，由于分子量分布发生变化，PDI 会发生改变，或者增加，或者降低。从黄粉虫粪便中提取的聚合物的 PDI 明显低于 PP 原始样品（3.24）（$p<0.01$），表明粪便中剩余聚合物的分子量分布变窄。本书研究中，PDI 的降低可能是因为 M_n 增加到 146.9 kDa，即更低分子量部分减少（10～100 kDa）。

由于 PP 和 PET 不同，PP 是不可水解的聚合物，因此使用亲水接触角进一步测试反应前后的亲水性变化。啃食 PP 塑料的黄粉虫幼虫排泄的粪便表面发生了亲疏水性的变化，反应后亲水性增加，该现象是聚合物表面发生生物降解的结果。原始聚合物的疏水表面阻碍了降解酶在聚合物表面的有效吸附进而影响催化性能[78]。本实验中，原始 PP 泡沫的 WCA 为 131.5°±0.2°（$n=3$），而粪便的 WCA 为 112.2°±0.1°（$n=3$），显著低于对照样品（$p<0.01$）（图 5-36）。WCA 的下降表明聚合物表面的亲水性增加，有助于酶对 C—C 键的攻击，这一现象是聚合物发生表面改性的标志[65]，表明塑料在昆虫肠道中可能发生了生物降解。

图 5-36　PP 原料和饲喂 PP 的黄粉虫粪便的 WCA

通过比较 PP 泡沫原样和粪便样品的 FTIR 光谱发现，由于生物降解作用，粪便样品中出现了化学变化和新的功能基团[图 5-37（a）]。在原始 PP 泡沫中，2839～2951 cm^{-1} 处的吸收峰归属为 PP 聚合物的 C—H（烷基伸缩峰）[79]，而粪便样品中该峰强度要弱得多。同样，在 PP 泡沫中，位于 809 cm^{-1}、841 cm^{-1}、899 cm^{-1} 和 1500 cm^{-1} 处的高强度吸收峰分别来自于 C—H 烷基弯曲和芳香结构 C—H 环[79]，但这些峰在粪便样品中消失。此外，粪便样品在 1710～1750 cm^{-1} 和 1167 cm^{-1} 位置出现的新峰归属为—C=O（羰基）和—C—O 伸缩峰[80]，证实了氧插入到 PP 聚合物链中导致了氧化。此外，粪便中大约 3310 cm^{-1} 处出现的新吸收峰可能是—OH（羟基），进一步表明粪便样品表面亲水性增强[4,38]。

使用 ^{1}H NMR 波谱对 PP 原样和用氘代氯仿提取的粪便中残留 PP 进行表征，发现仅饲喂 PP 的黄粉虫粪便提取物中出现了新的峰[图 5-37（b）]。化学位移在 1.0～2.0 ppm 范围内出现的新峰代表长链聚合物的分解和/或聚合物骨架子单元降解释放的—CH$_3$ 基团[49]。同样，粪便提取物的光谱中，$\delta=2.78$ ppm 处的新峰可能来自代谢物（如氨基酸）[81]。此外，化学位移在 2.9～3.9 ppm 和 3.5～4.0 ppm 范围内出现的新峰分别归属于连接于 C=O（羰基）的 CH$_2$ 基团和—CHO（醛基）[82]，表明氧的插入。^{1}H NMR 波谱分析的结果支持了 FTIR 结果[图 5-37（a）]中生物降解中间体形成和氧的插入的发现。

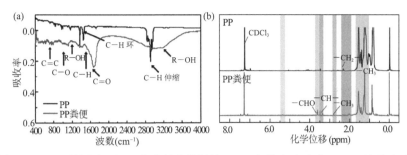

图 5-37 PP 原料和饲喂 PP 的黄粉虫粪便的 FTIR 光谱（a）和 ^{1}H NMR 波谱（b）

5.3.3 黄粉虫对不同分子量高纯度 PP 的消耗及解聚/生物降解

5.3.3.1 黄粉虫对不同分子量高纯度 PP 的消耗

为了深入研究黄粉虫对 PP 聚合物中不同分子量部分的消耗情况，选择 M_w 分别为 0.83 kDa、6.20 kDa、50.40 kDa、108.0 kDa 和 575.0 kDa；M_n 分别为 0.74 kDa、3.0 kDa、23.60 kDa、32.50 kDa 和 100.0 kDa；M_z 分别为 0.78 kDa、16.57 kDa、146.34 kDa、260.0 kDa 和 2690.0 kDa 的高纯度 PP 聚合物标准品作为试验样本饲喂黄粉虫，当所有试验组幼虫均彻底消耗掉投加的样品后结束试验，每组材料的初始投加量均为 400 mg。

试验结束后，幼虫的重量均下降。除 PP6200 外，饲喂其他分子量的试验组消耗掉饲料所用的时间和幼虫重量损失都随着 PP 分子量的增加而增加，存活率也随之下降。用 PP_{800}、PP_{6200}、PP_{50400}、PP_{108000} 和 PP_{575000} 饲喂的幼虫的重量损失分别为 4.23%±2.5%、10.46%±2.9%、6.23%±2.5%、6.87%±3.4%和 10.89%± 2.2%，存活率分别为 76.63%±2.17%、74.03%±4.26%、70.85%±3.98%和 63.33%±1.67%。这一观察结果可能是由于低分子量的 PP 与高分子量的 PP 相比硬度不高，黄粉虫的口感较好，从而使低分子量的 PP 更容易进食。值得注意的是，幼虫食用 PP_{6200} 的时间相对较长（16 天），重量损失为 10.46%±2.9%，存活率为 64.32%±2.43%，这可能是由于糊状的 PP_{6200} 的适口性较差，导致黄粉虫对其啮食意愿较差。

然而，由于常规食物 WB 可以为幼虫提供营养，在 6 组中，WB 组的食物全部消耗所需时间最短（8 天），第 8 天的存活率在所有组中最高（92.05%± 2.08%），且幼虫体重增加了 56.07%±5.8%。相反，饥饿组由于没有外部能量来源维持其生长和生命活动，导致在实验结束后（16 天）体重减小最多（27.01% ±4.55%）且存活率最低（40.26%±5.02%）。正如彭博宇等[83,84]对 PE 和 PS 降解中所报道的那样，聚合物尺寸对 PP 聚合物消耗和对幼虫生长的影响显示出与不同分子量的 PE 或 PS 聚合物类似的规律，表明聚烯烃的聚合物尺寸对幼虫的消耗和生长表现出相似的影响。

5.3.3.2 虫粪组分的分子量变化

GPC 分析的结果显示，PP 原样和粪便中提取的残留聚合物之间存在明显的差异。如图 5-38 所示，幼虫能够降解不同分子量的 PP 聚合物，但聚合度不同。与 PP 泡沫聚合物类似，黄粉虫对不同分子量的 PP 均表现出有限程度的解聚（M_n 和/或 M_w 和/或 M_z 增加）。经过黄粉虫消化道后，PP_{800} 和 PP_{6200} 的解聚导致粪便组分的 M_n 分别降低了 22.85% 和 21.33%，而 M_z 分别增加了 3.48% 和 18.58%。Yang 等在黄粉虫降解线型 PE（LDPE）的研究中也报道过 M_n 增加的现象[76]。当幼虫啮食较高分子量的 PP_{50400}、PP_{108000} 和 PP_{575000} 时，粪便中残余 PP 聚合物的 M_n 分别增加了 12.03%、29.0% 和 36.0%[图 5-38（a）]；M_z 分别减少了 10.99%、15.30% 和 48.13%[图 5-38（c）]，而不同分子量样品的 M_w 则在降解后呈不规则变化[图 5-38（b）]。出现这一现象的原因可能是由于幼虫对各种分子量的 PP 的降解能力不同。对于低分子量的 PP（PP_{800} 和 PP_{6200}），推测低分子量部分比高分子量部分更容易降解。M_z 的增加可能由于在快速消耗低分子量部分后，聚合物中剩余的大分子量部分难以降解，较多高分子量的 PP 残留下来[59]。相反，当聚合物具有较高分子量时，即 PP_{50400}、PP_{108000} 和 PP_{575000}，长链聚合物通过解聚被切割或断链为相对短链的聚合物。由于高分子量聚合物的断链产物尺寸仍然很大，无法及时被细胞利用，导致短链聚合物的积累，因此表现为 M_n 增加。

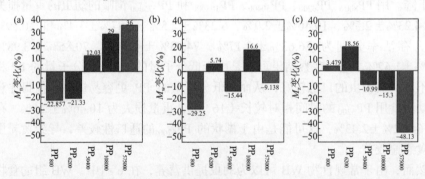

图 5-38　5 种 PP 聚合物被幼虫生物降解前后 M_n（a）、M_w（b）和 M_z（c）的变化

5.3.3.3 虫粪组分的结构变化

本小节通过 FTIR 和 ^{1}H NMR 对原始 PP 聚合物及从粪便中提取的残留物进行表征，以分析不同分子量的聚合物表面发生的化学和结构变化。如图 5-39 所示，在不同分子量的高纯度 PP 原样的 FTIR 光谱中，位于 2840~2965 cm^{-1}、

1459 cm^{-1} 和 1370 cm^{-1} 处的吸收峰分别来自于 CH$_2$ 基团上 C—H 键的不对称伸长，CH$_2$/CH$_3$ 基团上 C—H 的不对称变形，以及 CH$_3$ 基团上 C—H 键的对称弯曲振动[85]。然而在黄粉虫幼虫的粪便样品中，这些峰的强度减弱。粪便样品的 FTIR 光谱在 1680 cm^{-1} 处出现了新的特征峰（图 5-40），该吸收峰为 C=O，该峰的出现可能是由于氧化而使原始 PP 聚合物链中加入了氧[86]。氧的添加是 PP 和其他石油基塑料降解中公认的主要指示信号[87]。此外，在 PP 经过肠道后，3100～3500 cm^{-1} 处同样记录到 O—H 信号，这也表明了 PP 在肠道中经历了化学修饰和氧化[88]。这一观察结果与幼虫降解 PE、PVC 和 PP 的一些先前研究结果相一致[23,86,89]。图 5-41 展示了来自幼虫的 PP 聚合物及其残留物的 ^{1}H NMR 波谱图。PP 聚合物在 0.8～1.25 ppm[90]和 1.55 ppm[82]附近出现了 CH$_3$ 和 CH$_2$ 的峰，这些峰在粪便样品中的强度明显下降。此外，在 3.6 ppm 附近出现了对照组中不存在的—CHO，该峰的出现是聚烯烃塑料氧化和降解的指示性信号[图 5-41（b）、（c）]。粪便样品中在 2.3 ppm 左右出现的新的尖峰也表明聚烯烃塑料生物降解过程中产生了化学变化[86][图 5-41（b）、（c）]。

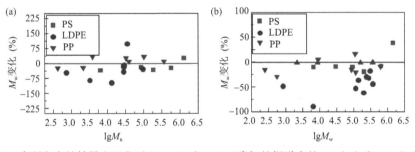

图 5-39　本研究中的结果和以往对 PP、PS 和 LDPE 降解的报道中的 M_n（a）和 M_w（b）变化

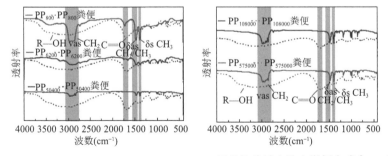

图 5-40　PP$_{800}$、PP$_{6200}$、PP$_{50400}$、PP$_{108000}$、PP$_{575000}$ 饲喂的黄粉虫幼虫粪便中残余 PP 聚合物的 FTIR 光谱比较

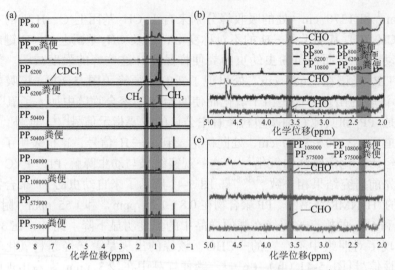

图 5-41　饲喂不同分子量的 PP 的黄粉虫粪便中残余 PET 聚合物的 ^{1}H NMR 波谱图

通过对不同分子量的 PET 和 PP 黄粉虫幼虫生物降解的表征结果表明，无论聚合物分子量如何，PET 和 PP 都可以被聚/生物降解。在确定二者降解/生物氧化后，一个重要的问题是 PET 在黄粉虫幼虫的消化道中经历了什么？是宿主或其肠道菌群，还是它们的协同作用导致 PET 降解？为了探索 PET MPs 的代谢过程机制，下述将基于 16s rRNA 宏基因组和转录进行分析。

5.3.3.4　啮食不同分子量 PP 的黄粉虫肠道微生物群落

使用 16S rRNA 测序分析研究幼虫肠道微生物群落组成的变化，基于 ASV 的维恩图分析表明，饲喂 PP 的黄粉虫肠道样本的 ASV 数量均低于对照组［图 5-42（a）］，表明饲喂 PP 显著降低了肠道微生物群落的多样性。其中，只有 49 个 ASV 是所有样品中共有的，大部分物种在不同样本中是非共有的。基于

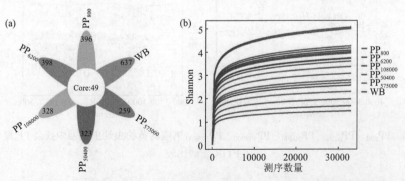

图 5-42　（a）维恩图分析；（b）幼虫肠道微生物 Shannon 指数的稀释曲线

香农（Shannon）指数的稀释曲线随着测序深度的增加逐渐趋向平坦，表明数据量达到饱和，足够进行测序，并表明啮食 PP 的幼虫肠道微生物群落的物种丰富度和多样性略有下降[图 5-42（b）]。基于属水平的 PCA（图 5-43）显示，啮食高纯度 PP 的幼虫肠道微生物群落相似，与对照组处于不同的聚类。

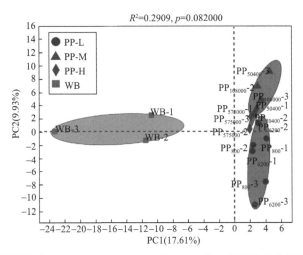

图 5-43　不同饲养条件下（PP-L、PP-M、PP-H 和 WB）幼虫肠道微生物群落属水平的主坐标分析（n=3 个样本/组）

　　啮食 PP_{800} 和 PP_{6200} 的幼虫的肠道菌群相似，同样地，啮食 PP_{50400} 和 PP_{108000} 的样本点位置较近，与 PP_{575000} 饲喂组或对照组距离较远，表明 PP_{800} 和 PP_{6200}、PP_{50400} 和 PP_{108000} 的群落构成差异较小，说明啮食 PP 的幼虫肠道微生物的组成与 PP 的分子量明显相关。因此，为了更好地分析肠道菌群对不同分子量的 PP 的降解作用，将五种不同分子量的 PP 样品分为三组，以便于进一步分析。PP_{800} 和 PP_{6200} 组设置为低分子量组，记为 PP-L；PP_{50400} 和 PP_{108000} 设置为中分子量组，记为 PP-M；最后 PP_{575000} 为高分子量 PP，记为 PP-H。

　　根据相对丰度分析，在科水平[图 5-44（a）]，Enterobacteriaceae 在所有组中都占据最大百分比，有研究发现印度谷螟[65]和黄粉虫[23]幼虫肠道中含有属于该科的聚烯烃降解微生物。此外，Lachnospiraceae 也是幼虫肠道中常见科之一，其在不同 PPs 饲料样品中也均被检测到是优势科。Chai 等[91]在土壤微塑料表面检测到 Lachnospiraceae，但未在土壤样品中发现，暗示其可能利用塑料聚合物生长和生存。在反刍动物肠道微生物群落中，Lachnospiraceae 参与木质素降解[92]。此外，从深海水热通风系统分离的烷烃降解菌株 L81T 也属于 Lachnospiraceae 科并且属水平的微生物群落分析表明啮食 PPs 的幼虫肠道微生物群落发生了显著变化。图 5-44（b）展示了不同样品中丰度最高的 30 个属。

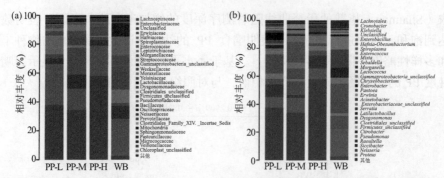

图 5-44　科水平（a）和属水平（b）上，不同原料饲喂的幼虫肠道微生物组优势细菌
（前 30 个）的相对丰度

到目前为止，尚未有能够以未经处理的 PP 作为唯一碳源进行生物降解的微生物的相关报道。然而，本研究发现，其他幼虫肠道中发现的与其他聚烯烃降解相关的微生物可能与 PP 降解有关。在 WB 饲喂组，*Cronobacter* sp.（20.13%），*Lactococcus* sp.（13.10%）和 *Spiroplasma* sp.（12.17%）是最主要的属。而在 PP-L 组，*Lachnotalea* sp.（37.49%）、*Hafnia-Obesumbactorium* sp.（13.16%）和 *Klebsiella* sp.（9.04%）是最主要的属；在饲喂 PP-M 的幼虫肠道中，最主要的属是 *Lachnotalea* sp.（33.88%）、*Mixta* sp.（14.79%）和 *Cronobacter* sp.（10.68%）；在饲喂 PP-H 的幼虫肠道中，最主要的属是 *Lachnotalea* sp.（57.75%）、*Klebsiella* sp.（9.18%）和 *Cronobacte*r sp.（7.74%）。其中，*Klebsiella* sp.、*Cronobacter* sp.和 *Mixta* sp.是黄粉虫中常见的与塑料降解或固氮相关属[93]。

5.3.3.5　不同分子量高纯度 PP 的关键降解微生物

据我们所知，目前尚未报道能够使 PP 解聚的微生物和酶，且几乎没有对 PP 生物降解的代谢途径相关的研究[94]。为了找出可能与不同分子量的 PP 降解相关的微生物，本节对丰度前 50 种微生物属进行相关性网络分析，如图 5-45 所示。

结果表明，不同分子量的 PP 降解相关的关键肠道菌存在差异。啃食 PP-L 导致 *Bacillus* sp.（0.11%）、Clostridiales Family XIV. *Incertae Sedis unclassified*（0.14%）、*Desulfovibrio* sp.（0.04%）、*Lachnospiraceae unclassified*（0.05%）和 *Virgibacillus* sp.（0.05%）在黄粉虫肠道中富集。尽管丰度比较低（< 1%），但这些微生物可能与 PP 降解有关或参与了 PP 的生物降解。其中，Auta 等[79]曾报道在红树林沉积物中分离出的一种 *Bacillus* sp.可以代谢 PP 聚合物。此外，据 Masood 等[95]报道，*Bacillus* sp.可以产生氧化还原酶，并且在缺乏营养的生存条件中适应能力较强。研究发现，Incertae Sedis 分类下的许多物种可以降解长链碳氢化合物[96]，并发现该分类下的物种是塑料中常见的微生物类群[97,98]，表明 Clostridiales Family XIV. *Incertae Sedis unclassified* 可能具备塑料降解能力。除了 *Bacillus* sp.和

Clostridiales Family XIV. *Incertae Sedis unclassified* 以外，其他四种相关细菌的丰度非常低（＜0.1%），表明虽然它们对 PP-L 的降解具有关键的作用但贡献相对较弱。目前已从世界各地的各种石油贮留层中检测或鉴定出 *Desulfovibrio* sp.属的成员，表明 *Desulfovibrio* sp.可能与石油烃化合物的降解有关[99]。Peydaei 等[100]发现，*Desulfovibrio* sp.在聚烯烃饲喂的大蜡螟肠道菌群中的丰度十分显著。一株烷烃降解菌株 L81T 被鉴定为属于 Lachnospiraceae 科[101]。*Lachnotalea* sp.曾从富含木质素的植物中分离出来，可能是潜在的具有降解天然有机聚合物降解微生物群。

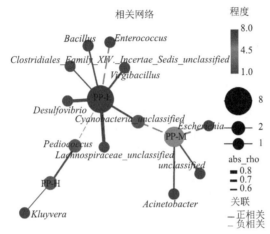

图 5-45　　PP-L、PP-M 和 PP-H 饲喂的黄粉虫肠道微生物前 50 个属相关性网络分析

相比之下，*Acinetobacter* sp.（0.71%）和 *Spiroplasma* sp.（5.75%）在饲喂 PP-M 的幼虫肠道中含量丰富，表明二者可能是降解 PP-M 的关键微生物。就目前所知，未证实过 *Acinetobacter* sp.可生物降解 PP。然而，它与合成聚合物，特别是聚烯烃在无脊椎动物中的生物降解密切相关[25,102,103]。该属含有严格好氧微生物，PP 等聚烯烃塑料具有稳定的长碳链，氧化正是其生物降解的必要条件。*Acinetobacter* sp.可以通过产生烷烃 1-单加氧酶并遵循经典的脂肪酸氧化途径降解 PS 等石油烃[104]。*Spiroplasma* sp.曾被发现存在于多种粉甲属幼虫肠道中，并据报道其可能与多种塑料的降解有关，例如 LDPE、PS 或 PLA[36,105]，此外，前文研究发现其在饲喂秸秆（RS+N 和 CS+N）的肠道中也显著富集。在本节研究中，*Spiroplasma* sp.可能与 PP-M 降解中间产物的利用有关。

与 PP-H 组关联性较高的微生物是 *Kluyvera* sp.（0.36%）和 *Pediococcus* sp.（0.11%）。其中，在前文的研究中发现 *Kluyvera* sp.与 PP 泡沫降解相关，Tran 等[106]发现在全株玉米青贮饲料发酵期间，*Pediococcus* sp.与水溶性碳水化合物转化成有机酸有关。*Pediococcus* sp.与 PP_{575000} 之间的高度关联性表明该属可能利用 PP 降解的中间产物作为底物。

本节的 16S rRNA 结果表明，幼虫的肠道微生物有助于 PP 在肠道中的降解。Yin 等[103]曾报道菌株 *Acinetobacter* NyZ450 和 *Bacillus* spp. NyZ451 对 PE 地膜的降解具有协同作用，且认为 *Acinetobacter* NyZ450 对 PE 分解起主要作用，而 *Bacillus* spp. NyZ451 分解 PE 的化学键的能力相对有限，主要起到辅助作用。本研究的结果表明，不同细菌主要利用不同分子量的 PP，即 *Kluyvera* sp.可以在 *Pediococcus* sp.的协助下利用长链 PP 作为碳源，*Pediococcus* sp.可以进一步利用 PP 降解中间产物，*Acinetobacter* sp.则倾向于在 *Spiroplasma* sp.的协助下利用中链 PP 作为碳源，而 *Bacillus* sp.以及其他五种细菌对短链 PP 的代谢至关重要。

5.3.4　肠道微生物和幼虫宿主对 PP 生物降解的作用

5.3.4.1　肠道微生物抑制下黄粉虫对 PP 生物降解

为了检验肠道微生物群落对 PP 降解的影响，研究了在肠道微生物被抗生素抑制的情况下，黄粉虫幼虫对 PP 聚合物解聚和生物降解的反应。硫酸庆大霉素对细菌具有广谱抑制性，包括革兰氏阴性菌和某些革兰氏阳性菌，因此选择硫酸庆大霉素抑制黄粉虫肠道微生物群落。结果表明，在经过 7 天的硫酸庆大霉素抑制后，黄粉虫的肠道微生物数量从 3.2×10^6 降低到 9.2×10^4，14 天后，细菌数量比对照组减少了两到三个数量级[图 5-46（a）]，表明肠道微生物被有效抑制。

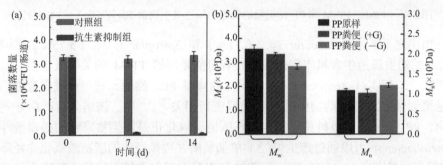

图 5-46　（a）喂食庆大霉素 14 天后和对照组相比幼虫肠道细菌计数；（b）与 PP 原料和未使用庆大霉素（−G）的幼虫相比，使用庆大霉素（+G）的幼虫粪便的 M_n 和 M_w 值变化

随后，对从抗生素抑制组中收集的粪便样品进行了 HT-GPC 分析。结果表明，当肠道微生物受到严重抑制时，幼虫失去了聚丙烯降解的能力，从而失去了生物降解能力。即 PP 原样和抗生素抑制组粪便中提取的聚合物之间的 M_w 和 M_n 没有统计学显著差异，表明黄粉虫对 PP 聚合物的生物降解依赖于幼虫的肠道微生物。这与此前的黄粉虫[37,38,76]、大麦虫[72]以及黑粉虫[36]的 PS 降解研究中观察的结果相似，都依赖于肠道微生物，但幼虫对 LDPE 聚合物的降解对肠道微生物的依赖性较弱[76]。

5.3.4.2 PP 聚合物分子量对黄粉虫肠道微生物功能的影响

为了进一步了解对照组和饲喂 PP 组幼虫中微生物群落的生物功能，本节对黄粉虫幼虫的肠道微生物群落进行了 PICRUSt 功能预测分析。PICRUSt 是由美国哈佛大学开发的菌群代谢功能预测工具，能通过肠道微生物的菌群组成数据解读潜在的功能，可利用软件结合 KEGG、COG 和 Pfam 等数据库进行功能注释。如图 5-47（a）~（f）表明，与对照组（WB 饲喂的黄粉虫幼虫）相比，一些曾经报道的塑料降解酶（如烷烃 1-单加氧酶、羧酸酯酶、角质酶和脱氢酶）在饲养 PP 聚合物的黄粉虫幼虫体内的表达量较高，说明它们可能在 PP 聚合物的降解中发挥作用。

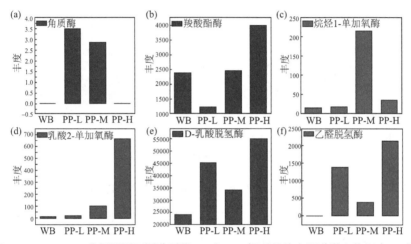

图 5-47 PICRUSt 分析预测不同分子量 PP 和 WB 饲喂的幼虫肠道微生物组中 PP 降解相关酶的丰度

利用 KEGG 数据库可对微生物代谢途径和基因产物的功能进行鉴定，在富集的前 20 条 KEGG 通路中，富集度最多的是代谢相关通路（图 5-48）。此外，PP-M 和 WB 组的幼虫肠道微生物群落的基因表达量相似，表达水平整体低于 PP-L 和 PP-H 组。具体地，和对照组相比，与次生代谢物的生物合成、不同环境下的微生物代谢、氨基酸代谢的生物合成和碳代谢有关的基因，在喂食不同分子量 PP 的幼虫中上调最多。相反，ABC 转运相关的 KEGG 途径在喂食不同分子量 PP 的幼虫中均高度表达。根据之前的报道[107]，推测 ABC 转运蛋白的富集促进了 PP 在细菌中胞外解聚后中间产物向胞内导入，通过以上观察推测 PP 可通过细胞碳代谢被微生物群落同化。与趋化作用有关的途径，如双组分系统、群体感应、细菌趋化性和鞭毛组装，在饲喂不同分子量 PP 组中富集。在一项关于海洋微生物群对芳香族-脂肪族共聚酯塑料降解的研究中，也观察到类似途径的上调[108]。这些功能不仅可以帮助细菌群落定殖和运动，还可以将电子传递给细胞外的电子受体。观察到的群体感应现象表明，在黄粉虫降解 PP 的过程中，各种肠道微生物互相配合。

值得注意的是，氮代谢途径（KO00910）在不同的样本中富集（图 5-48）。该结果表明，除了塑料降解的作用外，当幼虫仅以塑料为食物来源时，固氮作用在幼虫的肠道细菌中也是必不可少的。这种现象在自然界中广泛存在。在其他黄粉虫塑料降解的研究中[109]，已有直接或间接的证据证实固氮作用的存在。由于许多昆虫以低氮食物为食（如食木甲虫、果蝇、白蚁和木蜂），它们的氮来源均是依靠固氮菌（重氮菌）所供应。

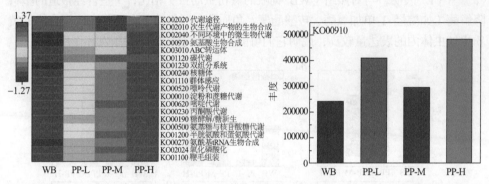

图 5-48　PICRUSt 预测的黄粉虫降解 PP 过程中肠道微生物前 20 条 KEGG 通路热图不同样品的氮代谢功能（KO00910）丰度

5.3.4.3　黄粉虫宿主转录对啮食不同尺寸 PP 的响应

为了更加直接准确地反映幼虫对不同分子量 PP 降解时的功能，本小节通过宿主转录组分析评估了宿主肠道基因表达的变化情况。PCA 显示 WB 对照组和 PP 实验组样本点位置有明显的分离（图 5-49）。此外，Spearman 相关性分析展示了与不同饮食（PP-L、PP-M、PP-H 和 WB）相关的四个聚类，发现各组之间的基因表达情况显著不同，表明幼虫在降解不同分子量 PP 聚合物过程中呈现出不同的宿主基因表达。与 WB 组相比，PP-L、PP-M 和 PP-H 组分别有 1087、1295 和 690 个差异表达基因（DEGs）上调，655、601 和 857 个 DEGs 下调[图 5-49（c）]。

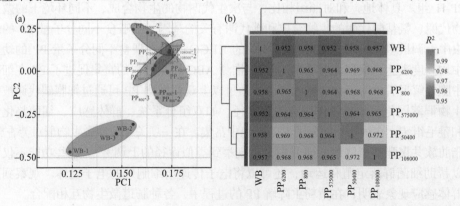

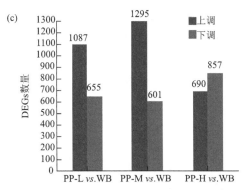

图5-49 （a）转录组分析中，5个PP饲喂组与WB饲喂组（对照组）宿主转录组的主成分分析（n=3个样本/组）；（b）转录组分析中不同组间的Pearson相关系数；（c）PP饲喂组与WB饲喂组黄粉虫宿主基因转录组的表达量差异统计

火山图展示了各PP组与WB组样本之间的DEGs分布，并在图中对前10个显著改变（差异倍数>1.5倍，$p < 0.05$）的DEGs进行了标记（图5-50）。有趣的是，编码丝氨酸型内肽酶（GEV33-012975、GEV33-010869）和半胱氨酸型内肽酶（GEV33-003928）的基因在PP-L、PP-M和PP-H饲养的幼虫中均显著富集。丝氨酸类内肽酶属于以丝氨酸为活性中心的内肽酶类，参与细胞分化、蛋白质降解和加工[110]。丝氨酸型内肽酶属于丝氨酸蛋白酶，是拟步甲科昆虫幼虫中肠的主要酶组分，参与消化、免疫防御、发育等过程[111]。半胱氨酸类内肽酶属于半胱氨酸蛋白酶，在鞘翅目昆虫的肠道消化酶活性中也占据主要作用[112]。这一结果表明幼虫肠道内天然的消化酶可以促进不同分子量PP聚合物的生物降解。

此外，与WB饲喂的对照组相比，PP-L组幼虫中富集了氧化还原酶（GEV33-013704）、葡萄糖输入（GEV33-010992）和丙酮酸羧化酶（GEV33-011048）相关的基因[图5-50（a）]。这些基因有助于氧化还原反应和碳水化合物转运及代谢。对于PP-M组，编码海藻糖味觉受体（GEV33-014251）、脂肪酶（GEV33-002832）和蛋白磷酸化去除（GEV33-008498）的基因富集[图5-50（b）]。

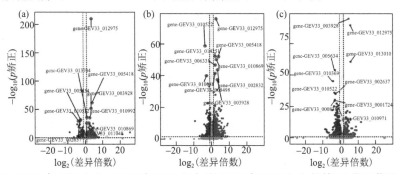

图5-50 PP-L与WB（a）、PP-M与WB（b）和PP-H与WB（c）的前10位显著差异表达基因的火山图（差异倍数>1.5倍，$p < 0.05$）

据认为，味觉信息对昆虫寻找食物、求偶、产卵等多种行为至关重要[113]。蛋白质磷酸化是一种关键的信号传导机制，对蛋白质功能产生多种影响[114]。脂肪酶是三酰甘油酰基水解酶，可以将不溶性的三酰甘油、二酰甘油和单酰甘油底物的酯键分解成游离脂肪酸和甘油。在 PP-H 饲养的幼虫中，编码壳聚糖酶的基因显著富集［图 5-50（b）］，壳聚糖酶是一种水解酶，曾在 *Streptomyces thermoviolaceus* OPC-520 中鉴定出，具有聚（ε-己内酯）降解活性。Przemieniecki 等[115]曾报道它在 PE 和 PS 塑料废弃物生物降解过程中起到主要作用。此外，壳聚糖[116]是甲壳素 *N*-脱乙酰基的产物，甲壳素在黄粉虫外壳中含量很高，因此，高分子量 PP 宿主中壳聚糖酶的存在也可能是由于黄粉虫对高分子量 PP 的摄食及代谢能力低下，导致幼虫自相残杀现象及对蜕下的黄粉虫外皮的进食增强，用以补充生长所需的营养，在代谢虫壳过程中提高了壳聚糖酶的表达。与对照组相比，PP-H 中其他前 9 个 DEGs 均为下调基因，可能是由于高分子量 PP 对宿主具有相对负面的影响。

以上结果表明，在不同分子量 PP 的实验组中，幼虫肠道优势表达基因既存在相似性也有差异性。在 5 个啮食 PP 组中，编码消化酶和塑料降解相关酶的基因与对照组相比均上调。编码其他功能，如碳水化合物转运代谢和信号传导的基因，可能是对饲喂 PP 时营养贫乏条件下的代谢适应。对于不同分子量 PP 组幼虫表达的差异性，PP-L 组中最显著富集的基因主要与碳水化合物代谢有关，而 PP-M 组最显著富集的基因则与信号传导和塑料生物降解有关，原因可能是 PP-L 的聚合物链比 PP-M 短，短链聚合物更容易被幼虫作为碳源利用。通过对比 PP-H 和 PP-L 组的幼虫肠道转录组也证实了这一假设，与 PP-L 饲养的幼虫相比，PP-H 组中显著下调（差异倍数 > 1.5 倍，$p < 0.05$）的 DEGs 主要匹配 GO 数据库中与塑料降解和碳水化合物代谢相关的途径，包括壳聚糖代谢过程、碳水化合物转运、碳水化合物衍生物催化过程、碳水化合物代谢过程、氨基糖聚糖代谢过程、羧酸代谢过程、有机酸代谢过程、氧酸代谢过程、水解酶活性、氧化还原酶活性。该观察结果表明，与 PP-H 相比，PP-L 诱导了更多的塑料代谢相关功能的表达。当聚合物分子量从低分子量增加到中等大小分子量时，幼虫开始激活信号传导机制以对机体细胞进行调控。然后，当分子量达到非常高（即 PP_{575000}）时，宿主转录组下调基因多于上调基因（图 5-51），表明分子量过高的聚合物可能对身体某些功能存在抑制作用。

迄今为止，还未见关于具有 PP 生物降解能力的关键解聚酶的报道[117]。与 WB 饲喂的对照相比，有 330 个 DEGs 在 5 个啮食 PP 组均显著上调（差异倍数 > 1.5 倍，$p < 0.05$）。其中，检测到 4 种单加氧酶（GEV33-004483、GEV33-009986、GEV303-01528 和 GEV33-006993）、2 种脱氢酶（GEV303-03626 和

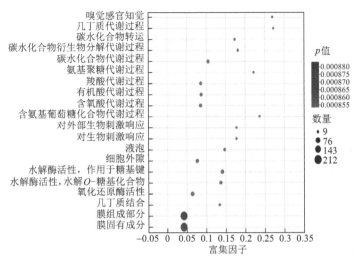

图 5-51 与 PP-L 相比，饲喂 PP-H 的样品显著下调基因的 GO 富集散点图

GEV33-14171）、2 种氧化还原酶（GEV33-01339 和 GEV30-313232）、1 种还原酶（GEV3 3-001704）、6 种水解酶[1 种几丁质酶（GEV3 03-13010）、2 种脂肪酶（GEV33-102832 和 GEV34-006085）和 3 种酯酶（GEV30-301137、GEV30-010207 和 GEV35-009148）]表达相关的基因。本小节结果表明，幼虫体内固有的氧化酶和水解酶可能有助于 PP 聚合物的生物降解。

综上，PP 是一种典型的聚烯烃塑料，碳链中没有可水解的官能团，耐微生物攻击。为了断裂 PP 主链，通常需要先通过羟基化或羧化激活惰性"C—C"键，而单个菌株很难完成这一任务。本小节研究表明，宿主及其微生物群落在生物降解高纯度 PP 聚合物时起到协同作用。PP 聚合物在幼虫肠道内可暴露于多种酶，这些酶可以加速塑料降解。在降解过程中，关键肠道微生物首先向塑料颗粒移动，聚集在聚合物表面；然后，不可水解 PP 依赖于来自细菌的胞外酶和宿主分泌的酶，如加氧酶、羟化酶和脱氢酶进行初始解聚，通过在 PP 聚合物链上创建含氧官能团以增加塑料表面的亲水性；接下来，在酶的作用下，聚合物可进一步分解/断链为短链或小分子，一旦解聚产物的分子大小减少或降低到可以进入细胞后，跨膜蛋白将它们运输到细胞内，进而通过不同的代谢途径进行完全代谢。

在这个过程中，不同的细菌相互配合以利用不同分子量的 PP，固氮微生物可通过固氮作用为幼虫补充营养，而宿主通过激活碳水化合物代谢、信号传导和塑料生物降解相关途径，以协同微生物进行 PP 代谢。

5.4　黄粉虫对 PET 的啮食-降解能力研究

典型的杂原子塑料聚合物——PET 的主链中含有杂原子并具有可水解的酯键，是一种可水解聚合物，迄今为止，从环境中富集和分离了若干 PET 降解细菌和真菌培养物[118-120]。但是，这些微生物的降解速度很慢，时间范围为几天到几周。尽管酶法降解 PET 被认为是一种很有前途的 PET 降解方法[121-123]，但由于技术、工程和经济方面的挑战，大规模或工业规模的应用尚未实现。此外，对PETase、MHETase 和角质酶的研究仍然局限于处理单体或低结晶度/无定形PET[124,125]。由于用于瓶子和纺织品的 PET 产品具有 30%～40% 的高结晶度，限制了酶对这些产品的降解率。例如，高结晶度 PET（35%，M_w 为 35 kDa）在叶片堆肥-角质酶（LC-ICCG）的处理下，半衰期仍为 372 h。

5.4.1　黄粉虫对 PET 的啮食能力

将 PET MPs（M_n、M_w 和 M_z 分别为 18.59 kDa、29.43 kDa 和 39.58 kDa）制作成琼脂凝胶以验证幼虫对 PET 的消耗和生物降解情况（500 只，n=3）。如图5-52（a）和（c）所示，幼虫主动啮食和咀嚼 PET 琼脂凝胶。500 只幼虫在 36 天内消耗了（33.86±0.54）g PET，平均比消耗量（SPCR）为（203±6.0）mg PET/（100 幼虫·d），36 天内比去除率为 152 mg PET/（100 幼虫·d）。饲喂 PET 琼脂凝胶的幼虫的存活率略高于仅饲喂琼脂的幼虫，但显著（Student's t 检验，$p <$ 0.001）高于饥饿组幼虫[图 5-52（d）]，表明 PET 琼脂凝胶能够为幼虫提供能量来源。已有对黄粉虫啮食 PS、LDPE、PP、PUR 和 PLA 的实验研究中也观察到类似的规律。

在初始 8 天内，观察到不同饲喂组幼虫的平均体重急剧增加[图 5-52（b）]。这可能是由于幼虫通过消化摄入的碳源（WB、PET 和琼脂）从饥饿状态中恢复，未进食的幼虫体重则继续下降。此后，在第 36 天，PET 和琼脂组幼虫的体重变化不大，只是略有下降，36 天后最终重量基本相同，即 PET 组为（38.77±1.35）mg/幼虫，琼脂组为（38.99±2.07）mg/幼虫[图 5-52（d）]。相比之下，WB 组的幼虫体重增加到（46.63±0.40）mg/幼虫，而饥饿组的幼虫重量减少到（20.35±1.18）mg/幼虫。PET 组和琼脂组的幼虫相似的平均体重变化表明，与以消耗身体生物质为生的饥饿组幼虫相比（平均体重减轻 21.92%±3.14%），幼虫对琼脂和 PET 均具备消化能力，并可将二者作为能量来源来支持其生命活动。与 WB 饲喂的幼虫相比，PET 组和仅琼脂组在 8～36 天几乎没有观察到体重增加或生长。这是因为琼脂或 PET 都不含有主要的营养成分，如维生素、矿物质、氨基酸和细胞生长所需的有效矿物质。

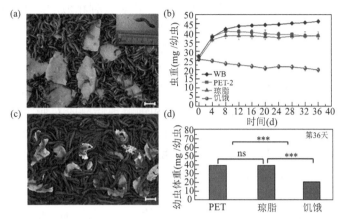

图 5-52　（a）用 PET 琼脂凝胶饲喂黄粉虫幼虫（刚刚投喂）；（b）黄粉虫幼虫饲喂不同材料后在 36 天实验周期内的平均体重变化；（c）PET 饲喂黄粉虫幼虫 6 h 后；（d）饲喂不同饲料的黄粉虫幼虫在 36 天后的最终平均体重（***表示 $p<0.001$）

　　如图 5-53（a）所示，试验结束时，饥饿组的幼虫存活率最低（44.4%±0.52%），而 WB 组的存活率最高（91%±0.72%）。与 PET 琼脂凝胶喂食的幼虫存活率（76.07%±0.90%）相比，纯琼脂凝胶喂食的幼虫的存活率较低（65.67%±1.63%），表明用 PET 琼脂凝胶饲喂的幼虫可以获得比琼脂饲喂的幼虫更多的能量来源以用于生存。因为 PET 琼脂凝胶组和琼脂凝胶饲喂组的幼虫接受琼脂的量是相同量，所以 PET 琼脂凝胶饲喂组较琼脂凝胶饲喂组高的存活率证

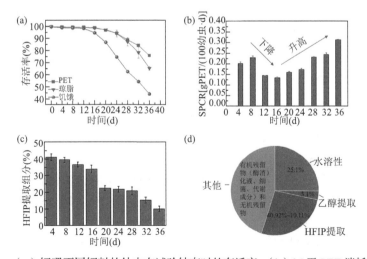

图 5-53　（a）饲喂不同饲料的幼虫在试验结束时的存活率；（b）36 天 PET 消耗率变化；（c）粪便中六氟异丙醇（HFIP）可提取部分随时间变化；（d）喂 PET 的黄粉虫幼虫粪便提取物

明幼虫可以从 PET 的消化或生物降解中获得能量。用其他泡沫塑料饲喂的幼虫和饥饿组及 WB 对照组的幼虫存活率相比，也观察到相似的结果，而且在只饲喂 PS、LDPE、PVC 和 PP 时出现了体重下降和存活率下降的现象，说明塑料虽然能够为幼虫提供能量，甚至被吸收为幼虫生物量的碳源，但对幼虫来说塑料不能够为其提供足够的营养[37]。结果表明，PET 虽然能维持幼虫的生命和活性，但不能长期为幼虫的生长发育提供必要的营养物质（如矿物质和氨基酸）。

此外，通过测量饲喂 PET 琼脂凝胶和饲喂琼脂凝胶对照组的幼虫的含水率，发现二者的含水率在相似的范围内，分别为 58.3%＋0.98% 和 62.1%±1.04%。由于黄粉虫有在体内储存水分的能力[126]，琼脂凝胶中的高水含量也有助于它们比饥饿组的幼虫具有更高的存活率。

实验过程中，每四天计算一次 SPCR[图 5-53（b）]。PET 消耗速率最初 8 天内增加，随后在第 12 天和第 16 天下降，然后又逐渐增加。最初 8 天内较高的消耗量可能是之前的饥饿造成的，12～16 天内 SPCR 的下降可能是由于幼虫最初对 PET 的被迫进食行为过程中，对 PET 作为食物的代谢不适应。在第 16 天之后 SPCR 逐渐增加，说明幼虫和肠道微生物适应了新的食物，其消化系统可以稳定的代谢 PET。根据之前的研究[93,127]，在经过 2 周的体外培养后，塑料降解菌株可在塑料（如 PS 和 PE）上定殖并利用塑料进行生物呼吸。虽然肠道中的 PET 降解菌在幼虫体内可以更快地适应 PET，但该过程仍需要时间。因此，幼虫 PET 消耗率的增加可能得益于肠道环境的转变，以适应 PET 和琼脂作为食物。

使用有机溶剂（如 HFIP）提取法估算粪便中残余的 PET 含量，如图 5-53（c）所示，粪便中的残余聚合物在测试期间逐渐减少。粪便中的残余 PET 含量分别从第 4 天的 40.92%±2.09%逐渐下降到第 16 天的 33.70%±2.39%。表明在 36 天内，幼虫对 PET 的生物降解能力随着时间的推移逐渐增强。在 36 天试验结束时，PET 含量为 10.11%±1.61%，即质量减少了 89.89%。如此前报道的仅喂食 PS 的幼虫对 PS 生物降解过程中所描述的类似，消耗的 PET 和琼脂可以转化为 CO_2，同化为幼虫生物量，并作为粪便中的降解中间产物[37]。由于本研究中使用的是 PET 和琼脂的混合饲料，无法确定化学计量的碳质量平衡。然而，未来的研究仍然需要克服技术挑战。

此外，本研究还测定了啮食 PET 的幼虫粪便中的水溶性组分、乙醇提取和 HFIP 提取部分[图 5-53（d）]。水溶性部分含有亲水的，消化后的有机物和盐类，其含量由第 4 天的 22.94%±2.13%逐渐增加到第 36 天的 26.36%±2.12%。乙醇提取的部分为亲脂性物质，占粪便的 2.88%～3.99%。剩余固体物质的含量由第 4 天的 33.26%逐渐增加到第 36 天的 60.12%。经 HFIP 提取后，粪便中残留的固体包括残留的酶、微生物、不溶性代谢成分和无机物。结果表明，粪便中积累了大量的可溶性中间产物（约大于 25%）。

在 36 天的时间里，摄入的 PET 的平均质量减少率为 73.28%。最近的研究表明，PE 和 PS 塑料经过黄粉虫消化道后，粪便中没有检测出 NPs[128]。由于本书研究表明黄粉虫幼虫对于 PET 的去除效率远高于对 PS 和 PE 的去除效率，因此推测在 PET 饲喂的黄粉虫粪便中不会有 NPs 的积累。需要进一步的研究来验证这一假设。

5.4.2 黄粉虫对 PET 的生物降解

通过对原始商品 PET 聚合物和粪便中的残余 PET 聚合物进行 GPC 表征，以分析 PET 的解聚情况。经过黄粉虫消化后，商品 PET 表现出典型的广泛解聚模式，PET 的 M_n 值下降了 19.32%；M_w 下降了 12.5%；M_z 下降了 10.4%[图 5-54（a）]，黄粉虫对商业或低分子量 PS 和 LDPE 聚合物降解时通常表现为广泛的解聚模式[38,83]，说明黄粉虫能够有效地解聚典型的商业 PET。PDI 显示了聚合物分布的宽度。通过幼虫肠道后，PET 的 PDI 从 1.48 增加到 1.72，说明分解后残留聚合物的分子量分布增大，这主要是由于低分子量部分增多[图 5-54（b）]。在黄粉虫对 PE 的生物降解过程中也观察到了同样的趋势[83,84]。

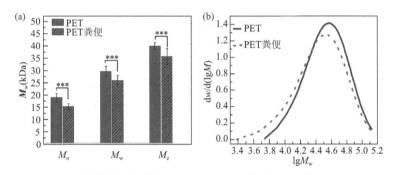

图 5-54   （a）PET 在生物降解前后的 M_w、M_n 和 M_z 比较（***表示 $p<0.001$）；（b）PET 在生物降解前后的分子量分布变化

由 FTIR 分析表明[图 5-55（a）]，在 725 cm^{-1}、1096 cm^{-1}、1245 cm^{-1} 和 1720 cm^{-1} 处检测到 PET 的主要特征峰，分别对应芳香键（C—H）、醚芳香键（C—O）、醚脂肪键（C—O）和羰基键（C═O）。降解后粪便中这些峰强度下降甚至消失，在海洋环境中显著降解的 PET 瓶表面也观察到类似的 FTIR 光谱变化[129]。粪便中提取的 PET 在 3427 cm^{-1} 处—COOH 基团大幅减少，表明主链上的羧基断裂。由图 5-55（b）所示，在原始的 PET MPs 的 ^{1}H NMR 波谱中，在 $\delta=3.31$ ppm 处的信号峰代表主链上—CH 基团，而在粪便提取物中没有检测到该信号峰，表明经过黄粉虫幼虫降解后，PET 的主链断裂。此外，在粪便样品中检测到的甲基（—CH$_3$）、亚甲基（—CH$_2$）和亚甲基质子（CH$_2$O）等新峰的出现也表明 PET 聚合物的分解[130]。综上，GPC、FTIR 和 ^{1}H NMR 分析结果证实了粪便中残留聚合物的解聚和氧化官能团的形成。

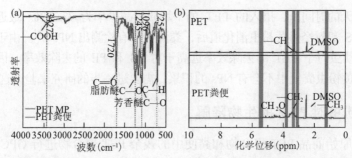

图 5-55　（a）黄粉虫降解 PET 前后的 FTIR 光谱；（b）黄粉虫降解前后 PET 的 ^{1}H NMR 波谱

5.4.3　黄粉虫幼虫对不同分子量 PET 的消耗及降解

5.4.3.1　黄粉虫对不同分子量高纯度 PET 的消耗

利用三种分子量的高纯度 PET MPs（PET1100、PET27100 和 PET63500）的琼脂凝胶研究聚合物尺寸对其在黄粉虫体内生物降解的影响，WB 琼脂凝胶作为对照组。当幼虫将饲喂的 PET 聚合物彻底消耗时结束实验，结果表明，幼虫对三种分子量的 PET_{1100}、PET_{27100} 和 PET_{63500} 消耗时间有所差别，分别用时 13 天、15 天及 16 天，相比之下，WB 组只用时 11 天，说明相对于分子量较高的 PET 聚合物，分子量较低的聚合物消耗更快。存活率（SR）和消耗率呈现出相似的趋势，在消耗掉所有饲喂的食物后，饲喂 PET_{27100} 和 PET_{635000} 琼脂凝胶的幼虫 SR 分别为 54.44%±4.19%和 46.67%±1.67%，低于 PET_{1100} 组（69.44%±2.5%），且均远低于 WB 组的 SR（90%）。除 WB 外，饲喂分子量最低的 PET_{1100} 时，幼虫的 SR 最高，产生该现象的原因可能是分子量较低的聚合物有一种类似于蜡的味道，从而吸引了幼虫的食欲。相反，分子量较高的聚合物更坚硬，使幼虫难以咀嚼和摄取。此前对于不同分子量 PE 的研究也有类似的结果，Yang 等[83]发现黄粉虫对 LDPE 和 HDPE 的消耗率都随着分子量的增加而逐渐降低。由此可知，分子量可能是 PET 降解和幼虫生长的主要限制因素。

为了验证这一假设，在实验结束时记录了幼虫体重变化和利用率。体重变化最大的是饲喂 WB 组的幼虫，由于 WB 可以为幼虫的发育和整个生命周期提供足够的营养，和初始体重相比增加了 52.1%±6.1%。与 WB 不同，PET 中缺乏生长所必要的营养物质，如蛋白质、维生素、矿物质等，因此当使用 PET 饲喂幼虫时，幼虫的体重增加较少。其中，啃食 PET_{27100} 的幼虫体重增长率为 17.66%±3.5%，与饲喂 PET_{63500} 的幼虫的增长率（17.59%±2.8%）相当，高于 PET_{1100} 组（8.05%±2.1%）。一方面，PET_{1100} 饲喂组幼虫体重增加较小的原因可能与 PET_{1100} 啃食组高的 SR 有关。对于相同量的食物（150 mg），PET_{1100} 组的幼虫由于存活率大，使其对食物需求量大于 PET_{271000} 和 PET_{63500} 组。另一个原因可能是自相残杀现象，这一现象在黄粉虫繁殖过程中普遍存在[131]，常常在幼虫被饲喂非偏好性食物时发生[115]。自相残杀现象减少了幼虫的数量，为存活的幼虫提供了额外的营养，并增加了它们的体重。

幼虫对高分子量 PET 的利用程度相对较低。以 PET_{1100} 饲喂的黄粉虫粪便中 PET 残留量为 $4.27\% \pm 0.75\%$，表明被黄粉虫幼虫消耗的大部分 PET_{1100}（约 95.73%）被完全降解（矿化）或被幼虫利用。而 PET_{27100} 和 PET_{63500} 对幼虫的消化率分别为 85.95% 和 73.98%，表明幼虫对高分子量 PET 的利用程度相对较低，且黄粉虫对 PET 的生物降解能力随着聚合物尺寸的增加而下降。值得注意的是，与其他塑料相比，幼虫对 PET 的转化率较大，尤其是对 PET_{1100} 和 PET_{27100} 的转化率。此前研究表明，使用 PS 泡沫饲喂黄粉虫幼虫第 24 天测得粪便中未消化的塑料残留物为 $35.2\% \pm 1.2\%$[38]、饲喂 PVC MPs 的幼虫第 16 天残余 30.9% 聚合物[89]、饲喂 LDPE 泡沫（0.5 mm 厚度）的幼虫第 18 天 29.7% 发泡中为消化的塑料残留物[76]。

5.4.3.2 虫粪组分的分子量变化

GPC 分析结果显示原始 PET 聚合物和粪便中提取的残余 PET 之间存在显著差异，表明 PET 聚合物的分子量影响其解聚程度。以 PET_{1100} 饲喂的黄粉虫粪便中残留 PET 的分子量均低于检测限（约为 0.535 kDa），这可能是由于粪便中的 PET 残余物很少，无法用 HFIP 提取，表明消耗的 PET_{1100} 几乎被完全降解。PET_{27100} 的 M_n、M_w 和 M_z 分别降低了 4.23%（非显著性变化）、21.83%（$p<0.001$）和 22.68%（$p<0.001$），粪便中提取的 PET 残余物聚合物的分子量分布向低分子量移动，进一步表明 PET_{27100} 在被幼虫消耗后的分子量下降。然而，PET_{63500} 呈现出有限程度的解聚（即 M_n 增加，M_w 下降），其被幼虫降解后 M_n 增加了 37.33%（$p<0.01$），M_w 和 M_z 分别下降了 4.71% 和 22.86%（$p<0.001$）[图 5-56（a）～（c）]。

在本书中 PP 泡沫的解聚过程、Yoshida 等[118]报道的 LDPE 泡沫在黄粉虫幼虫中的降解、Wang 等[132]在大蜡螟幼虫对 PS 的降解、Song 等[75]在陆地蜗牛（*Achatina fulica*）对 EPS 的生物降解（M_w 和 M_n 均增加），以及 Peng 等[77]在大麦虫对 EPS 和 LDPE 的降解也均发现了这种有限程度的解聚模式。推测这一现象是由于长链聚合物在解聚过程中断裂成相对短链的聚合物，导致短链聚合物的积累。这就解释了幼虫粪便中 M_n 含量的上升，与 PET_{63500} 对照相比，虫粪中残余聚合物的分子量分布向低分子量方向移动且分布范围变窄，表明 PET 聚合物通过幼虫消化系统后，其分子量分布整体下降[图 5-56（d）～（f）]。在三种分子量的 PET 中，M_w 的减少随分子量的增加而减小，说明 PET 的降解与其分子量有关。低分子量 PET 比高分子量 PET 更容易解聚。结果与之前关于黄粉虫降解 PE 的报道相似，该研究表明 PE 的降解程度在很大程度上受分子量的影响[83]。以上结果表明，分子量是影响 PET 降解的主要因素。一般来说，分子量的增加可能导致微生物攻击下聚合物生物降解能力的下降，因为细菌需要通过细胞膜吸收底物以进一步降解[67]。

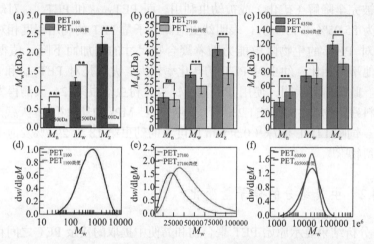

图 5-56　PET$_{1100}$（a）、PET$_{27100}$（b）和 PET$_{63500}$（c）被黄粉虫生物降解前后的 M_w、M_n 和 M_z 变化；PET$_{1100}$（d）、PET$_{27100}$（e）和 PET$_{63500}$（f）被黄粉虫生物降解前后的分子量分布

5.4.3.3　虫粪组分的结构变化

FTIR 和 ^{1}H NMR 波谱进一步为由于生物氧化/降解导致的聚合物表面的化学和结构变化提供明显的证据。结果表明，三种分子量 PET MPs 在通过黄粉虫消化系统后被氧化，且与商品 PET 饲喂的虫粪中残余聚合物的光谱相似（图 5-57）。三种高纯度 PET MPs 的 FTIR 光谱显示，虫粪组分中 1951 cm^{-1} 处（芳香族）的峰消失，725 cm^{-1} 处（C—H）和 1260 cm^{-1} 处（C—O）的峰减少。相反，和原始聚合物样品相比，虫粪中的氧化官能团的强度增加，C=O 从 1719 cm^{-1} 移动到 1670 cm^{-1}[图 5-57（a）]。塑料降解后 C=O 伸缩峰的位移在 Margandan[133] 的研究中也曾被报道。粪便中残余聚合物组分的—COOH 官能团的显著下降表明主链上羧基的断裂。在 3500 cm^{-1} 和 3250 cm^{-1} 左右观察到的宽吸收峰可能来源于—OH 官能团中 O—H 的伸缩振动[134]，表明粪便中形成了亲水性的官能团（羟基），聚合物的亲水性增加[135]。^{1}H NMR 波谱图分析表明，粪便中残余聚合物组分发生了表面化学和结构变化。图 5-57（b）比较了原始 PET MPs 和粪便中残留聚合物的 ^{1}H NMR 谱。PET 聚合物原样中，化学位移（δ）为 8.1ppm 和 4.7 ppm

处的两个峰分别对应主链上对苯二甲酸酯环和氧乙烯单元的四个质子[136]。粪便组分的 ¹H NMR 图谱出现了与氧化有关的新峰，即与烯烃键（CH＝CH）、亚甲基质子（CH₂O）和羟基（—OH）相关的化学位移，表明 PET 分子结构经过黄粉虫生物降解后发生了明显的转变和修饰。

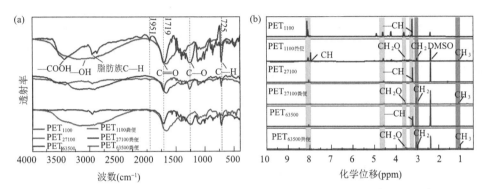

图 5-57　黄粉虫对 PET₁₁₀₀、PET₂₇₁₀₀ 和 PET₆₃₅₀₀ 降解前后的 FTIR 光谱（a）和 ¹H NMR
波谱（b）

5.4.3.4　啃食不同分子量 PET 的幼虫肠道微生物群落分析

为了评估黄粉虫肠道微生物群落对三种高纯度 PET MPs（分子量分别为1.10 kDa、27.1 kDa 和 63.5 kDa）的响应，本研究对黄粉虫肠道样本进行 16S rRNA 基因扩增子测序。使用 97%相似度的 ASVs 数据，计算香农（Shannon）指数值得到稀释曲线，表明对照组的 OTU 分类数丰富度最高，而其他样本的丰富度相对较低[图 5-58（a）]。

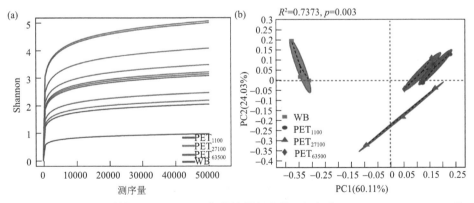

图 5-58　（a）ASV 数据基于 Shannon 指数的稀释曲线；（b）基于 unweighted-UniFrac 的
PCoA 分析

　　此外，黄粉虫啮食 PET 显著（$p < 0.05$，ANOSIM）改变了幼虫肠道微生物的群落结构，PCoA 表明三个高纯度 PET 聚合物饲喂组样本和对照组样本聚集在两个不同的区域（PC1=60.11%；PC2=24.03%）[图 5-58（b）]。由维恩图所示，PET_{1100} 饲喂组、PET_{27100} 饲喂组和 PET_{63500} 饲喂组的 ASVs 数量分别为 254个、266 个和 250 个，均低于 WB 饲喂组（397 个），说明啮食 PET 聚合物显著降低了肠道微生物群落多样性[图 5-59（a）]。维恩图结果与 Chao1 和 Shannon多样性指数的 α 多样性分析结果一致[图 5-59（b）、（c）]，表明与对照组相比，黄粉虫肠道微生物群落的丰富度和多样性有所降低。

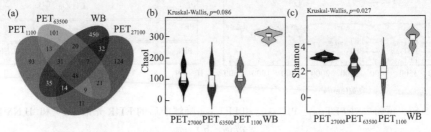

图 5-59　（a）维恩图分析；Chao 1（b）和 Shannon（c）多样性指数的 α 多样性分析

　　桑基图能够直观显示初菌群多样性研究中最受关注的两个层级的物种注释信息、对应关系，以及所占比例，以分支的宽度对应分类单元丰度的占比大小，解释了不同样本（左）肠道微生物在门水平下的相对丰度（中）和属水平（右）下的相对丰度（图 5-60）。结果表明，含塑料降解菌的 Firmicutes 和 Proteobacteria菌门[137]在各组中均占优势，但在各组所占比例不同。迄今为止，研究发现多个PET 降解菌属于 Firmicutes（*Bacillus gottheilii*、*B. cereus* 和 *B. muralis*）和Proteobacteria（*Ideonella sakaiensis* 201-F6、*Serratia proteamaculans* 和 *Vibrio sp.*）[118,138]。在 PET 饲喂组的肠道样本中，Firmicutes 是最主要的门，而在对照组中 Proteobacteria 是最主要的门。结果表明，黄粉虫的肠道菌群向有利于 PET降解的新群落结构转移。

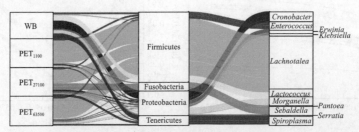

图 5-60　桑基图显示了不同饮食下的幼虫肠道微生物群中种群的相对细菌丰度（前 11 个）
节点和边缘的宽度提供了量化的流量信息

5.4.3.5 不同分子量高纯度 PET 的关键降解微生物

在属水平上（图 5-61），对照组中 *Cronobacter* sp.（20.16%）、*Lactococcus* sp.（13.07%）、*Spiroplasma* sp.（12.16%）、*unclassified Enterobacteriaceae*（10.29%）为优势属。而在啮食 PET_{1100}、PET_{27100} 和 PET_{63500} 样品中，*Lachnotalea* sp.丰度最高，占比分别为 73.53%、37.18%和 62.66%，其在黄粉虫降解 PS、LDPE 和 PP 的研究中未见报道。*Lachnotalea* sp.曾在富含木质素的微生物群落中分离出来，具有潜在的天然有机聚合物降解能力，但其对 PET 的降解能力还有待进一步研究。值得注意的是，在 PET MPs 饲养组中的优势属 *Sebaldella* sp.与固氮有关[139]，该属在 WB 饲喂的幼虫中没有发现。与对照组相比，在 PET 饲喂的幼虫中观察到 *Enterococcus* sp.丰度显著增加，此前报道表明 *Enterococcus* sp.与黄粉虫和大蜡螟虫对 PS 的降解有关[25,140]。

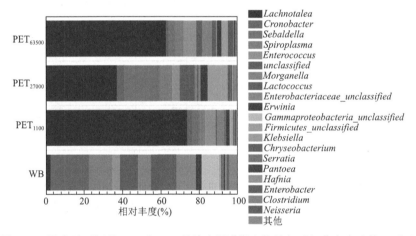

图 5-61　属水平下饲喂 PET 和 WB 的幼虫肠道微生物的相对细菌丰度（前 20 名）

为了确定 PET 与对照组间优势肠道微生物群落的差异，使用线性判别分析（LEfse）确定哪些肠道微生物丰度的增加是由啮食 PET 导致的（图 5-62），然后使用随机森林分析验证形成组间差异的最重要的属（图 5-63）。结果表明，分别有 2 个属（*Sebaldella* sp.和 *Enterococcus* sp.）、4 个属（*Sebaldella* sp.、*Klebsiella* sp.、*Enterococcus* sp.和 *Pantoea* sp.）和 1 个属（*Enterococcus* sp.）与 PET_{1100}、PET_{27100} 和 PET_{63500} 降解显著相关。从南欧网纹白蚁（*Reticulitermes lucifugus*）肠道中曾分离到 *Sebaldella termitidis*，其可向宿主提供氮[139]。本研究中啮食三种 PET MPs 幼虫的肠道微生物中 *Enterococcus* sp.均占主导地位，据报道 *Enterococcus* sp.与塑料降解微生物有关[141,142]。*Pantoea* sp.和 *Klebsiella* sp.都与固氮和塑料降解有关。从小菜蛾消化道中分离到的微生物 *Pantoea agglomerans* 和

Enterococcus sp.均可产生酯酶[143]。由于酯酶可以降解聚酯（或 PET）[121,140]，因此表明这两个物种都可以降解 PET。*Klebsiella* sp.与 PS[93]和 PVC[141]的降解以及固氮[109]均有关。*Pantoea* sp.是从甘蔗组织中分离到的一种内生固氮菌[144]。

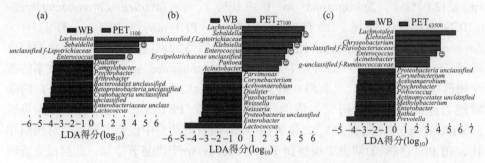

图 5-62　使用 LEfse 分析不同 PET 饲喂的幼虫的优势肠道微生物
（a）PET$_{1100}$与 WB；（b）PET$_{27100}$与 WB；（c）PET$_{63500}$与 WB（注：只列出了每组中排名前 10 的细菌属）

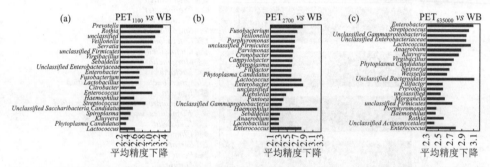

图 5-63　对 16S rRNA 分析结果使用随机森林进行预测以验证形成组间差异的最重要微生物属
（a）PET$_{1100}$与 WB；（b）PET$_{27100}$与 WB；（c）PET$_{63500}$与 WB 组间差异结果

　　总体来说，在啃食 PET 的黄粉虫幼虫中发现的关键细菌均与塑料的生物降解或微生物固氮有关。黄粉虫 PET 降解过程中固氮细菌的增加可能与其饮食（即 PET 和琼脂）中缺乏营养有关。研究发现[109]，在缺氮的条件下，昆虫肠道中的共生菌往往能够固定大气中的氮并合成氨基酸为昆虫提供氮源。在此过程中，黄粉虫可通过改变肠道微生物群落组成并合成所需的酶以迅速适应 PET 的饮食。

5.4.4　黄粉虫肠道微生物及宿主对 PET 降解的作用

　　前文证实了大型无脊椎动物拟步甲科黄粉虫幼虫具有降解商品 PET 和 PP 的能力，并表明对不同分子量的 PET 及 PP 聚合物均具有降解能力，初步分析了二者降解过程中的关键肠道微生物。此外，前文研究发现，PET 和 PP 在黄粉虫幼虫肠道内可能存在不同的启动和降解途径。然而，对于黄粉虫幼虫对两种典型聚合物的贡献以及两种聚合物的降解机理仍不清晰。研究表明，在自然界中，宿主和其肠道内的微生物存在共同进化的关系，二者通常进行合作和互动，最终形成一种亲密的共生关系[93,132,145,146]。因此，本节研究假设在黄粉虫啮食及消化 PET 及 PP 塑料后，为适应新的饮食生态位，昆虫的消化功能和其肠道微生物群落将发生变化。目前，针对不同因素（包括宿主基因表达以及幼虫体内不同微生物间的相互作用）对黄粉虫降解 PET 及 PP 塑料聚合物的影响仍然不清楚。本节假设：①肠道微生物的群落结构和代谢活动将受到肠道微环境的影响；②肠道微生物组可有助于消化摄入的塑料和补充有机营养物质，特别是氮源。迄今为止，对肠道微生物和降解塑料的昆虫宿主（即黄粉虫、大麦虫和大蜡螟虫）在降解塑料过程中分泌的消化酶进行了有限的研究[147-149]，但对于 PP 和 PET 降解机制的基础仍然未知。

　　因此，本节重点探讨黄粉虫幼虫的肠道微生物群落和幼虫宿主的消化道基因表达对 PP 和 PET 聚合物的响应，并测试上述假设。首先确定微生物对 PET 降解的抗生素贡献，考察两种聚合物生物降解的肠道微生物依赖性；然后，通过对肠道微生物的功能分析和转录组分析，研究聚合物大小对肠道微生物组及宿主转录组的影响，了解并比较两种聚合物在黄粉虫幼虫体内的代谢和能量供应机制。

5.4.4.1　肠道微生物抑制下的 PET 生物降解

　　通过进行黄粉虫幼虫的肠道微生物抗生素抑制实验研究肠道微生物对 PET 生物降解的贡献。使用含有 5 种抗生素（硫酸庆大霉素、红霉素、氯霉素、四环素、氨苄西林和卡那霉素）的琼脂凝胶饲喂黄粉虫幼虫 5 天，然后对肠道菌悬液进行平板划线。通过对生成的细菌菌落数量进行计数，发现饲喂抗生素的黄粉虫幼虫的肠道微生物菌悬液的细菌计数培养基中没有生成菌落，而啮食 PET 的黄粉虫幼虫肠道对照组的细菌计数培养基上，计算得到其 CFU 为 $(3.24\pm0.54)\times10^4$，表明抗生素处理后的黄粉虫幼虫其肠道微生物被显著抑制（图 5-64）。继续对抗生素处理组用含有混合抗生素的 PET 琼脂凝胶饲喂幼虫 15 天，肠道菌悬液的细菌计数培养基中也未发现 CFU。

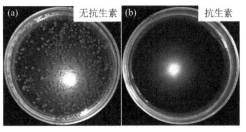

图 5-64　幼虫在不含抗生素（a）和含抗生素（b）饲喂的情况下肠道菌悬液在细菌计数培养基上的生长情况（该实验一式三份）

通过使用 GPC、FTIR 和 ^{1}H NMR 等表征手段对黄粉虫幼虫粪便中残留的 PET 聚合物进行分析，表征抗生素抑制情况下黄粉虫幼虫对 PET 的解聚/降解情况。如图 5-65（a）所示，GPC 结果表明抗生素处理组的黄粉虫幼虫在啮食 PET 后，残余聚合物的 M_n、M_w 和 M_z 均出现下降现象，且 M_n、M_w 和 M_z 的下降程度与非抗生素处理组的下降程度相似，说明当黄粉虫幼虫的肠道微生物在被抗生素抑制后，幼虫对 PET 的解聚和生物降解能力没有受到显著影响。FTIR 和 ^{1}H NMR 分析也表明抗生素处理组的光谱与非处理组相似[图 5-65（b）、（c）]。这些实验现象均表明 PET 的生物降解主要在黄粉虫宿主的消化系统中进行。但是，虽然肠道微生物和宿主相比对 PET 降解的贡献较弱，由于宿主和肠道微生物存在共同进化的关系，在降解 PET 的过程中，肠道微生物作用仍然不可忽视。

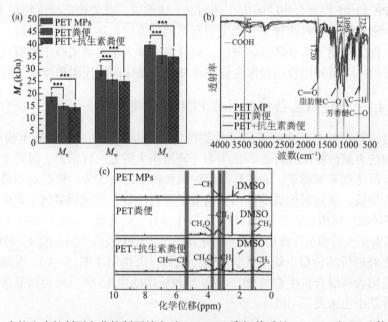

图 5-65　在抗生素抑制下和非抑制下幼虫对 PET MPs 降解前后的 M_w、M_n 和 M_z 比较（n=3 个样品/组）（a）以及 FTIR 光谱（b）、^{1}H NMR 波谱（c）的比较

5.4.4.2　PET 聚合物分子量对黄粉虫肠道微生物功能的影响

上述曾通过 16S rRNA 分析揭示饲喂 PET 的幼虫肠道微生物的具体物种组成，本节将进一步探究菌群行使的具体功能。使用宏基因组测序方法来研究肠道细菌对 PET 生物降解的贡献，重点研究与 PET 降解和代谢途径相关的基因。利用 KEGG 数据库可对微生物代谢途径和基因产物的功能进行鉴定[111]。由图 5-66

所示，总体看来，根据 KEGG 富集条形图，发现在三组啮食 PET 的黄粉虫幼虫肠道微生物样本中，参与代谢类别的基因集占据主导作用。

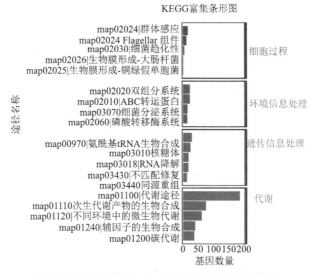

图 5-66 宏基因组测序分析中三个 PET 饲喂组基因富集的 KEGG 通路

在啮食 PET 的幼虫中发现了编码已知 PET 降解酶的基因，如酯酶/脂肪酶（K14731）、羧酸酯酶（K02170）和烷烃 1-单加氧酶（K00496）[图 5-67（a）]。据报道，在对 *Thermobifida fusca* KW3 的研究中发现，其产生的羧酸酯酶与 PET 解聚有关[150]，该酶可部分水解 PET 纤维，尤其在利用 PET 低聚物上十分活跃[78]。烷烃 1-单加氧酶可以通过向烷烃底物引入氧气来启动生物降解过程[109]，曾被发现可参与 PE 和 PS 的降解[137]。脂肪酶是一种细胞外三酰甘油酰基水解酶，可以水解不溶性有机物中的酯键[151]。据报道，几种微生物产生的脂肪酶能有效降解 PET，包括 *Aspergillus oryzae*、*Candida antarctica*、*Candida*

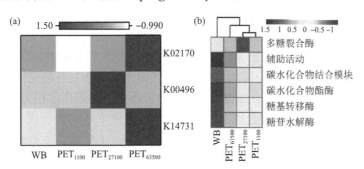

图 5-67 黄粉虫降解 PET 过程肠道微生物的宏基因组测序分析

（a）编码酯酶/脂肪酶（K14731）、羧酸酯酶（K02170）和烷烃 1-单加氧酶（K00496）相关基因的热图；（b）在 CAZy 层次水平 1 下的 CAZy 功能分类热图

cylindracea 和 *Pseudomonas* sp.[152]。提供碳水化合物合成、代谢和转运酶分类与信息的 CAZy 数据库显示，在啮食 PET_{27100} 和 PET_{63500} 的黄粉虫样品中，碳水化合物酯酶和糖苷水解酶的相比于 PET_{1100} 组和对照组具有更高的相关性[图 5-67 (b)]。表明在黄粉虫降解 PET 的过程中，肠道细菌中的酯酶和水解酶可能参与降解产物的代谢。

在 PET 饲喂组和对照组中，共注释到 149 条 KEGG 通路。其中，PET 代谢相关的功能信息以 KEGG 定义通路水平用热图展示。首先，在所有啮食 PET 的黄粉虫肠道微生物中都富集转运系统相关基因。与对照组相比，PET_{27100} 组和 PET_{63500} 组的 ATP 结合盒（ABC）转运蛋白的通路高度富集。尽管富集到的 ABC 转运蛋白通路的丰度相对较弱，但在啮食 PET_{1100} 组中也注释到了该 KEGG 通路。这一现象也曾在一种海洋细菌芽孢杆菌 *Bacillus species* AIIW2 中发现，该细菌在降解 PET 过程中表现出 ABC 转运基因的上调[153]。此外，在啮食 PET 的肠道样品中观察到各种次级代谢产物合成的通路富集，且由于在抗生素抑制下，即在没有肠道微生物的情况下，幼虫仍然可以降解 PET，表明黄粉虫肠道微生物可能是 PET 的二级分解者。原因可能是大分子塑料（聚合物链＞50 个碳原子）不能通过细胞膜转运[154]，PET 聚合物链首先在细菌细胞外被解聚或水解，一旦解聚产物的分子大小减少或降低为 10～50 个碳原子，就可以通过转运蛋白穿透细菌细胞膜而被进一步代谢。

此外，与 PP 降解类似的是，各种与趋化性相关的功能（如双组分系统、群体感应、鞭毛组装和细菌趋化性）基因在啮食高分子量 PET（即 PET_{27100} 和 PET_{63500}）的肠道细菌中高度富集，但在啮食 PET_{1100} 组中丰度稍弱（图 5-68）。细菌趋化性是细菌对外部环境的一种反映，使其在营养竞争中较其他细菌有优势，从而使得自身能够在恶劣环境存活[155]。细菌对苯甲酸盐、苯的衍生物、4-羟基苯甲酸盐和原儿茶酸等芳香族化合物的趋化作用已被多个研究报道，细菌可以利用这些化合物作为碳源和能源[156]。在三种以 PET MPs 饲喂的样品中，多种可能与芳香族化合物（如苯甲酸盐、萘、氨基苯甲酸盐、苯乙烯、氟苯甲酸盐、甲苯）降解相关的途径与对照组相比富集丰度很高，表明肠道微生物可能参与了 PET 及其代谢物的降解（图 5-68）。综上所述，在黄粉虫啮食非偏好饮食（即 PET）的条件下，黄粉虫肠道微生物对 PET 代谢中间产物具有趋化性。

在啮食 PET 的黄粉虫幼虫的肠道微生物群落中，脂质代谢相关基因[包括脂肪酸（FA）代谢、FA 生物合成、FA 降解、不饱和 FA 生物合成和甘油磷脂代谢]丰度较高。FA 是昆虫幼虫的主要能量来源之一，FA 的衍生物是昆虫表皮的重要组成部分。长链 FA 是鞘脂和糖脂的前体，鞘脂和糖脂是细胞膜结构的重要组成部分，参与多种细胞生物学过程[157]。因此，在黄粉虫幼虫降解 PET 过程中，FA 生物合成相关途径参与了许多细胞生物过程和能量储备。肠道微生物还会分泌生物乳化因子，增强塑料降解。FA 代谢和 FA 降解途径相关基因的富集表明，可以通过肠道微生物降解 PET 中的 FA。形成的羧酸产物与 FA 相似，可被细菌分解并进入三羧酸循环[123]。

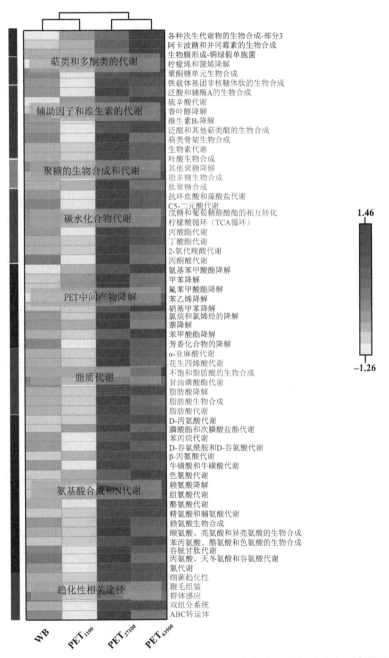

图 5-68　PETs 组样本比对照组样本在宏基因组测序中注释的相对丰度更高的基因

在 PET_{1100} 中转运和趋向相关的基因丰度较低，原因可能是幼虫宿主对 PET_{1100} 的消化能力较强且肠道微生物对 PET_{1100} 降解的贡献较小。与对照组相比，三组啮食 PET 的黄粉虫样本除了对 PET 具有降解作用以外，氮代谢和营养物质（辅因子和维生素）生物合成相关的途径也大量表达。在营养缺乏的条件下，许多昆虫含有共生细菌，可为宿主合成必需的氨基酸和/或维生素[158]。在啮食 PET 的过程中，黄粉虫可调节自身的肠道微生物群落，形成的新的微生物群落可通过固氮作用为幼虫提供氮源。然而，与黄粉虫的常规饲料 WB 中的高蛋白质含量相比，固氮菌提供的氮是有限的，因此，实际应用过程中，为了使黄粉虫能够长期存活，需要为幼虫补充营养丰富的饲料，因为肠道固氮菌只能为饲喂塑料的黄粉虫提供（如 PS 泡沫）相当于 $8.6\sim23.0\ \mu g$ 的蛋白质/（只·d）[109]。

5.4.4.3　啮食高纯度 PET 的黄粉虫宿主转录组分析

抗生素抑制实验表明，黄粉虫对 PET 的解聚对肠道微生物的依赖性较低甚至不依赖于肠道微生物。因此，本研究利用转录组技术进一步研究了黄粉虫降解 PET 过程中宿主消化道基因的表达情况，以揭示塑料降解过程中的相关基因功能和分子机理。PCoA 和 Pearson 相关分析表明（图 5-69），三个高纯度 PET 样品基因表达相似，但与对照组样品相差较大，并且 PCoA 图表明，PET_{27100} 和 PET_{63500} 样本的肠道微生物组表现出更相似的基因表达。表明啮食中、高分子量的 PET（PET_{27100} 和 PET_{63500}）的宿主肠道的转录表达的相似性高于啮食低分子量 PET（PET_{1100}）的幼虫。与肠道微生物组的分析结果相似，上调最多的基因主要被注释到 KEGG 数据库中的 ABC 转运蛋白表达通路，表明在营养不足的情况下可能导致幼虫对营养物质输送能力增加[图 5-69（b）]。

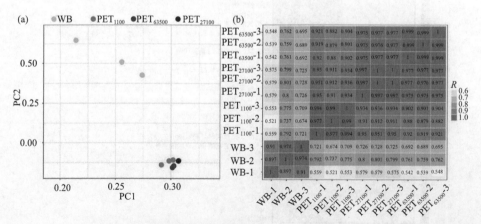

图 5-69　（a）对不同饲喂组的宿主转录组进行的主成分分析（n=3 个样品/组）；（b）转录组
分析中不同组之间的 Pearson 相关系数

　　转录组注释结果还表明啮食 PET 可导致水解相关的通路上调。利用 GO 数据库注释宿主基因及相应基因表达产物的功能属性显示，在三组啮食 PET 黄粉虫幼虫宿主肠道样本中，羧酸酯水解酶活性（GO：0052689）、作用于酯键的水解酶活性（GO：0016788）、水解酶活性（GO：0016787）、肽酶活性（GO：0008233）、内肽酶活性（GO：0004175）、丝氨酸型内肽酶活性（GO：0004252）、脂肪酶活性（GO：0016298）、纤维素酶活性（GO：0008810，GO：0030245）、磷脂酶活性（GO：004620）和丝氨酸型肽酶活性（GO：0008236）（图 5-70）功能相关的基因富集程度较高，表明黄粉虫中有多个与 PET 的水解和代谢相关基因家族被激活。这些基因的功能主要是参与促进长链 FAs、长链醇、长链 C—C 或连接 C—N 官能团的羰基产生。本研究中注释到羧酸酯水解的功能涉及脂肪酶（EC 3.1.1.13）和羧酸酯酶（EC 3.1.1.1、EC 3.1.1.7、EC 3.1.1.59）的合成，这两种酶是典型的可作用于酯键的酶，证明了 PET 可能被黄粉虫宿主水解。在本研究中，啮食 PET 的黄粉虫样本中发现了大量编码羧酸酯酶的基因，这些基因可以裂解酯键，从而促进 PET 的表面修饰[159]。虽然啮食 PET 样品的脂肪酶编码基因的 FPKM 较低，但与对照样品相比，其在啮食 PET 后被明显激活。

　　氧化酶编码基因在啮食 PET 的样品中也过表达。饲喂 PET 后，幼虫肠道组织中与编码药物代谢相关的酶[细胞色素 P450（CYP450）、谷胱甘肽硫转移酶]和编码漆酶的基因大量表达。其中，CYP450s 属于单加氧酶超家族，可催化复杂有机分子中的 C—H 羟基化、C＝C 双键环氧化、杂原子氧化、C—C 键裂解等多种反应[148]。最近的一项研究认为在合成细菌中，CYP450 驱动的一系列酶促反应可以降解 PE[157]。谷胱甘肽硫转移酶可以催化三肽谷胱甘肽与非极性化合物的亲电中心结合，以进一步降解中间产物，增加聚合物的水溶性[158]。大量研究表明，漆酶是一种可以分解 PE 和芳香族聚合物的氧化酶，也是典型的木质素降解酶[160]。啮食 PET 黄粉虫中水解酶和氧化酶相关基因的表达量的上调证明了宿主对 PET 的降解作用，然而，这些酶的具体作用还需要进一步研究。

　　与黄粉虫幼虫肠道微生物的基因表达相似的是，在啮食 PET 的肠道样本中，脂质代谢相关基因（FA 降解、FA 生物合成、FA 延长、鞘脂代谢、甘油酯代谢以及角质、木栓质和蜡质生物合成）大量表达（图 5-71）。在其他昆虫宿主受到饮食上的营养限制时也曾被报道表现出类似的响应[148]，例如，在大蜡螟虫幼虫降解 LDPE 过程中，对其肠道进行转录组表征发现许多参与脂质代谢的转录本上调[148]。Kong 等[147]发现大蜡螟虫在将蜡代谢成短链 FAs 过程中，宿主的 FA 代谢、FA 生物合成和 FA 降解通路的相关的基因过表达。PET 的降解中间产物可以通过 L-乳酸脱氢酶（EC 1.1.1.27）和乙醛脱氢酶（EC 1.2.1.3）等酶转化成 FA 而代谢。本研究中，在啮食 PET 的幼虫中观察到富集 FA 合成途径的 FA 合成酶（EC 2.3.1.85）以及角质、木栓质和蜡质生物合成途径的酶的形成和积累增加，反映了 PET 的降解中间产物在宿主中的能量储存和同化[161]。

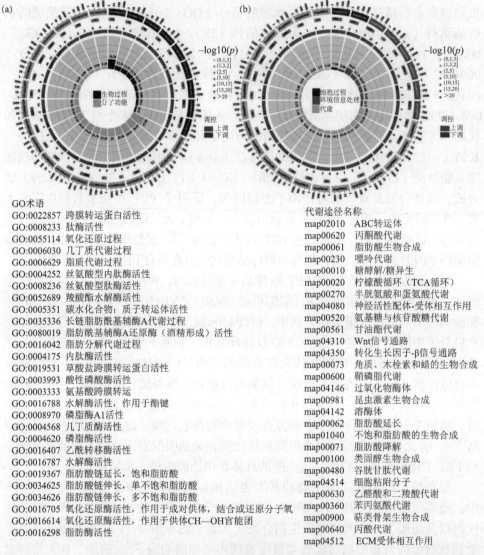

GO术语	
GO:0022857	跨膜转运蛋白活性
GO:0008233	肽酶活性
GO:0055114	氧化还原过程
GO:0006030	几丁质代谢过程
GO:0006629	脂质代谢过程
GO:0004252	丝氨酸型内肽酶活性
GO:0008236	丝氨酸型肽酶活性
GO:0052689	羧酸酯水解酶活性
GO:0005351	碳水化合物：质子转运体活性
GO:0035336	长链脂肪酰基辅酶A代谢过程
GO:0080019	脂肪酰基辅酶A还原酶（酒精形成）活性
GO:0016042	脂分解代谢过程
GO:0004175	内肽酶活性
GO:0019531	草酸盐跨膜转运蛋白活性
GO:0003993	酸性磷酸酶活性
GO:0003333	氨基酸跨膜转运
GO:0016788	水解酶活性，作用于酯键
GO:0008970	磷脂酶A1活性
GO:0004568	几丁质酶活性
GO:0004620	磷脂酶活性
GO:0016407	乙酰转移酶活性
GO:0016787	水解酶活性
GO:0019367	脂肪酸链延长，饱和脂肪酸
GO:0034625	脂肪酸链伸长，单不饱和脂肪酸
GO:0034626	脂肪酸链伸长，多不饱和脂肪酸
GO:0016705	氧化还原酶活性，作用对供体，结合或还原分子氧
GO:0016614	氧化还原酶活性，作用于供体CH—OH官能团
GO:0016298	脂肪酶活性

代谢途径名称	
map02010	ABC转运体
map00620	丙酮酸代谢
map00061	脂肪酸生物合成
map00230	嘌呤代谢
map00010	糖酵解/糖异生
map00020	柠檬酸循环（TCA循环）
map00270	半胱氨酸和蛋氨酸代谢
map04080	神经活性配体-受体相互作用
map00520	氨基糖与核苷酸糖代谢
map00561	甘油酯代谢
map04310	Wnt信号通路
map04350	转化生长因子-β信号通路
map00073	角质、木栓素和蜡的生物合成
map00600	鞘磷脂代谢
map04146	过氧化物酶体
map00981	昆虫激素生物合成
map04142	溶酶体
map00062	脂肪酸延长
map01040	不饱和脂肪酸的生物合成
map00071	脂肪酸降解
map00100	类固醇生物合成
map00480	谷胱甘肽代谢
map04514	细胞粘附分子
map00630	乙醛酸和二羧酸代谢
map00360	苯丙氨酸代谢
map00900	萜类骨架生物合成
map00640	丙酸代谢
map04512	ECM受体相互作用

图 5-70　（a）PETs 组和对照组之间差异上调的基因的 GO 富集圆环图（$p<0.05$）；（b）PETs 组和对照组之间差异上调的基因的 KEGG 富集圆环图（$p<0.05$）（$n=3$ 个样本/组）

　　此外，MPs 进入各种生物体后经常对生物体的脂质稳态造成破坏，在无脊椎动物和哺乳动物中均观察到这一现象[162,163]。因此，脂质代谢相关基因的上调也可能与黄粉虫幼虫宿主对塑料的应激反应有关。例如，Xu 和 Yu[164]曾报道鞘脂代谢通路在调节脂质代谢和脂质过氧化代谢中起着至关重要的作用，当生物体出现炎症并产生氧化应激反应时，鞘脂代谢通路会被激活。Deng 等[163]研究发现，当小鼠暴露于 MPs 时，宿主表现出的脂质代谢异常现象与肠道功能紊乱密切相关。如图 5-71 所示，在本研究中，注释到脂质代谢通路中下调基因的数量在三组啮食 PET 样本间并无显著差异，啮食 PET_{1100}、PET_{27100} 和 PET_{63500} 三组黄粉虫幼虫消化道的脂质代谢相关的基因分别为 16、17 和 19 个（图 5-71）。如上文所述，脂质代谢基因的上调还与幼虫的能量储备和生物降解过程中中间产物的同化有关。LeMoine 等[148]推测，当给大蜡螟虫幼虫饲喂 LDPE 时，脂质稳态相关的重要代谢过程被重塑。因此，脂质稳态的改变可能是应激反应和其他生物反应等多种因素共同作用的结果。

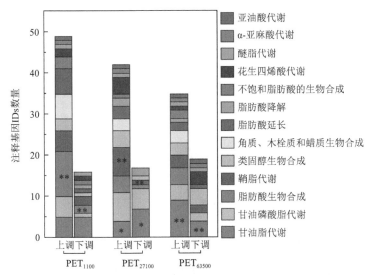

图 5-71　宿主中富集到的上调和下调的脂质代谢相关的 KEGG 富集通路

KEGG 注释结果显示，参与碳水化合物代谢的通路显著上调，包括丙酮酸代谢、糖酵解/糖异生、柠檬酸循环（TCA 循环）、乙醛酸和二羧酸代谢[图 5-70（b）]，表明幼虫形成了以糖原和甘油三酯形式储存能量的能力[161]。上述代谢通路被激活表明 PET 解聚/降解中间产物可能被幼虫利用进行能量代谢和糖原调节。

基于本研究所得到的结果和现有的理论知识，提出了黄粉虫宿主和肠道微生物对 PET 的基本降解途径。对于肠道微生物的作用（图 5-72），由于 PET 中只含有 C、O 及 H 原子，缺乏幼虫生长必要的营养物质，在 PET 塑料进入消化道后，在营养不足的情况下发展了大量含有鞭毛的微生物，这些肠道微生物通过细菌趋向性帮助其寻找碳源和能源，趋向芳香化合物，通过分泌乳化因子和胞外酶对 PET 进行降解。首先通过脂肪酶、羧酸酯酶等水解酶对 PET 进行水解以启动反应过程，进而通过氧化酶和水解酶对降解中间产物进一步降解，产生的碳链较小的中间产物可通过转运蛋白进入微生物细胞，产生的中间产物在微生物细胞内通过 TCA 循环被进一步矿化。固氮微生物可为宿主提供氮源，并为宿主合成必需的氨基酸/辅因子/维生素等营养物质，但在不额外补充营养物质的条件下，微生物合成的营养物质并不足以维持幼虫的长期存活。在低分子量的 PET（如 PET_{1100}）降解过程中，宿主消化酶对其消化能力较强，因此肠道微生物展现的作用较弱，而在大分子量 PET 降解时，微生物的作用提高。

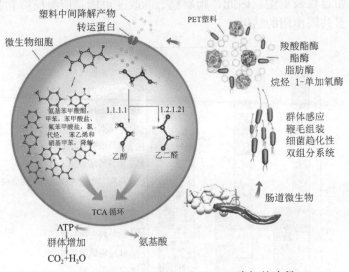

图 5-72　黄粉虫肠道微生物对 PET 降解的途径

如图 5-73 所示，在黄粉虫幼虫接收 PET 聚合物之后，幼虫宿主中水解相关的通路（包括羧酸酯水解酶、作用于酯键的水解酶、肽酶、内肽酶、丝氨酸型内肽酶、脂肪酶、纤维素酶、磷脂酶和丝氨酸型肽酶等）也大量表达，通过作用于 PET 的酯键将 PET 水解。氧化酶（包括 CYP450、谷胱甘肽硫转移酶和漆酶）配合水解酶对降解中间产物进一步分解。当 PET 在细胞外水解/氧化后，形成的中间产物通过转运蛋白进入宿主细胞中，产生的部分中间产物脂肪酸直接通过 β 氧化过程进入 TCA 循环而被矿化，部分丙酮酸中间产物进入 TCA 循环，部分中间产物通过厌氧作用分解，宿主细胞还可利用部分产物生成长链脂肪酸等，脂肪酸是膜组分和信号分子的重要前体物质，有助于维持幼虫的正常生长和能量储存。此外，分解的中间产物还可以糖原和甘油三酯形式作为黄粉虫幼虫的能量储存，导致黄粉虫幼虫的体重增加。在这个过程中，黄粉虫幼虫宿主可能对高分子量的 PET_{27100} 和 PET_{63500} 产生应激反应。

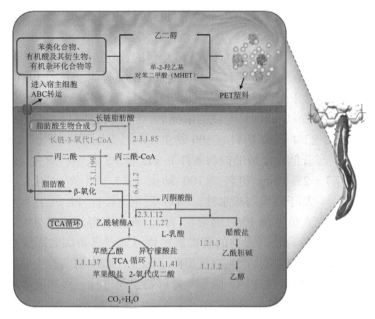

图 5-73 黄粉虫宿主对 PET 降解的途径

5.5 黄粉虫对 PVC 的啃食-降解能力研究

5.5.1 PVC 微塑料的消耗去除情况

聚氯乙烯是最典型、使用最广泛的卤代烃类塑料高聚物，也是全球六大通用塑料之一。据欧洲塑料工业协会统计，2021 年聚氯乙烯塑料的生产量占据全球塑料生产总量的 12.9%[165]。聚氯乙烯的高聚物结构中含氯原子，且具备一定结晶度，由于其生物降解过程中还原脱氯难度大，成为最难生物降解的塑料之一[89]。

16 天短期实验证实了中国广东虫源的黄粉虫幼虫表现出对 PVC 微塑料积极的摄食行为和良好的摄食能力。然而，在随后的实验观察中发现，PVC 微塑料的摄食消化对黄粉虫幼虫影响较大。在 16 天短期实验内，黄粉虫幼虫对 PVC 微塑料的虫均塑料消耗为（36.6±6.8）mg 塑料/（100 幼虫·d），相较于其对 PE 和 PS 微塑料的虫均塑料消耗[（43.9±2.0）mg 塑料/（100 幼虫·d）和（40.0±1.5）mg 塑料/（100 幼虫·d）]略低，说明黄粉虫幼虫对 PVC 微塑料的摄食亲和性较低。另一方面，PVC 微塑料降解物虫粪中的四氢呋喃萃取比例为 29.1%±2.3%。四氢呋喃萃取比例是用于估计残留 PVC 聚合物的有效指标，因此，萃取实验结果初步说明 PVC 微塑料在被黄粉虫幼虫摄入后大部分被降解转化（约 70%），残余的 PVC 高聚物（约 29%）最终被排出黄粉虫幼虫虫体。

在 6 周中期实验中，中国山东来源的黄粉虫幼虫对 PVC 高聚物同样表现出了良好的亲和性和积极的摄食行为，然而，在实验中后期，黄粉虫幼虫对 PVC 微塑料的摄食能力明显下降。喂食 PVC 微塑料的黄粉虫幼虫 6 周周期内平均虫均塑料消耗为（17.3±0.5）mg 塑料/（100 幼虫·d）[等同于（2.7±0.1）mg 塑料/（g 幼虫·d）]，远低于短期实验内的虫均塑料消耗[（36.6±6.8）mg 塑料/（100 幼虫·d）]。即使在添加助饲料麦麸的情况下，PVC 微塑料+麦麸组的虫均塑料消耗也仅为（40.3±1.4）mg 塑料/（100 幼虫·d）[等同于（4.5±0.2）mg 塑料/（g 幼虫·d）]，显著低于添加助饲料条件下 PE 和 PS 微塑料的虫均塑料消耗数值[分别为（67.7±2.3）mg 塑料/（100 幼虫·d）和（70.0±1.8）mg 塑料/（100 幼虫·d）]。基于高聚物疏水性，PVC 理论上要比 PE 更容易受到酶促攻击[166]，然而，研究人员发现 PVC 高聚物降解会产生有毒的有机氯中间体和其他氯化产物[141]，这些具有较高毒性的有机氯产物可能对具备高效降解塑料能力的黄粉虫幼虫的存活和塑料摄食产生直接影响，因此导致中期实验中黄粉虫幼虫的虫均塑料消耗大幅下降。对 PVC 微塑料降解物虫粪进行三级梯度萃取，评估中期实验内消化去除聚氯乙烯微塑料的效率。喂食 PVC 微塑料和 PVC 微塑料+麦麸的黄粉虫幼虫平均虫粪产率分别为 0.71 和 0.65，低于喂食 PE 和 PS 微塑料的黄粉虫幼虫的平均虫粪产率，初步说明中期实验内 PVC 微塑料的矿化效果可能不佳。三级梯度萃取实验结果显示，喂食 PVC 微塑料和 PVC 微塑料+麦麸的黄粉虫幼虫的降解物虫粪水萃取比例分别为 21.5%±0.4%和 27.9%±1.1%，说明 PVC 高聚物消化同样产生了较高含量的亲水性可溶产物，但是，最终衡算结果表明，两种条件下的平均消化去除效率仅为 58.2%±1.5%和 49.6%±1.0%，和 6 周实验周期内黄粉虫幼虫对 PE 微塑料的消化去除效率相近（59.3%±2.5%），但显著低于 PS 微塑料的消化去除效率（67.7%±1.8%）。对三种微塑料的消化去除效率大小顺序为 PS＞PE ≈ PVC，综合考虑，该结果可能和高聚物降解性、高聚物亲疏水性以及降解产物毒性等多方面因素有关。

5.5.2　黄粉虫降解 PVC 微塑料的幼虫生理反应

短期降解实验结束时，中国广东来源的黄粉虫幼虫的存活率下降到 87.5%±2.0%，显著低于同一时段喂食 PE 和 PS 微塑料的黄粉虫幼虫的存活率（分别为95.3%±0.6%和 95.3%±1.2%），但高于饥饿组黄粉虫。中期实验内喂食 PVC 微塑料的黄粉虫幼虫的存活率变化趋势和喂食 PE 和 PS 微塑料的黄粉虫幼虫相似。因为微塑料作为唯一碳源导致的内源能量供应不足，喂食 PVC 微塑料的黄粉虫幼虫在 6 周实验周期内存活率逐渐下降。在第一周实验结束时存活率为93.7%±0.6%，而在第 6 周实验结束时，最终存活率仅为 69.0%±2.0%，显著低于（$p < 0.05$）麦麸喂养的黄粉虫幼虫和 PVC+麦麸混合饲料喂养的黄粉虫幼虫的

最终存活率（分别为96.3%±1.2%和86.7%±1.2%）也显著低于（$p<0.05$）喂食PE和PS微塑料的黄粉虫幼虫的最终存活率（79.7%±1.2%和76.7%±1.2%）。在第6周实验结束时，喂食PVC微塑料的黄粉虫幼虫的平均虫重也下降到最初虫重的81.8%±0.7%。以上生理指标变化结果进一步证实了PVC微塑料的消化降解对黄粉虫幼虫生长和存活造成的负面影响。PVC高聚物的脱氯和矿化难度较大，其生物降解可能会产生高含量的有机氯中间体和其他氯化产物[141]，此外，微塑料的摄入还会引起生物体内的物理损伤和氧化应激反应[167-175]。聚氯乙烯微塑料的降解实验中黄粉虫幼虫表现较差可能是多种因素共同作用的结果。采用国家食品级检测方法对中期实验中摄食PVC微塑料的黄粉虫幼虫虫体营养水平进行测试。6周的中期实验结束时，喂食PVC微塑料的黄粉虫幼虫的虫体含水量为57.1%±1.9%，显著低于（$p<0.05$）喂食PVC微塑料+麦麸的黄粉虫幼虫的虫体含水量（61.5%±1.7%），也低于麦麸对照组黄粉虫幼虫的含水量（62.2%±0.7%）。PVC微塑料喂养的黄粉虫幼虫的虫体脱水更加严重，导致了其在中期实验周期内更低的存活率。另一方面，中期实验结束时，喂食PVC微塑料和PVC微塑料+麦麸的黄粉虫幼虫总碳水化合物含量分别为3.9%±0.1%和6.0%±0.2%，脂肪含量分别为9.1%±0.5%和9.6%±0.3%，粗脂肪含量分别为10.0%±0.9%和10.8%±0.7%。黄粉虫幼虫通过生物降解和矿化聚PVC微塑料获得的能量不足，无法维持其基础代谢水平，且总体低于同等条件下降解PE或PS高聚物所获得的能量，从而导致黄粉虫幼虫的营养不良状态。通过雷达图综合评估了中期降解实验后黄粉虫幼虫的总体生理表现。相比于以麦麸为唯一饲料喂养的黄粉虫幼虫对照组，喂食PVC微塑料和PVC微塑料+麦麸的黄粉虫幼虫的总体虫体营养水平都出现明显收缩（图5-74）。其中，以PVC微塑料为唯一碳源的黄粉

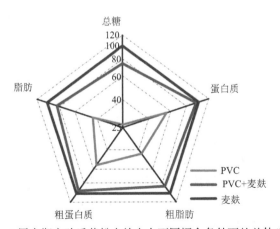

图5-74　6周中期实验后黄粉虫幼虫在不同摄食条件下的总体生理表现

虫组出现了严重的营养不良状态，总碳水化合物含量仅为初值的 30%左右，脂肪含量仅为初值的 50%左右。中期降解实验的雷达图综合评估结果证实，PVC 微塑料摄入和降解会对黄粉虫幼虫的生理状态造成严重负面影响。

5.5.3　黄粉虫降解 PVC 微塑料证明与表征

　　GPC 分析结果显示［图 5-75（a）］，与初始 PVC 微塑料相比，经过黄粉虫幼虫消化后的降解物虫粪中的残余聚合物的分子量分布向低分子量方向显著偏移。同时，其重均分子量和数均分子量分别下降了 33.4%±2.6%和 32.8%±2.7%，表明 PVC 微塑料经过黄粉虫幼虫的肠道消化后发生广谱解聚，该解聚模式与商业 PS 塑料高聚物的解聚模式相同[4,23,24,36,38,76,77,84,176]。红外光谱分析结果显示，PVC 塑料高聚物的特征官能团发生了明显改变。如图 5-75（b）所示，在 PVC 微塑料中，其特征官能团为 690 cm^{-1} 处的—C—Cl 官能团、1099 cm^{-1} 处的—C—C—官能团和 2900～2950 cm^{-1} 处的—C—H 官能团；而在聚氯乙烯降解物虫粪中，在波数 690 cm^{-1} 处的—C—Cl 官能团强度明显减弱，同时检出了新生成的含氧官能团，如在波数 1700 cm^{-1} 处的 C=O 官能团以及在 2500～3500 cm^{-1} 处的 R—OH 官能团。这些含氧官能团的出现被认为是塑料高聚物氧化和生物降解过程中的关键步骤[177-179]。因此，结果表明，黄粉虫幼虫可以有效地氧化和生物降解 PVC 高聚物。NMR 进一步验证了 PVC 降解物虫粪中残余聚合物的化学改性，结果如图 5-75（c）所示。与 PVC 微塑料的 NMR 相比，降解物虫粪中检出了 5.2～5.3 ppm 处的—C=C—H 特征峰，该特征峰在麦麸喂养的黄粉虫幼虫对照组虫粪中未检出。NMR 测试结果进一步证实了 PVC 微塑料在黄粉虫幼虫肠道中发生了解聚降解。根据热裂解分析结果［图 5-75（d）］，在氮气氛围下和空气氛围下，聚氯乙烯微塑料共存在三个最大热裂解速率。其中，在氮气氛围下存在两个最大热裂解速率［322.26℃和 482.24℃处］，分别与氯化氢的释放和聚合物主链的热解有关；而在空气氛围下的最大热裂解速率在 657.83℃处，与裂解残余物的进一步分解有关。相比之下，对于 PVC 降解物虫粪，共检测到了四个最大热裂解速率，分别在 97.10℃、292.27℃、463.41℃和 529.56℃处［图 5-75（d）］。其中，在 97.10℃处发生的热裂解物质可归类为幼虫肠道中的挥发性有机物，如肠道分泌物和 PVC 生物降解产生的羧酸类化合物等。而其他三个最大热裂解速率可能与生物消化物、残余的 PVC 微塑料、氯化产物和其他塑料降解中间体的分解有关。与 PVC 微塑料的热裂解过程相比，降解物虫粪的最大热裂解速率发生明显偏移［图 5-75（d）］，表明黄粉虫幼虫介导的 PVC 消化、解聚和降解过程生成了具有不同热学性质的物质。

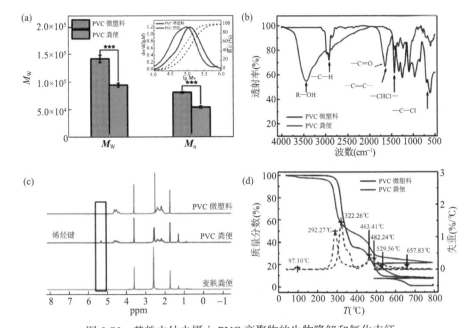

图 5-75　黄粉虫幼虫摄入 PVC 高聚物的生物降解和氧化表征

（a）M_n 和 M_w 的变化，***表示有统计学差异，$p<0.001$，内置插图表示分子量分布的变化情况；（b）FTIR 图；
（c）^{1}H NMR 谱图；（d）TGA 图

　　与对照组和饥饿组相比[氯含量分别为（2.083±0.030）mg/g 和（2.401±0.015）mg/g]，PVC 喂养组的黄粉虫幼虫虫体生物质中氯含量[（3.007±0.102）mg/g]显著升高，这表明黄粉虫幼虫摄入 PVC 微塑料后，消化和有效矿化过程中释放的氯元素进入黄粉虫幼虫虫体。同时，PVC 降解物虫粪中的氯浓度[（4.727±0.073）mg/g]约为麦麸组虫粪[（0.901±0.006）mg/g]的 5 倍，进一步证明 PVC 高聚物发生了一定程度的消化和矿化。此外，PVC 微塑料喂养组的培养箱中用氢氧化钠溶液收集到的氯离子浓度[（5.240±0.26）mg/g]高于麦麸对照组，说明黄粉虫幼虫介导的消化脱氯过程使得部分无机氯化物释放到培养箱内的空气中。根据氯元素含量的测试结果对 PVC 降解过程中氯元素流向进行了计算，并绘制了氯元素流量图。如图 5-76 所示，进入黄粉虫幼虫肠道的 PVC 微塑料中 2.08%的氯元素以氯化物的形式进入黄粉虫幼虫虫体生物质中，0.03%以含氯气体形式（氯化氢）进入到空气中，而大部分氯元素进入黄粉虫幼虫虫粪（97.89%）中。在黄粉虫幼虫虫粪中，可溶性氯化物占比 0.77%，有机氯中间体占比 62.51%，未消化的聚氯乙烯高聚物占比 34.60%。假设 PVC 高聚物能够被黄粉虫幼虫完全好氧矿化，结果将会产生大量氯化氢被黄粉虫幼虫生物质、降解物虫粪或培养箱内的氢氧化钠溶液吸收[89,180]，从而在实验中导致黄粉虫幼虫虫体的 pH 降低。对幼虫虫体 pH 进行了测试，结果表明，喂食 PVC 微塑料的黄粉虫幼虫虫体的 pH 为中性（7.38±

0.02），和麦麸喂养的黄粉虫幼虫虫体的 pH 测试结果相近（7.52±0.11），表明黄粉虫幼虫的消化系统难以完全矿化 PVC 高聚物，其脱氯程度十分有限，尽管黄粉虫幼虫具备广谱解聚 PVC 高聚物的能力。在黄粉虫幼虫介导的 PVC 高聚物降解的过程中，大部分摄入的 PVC 高聚物被转化为含氯有机物，而非被完全矿化为氯化物、二氧化碳和水。

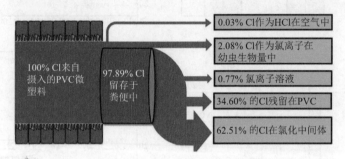

图 5-76　黄粉虫幼虫介导的聚氯乙烯微塑料降解过程的氯元素流量图

5.5.4　黄粉虫降解 PVC 肠道微生物测序与分析

在门水平的相对丰度分析上，黄粉虫幼虫的肠道微生物群主要由 8 个门组成。其中，拟杆菌门（Bacteroidetes）、变形菌门（Proteobacteria）和放线菌门（Actinobacteria）细菌是麦麸组黄粉虫幼虫的肠道优势菌[图 5-77（a）]。摄食消化聚氯乙烯微塑料后，肠道菌群变化主要与四个科的细菌相关[图 5-77（b）]，分别为链球菌科（Streptococcaceae）、螺原体科（Spiroplasmataceae）、肠杆菌科（Enterobacteriaceae）和梭菌科（Clostridiaceae）。肠杆菌科细菌和多种塑料高聚物的解聚降解密切相关[23,38,76,83,86,105]，Brandon 等的研究中报道了肠杆菌科菌属的 *Citrobacter* sp.和 *Kosakonia* sp.与 PE 和 PS 塑料生物降解的显著相关性[23]。此外，2014 年，Yang 等分离的塑料降解菌 *Enterobacter absuriae* YT1（阿氏肠杆菌）同样属于肠杆菌科[65]。因此，肠杆菌科细菌的相对丰度升高是聚氯乙烯微塑料降解的直接原因之一。此外，PVC 降解还导致链球菌科细菌的相对丰度从 5.63%增加到 47.29%，螺原体科细菌的相对丰度从 4.80%增加到 32.42%[图 5-77（b）]。链球菌科细菌相对丰度的显著上升主要和乳球菌属（*Lactococcus*）细菌相关[图 5-77（c）]。乳球菌属细菌是一种兼性厌氧的细菌[105,181]，已被证实能够降解和矿化聚乳酸聚合物[105]；螺原体科细菌相对丰度的显著上升主要和螺原体属（*Spiroplasma*）细菌相关[图 5-77（c）]，该菌属是拟步甲科昆虫肠道微生物群中的常见菌类[65,105,181]。后续相关研究应重点关注乳球菌属和螺原体属细菌在降解过程中的实际参与。

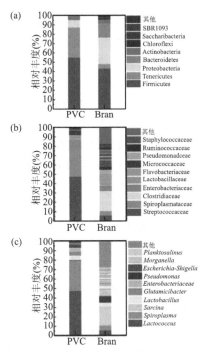

图 5-77　PVC 降解实验中黄粉虫幼虫肠道微生物群测序与分析
（a）门、（b）科、（c）属级的相对丰度分析（"其他"是相对丰度低于 0.01 的肠道微生物）

5.6　黄粉虫对 PLA 的啮食-降解能力研究

5.6.1　黄粉虫降解 PLA 的消耗去除情况

在 24 天的摄食实验中，黄粉虫幼虫表现出对 PLA+麦麸混合饲料更积极摄食行为和更高的亲和性。其中，喂食聚乳酸微塑料占比 10%、20% 和 30% 的黄粉虫幼虫在 24 天实验结束时已消耗完所有混合饲料，PLA 占比 50% 的黄粉虫组在第 37 天才完全消耗掉 30 g 混合饲料。通过虫均摄食速率计算发现，喂食 PLA 微塑料占比 50%、30%、20% 和 10% 的黄粉虫幼虫在实验周期内的虫均塑料消耗分别达到 202.7 mg 塑料/（100 幼虫·d）、187.5 mg 塑料/（100 幼虫·d）、125.0 mg 塑料/（100 幼虫·d）和 62.5 mg 塑料/（100 幼虫·d），远高于以 PLA 微塑料为唯一碳源的黄粉虫组的虫均塑料消耗[45.2 mg 塑料/（100 幼虫·d）]。结果表明，添加外源性食物麦麸更有利于黄粉虫幼虫快速摄食 PLA 塑料高聚物。值得注意的是，添加麦麸对黄粉虫幼虫的聚乳酸摄食增益程度相比其他微塑料要更加显著，这可能与塑料高聚物的可降解性和亲疏水性有关，PLA 塑料高聚物相比于 PE、PS 和 PVC 塑料高聚物更容易被酶促攻击和水解[166]。

通过三级梯度萃取实验对 PLA 微塑料降解物虫粪进行了分级，评估了黄粉虫幼虫消化去除和生物降解 PLA 高聚物的效率。虫粪中均含有较高含量的水溶性物质，其比例随着混合饲料中聚乳酸含量的降低而升高。PLA 高聚物在肠道内的消化降解和麦麸相似，产生了亲水性的降解产物，但 PLA 高聚物的消化降解产生的亲水性物质含量要略低。此外，乙醇萃取比例在所有虫粪样本中均较低（约为 2%）。有机溶剂萃取比例与降解物虫粪中的残余聚乳酸含量和消化去除效率直接相关，喂食 PLA+麦麸混合饲料（PLA 含量为 10%、20%、30%和 50%）的黄粉虫幼虫的虫粪有机溶剂萃取比例分别为 4.1%±0.1%、7.7%±0.2%、12.4%±0.7%和 19.4%±0.8%[图 5-78（a）]。相比之下，仅喂食 PLA 微塑料或麦麸的黄粉虫幼虫的虫粪有机溶剂萃取比例分别为 25.0%±1.4%和 1.8%±0.0%。以麦麸组虫粪的测定数值为背景，估算了各喂养条件下的残余 PLA 含量和摄入聚乳酸高聚物的消化去除效率。如图 5-78（b）所示，仅喂食 PLA 微塑料的黄粉虫组的 PLA 消化去除效率最高（90.9%±1.4%）。而在喂食 PLA+麦麸混合饲料（聚乳酸含量为 10%、20%、30%和 50%）的黄粉虫组中，聚乳酸消化去除效率略有下降，分别为 86.9%±1.7%、83.9%±1.0%、81.5%±2.3%和 82.0%±1.6%[图 5-78（b）]，说明在聚乳酸塑料高聚物的生物降解过程中，麦麸的添加会对特定功能微生物群落的生态位造成干扰，从而降低聚乳酸高聚物的消化去除效率。可以注意到，随着麦麸添加比例的增加，聚乳酸的消化去除效率逐渐下降，进一步验证了以上观点。实验结果还表明，在黄粉虫幼虫肠道中超过 80%的聚乳酸塑料高聚物被有效消化和去除，说明黄粉虫幼虫对聚乳酸塑料高聚物具有高亲和性和消化效果。聚乳酸高聚物是一种生物基的可降解类塑料高聚物，与其他常规石油基塑料不同，它的单体乳酸具有良好的生物友好性[182-184]，相较于其他种类塑料高聚物，聚乳酸更好的消化效果可能与其良好的体内可生物降解性和降解产物的生物可利用度有关。

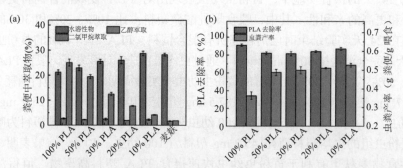

图 5-78　不同喂养条件下降解物虫粪的三级梯度萃取实验结果（a）以及聚乳酸消化去除效率和虫粪产率结果（b）

5.6.2　黄粉虫摄食消化 PLA 后的生理反应

如图 5-79（a）所示，喂食 PLA+麦麸混合饲料（PLA 含量为 10%、20%、30%和 50%）的黄粉虫幼虫的最终存活率分别为 93.0%、92.5%、92.0%、88.0%和 82.0%。而仅喂食 PLA 微塑料的黄粉虫组和麦麸对照组的黄粉虫幼虫最终存活率分别为 82.0%和 91.0%。通过 Kaplan-Meier 生存分析进一步解析了周期内不同喂食条件下黄粉虫幼虫的存活曲线差异[图 5-79（a）]，结果表明，仅喂食 PLA 微塑料的黄粉虫幼虫和饥饿组的黄粉虫幼虫的存活曲线存在显著差异（$p<$ 0.001），并且也和麦麸组及 PLA 含量为 10%、20%、30%的黄粉虫组的存活曲线差异显著，说明黄粉虫幼虫可以同化或至少部分利用 PLA 降解产物，为其生存及活动提供所需的能量和碳源，但是不同于常规食物麦麸，以 PLA 为唯一碳源不足以在实验周期内提供足够的营养物质，导致对黄粉虫的存活率造成部分负面影响。另一方面，PLA 含量为 10%、20%、30%的黄粉虫组的最终存活率和存活曲线[图 5-79（a）]与麦麸组黄粉虫无明显差异（$p>$0.05），初步说明添加

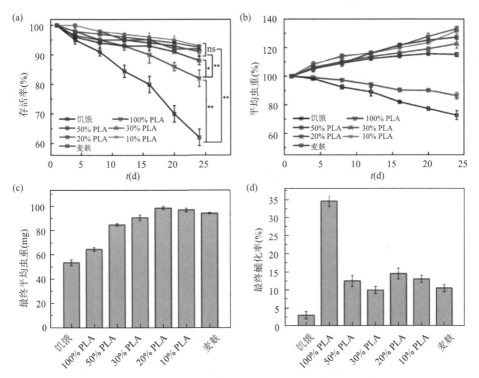

图 5-79　黄粉虫幼虫在不同比例的聚乳酸饲料添加条件下的生理反应

（a）实验周期内的存活率变化（%），使用 Kaplan-Meier 生存分析鉴别周期内不同喂食条件下黄粉虫幼虫的存活曲线差异；（b）实验周期内黄粉虫幼虫的平均虫重变化（%）；（c）黄粉虫幼虫的最终平均虫重（mg）及（d）最终蛹化率（%）（*和**表示有统计学差异，p 值分别小于 0.05 和 0.001，ns 表示没有显著差异）

低比例 PLA 作补充饲料可以作为生物降解和资源化 PLA 聚合物的一种有效途径。与仅喂食 PLA 微塑料的黄粉虫幼虫相比，喂食 PLA+麦麸混合饲料的黄粉虫幼虫的平均虫重稳定增加[图 5-79（b）]。第 4 天，PLA 含量为 50%的黄粉虫组的平均虫重（105.4%±2.1%）与 PLA 含量为 10%、20%、30%的黄粉虫组的平均虫重（分别为 108.2%±0.5%、108.4%±1.8%和 106.1%±3.0%）无统计学差异（$p>0.05$）。第 12 天，PLA 含量为 10%、20%、30%的黄粉虫组的平均虫重已显著高于（$p<0.05$）PLA 含量为 50%的黄粉虫组。实验结束时，PLA 含量为 10%和 20%的黄粉虫幼虫平均虫重分别增加了 31.6%±2.1%和 33.1%±1.7%[图 5-79（c）]，略高于麦麸组黄粉虫的平均虫重增量（27.2%±0.7%）。相比之下，PLA 含量为 30%和 50%的黄粉虫组平均虫重增量较少，分别为 22.6%±3.1%和 15.1%±1.3%，而仅喂食 PLA 微塑料和饥饿组的黄粉虫幼虫平均虫重出现下降。结合存活率变化情况，说明 PLA 含量为 10%或 20%的混合饲料更有利于黄粉虫幼虫的生存及生长。

　　昆虫蛹化和变形是内源激素控制的过程，受外部条件和能量摄入的影响。如图 5-79（d）所示，喂食 PLA+麦麸混合饲料（PLA 含量为 10%、20%、30%和 50%）的黄粉虫幼虫和麦麸组黄粉虫幼虫的最终蛹化率无显著差异（$p>0.05$），并且以上组别的黄粉虫幼虫均完成了蛹化变形。然而，仅喂食 PLA 微塑料的黄粉虫幼虫最终蛹化率显著增高，实验结束时达到 34.5%±2.1%，且虫蛹大小比喂食混合饲料的黄粉虫幼虫更小。结果表明，以 PLA 为唯一碳源会加速黄粉虫幼虫的蛹化过程。此外，仅喂食 PLA 微塑料的黄粉虫幼虫和饥饿组的黄粉虫幼虫并未全部完成变形过程，说明在黄粉虫幼虫生长发育过程中添加一定比例的助饲料麦麸是必要的。

5.6.3　黄粉虫降解 PLA 证明与表征

　　本研究采用红外光谱、热裂解分析和差热扫描分析对黄粉虫幼虫摄入的 PLA 聚合物的生物降解进行了表征。红外光谱分析结果显示，与初始 PLA 高聚物相比，降解物虫粪中形成了新的氧化降解中间体的官能团并发生了化学改性[图 5-80（a）]。在波数 3440 cm^{-1} 处检出羟基官能团（R—OH），表明聚乳酸聚合物在消化过程中发生了疏水性质向亲水性质的转变；在波数 1650 cm^{-1} 处检出—C=C—拉伸特征峰，进一步表明聚乳酸发生了解聚。此外，在波数 1700 cm^{-1} 处的碳氧双键官能团（—C=O）和 1150 cm^{-1} 处的碳氧单键官能团（—C—O）强度在初始 PLA 高聚物中较高，但在降解物虫粪中强度明显减弱，表明了 PLA 比例的下降及聚合物的消化。因此，红外光谱结果初步证实了 PLA 聚合物被黄粉虫幼虫消化降解。

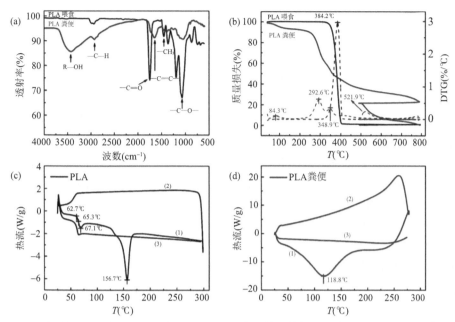

图 5-80　初始聚乳酸高聚物和喂食 100%聚乳酸微塑料的黄粉虫组降解物虫粪的生物降解和氧化表征

（a）红外光谱结果对比；（b）热裂解分析结果对比；（c）初始聚乳酸高聚物和（d）降解物虫粪的差热扫描分析结果

通过热裂解分析和差热扫描分析检测 PLA 降解后的热学性质变化。如图 5-80（b）所示，初始 PLA 高聚物在氮气氛围下仅检测到一个最大热裂解峰（384.2℃），而降解物虫粪在氮气氛围下和空气氛围下共检测到 4 个热裂解峰，其中，3 个在氮气氛围下，1 个在空气氛围下。在 84.3℃附近的热裂解峰和黄粉虫肠道中的挥发性有机物（如 PLA 降解和肠道分泌的羧酸类化合物）有关，其他热裂解峰则与聚合物降解的部分产物和中间体有关。此外，初始 PLA 高聚物的特征热裂解峰（384.2℃）在降解物虫粪中几乎消失。结果证实了 PLA 高聚物的热学性质变化和生物降解。通过差热扫描分析表征了聚合物的玻璃化转变温度和熔化过程，如图 5-80（c）和（d）所示，初始 PLA 高聚物的玻璃化转变温度约为 65℃，熔化温度约为 156.7℃。而降解物虫粪熔融温度升高至 118.8℃，并且样品失去晶型结构[图 5-80（d）]，表明 PLA 聚合物的结构发生了变化，不同结构和热学性质的产物和部分降解中间体在虫粪中产生。

5.6.4　黄粉虫降解 PLA 肠道组学研究

相较于麦麸对照组，喂食 PLA 聚合物的黄粉虫幼虫的肠道微生物多样性显著下降（4.133~1.737，$p < 0.0001$），说明 PLA 降解组的黄粉虫幼虫肠道菌群体系的多样性更低、降解功能性更高。此外，麦麸是一种包含多种营养物的高度复杂的混

合物，包括碳水化合物、脂肪、蛋白质和维生素等[84,89]，而 PLA 是一个结构单一的有机聚合物，因此，肠道微生物多样性的下降可能与碳源的多样性有关。通过主坐标分析比较了不同喂养条件下黄粉虫幼虫肠道微生物群聚类[图 5-81（b）]。结果表明，麦麸组 4 个样本的微生物群落结构高度多样化，而 PLA 组 5 个样本的微生物群落高度近似，且不同于麦麸组黄粉虫的菌群结构。层级聚类热图的聚类分析结果进一步证实了此结论[图 5-81（c）]，即两种喂养条件下形成了两个不同的聚类。相对丰度分析结果表明，黄粉虫幼虫的肠道微生物群主要由 5 个优势门组成[图 5-81（d）]。PLA 降解导致的肠道菌群的变化要与链球菌科（Streptococcaceae）、螺原体科（Spiroplasmataceae）、梭菌科（Clostridiaceae）、肠杆菌科（Enterobacteriaceae）和乳酸杆菌科（Lactobacillaceae）细菌相关[图 5-81（e）]。其中，链球菌科和螺原体科的相对丰度分别从 5.64%和 4.80%显著增加到 43.66%和 29.65%[图 5-81（e）]，链球菌科细菌的相对丰度的增加主要由乳球菌属细菌所贡献，其相对丰度从 5.53%增加到 43.61%，乳球菌属细菌是一种兼性厌氧的细菌[105,181]，可能与 PLA 高聚物及其中间体降解相关[图 5-81（f）]。此外，螺原体科细菌的相对丰度显著增加，其增量主

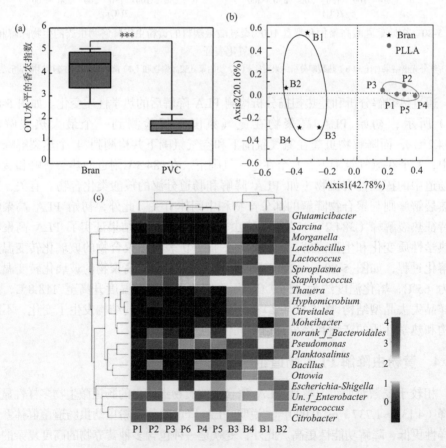

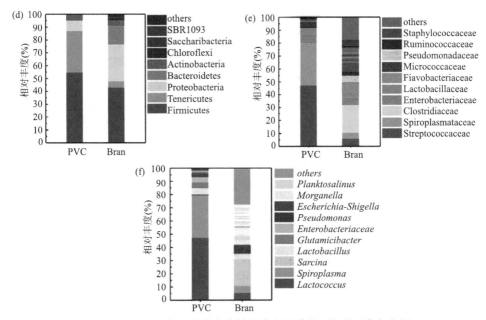

图 5-81　聚乳酸降解实验中黄粉虫幼虫肠道微生物群测序与分析

（a）肠道微生物群的香农指数变化（去除离异值 P3），***表示统计学 *p* 值小于 0.0001；（b）基于 Bray-Curtis 距离的微生物群落主坐标分析；（c）黄粉虫肠道微生物群的层级聚类热图分析；（d）门级、（e）科级和（f）属级的相对丰度分析。"others"是相对丰度低于 0.01 的肠道微生物；B 代表麦麸喂养的黄粉虫幼虫样本，P 代表聚乳酸喂养的黄粉虫幼虫样本

要由螺原体属（*Spiroplasma*）细菌贡献（相对丰度从 4.79%增加到 29.64%），螺原体属细菌是拟步甲科昆虫肠道微生物群中的常见菌类[65,181]，最近，斯坦福大学研究团队发现，黄粉虫幼虫的肠道组织可以分泌分子质量在 30～100 kDa 的乳化因子，该乳化因子可以改变黄粉虫肠道中 PS 高聚物的可生物利用度[93]。后续研究可以考虑检验肠道乳化因子是否有助于加速可降解类塑料的生物降解及资源化，并对各菌属的实际参与或协同作用加以研究。

基于本研究和之前文献所获得的结果，提出了一种废弃可降解类塑料的生物降解及资源化途径（图 5-82）。对于生物基可降解类塑料高聚物聚乳酸，首先可以利用农产品（如玉米淀粉和小麦淀粉）及农副产品（如秸秆）发酵并生产乳酸，合成高质量的聚乳酸塑料制品。在使用过后，废弃 PLA 塑料制品可以加以回收，并结合麦麸和其他农作物残留作为补充饲料生产黄粉虫幼虫生物质。在黄粉虫生长过程中，虫粪可以作为土壤改良剂和肥料用于农作物生产，并且可以收获有价值的农作物产品。最终，农产品和农副产品可以循环进入发酵流程生产可降解类塑料制品。

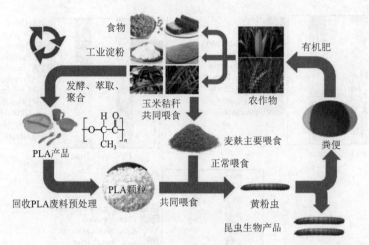

图 5-82　通过黄粉虫幼虫介导的聚乳酸塑料废弃物的生物降解及资源化途径

这种绿色可持续的资源化方法和概念可以生产 PLA、黄粉虫生物质及农产品三类高附加值的产品（图 5-82），同时减少可降解类塑料大规模使用所带来的塑料污染和环境破坏。在 PLA+麦麸混合饲料中，设置 PLA 聚合物比例为 20% 或以下即能获得较高的黄粉虫幼虫生物质产量并防止种内相残行为。参考本研究的实验结果和以往相关研究的实验参数[3,4,24,64,76,77,83,84,86,89,93,105,176,185-187]，如需进行大规模的 PLA 废弃物资源化利用和回收处理，建议采用 25℃的温度条件、70%的湿度条件以及相对黑暗的环境光照条件。后续研究可以考虑优化和调整补充营养物的类型、黄粉虫的培养密度以及驯化参数来提升黄粉虫生物降解并矿化回收可降解类塑料高聚物的效能。

5.7　黄粉虫对 PBAT 的啃食-降解能力研究

5.7.1　黄粉虫降解 PBAT 的消耗去除情况

PBAT 是一种石油基可降解类塑料高聚物。与 PLA 不同，PBAT 结构上携带苯环和酯基，是一种半结晶型的芳香族-脂肪族共聚的聚合物。在 36 天降解实验中，喂食 PBAT 微塑料占比 100%、80%、60%、40%、20%和10%的黄粉虫幼虫的虫均塑料消耗分别为 12.9 mg 塑料/（100 幼虫·d）、13.6 mg 塑料/（100 幼虫·d）、16.4 mg 塑料/（100 幼虫·d）、22.8 mg 塑料/（100 幼虫·d）、36.5 mg 塑料/（100 幼虫·d）和 37.8 mg 塑料/（100 幼虫·d）。总的来说，随着 PBAT 占比的降低，黄粉虫幼虫的虫均塑料消耗逐渐增加。PBAT 占比为 20%和 10% 时，黄粉虫幼虫的虫均塑料消耗无显著差异（$p > 0.05$），但均高于 PBAT 占比较高的黄粉虫组的虫均塑料消耗。结果表明，添加麦麸可以有效增加黄粉虫幼虫对于 PBAT 微塑料的摄入，但是只有较低比例 PBAT 添加的混合饲料（如 10%～20%含量的 PBAT）才有利于黄粉虫对该塑料高聚物的快速摄入和碳资源回收。

另一方面，黄粉虫幼虫对 PBAT 微塑料的虫均塑料消耗范围在 12.9～37.8 mg 塑料/（100 幼虫·d），显著低于其对 PLA 微塑料的虫均塑料消耗［45.2～202.7 mg 塑料/（100 幼虫·d）］，与难降解石油基塑料高聚物的虫均塑料消耗水平基本相当。虽然黄粉虫幼虫具备塑料解聚降解能力，但其对不同类型可降解类塑料高聚物的摄食偏好可能有所不同，黄粉虫幼虫对生物基可降解类塑料高聚物可能更具亲和力和摄食偏好。通过三级梯度萃取实验对不同摄食条件下 PBAT 微塑料的降解产物虫粪进行了分级。如图 5-83 所示，喂食 PBAT 微塑料的黄粉虫幼虫虫粪中水溶性物质的含量超过 16%，远低于麦麸对照组（28.7%±0.9%），也显著（$p < 0.05$）低于同条件下 PLA 塑料降解物虫粪的水萃取比例，这说明石油基可降解类塑料的降解产物中所含水溶性物质较少。相比 PLA 塑料降解物虫粪，PBAT 塑料降解物虫粪中的乙醇萃取比例略高（约为 3%），表明降解产生了更多的亲脂性产物。后续研究可以通过靶向代谢组学或其他技术方法进一步鉴定生物降解产物。有机溶剂萃取比例结果和高聚物的消化去除效率直接相关。和 PLA 降解实验结果相一致，仅喂食 PBAT 微塑料的黄粉虫幼虫组的高聚物消化去除效率最高（54.9%±2.1%），而 PBAT 含量 20%的黄粉虫组的高聚物消化去除效率最低（49.2%±0.3%），这表明摄入的 PBAT 微塑料中约有 50%在经过黄粉虫幼虫的肠道后被消化分解。但此消化去除效率范围仍远低于 5.6 节中的 PLA 塑料高聚物的消化去除效率。

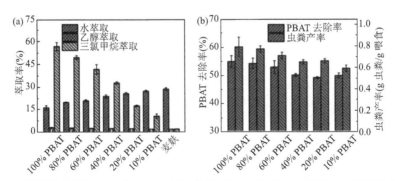

图 5-83　不同喂养条件下黄粉虫幼虫的虫粪产率和聚己二酸对苯二甲酸丁二酯消化去除效率
（a）黄粉虫幼虫虫粪的三级梯度萃取表征结果；（b）基于虫粪产率和三级梯度萃取实验结果计算的聚己二酸对苯二甲酸丁二酯消化去除效率

5.7.2　黄粉虫摄食消化 PBAT 后的生理反应

考察喂食石油基可降解类塑料 PBAT 后黄粉虫幼虫的生理反应。实验周期结束时，麦麸喂养的黄粉虫对照组的最终存活率为 97.3%±1.2%。相比之下，喂食 PBAT（10%、20%、40%、60%和 80%）+麦麸混合饲料的黄粉虫幼虫的最终存活率分别为 96.3%±1.5%、93.3%±2.5%、89.6%±0.6%、88.3%±1.4%和 84.3%±1.2%，而仅喂食微塑料的黄粉虫组的最终存活率为 79.7%±3.8%。聚合物含量为 10%的黄粉虫幼虫组（96.3%±1.5%）和麦麸对照组的最终存活率无显著差异，表明聚合物含量为 10%的混合饲料对黄粉虫幼虫的生存没有造成显著不利影响。同时，聚合物含量为 20%的黄粉虫组在实验结束时也保持了较高的最终存活率（93.3%±2.5%），但聚合物含量为 40%、60%和 80%的黄粉虫组的最终存活率均降低到 90%以下[图 5-84（a）]。以上结果证实，较低比例的 PBAT（＜20%）作为补充饲料可以维持黄粉虫幼虫的正常生存和生理活动，但 PBAT 比例较高的混合饲料对该塑料高聚物的碳资源回收和黄粉虫幼虫生物质增长效果并不理想。

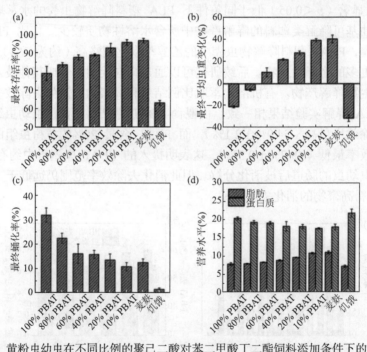

图 5-84　黄粉虫幼虫在不同比例的聚己二酸对苯二甲酸丁二酯饲料添加条件下的生理反应
（a）实验周期结束时黄粉虫幼虫的最终存活率（%）；（b）实验周期结束时黄粉虫幼虫的最终平均虫重变化（%）；（c）实验周期结束时黄粉虫幼虫的最终蛹化率（%）；（d）实验周期结束时黄粉虫幼虫的脂肪和蛋白质含量（%）

平均虫重变化结果表明，当混合饲料无限制供应时，PBAT 含量为 10%的黄粉虫组和麦麸组的平均虫重增量最多，实验周期结束时分别增加了 39.5%±1.5%和 40.7%±3.6%[图 5-84（b）]。相比之下，聚合物含量为 40%和 60%的黄粉虫组的最终虫重增量较少，实验周期结束时分别为 22.0%±0.9%和 10.4%±4.1%；而聚合物含量为 80%和 100%的黄粉虫组最终虫重减少了 5.6%±1.1%和 21.1%±

1.0%。结果表明，在 PBAT 作为部分碳源的情况下，黄粉虫幼虫可以至少吸收并利用一部分来自于高聚物消化的能量和碳源，但如需实现黄粉虫幼虫的生物质增长，富含营养物的主要饲料麦麸仍是必要因素。此外，与生物基可降解类塑料 PLA 添加下的黄粉虫幼虫存活率和平均虫重指标相比，黄粉虫幼虫消化并利用石油基可降解类塑料的能力较弱。在相似的喂养条件下，PBAT 含量为 10% 的混合饲料是黄粉虫幼虫养殖和回收聚合物碳资源的最佳选择。

PBAT 添加对黄粉虫幼虫蛹化率的影响。实验周期结束时，喂食 PBAT 含量为 10%、20%、40% 和 60% 的黄粉虫幼虫的总体最终蛹化率较低 [图 5-84（c）]，且组间差异不显著（$p > 0.05$）。在聚合物含量为 10% 和 20% 的黄粉虫组中，未观察到种内残杀，且所有黄粉虫幼虫成功完成了蛹化变形。而在聚合物含量为 60%、80% 和 100% 的黄粉虫组中，大部分虫蛹无法完成蛹化变形。这表明低比例的 PBAT 添加饲料不会显著影响由激素控制的蛹化过程。另一方面，仅喂食 PBAT 的黄粉虫组的最终蛹化率达到 32.3% ± 3.0% [图 5-84（c）]。先前的研究表明，PE 微塑料的摄入和体内破碎会严重损害蚯蚓的精子和体腔细胞活性[188]；PS 微塑料暴露还会改变斑马鱼的中性粒细胞表达和体内代谢调节，进而干扰其胚胎发育。因此，仅喂食 PBAT 聚合物的黄粉虫幼虫出现蛹化加速可能与其应对微塑料暴露和环境压力过程中产生的固有代谢生物障碍有关[105,189]。

不同喂养条件下黄粉虫幼虫的营养水平变化结果如图 5-84（d）所示，PBAT 含量为 10% 的黄粉虫组和麦麸对照组的脂肪和蛋白质含量差异不显著，脂肪含量分别为 10.7% ± 0.2% 和 10.9% ± 0.4%，蛋白质含量分别为 17.9% ± 0.8% 和 17.5% ± 0.2%。相比之下，聚合物含量为 80% 和 100% 的黄粉虫组的脂肪含量显著下降到 7.7% ± 0.4% 和 7.8% ± 0.1%，显著低于麦麸对照组的黄粉虫幼虫的脂肪含量（10.9% ± 0.4%），但是仍高于饥饿组的黄粉虫幼虫的脂肪含量（7.1% ± 0.3%）。表明，聚合物含量为 80% 和 100% 的黄粉虫组处于营养不良状态，在实验周期内持续消耗生物质及脂肪储存以满足其基本生命活动需求。另一方面，聚合物含量为 80% 和 100% 的黄粉虫组以及饥饿组黄粉虫在实验周期结束时蛋白质相对含量略微增加 [图 5-84（d）]，这是因为在营养不良状态下的脂肪和虫体含水量快速消耗，导致生物量中蛋白质含量的相对积累[105,189]。以上结果证实，石油基可降解类 PBAT 可以作为黄粉虫幼虫的补充饲料实现能量再利用和碳资源回收。但是，因为石油基可降解类塑料和生物基可降解类塑料的聚合物结构、亲疏水性和降解程度上存在差异[190,191]，因此，建议 PBAT 聚合物设置为低含量补充物质进行混合饲料添加，以提高可降解类聚合物回收和资源化的效率，实现可持续的黄粉虫幼虫生物质增长。未来的研究可以通过优化环境条件（例如温度、湿度和光照条件）、技术设计（例如激素刺激和培养箱设计）和驯化黄粉虫幼虫等方法，实现不同种类塑料聚合物生物降解及资源化效率的提升。

5.7.3 黄粉虫降解 PBAT 证明与表征

PBAT 聚合物的生物降解通过热裂解分析和 GPC 分析进行表征。如图 5-85 所示，PBAT 降解物虫粪中检出了不同于初始高聚物的新热裂解峰（39.2℃、430.1℃和 642.6℃），此外，初始 PBAT 微塑料在 300～520℃阶段的热裂解质量超过 93%，而降解物虫粪在此阶段的热裂解质量降低至 71.7%，说明 PBAT 聚合物在黄粉虫幼虫肠道内被分解。通过 GPC 分析确定了 PBAT 聚合物在黄粉虫幼虫肠道中的解聚模式。由于 PBAT 含量为 10%的黄粉虫组的生长情况最佳且虫均摄食速率较高，因此选择了 PBAT 含量为 100%和 10%的黄粉虫组进行测试对比。经过消化后，PBAT 含量为 100%的黄粉虫组虫粪中的残余高聚物分子量分布向低分子量方向移动，表明较低分子量分布的聚合物的产生和积累。与初始 PBAT 高聚物相比，降解物虫粪的重均分子量、数均分子量和 Z 均分子量分别降低了 6.2%±0.7%、17.3%±3.2%和 21.3%±2.9%[图 5-85（d）]，证实了聚合物链结构断裂，以广谱解聚的模式生物降解。该解聚模式与中低分子量 PS 高聚物和 PVC 高聚物的解聚模式相同。PBAT 含量为 10%的黄粉虫组呈现出不同的解聚模式，如图 5-85（c）所示，其残余高聚物分子量分布朝高分子量方向移动，重均分子量、数均分子量和 Z 均分子量分别增加了 40.6%±5.2%、39.5%±2.3%和 11.9%±3.7%[图 5-85（d）]，表明在添加麦麸的情况下，PBAT 高聚物以有限解聚模式消化降解。有限解聚的模式可归因于聚合物的选择性解聚[84,185]，在

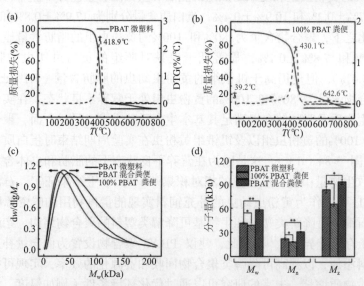

图 5-85　表征聚己二酸对苯二甲酸丁二酯塑料高聚物和降解物虫粪

（a）初始聚己二酸对苯二甲酸丁二酯高聚物和（b）聚合物含量为 100%黄粉虫组降解物虫粪的热裂解分析结果对比；（c）聚合物含量分别为 100%和 10%的黄粉虫组的降解物虫粪及初始聚合物的分子量分布；（d）聚己二酸对苯二甲酸丁二酯降解后重均分子量、数均分子量和 Z 均分子量变化（*和**表示有统计学差异，p 值分别小于 0.05 和 0.001）

添加麦麸的情况下，黄粉虫幼虫肠道中的降解相关菌群的生态位受到了干扰，麦麸和聚合物之间形成了竞争性消化，导致聚合物的降解模式从广谱解聚向有限解聚模式转变。后续研究可以通过 16S 高通量测序或组学手段进行验证，并通过添加不同比例的聚合物作为补充饲料来分析黄粉虫幼虫肠道消化酶的受影响程度。

5.8　大麦虫对典型聚烯烃类塑料的啮食-降解能力研究

5.8.1　大麦虫降解 PS 和 PE 的情况

大麦虫在实验期内可以完全啮食掉 PS，但完全不喜食 PE-1。分别命名为 B1+PS、B1+PE-1、B1+B 和 B1+B+PS 组，每组设置 3 个平行。测定大麦虫对 PS、PE-1 的消耗量以及大麦虫幼虫在此期间的存活率。在实验期间，发现大麦虫的幼虫具有很强的 PS 咬食能力，但对 PE-1 完全不进食。在不同饮食条件下，大麦虫的存活率（survival rate，SR）为 B1+B 组（88%）＞ B1+B+PS 组（85%）＞B1+PS 组（73%）（图 5-86）。饲喂麦麸和 PS 的大麦虫幼虫比饲喂 PS 组具有更高的存活率，饲喂麦麸的

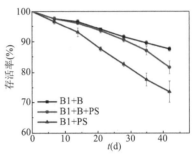

图 5-86　大麦虫在 50 d 内存活率

大麦虫在 32 d 时的存活率可保持在 90%左右，饲喂 PS 的大麦虫存活率大约为 80%。这表明大麦虫幼虫可通过 PS 来获得碳源以维持生命，与先前在黄粉虫中观察到的结果相似。与已报道的能摄食 PS 的黄粉虫、黑粉虫的相比，大麦虫的存活率较低，这可能是由于大麦虫体形较大，其自身基础代谢较高所致[4,23]。

培养第 50 天收集大麦虫的虫粪样品的 GPC 分析测定了虫粪中提取的残留 PS 的分子量，B1+PS 组虫粪中的 PS 的 M_n（106000）和 M_w（218000）与 PS 原样的 M_n（112000）和 M_w（237800）相比显著降低，即 M_w 降低 8.3%，M_n 降低 5.3%（独立样本 T 检验，p 值均＜0.01）。PS 在经过大麦虫的肠道后，其分子量分布（MWD）向低分子量偏移。M_n 和 M_w 的降低表明在大麦虫中存在 PS 的解聚和降解。通过 FTIR 检测所饲喂的 PS、B1+PS 组虫粪以及饲喂麦麸的 B1+B 组虫粪，表明 PS 组虫粪中的 PS 结构发生了改变。如图 5-87（b）所示，在 PS 原样中，625～970 cm⁻¹ 处的峰强度（环弯曲振动）强烈，但在啮食 PS 后其虫粪样品中强度减弱。PS 的特征峰（C＝C 伸展，1550～1610 cm⁻¹ 和 1800～2000 cm⁻¹）在虫粪样品中明显削弱，这证实了 PS 经大麦虫肠道后，其特征环受到了破坏。同时 PS 的特征峰强度降低以及羰基功能团的出现（C＝O 伸

展，1700 cm^{-1}）也表明了 PS 在大麦虫的肠道内发生了降解。所有虫粪样品 FTIR 光谱中，在 2500～3500 cm^{-1} 处的峰宽与羟基或羧酸基团的氢键相关，这证实经大麦虫虫粪中的 PS 残留物从疏水性向亲水性表面性质的转变[38]。

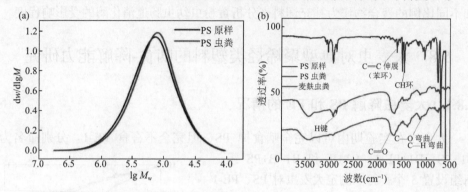

图 5-87　PS 原样与喂食 PS 大麦虫虫粪质量对数微分分布曲线（a）及傅里叶变换红外光谱检测（b）

通过 ^{1}H NMR 测定 PS 原样及啃食 PS 后大麦虫排出的虫粪，结果发现，在 1.0～1.5 ppm 区域发生部分改变，可能为芳香区域（图 5-88）。与已经报道了的黄粉虫结果相似，PS 在经过大麦虫的肠道后，其结构发生了明显的改变[38]。

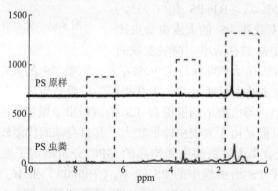

图 5-88　^{1}H NMR 检测聚苯乙烯经大麦虫肠道

大麦虫对塑料有明显的取食能力，且对不同塑料制品具有选择性，对薄、软、泡沫化较高的塑料较为喜食，不喜取食相对厚、硬的塑料包装袋。每 kg 8 龄大麦虫每天可取食 6.24 g 的 EPE 珍珠棉或 2.40 g 的 EPS 泡沫塑料。长期只取食塑料的大麦虫一般抵抗疾病的能力较低，死亡率高，活动不旺盛，生长缓慢。

大麦虫对 PS 解聚能力证实与黄粉虫的研究策略一致。首先通过喂食 PS 来验证大麦虫是否啃食 PS。设置了不同的实验组，结果发现大麦虫在实验期间可以啃食 PS 并保持较高的存活率。在大麦虫啃食过后的 PS 泡沫塑料上出现了许多的小洞，这些小洞以及周围的残渣正是大麦虫啃食 PS 泡沫的痕迹。通过化学方法检测 PS 经大麦虫的肠道后是否发生了变性。GPC 的结果显示与 PS 原样相比较，大麦虫啮食 PS 后虫粪组分无论是 M_w、M_n 均显著地发生了改变，这表明 PS 的长链高分子结构经大麦虫的肠道系统消化降解后发生了断链和解聚。FTIR 的结果显示，PS 原样经大麦虫肠道消化系统降解后其化学结构和组分均发生变化，特别是在 2500～3500 cm^{-1} 处的峰宽与羟基或羧酸基团的氢键相关，这证实经大麦虫肠道系统消化后，虫粪中的 PS 残留物从疏水性向亲水性表面性质的转变。PS 原样经大麦虫的肠道消化系统降解后其化学结构和组分与黄粉虫啮食 PS 后所呈现的变化一致，这也证实了在大麦虫中存在 PS 的解聚现象，且与黄粉虫的降解模式相同。^{1}H NMR 结果分析表明，PS 在经过大麦虫肠道后，其结构发生了变化。综上所述，结合 GPC、FTIR、^{1}H NMR 检测 PS 原样以及大麦虫啮食 PS 收集到的虫粪结果可知，PS 在经过大麦虫肠道的消化系统后，结构发生了改性。因此，证实大麦虫可以啮食和生物降解 PS，且解聚模式与黄粉虫的完全一致。

从大麦虫的肠道微生物经高通量测序结果来看，喂食麦麸（B1＋B）组的大麦虫其群落的多样性和丰富度最高。差异丰度分析是用于评估特定的 OTU 是否与不同的饮食条件相关。观察到的结果与喂食 PE-1、PS 和麦麸的黄粉虫以及喂食 PS 和麦麸的黑粉虫中报道的观察结果相似。四个 OTU 是少数的微生物群落[4]，其中，溶菌（*Lysobacter*）和纤发菌（*Leptothrix*）与 PS 喂食条件下的微生物组显著相关（$p<0.05$）。这不同于 Brandon 等发现的特定的 OTU 柠檬酸杆菌属（*Citrobacter* sp.）和（*Kosakonia* sp.）与 PS 和 PE 的降解密切相关。基于 16S rRNA 基因序列的系统进化相似性，从活性污泥中分离出 *Dyella ginsengisoli* 菌株 LA-4，该菌株可利用联苯作为唯一的碳源和能量来源，在 36 h 内能够降解超过 95 mg/L 的联苯。*Dyella* sp. 可能会参与黄粉虫肠道对 PS 中间体的降解，而 *Bacillus* sp.在 PS 饲喂的黄粉虫幼虫肠道中增加。

使用 Illumina MiSeq 测序进行的微生物群落分析表明，饲喂 PS 后，大麦虫幼虫的肠道微生物群发生了显著的变化。大麦虫的肠道微生物组主要由 10 个科组成。肠杆菌科（Enterobacteriaceae）、紫单胞菌科（Porphyromonadaceae）、梭杆菌科（Fusobacteriaceae）、假单胞菌科（Pseudomonadaceae）和肠球菌科（Enterococcaceae）是优势科。饲喂 PS 后，Enterobacteriaceae 的丰度呈上升趋势，链球菌科（Streptococcaceae）和 Pseudomonadaceae 等丰度呈下降趋势。在属水平上，摄食 PS 会导致大麦虫中的摩根菌属（*Morganella*）、*Dysgonmonas* 和克雷伯氏菌（*Klebsiella*）相对丰度增加[192]。根据相关文献报道，*Dysgonmonas* 可以分别降解石油和木质纤维素。*Klebsiella* 在 B1 组中占很大比例，已有研究报道这种菌可以利用 PS 作为碳源生长，并参与原油和多环芳烃（PAHs）的降解[193-195]。乳酸球菌（*Lactococcus*）、螺原体（*Spiroplasma*）、普罗威登斯菌属（*Providencia*）和粪球菌（*Coprococcus*）等都是昆虫肠道常见的内共生菌。

5.8.2　大麦虫对塑料生物降解的肠道组学研究

使用 PS 作为唯一碳源与大麦虫的肠道菌悬液在体外培养 90 d（图 5-89），通过 16S rRNA 测序微生物群落分析发现，大麦虫幼虫的肠道中含有几种可能使用 PS 作为碳源的微生物，这可能与 PS 的降解有关。有研究表明，柠檬酸杆菌属（*Citrobacter*）可以介导联苯的厌氧转化，并且具有原油降解的潜力[196]，而这一菌属在 B1-PS 和 B2-PS 处理组中占有很高的比例。同时，有文献报道，假单胞菌属（*Pseudomonas*）可以降解聚乙烯、聚丙烯、聚氯乙烯、聚苯乙烯、聚氨酯、聚对苯二甲酸乙二酯和其他聚合物，而这一菌在 TA-PS 组中占比很高[197]。

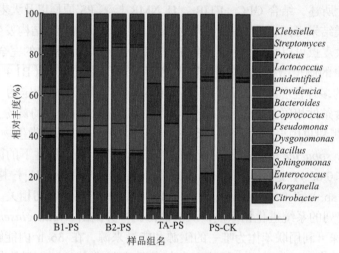

图 5-89　大麦虫肠道菌悬液与 PS 体外培养 21 天后的优势属

由大麦虫肠道内容物的 SEM 图发现，大麦虫的中肠富含多种微生物群落，包括球状、短杆状和棒状等不同形状的微生物（图 5-90）。这表明大麦虫的中肠是肠道微生物的主要共生部位。此外，大麦虫的肠道菌悬液与 PS 体外培养实验的 SEM 结果证实，在结束 21 d 培养期后，未处理的用于对照的 PS 碎块表面上没有可见的细菌细胞出现。但在与 5%大麦虫肠道菌悬液处理的 PS 碎块表面上，可以观察到大量的细菌细胞出现，甚至形成了生物膜。表明这些细菌可以利用 PS 生长，可能从对 PS 的降解过程中获得足够的代谢底物。

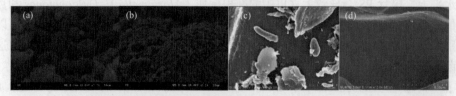

图 5-90　（a）和（b）大麦虫喂食 PS 后肠道微生物群落 SEM 图；（c）大麦虫肠道菌悬液与 PS 体外培养 21 天后 SEM 图；（d）未添加肠道菌悬液的 PS 培养 21 天后 SEM 图

5.8.3　大麦虫肠道中 PS 降解菌株的分离培养

将在 LCFBM 中培养 60 d 的肠道菌群富集液涂布于固体 LB 培养基上，最终分离得到 2 株能仅以 PS 作为唯一碳源生长的菌株，命名为 PSDM1 和 PSDM2。对 PSDM2 和 PSDM1 的 16S rRNA 序列进行分析，PSDM1 的片段长度为 1506 bp，将序列进行 BLAST 同源对比分析，发现其与柠檬酸杆菌属的 *Citrobacter freundii* 的相似度为 99.52%。PSDM2 的片段长度为 388 bp，将序列进行 BLAST 同源对比分析，发现其与克雷伯氏杆菌属的 *Klebsiella michiganensis* 的相似度为 99.52%。使用 SEM 观察接种了 PSDM1 和 PSDM2 后培育 7 d 的 PS 薄膜，发现大量细菌附着于 PS 薄膜表面，微生物对多聚物的吸附是发生生物降解的第一步。如图 5-91（b）中的 PSDM1 呈杆状，胞间分泌物质较少，均匀分布于 PS 表面。从图 5-91（d）中可以看出 PSDM2 呈短杆状，胞间分泌多，细菌呈团状黏附在其侵蚀的洞内。将孵育了 28 d 细菌的 PS 薄膜表面附着的细菌洗掉后，使用 SEM 和 AFM 观察 PS 薄膜的表面形貌特征[图 5-91（c）和（g）]。塑料在被降解后可能会出现表面粗糙度的变化、颜色变化、碎片化等表面形态特征变化。使用 SEM 从微观角度观察降解后的 PS 薄膜，可以看到被 PSDM1 降解的 PS 薄膜表面形成大小不一的多个孔洞，薄膜呈碎片化趋势。PSDM2 降解后的塑料表面呈不规则的侵蚀，PS 表面粗糙度变化极大。从两株菌的 AFM 结果可以看出，与 CK 相比，表面平整的塑料在降解后出现侵蚀凹陷，形成深谷，表面与最大谷深之差明显增大。

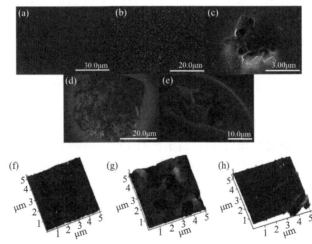

图 5-91　SEM 和 AFM 对聚苯乙烯表面观察

（a）SEM 观察未经处理的 PS 薄膜（对照）；（b）SEM 观察 PSDM1 在 7 d 时于 PS 薄膜上形成的生物膜；（c）SEM 观察 PSDM1 降解 PS 薄膜表面形成的孔洞；（d）SEM 观察 PSDM2 在 7 d 时于 PS 薄膜上形成的生物膜；（e）SEM 观察 PSDM2 降解 PS 薄膜表面形成的孔洞；（f）AFM 观察未经处理的 PS 薄膜（对照）；（g）AFM 观察 PSDM1 降解 PS 薄膜表面形成的孔洞；（h）AFM 观察 PSDM2 降解 PS 薄膜表面形成的孔洞

使用十六烷对细菌表面疏水性的检测（BATH Test）是一种快速定量检测手段，被广泛用于研究具有降解能力的细菌与不溶于水的链状烷烃底物之间相互作用。从前人报道中可看出，细菌细胞表面的疏水性与降解非极性的高聚物的能力呈正相关，从图 5-92 中可以看出，与未加入十六烷孵育的对照组相比，PSDM1 和 PSDM2 的 OD_{600} 均有明显下降，PSDM1 和 PSDM2 均具有疏水性，PSDM1 在十六烷浓度最低时（0.05 mL），浑浊度降低为最初的 90.91%，在加入的十六烷浓度为 0.15 mL 时，浑浊度降低值最大，降低至原来

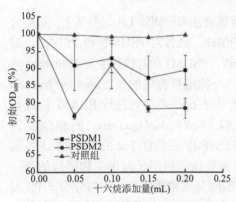

图 5-92　PSDM1 和 PSDM2 疏水性实验

的 87.32%。PSDM2 在十六烷加入量为 0.05 mL 时，浑浊度降低量最大，为最初的 76.21%，当十六烷浓度为 0.10 mL 时，浑浊度降低量最小，为最初的 91.19%。加入相同浓度的十六烷条件下，PSDM2 与疏水烷烃的结合能力均强于 PSDM1。

经过 28 d 的培养周期后，将 PS 表面黏附的细菌洗掉并烘干后，比较降解后的 PS 与未经过处理的 PS 的 FTIR 图谱可发现，在降解过程中由于老化、生物转化而产生化学键的变化。从图 5-93（a）可以看出，塑料经过 PSDM1 和 PSDM2 的降解后，红外光谱发生了较大改变。PS 的重要伸缩振动吸收峰有 CH_2 非对称和对称伸缩振动（2924 cm^{-1} 和 2852 cm^{-1}），芳香环中 C—H 伸缩振动（3026 cm^{-1}），环弯曲振动（625～970 cm^{-1}），苯环吸收区域（1600 cm^{-1} 和 1491 cm^{-1}），C—O 伸缩振动（1320 cm^{-1}）等。经 PSDM1 和 PSDM2 降解后的 PS 图谱较为相似，均与未经处理的 PS 在这些特征区域处有显著差异，说明在降解过程中可能出现环及聚合高分子长链的裂解。使用热重分析仪测定并计算和比较 PS 降解前后的热分解动力曲线。图 5-93（b）中微商热失重（DTG）曲线显示，未经任何处理的 PS 有一个分解阶段，最大分解速率温度为 411.2℃。经过 PSDM1 降解的 PS 有一个分解阶段，最大分解速率温度为 349.8℃。热失重（TG）曲线显示，未经处理的 PS 的失重开始于 359.6℃，在 455.5℃热失重结束，总失重率为 94.9%。经过 PSDM1 降解后的 PS 的失重开始于 323.3℃，在 399.3℃热失重结束，总失重率为 68.2%。DTG 曲线可以看出，经过 PSDM2 降解后的 PS 有 1 个分解阶段，最大分解速率温度为 365.0℃。从图 5-93（c）中的 TGA 曲线中可以看出，经过 PSDM2 降解后的 PS 的失重开始于 327.6℃，在 405.6℃热失重结束，总失重率为 89.09%。

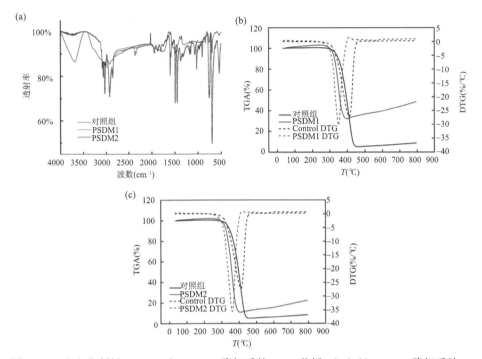

图 5-93 （a）塑料被 PSDM1 和 PSDM2 降解后的 FTIR 分析；（b）经 PSDM1 降解后的 PS 与未经处理的 PS 的热失重（TGA，实线）和微商热失重（DTG，虚线）曲线比较；（c）经 PSDM2 降解后的 PS 与未经处理的 PS 的热失重（TGA，实线）和微商热失重（DTG，虚线）曲线比较

综上，在同样的升温程序中，经过 PSDM1 和 PSDM2 降解后的 PS 失重起始温度和失重终止温度降低、热失重后的残碳量更高，最大分解速率温度提前，失重率明显低于未经处理的 PS。这些均说明降解后的 PS 热稳定性降低，且生成小分子新物质。菌株对 PS 的降解程度以及菌株的降解能力可以直接在一定时间内对 PS 造成质量损失衡量，28 d 后 PSDM1 对 PS 粉末的降解总量为 6.52%，PSDM2 对 PS 粉末的降解总量为 7.33%，CK 减少量为 0.33%。其中，PSDM1 和 PSDM2 均在前 7 天质量下降速度最快，此后呈缓慢下降状态。

参 考 文 献

[1] Hong J S, Han T H, Kim Y Y. Mealworm (*Tenebrio molitor* larvae) as an alternative protein source for monogastric animal: A review. Animals, 2020, 10(11): 2068.

[2] Van Broekhoven S, Oonincx D, Van Huis A, et al. Growth performance and feed conversion efficiency of three edible mealworm species (Coleoptera: Tenebrionidae) on diets composed of organic by-products. Journal of Insect Physiology, 2015, 73: 1-10.

[3] Yang S S, Ding M Q, Zhang Z R, et al. Confirmation of biodegradation of low-density

polyethylene in dark- versus yellow- mealworms (larvae of *Tenebrio obscurus* versus *Tenebrio molitor*) via. gut microbe-independent depolymerization. Science of the Total Environment, 2021, 789.

[4]　Peng B Y, Su Y M, Chen Z B, et al. Biodegradation of polystyrene by dark (*Tenebrio obscurus*) and yellow (*Tenebrio molitor*) mealworms (Coleoptera: Tenebrionidae). Environmental Science & Technology, 2019, 53(9): 5256-5265.

[5]　Rumbos C I, Athanassiou C G. The superworm, *Zophobas morio* (Coleoptera: Tenebrionidae): A 'sleeping giant' in nutrient sources. Journal of Insect Science, 2021, 21(2), doi:10.109g3/jisesa/ieab014.

[6]　Kramer K J, Hopkins T L, Schaefer J. Applications of solids NMR to the analysis of insect sclerotized structures. Insect Biochemistry and Molecular Biology, 1995, 25(10): 1067-1680.

[7]　Gilardi G, Abis L, Cass A E G. ^{13}C CP/mas solid-state NMR and FT-IR spectroscopy of wood cell-wall biodegradation. Enzyme and Microbial Technology, 1995, 17(3): 268-275.

[8]　Guillet J E, Regulski T W, Mcaneney T B. Biodegradability of photodegraded polymers. II. Tracer studies of biooxidation of ecolyte PS polystyrene. Environmental Science & Technology, 1974, 8: 923-925.

[9]　Genta F A, Dillon R J, Terra W R, et al. Potential role for gut microbiota in cell wall digestion and glucoside detoxification in *Tenebrio molitor* larvae. Journal of Insect Physiology, 2006, 52(6): 593-601.

[10]　Visotto L E, Oliveira M G A, Guedes R N C, et al. Contribution of gut bacteria to digestion and development of the velvetbean caterpillar, *Anticarsia gemmatalis*. Journal of Insect Physiology, 2009, 55(3): 185-191.

[11]　Lundgren J G, Lehman M. Bacterial gut symbionts contribute to seed digestion in an omnivorous beetle. PloS One, 2010, 5(5): e10831.

[12]　Chu C C, Spencer J L, Curzi M J, et al. Gut bacteria facilitate adaptation to crop rotation in the western corn rootworm. Proceedings of the National Academy of Sciences of the United States of America, 2013, 110(29): 11917-11922.

[13]　Ohkuma M. Termite symbiotic systems: Efficient bio-recycling of lignocellulose. Applied Microbiology and Biotechnology, 2003, 61(1): 1-9.

[14]　Tokuda G, Watanabe H. Hidden cellulases in termites: Revision of an old hypothesis. Biology Letters, 2007, 3(3): 336-339.

[15]　Douglas A E. Lessons from studying insect symbioses. Cell Host & Microbe, 2011, 10(4): 359-367.

[16]　Douglas A E. The microbial dimension in insect nutritional ecology. Functional Ecology, 2009, 23(1): 38-47.

[17]　Kikuchi Y, Hayatsu M, Hosokawa T, et al. Symbiont-mediated insecticide resistance. Proceedings of the National Academy of Sciences of the United States of America, 2012, 109(22): 8618-8622.

[18]　Gilan I, Hadar Y, Sivan A. Colonization, biofilm formation and biodegradation of polyethylene by a strain of *Rhodococcus ruber*. Applied Microbiology and Biotechnology, 2004, 65(1): 97-104.

[19] Sivan A, Szanto M, Pavlov V. Biofilm development of the polyethylene-degrading bacterium *Rhodococcus ruber*. Applied Microbiology and Biotechnology, 2006, 72(2): 346-352.

[20] Mor R, Sivan A. Biofilm formation and partial biodegradation of polystyrene by the actinomycete *Rhodococcus ruber*. Biodegradation, 2008, 19(6): 851-858.

[21] Atiq N. Biodegradability of synthetic plastics polystyrene and styrofoam by fungal isolate. Islamabad: Quaid-i-Azam University, 2011.

[22] Atiq N, Ahmed S, Ali M I, et al. Isolation and identification of polystyrene biodegrading bacteria from soil. African Journal of Microbiology Research, 2010, 4(14): 1537-1541.

[23] Brandon A M, Gao S H, Tian R M, et al. Biodegradation of polyethylene and plastic mixtures in mealworms (larvae of *Tenebrio molitor*) and effects on the gut microbiome. Environmental Science & Technology, 2018, 52(11): 6526-6533.

[24] Lou Y, Li Y R, Lu B Y, et al. Response of the yellow mealworm (*Tenebrio molitor*) gut microbiome to diet shifts during polystyrene and polyethylene biodegradation. Journal of Hazardous Materials, 2021, 416.

[25] Luo L P, Wang Y M, Guo H Q, et al. Biodegradation of foam plastics by *Zophobas atratus* larvae (Coleoptera: Tenebrionidae) associated with changes of gut digestive enzymes activities and microbiome. Chemosphere, 2021, 282.

[26] Pranaw K, Singh S, Dutta D, et al. Biodegradation of dimethyl phthalate by an entomopathogenic nematode symbiont *Xenorhabdus indica* strain KB-3. International Biodeterioration & Biodegradation, 2014, 89: 23-28.

[27] Youn H G, Je J Y, Lee C M, et al. Inulin/PVA biomaterials using thiamine as an alternative plasticizer. Carbohydrate Polymers, 2019, 220: 86-94.

[28] Raghuvaran N, Sardar P, Sahu N P, et al. Effect of L-carnitine supplemented diets with varying protein and lipid levels on growth, body composition, antioxidant status and physio-metabolic changes of white shrimp, *Penaeus vannamei* juveniles reared in inland saline water. Animal Feed Science and Technology, 2023, 296.

[29] Xu Y X, Zhang B, Zhao R, et al. Effect of riboflavin deficiency on intestinal morphology, jejunum mucosa proteomics, and cecal microbiota of Pekin ducks. Animal Nutrition, 2023, 12: 215-226.

[30] Watford M. Glutamine metabolism and function in relation to proline synthesis and the safety of glutamine and proline supplementation. Journal of Nutrition, 2008, 138(10): 2003S-2007S.

[31] Qi M, Wang J, Tan B E, et al. Dietary glutamine, glutamate, and aspartate supplementation improves hepatic lipid metabolism in post-weaning piglets. Animal Nutrition, 2020, 6(2): 124-129.

[32] Weingarten R A, Johnson R C, Conlan S, et al. Genomic analysis of hospital plumbing reveals diverse reservoir of bacterial plasmids conferring carbapenem resistance. mBio, 2018, 9(1): e02011-17.

[33] Hess M, Sczyrba A, Egan R, et al. Metagenomic discovery of biomass-degrading genes and genomes from cow rumen. Science, 2011, 331(6016): 463-467.

[34] Zhu L F, Wu Q, Dai J Y, et al. Evidence of cellulose metabolism by the giant panda gut microbiome. Proceedings of the National Academy of Sciences of the United States of

America, 2011, 108(43): 17714-17719.

[35]　Fang W, Fang Z M, Zhou P, et al. Evidence for lignin oxidation by the giant panda fecal microbiome. PloS One, 2012, 7(11): e50312.

[36]　Peng B Y, Chen Z B, Wu W M, et al. Ubiquitous rapid biodegradation of polystyrene by dark (*Tenebrio obscurus*) and yellow (*Tenebrio molitor*) mealworms (Coleoptera: Tenebrionidae). Abstracts of Papers of the American Chemical Society, 2019, 258.

[37]　Yang Y, Yang J, Wu W M, et al. Biodegradation and mineralization of polystyrene by plastic-eating mealworms: Part 1. Chemical and physical characterization and isotopic tests. Environmental Science & Technology, 2015, 49(20): 12080-12086.

[38]　Yang S S, Brandon A M, Flanagan J C A, et al. Biodegradation of polystyrene wastes in yellow mealworms (larvae of *Tenebrio molitor* Linnaeus): Factors affecting biodegradation rates and the ability of polystyrene-fed larvae to complete their life cycle. Chemosphere, 2018, 191: 979-989.

[39]　Fraenkel G. The Tenebrio assay for carnitine. Methods in Enzymology, 1957, 3: 662-667.

[40]　杨宇. 啮食塑料昆虫幼虫及其肠道细菌完全生物降解石油基塑料的研究. 北京: 北京航空航天大学, 2015.

[41]　杨莉. 黄粉虫和大麦虫肠道微生物对塑料多聚物的降解研究 北京: 北京林业大学, 2021.

[42]　Makkar H P S, Tran G, Heuzé V, et al. State-of-the-art on use of insects as animal feed. Animal Feed Science & Technology, 2014, 197: 1-33.

[43]　Ignacy J. Evaluation of degradability of biodegradable polyethylene (PE). Polymer Degradation and Stability, 2003, 80(1): 39-43.

[44]　Koutny M, Lemaire J, Delort A M. Biodegradation of polyethylene films with prooxidant additives. Chemosphere, 2006, 64(8): 1243-1252.

[45]　Reddy M M, Deighton M, Gupta R K, et al. Biodegradation of oxo-biodegradable polyethylene. Journal of Applied Polymer Science, 2009, 111(3): 1426-1432.

[46]　Kawai F, Watanabe M, Shibata M, et al. Comparative study on biodegradability of polyethylene wax by bacteria and fungi. Polymer Degradation and Stability, 2004, 86(1): 105-114.

[47]　Chiellini E, Corti A, Swift G. Biodegradation of thermally-oxidized, fragmented low-density polyethylenes. Polymer Degradation and Stability, 2003, 81(2): 341-351.

[48]　Bacon S L, Daugulis A J, Parent J S. Effect of polymer molecular weight distribution on solute sequestration in two-phase partitioning bioreactors. Chemical Engineering Journal, 2016, 299: 56-62.

[49]　Skariyachan S, Patil A A, Shankar A, et al. Enhanced polymer degradation of polyethylene and polypropylene by novel thermophilic consortia of *Brevibacillus* sps. and *Aneurinibacillus* sp screened from waste management landfills and sewage treatment plants. Polymer Degradation and Stability, 2018, 149: 52-68.

[50]　Jeon H J, Kim M N. Isolation of mesophilic bacterium for biodegradation of polypropylene. International Biodeterioration & Biodegradation, 2016, 115: 244-249.

[51]　Guadagno L, Naddeo C, Vittoria V, et al. Chemical and morphologial modifications of irradiated linear low density polyethylene (LLDPE). Polymer Degradation and Stability, 2001, 72(1): 175-186.

[52] Benitez A, Sanchez J J, Arnal M L, et al. Abiotic degradation of LDPE and LLDPE formulated with a pro-oxidant additive. Polymer Degradation and Stability, 2013, 98(2): 490-501.

[53] Aatunes M C, Agenlli J A M, Babetto A S, et al. Abiotic thermo-oxidative degradation of high density polyethylene: Effect of manganese stearate concentration. Polymer Degradation and Stability, 2017, 143: 95-103.

[54] Sudhakar M, Doble M, Murthy P S, et al. Marine microbe-mediated biodegradation of low- and high-density polyethylenes. International Biodeterioration & Biodegradation, 2008, 61(3): 203-213.

[55] Novotny C, Malachova K, Adamus G, et al. Deterioration of irradiation/high-temperature pretreated, linear low-density polyethylene (LLDPE) by *Bacillus amyloliquefaciens*. International Biodeterioration & Biodegradation, 2018, 132: 259-267.

[56] Grigoriadou I, Pavlidou E, Paraskevopoulos K M, et al. Comparative study of the photochemical stability of HDPE/Ag composites. Polymer Degradation and Stability, 2018, 153: 23-36.

[57] Asgari P M O, Tajeddin B. The effect of nanocomposite packaging carbon nanotube base on organoleptic and fungal growth of Mazafati brand dates. International Nano Letters, 2014, 4(1): 98.

[58] Mukherjee S, Roychauduri U, Kundu P P. Biodegradation of polyethylene via complete solubilization by the action of *Pseudomonas fluorescens*, biosurfactant produced by *Bacillus licheniformis* and anionic surfactant. Journal of Chemical Technology & Biotechnology, 2018, 9(3): 1300-1311.

[59] Restrepo-Florez A T, Michael R. Microbial degradation and deterioration of polyethylene: A review. International Biodeterioration & Biodegradation, 2014, 88(Null) : 89-90.

[60] Fontanella S, Bonhomme S, Koutny M, et al. Comparison of the biodegradability of various polyethylene films containing pro-oxidant additives. Polymer Degradation and Stability, 2010, 95(6): 1011-1021.

[61] Lou Y, Ekaterina P, Yang S S, et al. Biodegradation of polyethylene and polystyrene by greater wax moth larvae (*Galleria mellonella* L.) and the effect of co-diet supplementation on the core gut microbiome. Environmental Science & Technology, 2020, 54(5): 2821-2831.

[62] Yao Z L, Ma X Q. Effects of hydrothermal treatment on the pyrolysis behavior of Chinese fan palm. Bioresource Technology, 2018, 247: 504-512.

[63] Zainal B, Ding P, Ismail IS, et al. ^{1}H NMR metabolomics profiling unveils the compositional changes of hydro-cooled rockmelon (*Cucumis melo* L. *reticulatus* cv *glamour*) during storage related to *in vitro* antioxidant activity. Scientia Horticulturae, 2019, 246: 618-633.

[64] Yang S S, Wu W M, Brandon A M, et al. Ubiquity of polystyrene digestion and biodegradation within yellow mealworms, larvae of *Tenebrio molitor* Linnaeus (Coleoptera: Tenebrionidae). Chemosphere, 2018, 212: 262-271.

[65] Yang J, Yang Y, Wu W M, et al. Evidence of polyethylene biodegradation by bacterial strains from the guts of plastic-eating waxworms. Environmental Science & Technology, 2014, 48(23): 13776-13784.

[66] Nowak B, Pajak J, Drozd-bratkowicz M, et al. Microorganisms participating in the biodegradation of modified polyethylene films in different soils under laboratory conditions. International Biodeterioration & Biodegradation, 2011, 65(6): 757-767.

[67] Gu J D. Microbiological deterioration and degradation of synthetic polymeric materials: recent research advances. International Biodeterioration & Biodegradation, 2003, 52(2): 69-91.

[68] Hadad D, Geresh S, Sivan A. Biodegradation of polyethylene by the thermophilic bacterium *Brevibacillus borstelensis*. Journal of Applied Microbiology, 2005, 98(5): 1093-1100.

[69] 骆伦伦. 秸秆对黄粉虫生长发育、消化酶和肠道微生物的影响. 杭州: 浙江农林大学, 2018.

[70] 林美玲. 小菜蛾肠道菌群对宿主生长发育的影响. 福州: 福建农林大学, 2014.

[71] Behar A, Yuval B, Jurkevitvh E. Gut bacterial communities in the *Mediterranean fruit* fly (*Ceratitis capitata*) and their impact on host longevity. Journal of Insect Physiology, 2008, 54(9): 1377-1383.

[72] Yang Y, Wang J L, Xia M L. Biodegradation and mineralization of polystyrene by plastic-eating superworms *Zophobas atratus*. Science of the Total Environment, 2020, 708.

[73] Yang Y, Yang J, Wu W M, et al. Biodegradation and mineralization of polystyrene by plastic-eating mealworms: Part 2. Role of gut microorganisms. Environmental Science & Technology, 2015, 49(20): 12087-12093.

[74] Gaytan I, Sanchez-Reyes A, Burela M, et al. Degradation of recalcitrant polyurethane and xenobiotic additives by a selected landfill microbial community and its biodegradative potential revealed by proximity ligation-based metagenomic analysis. Frontiers in Microbiology, 2020, 10.

[75] Song Y, Qiu R, Hu J N, et al. Biodegradation and disintegration of expanded polystyrene by land snails *Achatina fulica*. Science of the Total Environment, 2020, 746.

[76] Yang L, Gao J, Liu Y, et al. Biodegradation of expanded polystyrene and low-density polyethylene foams in larvae of *Tenebrio molitor* Linnaeus (Coleoptera: Tenebrionidae): Broad versus limited extent depolymerization and microbe-dependence versus independence. Chemosphere, 2021, 262.

[77] Peng B Y, Li Y R, Fan R, et al. Biodegradation of low-density polyethylene and polystyrene in superworms, larvae of *Zophobas atratus* (Coleoptera: Tenebrionidae): Broad and limited extent depolymerization. Environmental Pollution, 2020, 266.

[78] Wei R, Zimmermann W. Microbial enzymes for the recycling of recalcitrant petroleum-based plastics: How far are we?. Microbial Biotechnology, 2017, 10(6): 1308-1322.

[79] Auta H S, Emenike C U, Jayanthi B, et al. Growth kinetics and biodeterioration of polypropylene microplastics by *Bacillus* sp and *Rhodococcus* sp isolated from mangrove sediment. Marine Pollution Bulletin, 2018, 127: 15-21.

[80] Bombelli P, Howe C J, Bertocchini F. Polyethylene bio-degradation by caterpillars of the wax moth *Galleria mellonella*. Current Biology, 2017, 27(8): R292-R293.

[81] Zainal B, Ding P, Ismail I S, et al. ^{1}H NMR metabolomics profiling unveils the compositional changes of hydro-cooled rockmelon (*Cucumis melo* L reticulates cv *glamour*) during storage related to *in vitro* antioxidant activity. Scientia Horticulturae, 2019, 246: 618-633.

[82] Peng M, Liu W, Yang G, et al. Investigation of the degradation mechanism of cross-linked polyethyleneimine by NMR spectroscopy. Polymer Degradation and Stability, 2008, 93(2): 476-482.

[83] Yang S S, Ding M Q, Ren X R, et al. Impacts of physical-chemical property of polyethylene on depolymerization and biodegradation in yellow and dark mealworms with high purity microplastics. Science of the Total Environment, 2022, 828.

[84] Peng B Y, Sun Y, Xiao S Z, et al. Influence of polymer sze on polystyrene biodegradation in mealworms (*Tenebrio molitor*): Responses of depolymerization pattern, gut microbiome, and metabolome to polymers with low to ultrahigh molecular weight. Environmental Science & Technology, 2022, 56(23): 17310-17320.

[85] Veliz A L, Garcia J J, Lopez P, et al. Biodegradability study by FTIR and DSC of polymers films based on polypropylene and cassava starch. Orbital - The Electronic Journal of Chemistry, 2019.

[86] Yang S S, Ding M Q, He L, et al. Biodegradation of polypropylene by yellow mealworms (*Tenebrio molitor*) and superworms (*Zophobas atratus*) via gut-microbe-dependent depolymerization. Science of The Total Environment, 2020, 756(1): 144087.

[87] Kim H R, Lee H M, Yu H C, et al. Biodegradation of polystyrene by *Pseudomonas* sp. isolated from the gut of superworms (larvae of *Zophobas atratus*). Environmental Science & Techology, 2020,54(11): 6987-6996.

[88] Auta H S, Emenike C U, Fauziah S H. Screening of Bacillus strains isolated from mangrove ecosystems in Peninsular Malaysia for microplastic degradation. Environmental Pollution, 2017, 231(pt.2): 1552-1559.

[89] Peng B Y, Chen Z B, Chen J B, et al. Biodegradation of polyvinyl chloride (PVC) in *Tenebrio molitor* (Coleoptera: Tenebrionidae) larvae. Environment International, 2020, 145.

[90] Kundungal H, Gangarapu M, Sarangapani S, et al. Efficient biodegradation of polyethylene (HDPE) waste by the plastic-eating lesser waxworm (*Achroia grisella*). Environmental Science and Pollution Research, 2019, 26(18): 18509-18519.

[91] Chai B W, Li X, Liu H, et al. Bacterial communities on soil microplastic at Guiyu, an E-waste dismantling zone of China. Ecotoxicology and Environmental Safety, 2020, 195.

[92] Takizawa S, Asano R, Fukuda Y, et al. Change of endoglucanase activity and rumen microbial community during biodegradation of cellulose using rumen microbiota. Frontiers in Microbiology, 2020, 11.

[93] Brandon A M, Garcia A M, Khlystov N A, et al. Enhanced bioavailability and microbial biodegradation of polystyrene in an enrichment derived from the gut microbiome of *Tenebrio molitor* (mealworm larvae). Environmental Science & Technology, 2021, 55(3): 2027-2036.

[94] Barcoto M O, Rodrigues A. Lessons from insect fungiculture: From microbial ecology to plastics degradation. Frontiers in Microbiology, 2022, 13.

[95] Masood F, Yasin T, Hameed A. Comparative oxo-biodegradation study of poly-3-hydroxybutyrate-*co*-3-hydroxyvalerate/polypropylene blend in controlled environments. International Biodeterioration & Biodegradation, 2014, 87: 1-8.

[96] Huang Y X, Li L. Biodegradation characteristics of naphthalene and benzene, toluene, ethyl benzene, and xylene (BTEX) by bacteria enriched from activated sludge. Water Environment Research, 2014, 86(3): 277-284.

[97]　Mccormick A R, Hoellein T J, London M G, et al. Microplastic in surface waters of urban rivers: concentration, sources, and associated bacterial assemblages. Ecosphere, 2016, 7(11): e01556.

[98]　Scales B S, Cable R N, Duhaime M B, et al. Cross-hemisphere study reveals geographically ubiquitous, plastic-specific bacteria emerging from the rare and unexplored biosphere. mSphere, 2021, 6(3): e0085120.

[99]　Miranda-tello E, Fardeau M L, Fernandez L, et al. *Desulfovibrio capillatus* sp nov., a novel sulfate-reducing bacterium isolated from an oil field separator located in the Gulf of Mexico. Anaerobe, 2003, 9(2): 97-103.

[100]　Peudaei A, Bagheri H, Gurevich L, et al. Impact of polyethylene on salivary glands proteome in *Galleria melonella*. Comparative Biochemistry and Physiology D-Genomics & Proteomics, 2020, 34.

[101]　Schouw A, Eide T L, Stokke R, et al. *Abyssivirga alkaniphila* gen. nov., sp nov., an alkane-degrading, anaerobic bacterium from a deep-sea hydrothermal vent system, and emended descriptions of *Natranaerovirga pectinivora* and *Natranaerovirga hydrolytica*. International Journal of Systematic and Evolutionary Microbiology, 2016, 66: 1724-1734.

[102]　Wang Z, Xin X, Shi X F, et al. A polystyrene-degrading *Acinetobacter* bacterium isolated from the larvae of *Tribolium castaneum*. Science of the Total Environment, 2020, 726.

[103]　Yin C F, Xu Y, Zhou N Y. Biodegradation of polyethylene mulching films by a co-culture of *Acinetobacter* sp. strain NyZ450 and *Bacillus* sp. strain NyZ451 isolated from *Tenebrio molitor* larvae. International Biodeterioration & Biodegradation, 2020, 155.

[104]　刘玉华, 王慧, 胡晓珂. 不动杆菌属(*Acinetobacter*)细菌降解石油烃的研究进展. 微生物学通报, 2016, 43(7): 1579-1589.

[105]　Peng B Y, Chen Z B, Chen J B, et al. Biodegradation of polylactic acid by yellow mealworms (larvae of *Tenebrio molitor*) via resource recovery: A sustainable approach for waste management. Journal of Hazardous Materials, 2021, 416.

[106]　Tran Q N M, Mimoto H, Nakasaki K. Inoculation of lactic acid bacterium accelerates organic matter degradation during composting. International Biodeterioration & Biodegradation, 2015, 104: 377-383.

[107]　Sun J R, Prabhu A, Aroney S T N, et al. Insights into plastic biodegradation: Community composition and functional capabilities of the superworm (*Zophobas morio*) microbiome in styrofoam feeding trials. Microbial Genomics, 2022, 8(6): https.//doi.org110.10991mgen.0. 000842.

[108]　Meyer-Cifuentes I E, Werner J, Jehmlich N, et al. Synergistic biodegradation of aromatic-aliphatic copolyester plastic by a marine microbial consortium. Nature Communications, 2020, 11(1): 5790.

[109]　Yang Y, Hu L, Li X X, et al. Nitrogen fixation and diazotrophic community in plastic-eating mealworms *Tenebrio molitor* L. Microbial Ecology, 2023, 85(1): 264-276.

[110]　Wang S Y, Ping Q, Li Y M. Comprehensively understanding metabolic pathways of protein during the anaerobic digestion of waste activated sludge. Chemosphere, 2022, 297.

[111]　Wu S Q, Zhu X L, Liu Z X, et al. Identification of genes relevant to pesticides and biology

from global transcriptome data of *Monochamus alternatus* Hope (Coleoptera: Cerambycidae) larvae. PloS One, 2016, 11(1): e0147855.

[112] Murdock L L, Brookhart G, Dunn P E, et al. Cysteine digestive proteinases in Coleoptera. Comparative Biochemistry and Physiology Part B: Comparative Biochemistry, 1987, 87(4): 783-787.

[113] 詹欢. 棉铃虫 *Helicoverpa armigera* (Hübber)幼虫糖受体 HaLgr1 的配体鉴定及功能分析. 郑州: 河南农业大学, 2019.

[114] Bhaskara G B, Wong M M, Verslues P E. The flip side of phospho-signalling: Regulation of protein dephosphorylation and the protein phosphatase 2Cs. Plant Cell and Environment, 2019, 42(10): 2913-2930.

[115] Przemieniecki S W, Kosewska A, Ciesielski S, et al. Changes in the gut microbiome and enzymatic profile of *Tenebrio molitor* larvae biodegrading cellulose, polyethylene and polystyrene waste. Environmental Pollution, 2020, 256.

[116] 何梦丹. 黄粉虫虫蜕超声波辅助碱法及酶法制备壳聚糖的工艺研究. 太原: 山西农业大学, 2019.

[117] Rana A K, Thakur M K, Saini A K, et al. Recent developments in microbial degradation of polypropylene: Integrated approaches towards a sustainable environment. Science of the Total Environment, 2022, 826.

[118] Yoshida S, Hiraga K, Takehana T, et al. A bacterium that degrades and assimilates poly(ethylene terephthalate). Science, 2016, 351(6278): 1196-1199.

[119] Moyses D N, Teixeira D A, Waldow V A, et al. Fungal and enzymatic bio-depolymerization of waste post-consumer poly(ethylene terephthalate) (PET) bottles using Penicillium species. 3 Biotech, 2021, 11(10).

[120] 顾冷涛. PET 塑料降解菌株的筛选鉴定、降解特性评价及关键酶基因分析. 无锡: 江南大学, 2021.

[121] Kawai F, Kawabata T, Oda M. Current knowledge on enzymatic PET degradation and its possible application to waste stream management and other fields. Applied Microbiology and Biotechnology, 2019, 103(11): 4253-4268.

[122] Qi X H, Yan W L, Cao Z B, et al. Current advances in the biodegradation and bioconversion of polyethylene terephthalate. Microorganisms, 2022, 10(1).

[123] Mohanan N, Montazer Z, Sharma P K, et al. Microbial and enzymatic degradation of synthetic plastics. Frontiers in Microbiology, 2020, 11.

[124] Brizendine R K, Erickson E, Haugen S J. Particle size reduction of poly(ethylene terephthalate) increases the rate of enzymatic depolymerization but does not increase the overall conversion extent. ACS Sustainable Chemistry & Engineering, 2022, (28): 10.

[125] Urbanek A K, Kosiowska K E, Mironczuk A M. Current knowledge on polyethylene terephthalate degradation by genetically modified microorganisms. Frontiers in Bioengineering and Biotechnology, 2021, 9.

[126] Dunbar B S, Winston P W. The site of active uptake of atmospheric water in larvae of *Tenebrio molitor*. Journal of Insect Physiology, 1975, 21(3): 495-500.

[127] Ren L, Men L N, Zhang Z W, et al. Biodegradation of polyethylene by *Enterobacter* sp. D1 from the guts of wax moth *Galleria mellonella*. International Journal of Environmental Research and Public Health, 2019, 16(11): 1941.

[128] Sun Y, Zhang X, Sun J J, et al. Unveiling the residual plastics and produced toxicity during biodegradation of polyethylene (PE), polystyrene (PS), and polyvinyl chloride (PVC) microplastics by mealworms (larvae of *Tenebrio molitor*). Journal of Hazardous Materials, 2023, 452.

[129] Ioakeimidis C, Fotopoulou K N, Karapnaagioti H K, et al. The degradation potential of PET bottles in the marine environment: An ATR-FTIR based approach. Scientific Reports, 2016, 6.

[130] Yue Q F, Yang H G, Zhang M L, et al. Metal-containing ionic liquids: Highly effective catalysts for degradation of poly(ethylene terephthalate). Advances in Materials Science and Engineering, 2014, 2014.

[131] Bulak P, Proc K, Pytlak A, et al. Biodegradation of different types of plastics by *Tenebrio molitor* insect. Polymers, 2021, 13(20).

[132] Wang S, Shi W, Huang Z C, et al. Complete digestion/biodegradation of polystyrene microplastics by greater wax moth (*Galleria mellonella*) larvae: Direct *in vivo* evidence, gut microbiota independence, and potential metabolic pathways. Journal of Hazardous Materials, 2022, 423.

[133] Margandan M M. Bacterial (*Alcaligenes faecalis*) degradation of PET (poly(ethylene terephthalate) obtained from old bottles wastes. ResearchGate, 2020.

[134] Falkenstein P, Grasing D, Bielytskyi P, et al. UV pretreatment impairs the enzymatic degradation of polyethylene terephthalate. Frontiers in Microbiology, 2020, 11.

[135] Wright R J, Bosch R, Langille M G I, et al. A multi-OMIC characterisation of biodegradation and microbial community succession within the PET plastisphere (vol 9, 141, 2021). Microbiome, 2021, 9(1): doi:10.21203/rs.3-104576/v1.

[136] Wei R, Breite D, Song C, et al. Biocatalytic degradation efficiency of postconsumer polyethylene terephthalate packaging determined by their polymer microstructures. Advanced Science, 2019, 6(14) : 1900491.

[137] Zampolli J, Orro A, Manconi A, et al. Transcriptomic analysis of *Rhodococcus opacus* R7 grown on polyethylene by RNA-seq. Scientific Reports, 2021, 11(1): 21311.

[138] Narciso-ortiz L, CorenoO-alonso A, Mendoza-olivares D, et al. Baseline for plastic and hydrocarbon pollution of rivers, reefs, and sediment on beaches in Veracruz State, Mexico, and a proposal for bioremediation. Environmental Science and Pollution Research, 2020, 27(18): 23035-23047.

[139] Eisenberg T, Glaeser S, Kampfer P, et al. Root sepsis associated with insect-dwelling Sebaldella termitidis in a lesser dwarf lemur (*Cheirogaleus medius*). Antonie Van Leeuwenhoek International Journal of General and Molecular Microbiology, 2015, 108(6): 1373-1382.

[140] Peydaei A, Bagheri H, Gurevich L, et al. Mastication of polyolefins alters the microbial composition in *Galleria mellonella*. Environmental Pollution, 2021, 280.

[141] Zhang Z, Peng H R, Yang D C, et al. Polyvinyl chloride degradation by a bacterium isolated from the gut of insect larvae. Nature Communications, 2022, 13(1): 5360.

[142] Pivato A F, Miranda G M, Prichula J, et al. Hydrocarbon-based plastics: Progress and perspectives on consumption and biodegradation by insect larvae. Chemosphere, 2022, 293.

[143] Ramya S L, Venkatesan T, Murthy K S, et al. Detection of carboxylesterase and esterase activity in culturable gut bacterial flora isolated from diamondback moth, *Plutella xylostella* (Linnaeus), from India and its possible role in indoxacarb degradation. Brazilian Journal of Microbiology, 2016, 47(2): 327-336.

[144] Loiret F G, Grimm B, Hajirezaei M R, et al. Inoculation of sugarcane with *Pantoea* sp increases amino acid contents in shoot tissues; serine, alanine, glutamine and asparagine permit concomitantly ammonium excretion and nitrogenase activity of the bacterium. Journal of Plant Physiology, 2009, 166(11): 1152-1161.

[145] Simon J C, Marchesi J R, Mougel C, et al. Host-microbiota interactions: from holobiont theory to analysis. Microbiome, 2019, 7.

[146] Sanchez-hernaadez J C. A toxicological perspective of plastic biodegradation by insect larvae. Comparative Biochemistry and Physiology C-Toxicology & Pharmacology, 2021, 248.

[147] Kong H G, Kim H H, Chung J H, et al. The *Galleria mellonella* hologenome supports microbiota-independent metabolism of long-chain hydrocarbon beeswax. Cell Reports, 2019, 26(9): 2451.

[148] Lemoine C M R, Grove H C, Smith C M, et al. A very hungry caterpillar: Polyethylene metabolism and lipid homeostasis in larvae of the greater wax moth (*Galleria mellonella*). Environmental Science & Technology, 2020, 54(22): 14706-14715.

[149] Zhong Z, Nong W Y, Xie Y C, et al. Long-term effect of plastic feeding on growth and transcriptomic response of mealworms (*Tenebrio molitor* L.). Chemosphere, 2022, 287.

[150] Billig S, Oeser T, Birkemeyer C, et al. Hydrolysis of cyclic poly(ethylene terephthalate) trimers by a carboxylesterase from *Thermobifida fusca* KW3. Applied Microbiology and Biotechnology, 2010, 87(5): 1753-1764.

[151] Khatoon N. Fungal enzymes involved in plastic waste biodegradation. http://dx.doi.org/ 10.13140/RG.2.1.3060.1764.2015.

[152] Carniel A, Valoni E, Nicomedes J, et al. Lipase from *Candida antarctica* (CALB) and cutinase from *Humicola insolens* act synergistically for PET hydrolysis to terephthalic acid. Process Biochemistry, 2017, 59: 84-90.

[153] Kumari A, Bano N, Bag S K, et al. Transcriptome-guided insights into plastic degradation by the marine bacterium. Frontiers in Microbiology, 2021, 12.

[154] Gyung Y M, Jeong J H, Nam K M. Biodegradation of polyethylene by a soil bacterium and AlkB cloned recombinant cell. Journal of Bioremediation & Biodegradation, 2012, 3(4): DOI: 10.4172/2155-6199.1000145.

[155] Remy C, Bin N, Leanid L, et al. Multiple functions of flagellar motility and chemotaxis in bacterial physiology. FEMS Microbiology Reviews, 2021, 45(6): DOI: 10.1093/femsre/fuab038.

[156] Lacal J, Munoz-martinez F, Reyes-darias J A, et al. Bacterial chemotaxis towards aromatic

hydrocarbons in *Pseudomonas*. Environmental Microbiology, 2011, 13(7): 1733-1744.

[157] Gravouil K, Ferru-clement R, Colas S, et al. Transcriptomics and lipidomics of the environmental strain rhodococcus ruber point out consumption pathways and potential metabolic bottlenecks for polyethylene degradation. Environmental Science & Technology, 2017, 51(9): 5172-5181.

[158] Deleon A V P, Ormeno-Orrillo E, Ramriez-puebla S T, et al. Candidatus *Dactylopiibacterium carminicum*, a nitrogen-fixing symbiont of (*Dactylopius*) cochineal insects (Hemiptera: Coccoidea: Dactylopiidae). Genome Biology and Evolution, 2017, 9(9): 2237-2250.

[159] Ahmaditabatabaei S, Kyazze G, Iqbal H M N, et al. Fungal enzymes as catalytic tools for polyethylene terephthalate (PET) degradation. Journal of Fungi, 2021, 7(11).

[160] Liu S, Shi X X, Jiang Y D, et al. *De novo* analysis of the *Tenebrio molitor* (Coleoptera: Tenebrionidae) transcriptome and identification of putative glutathione S-transferase genes. Applied Entomology and Zoology, 2015, 50(1): 63-71.

[161] Tsochatzis E, Berggreen I F, Tedeschi F, et al. Gut microbiome and degradation product formation during biodegradation of expanded polystyrene by mealworm larvae under different feeding strategies. Molecules, 2021, 26(24).

[162] Chen K Y, Tang R G, Luo Y M, et al. Transcriptomic and metabolic responses of earthworms to contaminated soil with polypropylene and polyethylene microplastics at environmentally relevant concentrations. Journal of Hazardous Materials, 2022, 427.

[163] Deng Y F, Chen H X, Huang Y C, et al. Long-term exposure to environmentally relevant doses of large polystyrene microplastics disturbs lipid homeostasis via bowel function interference. Environmental Science & Technology, 2022, 56(22): 15805-15817.

[164] Xu G H, Yu Y. Polystyrene microplastics impact the occurrence of antibiotic resistance genes in earthworms by size-dependent toxic effects. Journal of Hazardous Materials, 2021, 416.

[165] Europe Plastics. Plastics-the facts 2022. https://plasticseurope.org/knowledge-hub/plastics-the-facts-2022/.

[166] Min K, Cuiffi J D, Mathers R T. Ranking environmental degradation trends of plastic marine debris based on physical properties and molecular structure. Nature Communications, 2020, 11(1): 727.

[167] Abbasi S, Soltani N, Keshavarzi B, et al. Microplastics in different tissues of fish and prawn from the Musa Estuary, Persian Gulf. Chemosphere, 2018, 205: 80-87.

[168] Von Moos N, Burkhardt-holm P, Kohler A. Uptake and effects of microplastics on cells and tissue of the blue mussel *Mytilus edulis* L. after an experimental exposure. Environmental Science & Technology, 2012, 46(20): 11327-11335.

[169] Lu Y F, Zhang Y, Deng Y F, et al. Response to comment on "uptake and accumulation of polystyrene microplastics in zebrafish (*Danio rerio*) and toxic effects in liver". Environmental Science & Technology, 2016, 50(22): 12523-12524.

[170] Liao X, Zhao P Q, Hou L Y, et al. Network analysis reveals significant joint effects of microplastics and tetracycline on the gut than the gill microbiome of marine medaka. Journal of Hazardous Materials, 2023, 442.

[171] Wang X, Zheng H, Zhao J, et al. Photodegradation elevated the toxicity of polystyrene microplastics to grouper (*Epinephelus moara*) through disrupting hepatic lipid homeostasis. Environmental Science & Technology, 2020, 54(10): 6202-6212.

[172] Duan Z H, Duan X Y, Zhao S, et al. Barrier function of zebrafish embryonic chorions against microplastics and nanoplastics and its impact on embryo development. Journal of Hazardous Materials, 2020, 395.

[173] Duan Z H, Cheng H D, Duan X Y, et al. Diet preference of zebrafish (*Danio rerio*) for bio-based polylactic acid microplastics and induced intestinal damage and microbiota dysbiosis. Journal of Hazardous Materials, 2022, 429.

[174] Xie M J, Xu P, Zhou W G, et al. Impacts of conventional and biodegradable microplastics on juvenile *Lates calcarifer*: Bioaccumulation, antioxidant response, microbiome, and proteome alteration. Marine Pollution Bulletin, 2022, 179.

[175] Zou W, Xia M L, Jiang K, et al. Photo-oxidative degradation mitigated the developmental toxicity of polyamide microplastics to zebrafish larvae by modulating macrophage-triggered proinflammatory responses and apoptosis. Environmental Science & Technology, 2020, 54(21): 13888-13898.

[176] Peng B Y, Sun Y, Wu Z Y, et al. Biodegradation of polystyrene and low-density polyethylene by *Zophobas atratus* larvae: Fragmentation into microplastics, gut microbiota shift, and microbial functional enzymes. Journal of Cleaner Production, 2022, 367.

[177] Jinfeng N, Tokuda G. Lignocellulose-degrading enzymes from termites and their symbiotic microbiota.. Biotechnology Advances: An International Review Journal, 2013, (6): 838-850.

[178] Sanluis-Verdes A, Colomer-vidal P, Rodriguez-ventura F, et al. Wax wormsaliva and the enzymes therein are the key to polyethylene degradation by *Galleria mellonella*. Nature Communications, 202, 13(1): 5568.

[179] Gautam R, Bassi A S, Yanful E K. A review of biodegradation of synthetic plastic and foams. Applied Biochemistry and Biotechnology, 2007, 141(1): 85-108.

[180] Shah A A, Hasan F, Hameed A, et al. Biological degradation of plastics: A comprehensive review. Biotechnology Advances: An International Review Journal, 2008, (3): 26.

[181] Wang Y, Zhang Y L. Investigation of gut-associated bacteria in *Tenebrio molitor* (Coleoptera: Tenebrionidae) larvae using culture-dependent and DGGE methods. Annals of the Entomological Society of America, 2015, 108(5): 941-949.

[182] Chen M, Zhang X R, Wang Z W, et al. Impacts of quaternary ammonium compounds on membrane bioreactor performance: Acute and chronic responses of microorganisms. Water Research, 2018, 134: 153-161.

[183] Amass W, Amass A, Tighe B. A review of biodegradable polymers: Uses, current developments in the synthesis and characterization of biodegradable polyesters, blends of biodegradable polymers and recent advances in biodegradation studies. Polymer International, 1998, 47(2): 89-144.

[184] Tobias H, Carolin V L, Johanna K, et al. Plastics of the future? The impact of biodegradable polymers on the environment and on society. Angewandte Chemie, 2018, DOI: 10.1002/

anie.201805766.

[185] Peng B Y, Zhang X, Sun Y. Biodegradation and carbon resource recovery of poly(butylene adipate-*co*-terephthalate) (PBAT) by mealworms: Removal efciency, depolymerization pattern, and microplastic residue. ACS Sustainable Chemistry & Engineering, 2023.

[186] Ding M Q, Yang S S, Ding J, et al. Gut microbiome associating with carbon and nitrogen metabolism during biodegradation of polyethene in *Tenebrio* larvae with crop residues as co-diets. Environmental Science & Technology, 2023, 57: 3031-3041.

[187] Yang S S, Chen Y D, Zhang Y, et al. A novel clean production approach to utilize crop waste residues as co-diet for mealworm (*Tenebrio molitor*) biomass production with biochar as byproduct for heavy metal removal. Environmental Pollution, 2019, 252: 1142-1153.

[188] Kwak J I, An Y J. Microplastic digestion generates fragmented nanoplastics in soils and damages earthworm spermatogenesis and coelomocyte viability. Journal of Hazardous Materials, 2021, 402.

[189] Tsochatzis E D, Berggreen I E, Vidval N P, et al. Cellular lipids and protein alteration during biodegradation of expanded polystyrene by mealworm larvae under different feeding conditions. Chemosphere, 2022, 300.

[190] Xiong S J, Bo P, Zhou S J, et al. Economically competitive biodegradable PBAT/lignin composites: Effect of lignin methylation and compatibilizer. ACS Sustainable Chemistry & Engineering, 2020, 8(13): 5338-5346.

[191] Yu S X, Wang H M, Xiong S J, et al. Sustainable wood-based poly(butylene adipate-*co*-terephthalate) biodegradable composite films reinforced by a rapid homogeneous esterification strategy. ACS Sustainable Chemistry & Engineering, 2022, 10: 14568-14578.

[192] Subramanian A, Menon S. Novel polyaromatic hydrocarbon (PAH) degraders from oil contaminated soil samples. International Journal of Advanced Research, 2015, 3(7): 999-1006.

[193] Sun X, Pinacho R, Saia G, et al. Transcription factor Sp4 regulates expression of nervous wreck 2 to control NMDAR1 levels and dendrite patterning. Developmental Neurobiology, 2015, 75(1): 93-108.

[194] You Z Y, Zhang L, Zhang S, et al. Treatment of oil-contaminated water by modified polysilicate aluminum ferric sulfate. Processes, 2018, 6(7): 95.

[195] Chamkha A J, Mohamed R A, Ahmed S E. Unsteady MHD natural convection from a heated vertical porous plate in a micropolar fluid with Joule heating, chemical reaction and radiation effects. Meccanica, 2011, 46(2): 399-411.

[196] Grant D J W. Kinetic aspects of the growth of *Klebsiella aerogenes* with Some Benzenoid Carbon Sources. Journal of general microbiology, 1967, 46(2): 213-24.

[197] Wilkes R A, Aristilde L. Degradation and metabolism of synthetic plastics and associated products by *Pseudomonas* sp.: Capabilities and challenges. Journal of Applied Microbiology, 2017, 123(3): 582-593.

6 典型鳞翅目螟蛾科大蜡螟虫降解塑料研究

大蜡螟（*Galleria mellonella*）是鳞翅目、螟蛾科、蜡螟亚科的昆虫，常被称为蜂窝蛾或大蜡虫，广泛分布于世界各地，是一种危害蜂群和蜂巢的害虫[1]。大蜡螟虫的生命周期受环境条件影响，虫卵需要 3～30 天孵化成为幼虫，幼虫期持续 28 天～5 个月，蛹期需要 1～9 周，之后发育成成虫。大蜡螟虫幼虫以蜂蜡为主要食物，蜂蜡主要由 C—C 和 C—H 键结构的树脂和肉豆蔻酸组成，与聚乙烯塑料高聚物在结构上存在极大的相似性，因此研究人员对大蜡螟幼虫能否降解聚乙烯塑料高聚物产生了兴趣。

2017 年，Bombelli 等报道了来自西班牙的大蜡螟幼虫对聚乙烯塑料袋的摄食和氧化降解能力[2]。与未经处理的聚乙烯薄膜相比，覆盖有幼虫匀浆液的聚乙烯薄膜出现了明显的质量损失，同时在红外光谱中也检出了乙二醇特征峰。但其他研究人员对此提出了质疑，认为检出的吸收峰可能与检测之前薄膜上未完全除去的幼虫匀浆液有关[3]。2020 年，Billen 等开展了类似的研究，发现当地的大蜡螟幼虫同样能够啃食消耗聚乙烯和聚苯乙烯薄膜，但这些幼虫匀浆液对两种高分子薄膜表面并没有腐蚀作用[4]，因此提出了质疑。Bombelli 等在 2017 年报道中认为聚乙烯薄膜质量损失[2]可能是薄膜表征前清洗过程中的机械损失造成的，而非源于幼虫匀浆液的化学反应作用。另外，不同地区的大蜡螟幼虫对聚乙烯塑料的进食偏好不同，北美地区的大蜡螟幼虫摄食聚乙烯薄膜的积极性远低于西班牙和中国等国家和地区的大蜡螟幼虫，而虫体匀浆处理聚乙烯薄膜的普遍性有待进一步调查考证。

2019 年，韩国生命科学院 Kong 等进一步研究了韩国虫源的大蜡螟虫幼虫降解聚乙烯塑料和蜂蜡的内在机理和相关关系，从基因组和基因表达的角度深入研究了聚乙烯塑料的代谢途径[5]，首次证明了大蜡螟虫幼虫支持长链碳氢化合物的微生物群非依赖性代谢。Kong 等发现，聚乙烯塑料在大蜡螟虫幼虫体内通过宿主与其肠道微生物之间的相互作用进行代谢。长链脂肪酸代谢相关的基因（如脂肪酶和细胞色素酶基因）在大蜡螟幼虫的肠道微生物群中没有表达，而与短链脂肪酸代谢相关的基因组被显著上调。蜂蜡首先在大蜡螟虫宿主的独立作用下被解聚或水解成长链脂肪酸，之后，大蜡螟虫宿主和肠道微生物都可以将长链脂肪酸分解为短链脂肪酸，这表明大蜡螟虫肠道微生物群在聚乙烯降解过程中具有重要作用。

2020 年，布兰登大学 LeMoine 研究团队指出，大蜡螟幼虫的肠道微生物群具有初步解聚和加工摄入的聚乙烯高聚物的能力，该研究表明，大蜡螟虫宿主会利用关键消化酶将还原的烷烃链分解为短链脂肪酸，随后，短链脂肪酸进行 β-氧化，进入克雷布斯循环[6]。该研究首次在大蜡螟幼虫的肠道转录组中鉴定出降解长链高聚物烷烃的消化酶，为阐明大蜡螟虫幼虫对聚乙烯的消化降解过程提供了重要线索[5, 6]。

随着大蜡螟虫介导的塑料降解研究引起广泛关注，评估聚乙烯降解过程中的肠道微生物群贡献成为研究热点。2019 年，Ren 等使用以聚乙烯塑料高聚物为唯一碳源的液体培养基对大蜡螟虫幼虫的肠道功能微生物进行了筛选，鉴定出优势菌群为肠杆菌属细菌 *Enterobacter* sp. D1[7]，通过分离纯化的细菌悬液处理聚乙烯塑料薄膜发现，14 天之后薄膜表面出现凹陷和裂缝。此外，光谱分析显示，在细菌悬液处理过后，薄膜表面新形成了羧基和醚特征官能团，因此证明了菌株 *Enterobacter* sp. D1 在聚乙烯降解过程中的重要作用。Zhang 等同样使用分离纯化的方法，筛选了具有低密度聚乙烯和高密度基乙烯降解能力的真菌 *Aspergillus flavus* PEDX3，并证实了多铜氧化酶基因 *AFLA_006190* 和 *AFLA_053930* 的表达在塑料降解过程中起到重要作用[8]。2020 年，Cassone 等进一步研究了大蜡螟虫幼虫降解低密度聚乙烯塑料后的代谢产物。研究人员发现，在进行抗生素抑制后，降解物虫粪中的乙二醇产物含量显著降低，证实了肠道微生物群在低密度聚乙烯生物降解中的主导作用[9]。二代测序结果显示，在聚乙烯塑料喂养 24 h 后，埃希氏菌属（*Escherichia-Shigella*）、泛菌属（*Pantoea*）、假柠檬酸杆菌属（*Pseudocitrobacter*）、沙门氏菌属（*Salmonella*）、沙雷氏菌属（*Serratia*）和柠檬酸杆菌属（*Citrobacter*）的相对丰度显著增加。在聚乙烯塑料喂养 72 h 后，单胞菌属（*Aeromonas*）、奥托氏菌属（*Ottowia*）和伯克霍尔德氏菌科（*Burkholderiaceae*）细菌仍然处于优势菌群。

2021 年，Cassone 进一步探究了聚乙烯塑料高聚物对大蜡螟幼虫生理学变化的影响，发现喂食聚乙烯塑料的大蜡螟虫幼虫的脂肪体大小增加了 3 倍，线粒体容量增加了 80%。脂肪体是异生物质排毒的重要器官，这表明大蜡螟虫幼虫通过增加脂肪体的容量来进行异生物质摄入消化后的排毒[10]。

有关大蜡螟虫幼虫介导的塑料降解研究主要集中在聚乙烯塑料上，2020 年以来，陆续有研究人员探究其降解其他烃基塑料的可行性。哈尔滨工业大学研究团队报道了大蜡螟虫幼虫介导的聚苯乙烯和聚乙烯塑料降解过程中，提高大蜡螟虫幼虫存活率的可行性以及补充饲料（蜂蜡或麦麸）对塑料降解的影响。研究结果表明，在 21 天时间内，喂食聚苯乙烯或聚乙烯塑料的幼虫分别消耗了 0.88 g 和 1.95 g 塑料高聚物，且残余聚合物中均含有 C＝O 官能团，表明塑料高聚物发生了氧化解聚和生物降解。同时，补充蜂蜡和麦麸显著提高了大蜡螟虫幼虫的存活率。高通量测序结果表明，芽孢杆菌（*Bacillus*）和沙雷氏菌（*Serratia*）与塑料降解显著相关，沙雷氏菌与聚乙烯降解的相关性更强[11]。

此外，2022 年，Wang 等利用荧光标记的聚苯乙烯微珠和通用聚苯乙烯微塑料对大蜡螟虫幼虫及其微生物群介导的聚苯乙烯生物降解进行了评估[12]。高分辨率三维显微计算机断层扫描结果显示，实验周期内，大蜡螟虫幼虫肠道中聚苯乙烯微珠的荧光强度随时间而降低。而在微生物群抑制条件下，与聚苯乙烯降解相关的生物降解代谢物（苯乙烯、苯乙酸酯、4-甲基苯酚、2-羟基苯乙酸酯等）在幼虫肠道中显著减少或未检出。结果表明，大蜡螟虫肠道微生物群在聚苯乙烯塑料降解过程中可能仅起到了增强新陈代谢的作用。 基于色谱分析和代谢组学结果，该研究团队进一步提出了聚苯乙烯的两种潜在生物代谢途径，其中，聚苯乙烯塑料解聚为苯乙烯单体这一过程需要在氧气或自由基存在的条件下进行。目前关于大蜡螟虫幼虫介导的高聚物解聚及酶促反应的关键酶仍需进一步研究以确定潜在的催化机制[12]。

相较于近年来广泛报道的大蜡螟虫，同科生物印度谷螟（*Plodia interpunctella*）的塑料降解相关研究报道相对较少。2014 年，Yang 等首次证实了印度谷螟幼虫啃食降解聚乙烯塑料薄膜的能力[13]，通过喂养印度谷螟幼虫聚乙烯薄膜，从其肠道中分离出能够在聚乙烯作为唯一碳源条件下正常生长的肠杆菌 *Enterobacter asburiae* YT1 和芽孢杆菌 *Bacillus* sp. YP1，将这两种细菌纯化后再处理聚乙烯薄膜，发现薄膜表面出现了明显的凹坑和空腔，同时光谱分析检测到了羰基官能团，凝胶渗透色谱结果显示聚乙烯高聚物分子量下降了 6%～13%，且在细菌纯化培养悬浮液中检测到了较低分子量的聚乙烯片段，这些发现证实了印度谷螟肠道微生物对聚乙烯薄膜的解聚和裂解[13]。但由于印度谷螟幼虫体型太小不便研究，迄今未有全面、准确的数据确认印度谷螟幼虫对聚乙烯薄膜和其他塑料的摄食消化和生物降解性能。

2020 年，Mahmoud 等进一步评估了印度谷螟幼虫肠道微生物群对聚乙烯塑料的生物降解能力[14]，该研究通过特征菌群的分离纯化，获得了两株细菌：肠杆菌 *Enterobacter tabaci* YIM Hb-3 和枯草芽孢杆菌亚种 *Bacillus subtilis* subsp.，这与 2014 年 Yang 等分离的菌属相同[13]。目前，印度谷螟降解不同塑料高聚物的降解机理、代谢途径以及降解产物仍存在研究空白。

6.1 大蜡螟对 PS 的啃食-降解能力及其肠道组学研究

6.1.1 大蜡螟对 PS 的啃食-降解能力

选择天津地区的大蜡螟幼虫为实验对象，验证大蜡螟是否具有聚苯乙烯泡沫的啃食能力，同时设置了食用麦麸的对照组，除食物外，其余生存条件均一致。大蜡螟幼虫并不喜欢食聚苯乙烯，但可以在 30 d 内啃食掉大量聚苯乙烯泡沫。表现为喂养过程中，把聚苯乙烯泡沫塑料作为唯一的饮食放在容器中后，大蜡螟幼虫开始以其为食，随着时间推移，幼虫逐渐使聚苯乙烯泡沫块充满孔洞。在大蜡螟幼虫喂食聚苯乙烯泡沫块的第 3 天，就已经观察到聚苯乙烯泡沫块出现了孔洞，并且在培养容器壁上观察到了少量幼虫啃食聚苯乙烯泡沫后产生的聚苯乙烯碎屑附着在上面。在喂养的第 5 天，整个培养容器已经被聚苯乙烯碎屑所覆盖。当大蜡螟幼虫食用聚苯乙烯泡沫饮食 21 d 后，大蜡螟幼虫的生长状态仍是正常的，其产生的蚕丝量也正常。这表明，聚苯乙烯饮食在短期喂养期间不会伤害大蜡螟幼虫的生长。

　　此外，大蜡螟幼虫对聚苯乙烯泡沫的消耗量与日俱增[图 6-1（a）]。在 30 d 的测试中，大蜡螟幼虫消耗聚苯乙烯泡沫的质量为 3.08 g，聚苯乙烯的平均消耗率为（1.57±0.066）mg/（幼虫·d）。为了明确大蜡螟幼虫对聚苯乙烯泡沫的取食是否对自身生长起到积极作用，喂养前后均对大蜡螟幼虫的体重进行了称量，称量时随机挑选 3 只体重均一的幼虫进行称量：实验前一个幼虫的平均初始重量为（0.21±0.015）g，食用 PS 泡沫的实验组 30 d 后体重变化为–43.61%±4.67%，麦麸对照组体重变化为＋18.89%±2.12%。也就是说，大蜡螟幼虫能够以聚苯乙烯泡沫为食，但是幼虫食用聚苯乙烯泡沫后体重损失了接近二分之一。这种体重变化现象表明聚苯乙烯泡沫在大蜡螟幼虫的生长周期中无法满足其生长和发育所需的能量。由以上现象推断，大蜡螟幼虫对聚苯乙烯的啃食能力可能只是因为它们具有侵略性的觅食习性，聚苯乙烯泡沫并非它们的能量来源。针对大蜡螟幼虫的存活率，在 30 d 的实验期内，聚苯乙烯泡沫实验组和麦麸对照组的大蜡螟幼虫成活率均呈下降趋势。由于从 23 d 开始大蜡螟幼虫开始逐渐死亡，因此聚苯乙烯实验组和对照组的存活率 30 d 喂养结束后均相对较低，30 d 结束时，麦麸对照组的大蜡螟幼虫的存活率为 45.67%±3.06%，而聚苯乙烯泡沫实验组为 27.00%±2.65%[图 6-1（b）]。即对于大蜡螟幼虫，聚苯乙烯实验组的存活率远低于喂养麦麸的对照组。根据聚苯乙烯组和对照组之间存活率和体重变化的比较数据，可以看出塑料消耗对昆虫的生命周期有一定的负面影响。

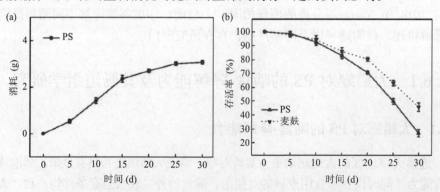

图 6-1　大蜡螟对聚苯乙烯的消耗（a）以及用 PS 和麸皮喂养的大蜡螟幼虫的成虫存活率（b）[15]

对喂养聚苯乙烯泡沫 30 d 的大蜡螟幼虫粪便进行收集后，使用 GPC 分析了大蜡螟幼虫粪便的 THF 提取物，以 THF 溶解的聚苯乙烯泡沫塑料为对照。GPC 结果表明，喂食聚苯乙烯泡沫的大蜡螟幼虫粪便的 THF 提取物的 M_n 与 M_w 分别为 54472 和 136381，相比聚苯乙烯泡沫塑料对照组的 M_n（64415）和 M_w（144412），喂食聚苯乙烯泡沫的大蜡螟幼虫粪便中的聚苯乙烯的 M_n 和 M_w 均呈下降趋势（图 6-2）。

利用 TGA 来检测原始聚苯乙烯泡沫塑料与 30 d 的喂养实验结束后大蜡螟幼虫粪便的热变性情况。聚苯乙烯泡沫塑料的 TGA 曲线仅在 380～440℃ 之间发生了超过 95% 的质量损失（图 6-3），且最大分解速率发生在 420℃。相比之下，聚苯乙烯喂养的大蜡螟幼虫粪便的 TGA 曲线中没有检测到显著或急剧的质量损失，从开始的 40℃ 到 800℃，TGA 曲线是逐渐下降的。聚苯乙烯原料的 TGA 曲线突然下降代表了高温下聚苯乙烯的降解，而大蜡螟幼虫粪便 TGA 曲线没有显示出类似的降解情况，表明大蜡螟粪便中的聚苯乙烯含量极低或不存在，进一步说明了聚苯乙烯经大蜡螟幼虫肠道后发生了生物降解现象，从而在大蜡螟幼虫肠道中形成了其他的化合物。总之，与聚苯乙烯泡沫样品的 TGA 曲线相比，粪便样品最大分解速率明显变化，表明食用聚苯乙烯泡沫的大蜡螟幼虫粪便中包含具有不同热性质的新有机物质。

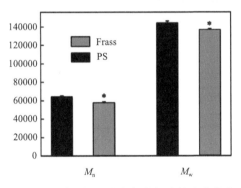

图 6-2 聚苯乙烯和从粪便中提取的聚合物的 M_n 和 M_w 的比较

PS：聚苯乙烯泡沫；Frass：喂食聚苯乙烯的大蜡螟幼虫粪便；与对照组相比，*代表 $p<0.05$ [15]

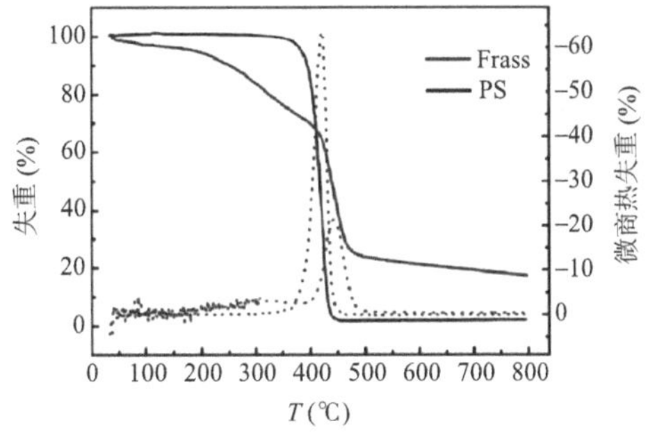

图 6-3 聚苯乙烯和聚苯乙烯喂养的幼虫的粪便的 TGA 光谱[15]

FTIR 光谱分析揭示了化学键的变化以及氧的掺入，而化学键的变化与氧的掺入往往与生物转化与塑料降解相关。聚苯乙烯喂养的大蜡螟幼虫粪便表现出了更多的特征吸收峰，在波数为 1075cm^{-1}、1700 cm^{-1} 和 3450 cm^{-1} 附近的峰尤为明显，分别代表 C—O、C=O、R—OH 基团（图 6-4）。这些代表含氧基团的新吸收峰的产生表明在大蜡螟幼虫的肠道中发生了 PS 的氧化和解聚过程，从而产生了某些含氧化合物[16]。此外，聚苯乙烯泡沫在 625～970 cm^{-1} 处的峰强度（环的弯曲振动）很强，而在粪便样品中却很弱，提供了环解的证据[16, 17]，降解的进一步证据是观察到聚苯乙烯的特征峰强度降低和羰基的出现（C=O 拉伸，1700 cm^{-1}）。羰基、羟基和羧酸基团的出现被认为是塑料氧化和生物降解程中的初步和必不可少的步骤[18]。在粪便样品的 FTIR 光谱中，观察到的 2500～3500 cm^{-1} 处的吸收峰的展宽是与羟基或羧酸基团的氢键有关，这表明了样品从疏水性向亲水性的转变，大蜡螟幼虫中的某些肠道微生物能够将聚苯乙烯泡沫氧化为其他物质，并最终很有可能降解聚苯乙烯泡沫塑料。

通过直观对比聚苯乙烯原料和大蜡螟幼虫粪便的 ^{1}H NMR 谱图，观察了仅以聚苯乙烯为食的大蜡螟幼虫粪便所产生的新峰。谱图中检测到了如下这些峰，0 ppm、0.9 ppm、1.3 ppm、5.3 ppm 和 7.2 ppm 处（图 6-5）。与对照组的 ^{1}H NMR 相比，在食用聚苯乙烯泡沫的大蜡螟幼虫粪便的 NMR 光谱中观察到了一个约为 5.2～5.3 ppm 的新峰，该峰与烯烃键（—C=C—H）有关。Brandon 等在先前的研究中报道了这处峰值，但他们并没有在食用麸皮的幼虫粪便中观察到这个峰，表明该峰不是由规则的细胞代谢产物造成的，而是肠道排泄以及聚合物解聚引起的[19]。

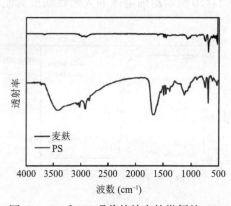

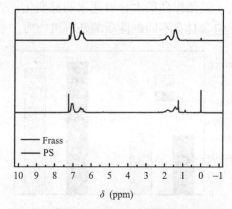

图 6-4　PS 和 PS 喂养的幼虫的粪便的 FTIR 光谱[15]

图 6-5　聚苯乙烯和聚苯乙烯喂养的幼虫的粪便的 ^{1}H NMR 光谱[15]

6.1.2　啃食 PS 的大蜡螟肠道组学研究

大蜡螟幼虫的肠道微生物在其消化过程中起着重要作用[16]。为了确定和比较饲喂聚苯乙烯泡沫引起的大蜡螟肠道微生物组的变化，采用 Illumina 测序技术在三个饲喂阶段（0 d、10 d、20 d）分别检测了大蜡螟幼虫的肠道细菌群落丰富度、多样性与组成变化趋势。16S rRNA 基因扩增子共获得 3 个样品的 144860 个序列，采样覆盖率超过 0.99，这表明 Illumina 测序能够检测到大多数读数，测序数据量足够大，可以反映样品中绝大多数的微生物信息。

对于第 0、10 和 20 天三个时间段，与大蜡螟幼虫的肠道样品 OTU 值相比，最终有所降低。使用 Ace 和 Chao 估计量来分析种群的丰富程度。同时，使用 Alpha 多样性估计量的 Shannon 和 Simpson 指数来表示种群多样性。Shannon 指数是用来反映所测样本中的微生物多样性的指数，以此反映各样本在不同测序数量时的微生物多样性。对大蜡螟幼虫肠道微生物 16S rRNA 基因的 V3～V4 区域进行高通量测序后，得到了 Shannon 指数数据：聚苯乙烯泡沫喂养 20 d 的大蜡螟幼虫肠道微生物的多样性明显低于前期大蜡螟幼虫肠道微生物，说明随着聚苯乙烯喂养时间的延长，大蜡螟幼虫肠道微生物菌群出现了变化，即幼虫肠道中可以利用聚苯乙烯的微生物存活了下来，而其他微生物可能消失了，而存活下来的微生物中可能就有我们寻找的降解菌。在聚苯乙烯饲喂过程中，第 0 天时所显示的多样性可能是由它们最初的饮食造成的，但是，接下来的 20 d 的变化可能与它们进食后的肠道生态生理有关[16]，也就是与聚苯乙烯降解有关。即某些与聚苯乙烯降解相关的群落由于大蜡螟幼虫对聚苯乙烯的摄入而适应性逐渐增多，即肠道微生物组开始用这种微生物群落富集的方式来帮助他们进一步消化。

基于 Bray-Curtis 距离原理的主坐标分析（PCoA）进行的 Beta 分析，揭示了大蜡螟幼虫在不同培养时间内肠道样品群落组成的差异。根据图 6-6 可以看出，在 20 d 的喂养过程中，以聚苯乙烯为食对肠道微生物组成造成了很大的影响。

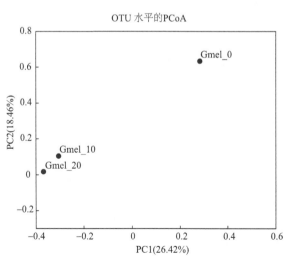

图 6-6　3 组幼虫样品之间基于 Bray-Curtis 距离的主坐标分析[15]

Gmel：大蜡螟

聚苯乙烯喂养的大蜡螟幼虫肠道 d0 样品（Gmel_0）与 d10 样品（Gmel_10）和 d20（Gmel_20）样品进行了长距离比较，结果表明，在喂养聚苯乙烯泡沫之前和之后存在明显不同。Gmel_10 和 Gmel_20 的距离较近，二者与 Gmel_0 距离较远清晰可见，即 Gmel_10 和 Gmel_20 它们的群落组成相似，其次随着聚苯乙烯进食时间的延长，对于大蜡螟幼虫而言，肠道微生物组成有了很大的变化。总之，大蜡螟幼虫肠道中聚苯乙烯的降解与其肠道内发生变化的细菌群落有关。

　　基于门和属水平以及群落热图分析大蜡螟肠道的微生物群落组成。结果表明，以聚苯乙烯为食可以诱导某些核心肠道微生物的富集，这些有可能就是导致聚苯乙烯降解的微生物。对于大蜡螟幼虫来说，它们的核心微生物群是肠球菌 *Enterococcus*、肠杆菌 *Enterobacter*、沙雷氏菌 *Serratia* 和分类地位未知的肠杆菌属。在 d20 PS 喂养组的肠道中，厚壁菌门 Firmicutes 和变形菌门 Proteobacteria 是主要的微生物门。在 d10 与 d20 聚苯乙烯喂养后，大蜡螟幼虫肠道中逐渐增多的是肠杆菌属 *Enterobacter* 和沙雷氏菌属 *Serratia*，这表明它们在聚苯乙烯降解中可能起着至关重要的作用[16]。到目前为止，许多研究已成功地从昆虫的肠道中筛选出了降解聚苯乙烯的微生物。Wang 等 [20]也进行了类似的研究，研究了塑料和麸皮喂养的幼虫的肠道微生物组，发现不动杆菌属 *Acinetobacter* 与聚苯乙烯降解密切相关，最后他们成功分离出聚苯乙烯降解细菌 *Acinetobacter* AnTc-1。Yang 等 [21]从黄粉虫肠道分离了聚苯乙烯降解细菌菌株微小杆菌 *Exiguobacterium* sp.YT2。Woo 等[22]分离出来自甲虫鞘翅目幼虫肠道菌群的聚苯乙烯降解菌株沙雷氏菌 *Serratia* WSW。基于此，与聚苯乙烯降解相关的微生物可能就在上述提到的变形菌门和厚壁菌门中。

6.1.3　啃食 PS 的大蜡螟降解产物

　　在聚苯乙烯代谢中，中间体的形成代表大蜡螟幼虫对聚苯乙烯的消化及其生物降解[18]。据报道，脂肪酸和羧酸酯是塑料新陈代谢的中间体[16, 23]。GC-MS 分析可用来确定大蜡螟幼虫的肠道和幼虫粪便在聚苯乙烯泡沫塑料代谢过程中产生的中间体和产物：各种酸和醇，如 2-丙酸、苯丙酸、山梨醇、邻苯二甲酸和长链脂肪酸（油酸、十六烷酸和十八烷酸）。饲喂聚苯乙烯泡沫塑料的幼虫粪便和肠道中产生了如上物质，代表了苯环结构代谢的可能性和聚苯乙烯生物降解的可能性。此外，在大蜡螟幼虫的粪便中检出了 2-丙酸和山梨醇，在其肠道中检测到了十六烷酸。即存在于大蜡螟幼虫的肠道中的某些肠道微生物可能有降解功能。GC-MS 在样品中除了检测到了以上含氧化合物，还检测了另一些化合物，例如苯酚、庚烷和甲苯，这些可能归因于塑料泡沫中的增塑剂、抗氧化剂和其他添加剂[24]。

6.2 大蜡螟对 PS 的啮食-降解能力及其肠道组学研究

6.2.1 大蜡螟对 PS 的啮食-降解能力

大蜡螟幼虫的常规食物是蜂蜡而不是塑料。将大蜡螟幼虫放入聚乙烯泡沫中 30 min 后，塑料泡沫被昆虫啮食在表面产生孔洞。大蜡螟幼虫取食泡沫塑现象如图 6-7 所示，当聚乙烯泡沫作为大蜡螟幼虫的唯一食物时，会明显影响存活率，即存活率下降明显。当添加麦麸后，觅食塑料的幼虫存活率有所升高，而添加蜂蜡后存活率可以达到更高的水平。21 d 后，大蜡螟进

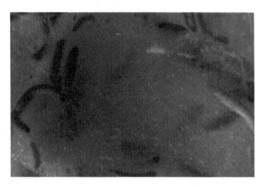

图 6-7 大蜡螟取食聚乙烯[25]

食了 1.95 g 聚乙烯，且 21 d 后取食聚乙烯的幼虫存活率较高。

图 6-8 显示大蜡螟幼虫取食聚乙烯、聚乙烯混合蜂蜡、聚乙烯混合麦麸后，虫粪的失重和微商热失重（TGA／DTG）曲线。数据呈现出和取食聚苯乙烯组的幼虫同样的热失重变化规律。在同样的加热程序下，聚乙烯塑料原样均只存在一个明显的质量损失阶段，在该阶段中质量减少可达到 80%以上，并伴随有大幅度的能量变化；而取食塑料及辅助营养物条件下虫粪的质量损失均逐步发生，并均伴随有两个温度范围内小幅度的能量变化，表示吸放热反应的发生。通过对照塑料原样和虫粪可以发现，虫粪拥有更多的质量损失率阶段，这说明虫粪不但拥有塑料的组分，而且拥有其他新的组分。另外，在塑料原样质量损失率显著降低的阶段，虫粪的质量损失率明显减少，说明大蜡螟的虫粪中塑料组分显著少。

从塑料原样与虫粪组分红外吸收光谱（图 6-9）比较可以观察到明显差异。进一步分析基团频率范围内原子振动差异，可以得到产物的结构鉴定，判断幼虫分解塑料的能力。虫粪样品在双键伸缩振动区（1900～1200 cm⁻¹）出现 1700 cm⁻¹处吸收峰，表明产物中含有明显的羰基结构（C＝O），而塑料原样没有羰基结构。塑料在经过大蜡螟幼虫肠道中的消化过程有氧气的参与，说明塑料发生了有氧降解。3500～2500 cm⁻¹ 是 X—H 伸缩振动区，X 表示 O，N、C 和 S 原子。在这个区间内峰的形状可以表示出羟基与羧基结构的氢键的关系。窄峰表示物质倾向于疏水性的状态，塑料原样呈现出宽峰状态，而宽峰表示物质倾向于亲水性的状态，虫粪呈现出宽峰状态。结果证明幼虫粪便的物质亲水性大于塑料本身，间

接证明了幼虫及其肠道菌对塑料的降解。

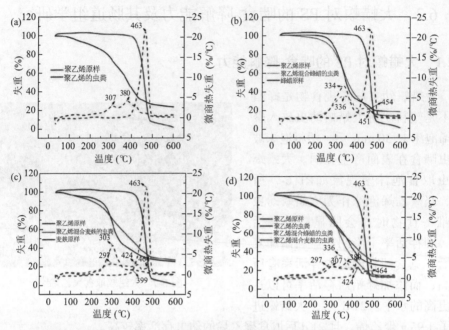

图 6-8　大蜡螟幼虫取食聚乙烯、聚乙烯混合蜂蜡、聚乙烯混合麦麸后的虫粪的失重和微商热
失重（TGA／DTG）曲线[25]

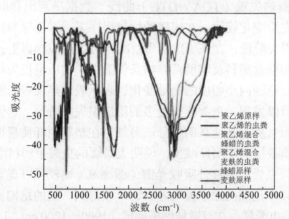

图 6-9　大蜡螟幼虫取食聚乙烯、聚乙烯混合蜂蜡、聚乙烯混合麦麸后的虫粪的红外光谱曲线 [25]

6.2.2　啮食 PS 的大蜡螟肠道组学研究

所得样品微生物的总物种量在 40～380 之间，其中总物种量最少的是饲养聚
乙烯组，最多的是饲养聚乙烯混合蜂蜡组。将单独饲养塑料和混合他食物饲养塑
料的组对比来看，单独饲养塑料微生物的物种数目少于混合其他食物饲养塑料的

组，说明经过增加辅助营养物质的方法可以增加大蜡螟幼虫肠道中微生物的物种数目。

大蜡螟肠道微生物在纲的水平下的群落结构中，丰度较大的几个纲有Bacilli、Gammaproteobacteria 和 Alphaproteobacteria 等。Bacillus 纲的细菌在大蜡螟肠道中属于优势菌群，其相对丰度较大，占了所有细菌的 65%以上。Gammaproteobacteria 和 Alphaproteobacteria 纲的细菌分类也比较多（图 6-10）。Staphylococcus 和 Anoxybacillus 纲的细菌分别占据总菌群的 14%和 10%左右。Bacillus 纲属于 Firmicutes 门；Gammaproteobacteria 和 Alphaproteobacteria 属于Proteobacteria 门。聚乙烯喂养条件下的群落结构较为单一，分别以 Bacilli 和Gammaproteobacteria 为绝对优势菌种，其相对丰度均高于 90%以上，推测塑料的潜在降解菌在该两种菌纲下。Serratia 属的细菌的相对丰富度较大，为聚乙烯样品中该属的细菌是优势菌属，比例占据 94%。Serratia 菌属属于Enterobacteriaceae 科，与报道中出现的能够降解聚乙烯的 Enterobacter 菌属同属于 Enterobacteriaceae 科[26]。报道称，从土壤、海洋以及 Pinterpunctella 幼虫的肠道中提取到的 Bacillus 属的细菌具备降解聚乙烯塑料的功能[26, 27]。Aswale 等分离得到了能够降解聚乙烯包装袋的几种细菌：Serratia marcescens 724、Bacillus cereus、Pseudomonas aeruginosa、Streptococus aureus B-324、Micrococcus Lylae B-429、Phanerochaete chrysosporiu[28]。

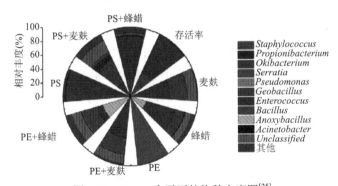

图 6-10　Genus 水平下的物种丰度图[25]

6.3　大蜡螟降解聚乙烯的菌株的筛选及鉴定

聚乙烯的生物降解过程较为复杂，现存研究并不全面。目前对于其降解机制的方法有两种推测，一种是对已经确定能够降解聚乙烯的且分离纯化后的单一菌株进行降解的相关研究。这种方法的优点是对单一菌株进行探究，是一种研究代谢途径、评估不同环境条件对聚乙烯降解影响的简便方法。这种方法的缺点是它忽略了聚乙烯生物降解可能是不同物种之间共同作用的结果。另一种方法则避免了这种限制，即对复杂环境和混合菌株进行研究。例如，海水、土壤就是在第二种方法下研究聚乙烯降解微环境的。

在生物降解实验中，从聚乙烯表面分离出来的微生物群落的结构也会受到作用基质聚乙烯类型的影响。在一些研究中已经证明，作用基质表面的物理化学性质决定了微生物形成生物膜结构的能力。最常见的聚乙烯类型有：低密度聚乙烯（low-density polyethylene，LDPE）、高密度聚乙烯（high density polyethylene，HDPE）、线型低密度聚乙烯（linear low density polyethylene，LLDPE）和交联聚乙烯（cross linked polyethylene，XLPE），它们的密度、分支程度和表面官能团的数量各不相同。同时，聚乙烯也可以与氧化剂、淀粉等添加剂混合使用，这两种添加剂都有利于提高聚乙烯的降解能力，且这些添加剂的存在也会影响聚乙烯表面的微生物种类。过去的 50 年间发现了一些菌株，它们与聚乙烯相互作用的能力导致了某种程度的降解。

有研究人员在研究大蜡螟的幼虫时发现大蜡螟幼虫可以降解聚乙烯。进一步研究发现，大蜡螟幼虫可以将聚乙烯降解为乙二醇。虽然类似的生物降解聚乙烯已有报道，但是大蜡螟降解聚乙烯的速度明显更快。但其降解聚乙烯的能力是来自于大蜡螟幼虫自身还是其体内的微生物目前还没有研究。

目前常用的昆虫肠道微生物分离方法有传统分离法与新型分离法两大类。传统分离法，按操作方法划分，一般包括：平板划线法和稀释涂布法。平板划线法具有操作简单方便等特点，但相较于稀释涂布法不易分离出单菌落；而稀释涂布的方法有能较快分离出单菌落的优点，但是相较于平板划线法有操作复杂的缺点。按实验目的划分，分为稀释培养分离和选择培养分离。新型分离法主要是根据不同的实验目的将不同的分离手段进行整合，主要有：先富集后筛选、模拟肠道微环境、多种技术整合等方法。

2019 年，刘亚飞在大蜡螟肠道中将大蜡螟幼虫肠道研磨液分别在以线型低密度聚乙烯、低密度聚乙烯、普通塑料保鲜袋为唯一碳源的 M9 液体培养基中进行筛选培养，同时设置完全无碳源的对照组[29]。30 天后，OD 值结果显示实验组与对照组的 OD 值有明显差异；然后分别蘸取上述各组混合液，在、高氏 I 号、PDA 牛肉膏蛋白胨三种全营养固体培养基上进行划线分离。如图 6-11 所示，最终对照组的三种全营养固体培养基无任何微生物生长，实验组在 PDA、牛肉膏蛋白胨两种固体培养基上有微生物生长。

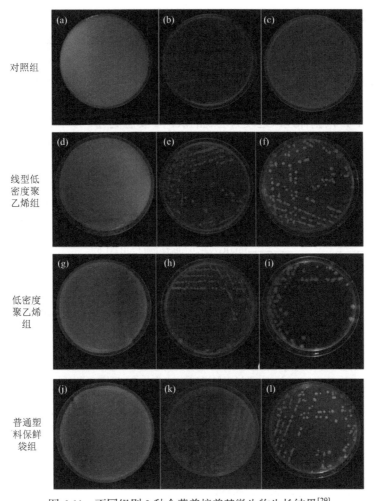

图 6-11　不同组别 3 种全营养培养基微生物生长结果[29]

（a、d、g、j）高氏 I 号固体培养基；（b、e、h、k）PDA 固体培养基；（c、f、i、l）牛肉膏蛋白胨固体培养基

对降解聚乙烯微生物进行分子鉴定。提取实验组 PDA、牛肉膏蛋白胨两种培养基上微生物的 DNA，进行测序。最终确定分离出两种细菌 LYF-1、LYF-2。经过 BLAST 比对及建立发育树（图 6-12），确定两菌均属于肠杆菌属且为两种不同的菌种。通过对比分析进化树分支上的自展值（bootstrap），发现 LYF-1 与 *Enterobacter chengduensis* 属于同一分支，且自展值为 33，二者亲缘关系相对较近，与阴沟肠杆菌（*Enterobacter cloacae*）不属于同一分支；LYF-2 与 GenBank： KX061931.1 属于同一分支，且自展值为 26，二者亲缘关系相对较近，与 *Enterobacter kobei* 不属于同一分支；LYF-1 与 LYF-2 共同建立系统发育树，发现两菌株虽然同属肠杆菌属，但在肠杆菌属中亲缘关系相对较远，进一步

确定两菌株是同属不同种降解菌。发育树虽能够体现出 LYF-1、LYF-2 两菌株亲缘的远近关系，但也存在一定的局限性。制作发育树所选样本数量的多少、菌种的选择都会直接影响后续的信息分析，所选择的菌种亲缘关系太近或太远，都会导致分析结果不够精确、全面。分子鉴定能够较为准确地确定出微生物的属，发育树也能够反映出 LYF-1、LYF-2 两菌株在肠杆菌属中的亲缘关系，但是对 LYF-1、LYF-2 两菌株还缺乏较为宏观的认识。要想更进一步了解 LYF-1、LYF-2 两菌株，还需对其菌落形态特点及其生理生化特点进行更为全面的探究。

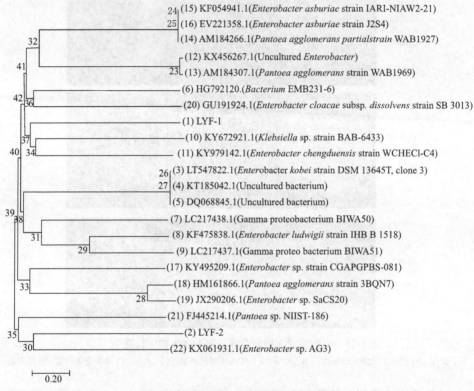

图 6-12　LYF-1、LYF-2 系统发育树[29]

　　目前对于微生物的研究多从分子鉴定和生理生化鉴定等方面进行。分子鉴定是从分子水平上对微生物进行研究的，属于相对微观的层面；生理生化鉴定是从微生物个体或单菌落的层面对微生物进行相对宏观的探究，也是微生物特性最为直观的体现。对于微生物特性的研究，一般包括：①菌落的形态观察，即对微生物菌落的形状、颜色、大小、气味、黏稠度进行观察；②微生物性质的确定，即通过革兰氏染色法确定微生物呈阴性还是阳性；③微生物生理生化特性的鉴定等方面。每种微生物都具有其特有的酶系统，不同的酶系统所利用的碳源种类、碳源代谢的途径、代谢最终的产物都会有所不同，代谢能力也存在差异。不同属的微生物在生理生化特性上存在的差异较大，同属的微生物亲缘关系较近，生理生化特性也存在相似性，但同属不同种的微生物生理生化特性依然存在差异。

从菌落外观形态、革兰氏染色、生理生化特性 3 个方面对 LYF-1、LYF-2 两菌株进行形态学观察、革兰氏染色以及生理生化鉴定。如图 6-13 所示，两菌在形态上基本一致，但气味不同；图 6-14 的革兰氏染色结果显示：两菌均属于革兰氏阴性菌；经过梅里埃 VITEK 2 Compact 全自动细菌鉴定仪鉴定结果表明：在 L-脯氨酸芳胺酶（ProA）上，LYF-1 菌株呈现阳性、LYF-2 菌株呈现阴性；在 ELLMAN 上，LYF-1，菌株呈现阴性、LYF-2 菌株呈现弱阴性。

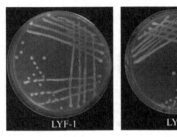

图 6-13　LYF-1、LYF-2 两菌株在 PDA 固体培养基上生长状况[29]

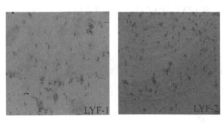

图 6-14　LYF-1、LYF-2 两菌革兰氏染色结果[29]

对降解聚乙烯的微生物降解特性的研究。将 LYF-1、LYF-2 以及两菌混合后分别接入以线型低密度聚乙烯、低密度聚乙烯、普通塑料保鲜袋为唯一碳源的 M9 液体培养基中培养 30 d 后，将空白对照组、阴性对照组、ddH₂O 组、LYF-1 组、LYF-2 组、两菌混合组的聚乙烯制品进行扫描电子显微镜观察，结果如图 6-15 至图 6-17 所示。不接任何菌的 M9 空白对照组，三种聚乙烯制品表面均表现为光滑平整；不接菌且无菌水作为培养基的对照组，三种聚乙烯表面光滑平整；接种大肠杆菌的阴性对照组中的三种聚乙烯制品表面也表现为光滑平整；而经过 LYF-1 菌株处理过的线型低密度聚乙烯表面呈现丝絮状凹凸不平的状态[图 6-15（d）]，低密度聚乙烯表面出现了圆形凹凸不平的状态[图 6-16（d）]，而普通塑料保鲜袋表面出现星射线状褶皱[图 6-17（d）]；经过 LYF-2 处理过的线型低密度聚乙烯[图 6-15（e）]和普通塑料保鲜袋[图 6-17（e）]均出现了明显的孔洞，低密度聚乙烯表面变得相对粗糙[图 6-16（e）]；经过两菌混合处理过的线型低密度聚乙烯表面[图 6-15（f）]和低密度聚乙烯表面[图 6-16（f）]均有较深的孔洞状裂痕并伴随有丝絮状的裂痕产生，普通塑料保鲜袋表面[图 6-17（f）]现象更为明显，不仅有孔洞出现，还出现了大量无规律的纤维状裂痕。

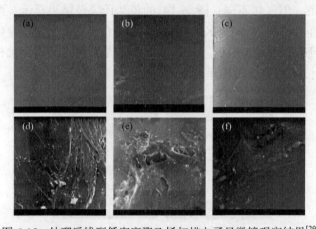

图 6-15　处理后线型低密度聚乙烯扫描电子显微镜观察结果[29]

（a）M9 培养基；（b）M9 培养基＋大肠杆菌；（c）ddH$_2$O 代替 M9 培养基；（d）M9 培养基＋LYF-1；（e）M9 培养基＋LYF-2；（f）M9 培养基＋LYF-1、LYF-2 混合

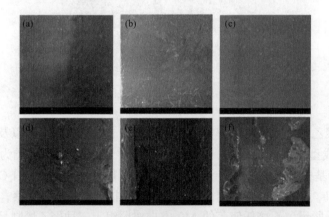

图 6-16　处理后低密度聚乙烯扫描电子显微镜观察结果[29]

（a）M9 培养基；（b）M9 培养基＋大肠杆菌；（c）ddH$_2$O 代替 M9 培养基；（d）M9 培养基＋LYF-1；（e）M9 培养基＋LYF-2；（f）M9 培养基＋LYF-1、LYF-2 混合

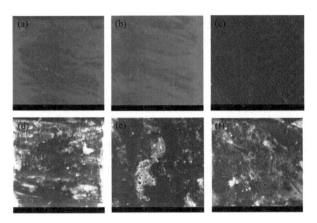

图 6-17　处理后普通塑料保鲜袋扫描电子显微镜观察结果[29]

（a）M9 培养基；（b）M9 培养基＋大肠杆菌；（c）ddH$_2$O 代替 M9 培养基；（d）M9 培养基＋LYF-1；（e）M9 培养基＋LYF-2；（f）M9 培养基＋LYF-1、LYF-2 混合

　　通过傅里叶红外光谱仪测定普通塑料保鲜袋在 5 种不同的处理方法后分子结构的变化情况（图 6-18）。3750～2500 cm^{-1} 区为 C—H、O—H 的吸收带，3000 cm^{-1} 以上为不饱和碳的 C—H 键伸缩振动区，3000 cm^{-1} 以下为饱和碳的 C—H 键伸缩振动区。不接种任何微生物的空白对照组、接种大肠杆菌的阴性对照组以及分别接种 LYF-1、LYF-2 两降解菌的测定结果均没有太大差别，而接种 LYF-1 和 LYF-2 两菌混合的实验组的普通塑料保鲜袋在 3200～3400 cm^{-1} 处出现了不饱和

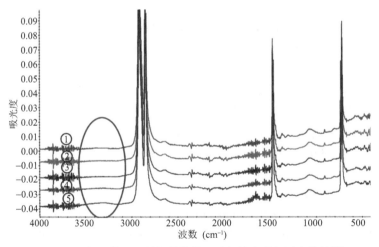

图 6-18　各组普通塑料保鲜袋傅里叶红外光谱仪测定结果[29]

①为不加任何菌的 M9 培养基培养 60 d 后普通塑料保鲜袋的测定结果；②为接种大肠杆菌的 M9 培养基培养 60 d 后普通塑料保鲜袋的测定结果；③为接种 LYF-1 菌的 M9 培养基培养 60 d 后普通塑料保鲜袋的测定结果；④为接种 LYF-2 菌的 M9 培养基培养 60 d 后普通塑料保鲜袋的测定结果；⑤为接种 LYF-1 和 LYF-2 混合菌的 M9 培养基培养 60 d 后普通塑料保鲜袋的测定结果

碳的 C—H 键的伸缩振动峰，说明在 LYF-1 和 LYF-2 两菌混合的作用下，普通塑料保鲜袋的分子结构发生了变化，但其峰值波动不大，变化较小。

通过解剖大蜡螟幼虫肠道并研磨，将其肠道微生物在以聚乙烯为唯一碳源的培养基上培养、筛选、分离、纯化，并对筛选出的降解菌进行分子鉴定、生理生化鉴定及其降解特性的探究，为大蜡螟能够快速降解聚乙烯的原因提供更可靠的依据，可为发现快速降解聚乙烯提供新的方法。但目前所进行的研究主要是描述性的，少数研究工作致力于聚乙烯降解机理或与此过程有关的酶的分离，还需要进一步的证据来揭示聚乙烯降解的完整机制。分离和鉴定能够氧化和破坏聚乙烯链的酶以及能够作为底物的聚乙烯链的大小是未来研究聚乙烯降解机理的主要目标。

研究能够降解聚乙烯的微生物及代谢途径等最终的目的是能够将其运用到实际生活中，大批量、快速、更环保地处理聚乙烯垃圾。聚乙烯的生物降解不仅仅只受到微生物的影响，往往是光、压力、温度等多种外界环境条件共同作用的结果，脱离了实际生活的研究也是不全面的。因此，未来微生物降解聚乙烯的研究可从不同环境条件下降解菌的降解特性以及在降解过程中多种降解菌之间相互作用的关系等方面进行探究，为实际生活中解决聚乙烯废弃物提供更方便快捷、更绿色环保的新方法。

6.4　大蜡螟降解 PS 的菌株筛选

对聚苯乙烯的生物降解研究始于 20 世纪 70 年代。1974 年，为了准确定量测定土壤微生物降解聚苯乙烯的速率，加拿大多伦多大学化学系的 Guillet 等首次用 α 和 β -^{14}C 标记的 St 单体合成了 ^{14}C 标记的聚苯乙烯并对其进行了生物降解研究，但其降解情况并不乐观[30]。此外，Kaplan 等的研究发现无菌培养真菌和混合微生物菌群对聚苯乙烯的生物降解也是非常缓慢[31]。Sielicki 等通过测量释放的 $^{14}CO_2$ 来研究[β -^{14}C]PS 在土壤和液体富集培养基中的生物降解，培养 4 个月后仅有 1.5%～3.0% 的聚苯乙烯被降解[32]。尽管此研究中聚苯乙烯降解十分有限，但却比 Kaplan 等研究报道的结果高出 15～30 倍。Griffin 将天然淀粉通过硅化、干燥等处理作为添加剂加入聚苯乙烯，发现添加剂的存在明显促进了聚苯乙烯的降解[33]。此后，从 1980～2000 年的 20 年间，极少有关于聚苯乙烯生物降解研究被报道。直到 2003 年，日本东京 Organo 株式会社和东北大学的 Eisaku 首次发表了有关分离纯化并获得聚苯乙烯降解微生物的报道，即采用重量损失法从土壤中分离得到 5 株 PS 降解细菌并考察了这些菌株对 St 单体和聚苯乙烯的降解能力，其中 3 株来自黄单孢菌属（*Xanthomonas*）和鞘氨醇杆菌属（*Sphingobacterium*）的微生物只能降解聚苯乙烯，而来自芽孢杆菌属的 *Bacillus*

sp. STR-Y-O 菌株则可同时降解 St 单体和 PS[34]。而从被掩埋于土壤 8 个月后的
聚苯乙烯膜中分离出的尿类芽孢杆菌 *Paenibacillus urinalis* NA26、绿脓假单胞菌
Pseudomonas aeruginosa NB26 和芽孢杆菌 *Bacillus* sp. NB6 利用聚苯乙烯泡沫作
为唯一碳源时，其 FTIR 光谱分析未观察到聚苯乙烯膜的表面发生明显的变化，
因此该项研究中，相关微生物的聚苯乙烯降解能力未被有效证明[35]。2017 年，
南京大学季荣教授团队利用变换青霉 *Penicillium variabile* CCF3219 有效地降解
了 [14]C 标记的聚苯乙烯薄膜，并发现臭氧氧化预处理聚苯乙烯聚合物可有效强化
其被真菌降解的效率[36]。如上所述，先前关于聚苯乙烯生物降解的研究中尽管
微生物的降解能力有限，但已显示出令人鼓舞的研究前景，因此对于环境中是否
存在微生物在其生存条件下能够快速降解聚苯乙烯还有待进一步的深入研究。

迄今为止，关于大蜡螟幼虫肠道微生物对聚苯乙烯的生物降解也只是有研究
人员发现了取食聚苯乙烯的幼虫的肠道有若干可能的降解微生物，但并未筛选到
相关降解菌株，大蜡螟幼虫降解聚苯乙烯的相关其余报道也并不多见。根据先前
的文献，使用抗生素抑制某些以塑料为食的昆虫的肠道微生物会直接导致昆虫降
解塑料的能力丧失。同时，一些其他研究人员从肠道微生物群中分离出的微生
物，可以在昆虫体内降解塑料聚乙烯或聚苯乙烯。因此，很明显，相关昆虫的肠
道中确实存在可降解塑料的细菌。由于大蜡螟幼虫具有食用聚苯乙烯的能力，并
且根据上述基础研究所得出的相关结论，初步推测大蜡螟幼虫的肠道中可能存在
能够降解聚苯乙烯的微生物。

2021 年，姜杉利用聚苯乙烯泡沫喂养大蜡螟后解剖得到大蜡螟幼虫肠道，
进而对大蜡螟肠道微生物组成进行分析，研究喂食聚苯乙烯前后肠道菌群组成差
异，再将其肠道微生物在以聚苯乙烯为唯一碳源的培养基上培养和筛选，并对筛
选得到的聚苯乙烯降解微生物进行分子鉴定和降解特性的研究[15]。

6.4.1 初步筛选具有 PS 降解能力的菌株

两个月的摇瓶筛菌实验结束后，与对照组相比，实验组中观察到了培养基变
浑浊的现象，初步表明一些可以将聚苯乙烯用作营养源且可能具有聚苯乙烯降解
能力的肠道细菌已经被富集。经过对培养物进行初步培养和纯化后，最终获得了
一株纯培养菌株 FS1903。当在 LB 琼脂培养基上培养时，FS1903 菌落呈圆形，
边缘清晰，颜色略带黄色[图 6-19（a）]。用 SEM 观察了细菌细胞的微观形貌，
发现 FS1903 菌株呈椭圆杆状，长约 1.5 μm，直径约 0.5 μm[图 6-19（b）]。
为了验证 FS1903 的 PS 降解能力，将聚苯乙烯膜（50 mm×50 mm）作为唯一的
碳源覆盖在事先涂有 FS1903 细菌悬浮液的 MSM 固体培养基上。恒温培养箱培
养 30 d 后，与对照组相比[图 6-19（c）]，在实验组的聚苯乙烯膜下观察到一些
小菌落，在实验组聚苯乙烯膜的边缘也发现了线状菌苔[图 6-19（d）]。这证明

了从大蜡螟幼虫的肠道中分离出的 FS1903 非常有可能具有聚苯乙烯降解能力。

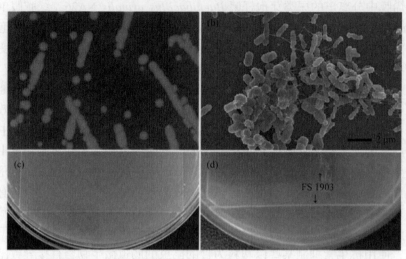

图 6-19　LB 琼脂平板上的 FS1903 菌落（a）；FS1903 的 SEM 图（b）；对照组（c）；MSM 平板上在 PS 膜上 FS1903 的菌落生长（d）[15]

　　FS1903 的测序和系统发育树构建。测序后得到了 FS1903 的 16S rDNA 序列，该细菌的 16S rDNA 基因序列以登录号 MW138062 注册于 GenBank 数据库中。将得到的 FS1903 基因序列在 NCBI 数据库中进行比对，筛选出与 FS1903 亲缘关系相近的 17 条基因序列，这些菌株大多属于 *Massilia* 属，随后基于 16S rRNA 基因构建了 FS1903 和其他 *Massilia* 属细菌的系统发育树（图 6-20）。根据系统发育树，FS1903 和 *Massilia suwonensis* 5414s-25 位于同一分支上，并且密切相关。结合了细菌的形态，初步表明其属于 *Massilia* 属。此外，马赛菌属与微

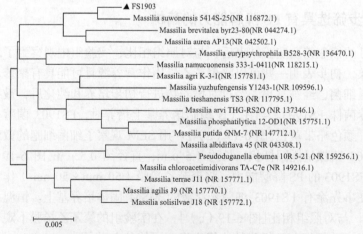

图 6-20　以 16S rDNA 为基础构建的邻接系统发育树[15]

小杆菌属在 NCBI 数据库中是极其相近的细菌，而 Yang 等[37]从黄粉虫肠道分离的 PS 降解细菌菌株正是微小杆菌 YT2，这也说明了马赛菌属降解 PS 的可能性；此外现有的研究表明，某些 *Massilia* 属的菌株可以降解菲[38]，一些 *Massilia* 属细菌还可以降解环状物质，如百菌清、尼古丁和几丁质，由于 PS 分子包含环结构，因此推断 *Massilia* 菌株也可能降解苯环内的化学键。

6.4.2　PS 膜表面生物膜的观察

细菌引起的塑料降解过程最显著且最基本的特征是在塑料表面上形成生物膜，随着生物膜的形成，细菌可以渗入 PS 膜并腐蚀降解 PS。使用 SEM 可以更清晰地检查菌株 FS1903 的表面定殖以及对 PS 膜的影响。盖膜培养 30 d 后，明显观察到其被附着在其上的细菌破坏[图 6-21（a）、（b）]。聚合物的降解过程中，细菌细胞对聚合物表面的黏附是随后生物降解的第一步，也是最基本的步骤。PS 膜上附着细菌处物理损伤尤为明显，损伤处细菌的附着也证明了膜表面的损伤并非由机械力造成而是细菌破坏降解膜结构。完全洗去微生物后，再次用 SEM 检查 PS 膜表面，结果表明，细菌在 PS 薄膜表面的定殖导致了 PS 膜表面的凹坑和空洞[图 6-21（d）]。该孔洞的最大宽度约为 4 μm。相反，未培养对照组的表面是光滑的[图 6-21（c）]，没有任何破坏。这些结果证实细菌菌株 FS1903 可降解并破坏 PS 膜的完整性。

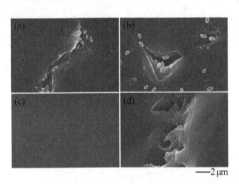

图 6-21　电镜观察[15]

降解过的 PS 膜上的（a、b）FS1903 细胞，（c）对照组和（d）与 FS1903 共培养后 PS 表面形成的沟壑

聚苯乙烯膜表面成分分析。通过 EDS 分析微生物生长后聚苯乙烯膜表面的碳、氧组成，探讨了微生物对聚苯乙烯膜表面元素组成的影响。由图 6-22 可知，对照组与实验组之间的碳原子数目并无明显差异，但实验组中检测到了明显的氧原子的增加，这说明在培养过程中，降解菌 FS1903 的氧化作用发生在了聚苯乙烯膜表面，实验组聚苯乙烯膜中氧原子数量的增加归因于氧化形成了含氧官能团（如羟基或羰基基团），这种现象可能是由降解菌 FS1903 分泌的某种酶引

起的，这种酶促进了聚苯乙烯膜的降解和氧化，与此同时，上述提到的降解菌造成的损伤正好出现在表面附着 FS1903 的膜区域，这都为 PS 的降解提供了直接的证据。氧化无疑是聚苯乙烯膜降解的关键步骤，它可以使聚苯乙烯膜表面从疏水性转变为亲水性。通过测量水滴在聚苯乙烯膜表面的接触角变化可以证实这一点，接触角测试结果表明，实验组的接触角为 66.1°±5.1°，而对照组的接触角为 96.0°±3.8°（图 6-23）。与对照组相比，实验组的接触角明显减小（$p<0.01$），接触角的减小表明水滴的表面张力降低，这是由于在氧化过程中氧在聚苯乙烯膜表面上的插入。聚苯乙烯降解过程中发生的氧化过程将聚苯乙烯膜的疏水区域转化为亲水区域，从而改变了聚苯乙烯膜表面的化学性质。FS1903 的定殖降低了聚苯乙烯膜的疏水性，同时对聚苯乙烯膜产生了破坏，降低的疏水性也降低了随后聚苯乙烯降解的抵抗力。

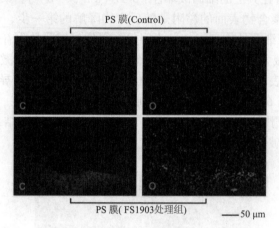

图 6-22　用 FS1903 处理后，PS 膜表面原子组成的变化[15]

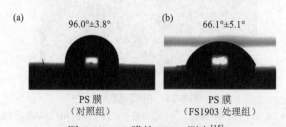

图 6-23　PS 膜的 WCA 测定[15]

（a）对照组；（b）与菌株 FS1903 共培养的实验组

　　XPS 用于分析降解前后聚苯乙烯膜表面化学成分组成和官能团的变化。如图 6-24 所示，指出了针对接种 FS1903 的实验组和未接种的对照组的聚苯乙烯膜的 XPS 扫描光谱的比较（0～900 eV）。对照组聚苯乙烯膜只有 284.8 eV 处所示的表面碳，而接种降解菌 FS1903 菌株的聚苯乙烯膜除了 284.8 eV 处的表面碳以外，在 532.3 eV 处有另一个明显的峰，这个峰代表了表面氧的存在［图 6-24（a）］。随后，继续比较了接种降解菌 FS1903 菌株的实验组与对照的聚苯乙烯膜表面的 C 1s 的 XPS 光谱［图 6-24（b）］，该谱图主要显示表面碳的存在与碳元素相关的官能团，表明用降解菌 FS1903 进行培养后，导致了 C—C 官能团的显著下降（284.8 eV）。同时，与只具有一个峰的对照组相比，接种降解菌 FS1903 的聚苯乙烯膜在 286.5 eV 处具有另一个峰，该峰被分配给 C—O 官能团。这意味着聚苯乙烯膜中的部分 C—C 官能团被氧化为醇和类似羧酸的化合物。另外，在接种降解菌 FS1903 的聚苯乙烯膜表面上，另一个新峰出现在 288 eV 处，其被归为—C=O 官能团。这些都表明，在降解过程中，发生了从 C—C 键过渡到—C=O 和 C—O 键的过程，即降解菌 FS1903 能够攻击或氧化 PS 膜以产生更多的极性衍生物。结合能的变化也证实了在降解菌 FS1903 导致的降解过程中发生了氧化现象。

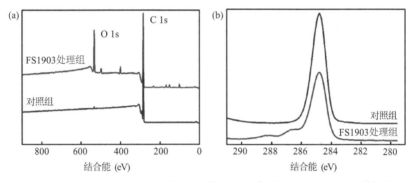

图 6-24 对照组和用 FS1903 接种的残留 PS 膜的 XPS 扫描（a）和 C 1s 光谱扫描（b）[15]

通过以上若干表征手法得出的结果，可以合理假设降解聚苯乙烯的细菌分泌了细胞外氧化酶，该酶分解了聚苯乙烯聚合物链并产生了醇中间体（C—OH）。这些中间体似乎在聚苯乙烯降解过程中的羰基氧化途径的中间阶段产生，然后被氧化成含有 C=O 键的化合物。含有 C=O 键的化合物的形成以及其他这样的含氧官能团的形成被认为是降解聚苯乙烯和其他塑料的主要指标。但是，需要进一步分离和表征聚苯乙烯降解产物，以鉴定与聚苯乙烯解聚和生物降解有关的关键性功能酶。

结晶变化分析。为了更好地研究聚苯乙烯薄膜的微相结构，使用 DSC 得到了样品的玻璃化转变温度（T_g）。玻璃化转变是一种松弛现象，是聚合物的非晶态部分从冻结状态转变为解冻状态；换句话说，聚合物开始降解。因此，降低的 T_g 将提供降解的间接证据。图 6-25（a）示出了在聚苯乙烯薄膜由 FS1903 菌株降解之前和之后的第二次加热曲线。降解后，T_g 从 106℃到 101℃，略有变化。通常，聚合物的 T_g 随着链长的增加而增加。但是，当分子量超过某个临界值时，

T_g 与分子量之间不再有直接关系。至少对于聚苯乙烯，一旦超过 104 g/mol，则分子量将接近临界值。但是，这项工作中使用的聚苯乙烯的分子量比上述的临界值高得多。因此，该研究中玻璃化转变温度的微小变化不足以表明聚苯乙烯的降解程度，因此从 DSC 曲线上暂时未能得到聚苯乙烯降解的证据。结晶度被认为是影响聚合物降解的重要因素。通常，聚合物的结晶度越低，它越容易降解。基于 XRD 衍射图计算了聚苯乙烯的结晶度。结果表明，降解后聚苯乙烯的结晶度从 38%下降至 33.5%。已知聚合物由结晶和非晶区域组成。通常，聚合物降解优先发生在具有不规则分子链段的无定形区域。因此，从理论上讲，降解后结晶度应提高。但是，也有报道称降解后聚合物的结晶度降低了[39]。这是因为在降解过程中，随着非晶区的降解，结晶区的一部分逐渐转变为非晶结构。此外，在本研究中，如图 6-25（b）所示的所有曲线均显示了非晶态聚合物的典型分散峰，这意味着实验所使用的聚合物原料非晶态区域占比更多。这可能是由于实验中使用的材料是由无规聚合物组成的。这也是为什么在降解之前和之后结晶度都相对较低的原因。所以综合来看，结晶度的分析也尚未给出降解的直接证据，还需进一步验证其降解能力。

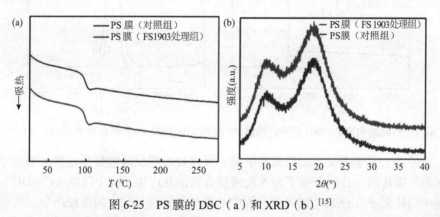

图 6-25　PS 膜的 DSC（a）和 XRD（b）[15]

　　PS 降解率的测定。尽管先前描述的相关表征显示了接种 FS1903 细菌前后 PS 膜的变化间接验证了 FS1903 的降解能力，但聚苯乙烯生物降解的最直接证据是聚合物的直接质量损失。为了确认 FS1903 菌株的降解能力，采用失重法判断微生物的降解行为。聚苯乙烯膜与 FS1903 菌液共培养 30 d 后，加有菌株 FS1903 的实验组聚苯乙烯膜的质量损失为 12.97%±1.05%（图 6-26），显著高于对照组（$p < 0.01$）。这说明，在不提供营养补充剂（例如酵母提取物或明胶）的情况下，菌株 FS1903 直接降解了聚苯乙烯膜。先前已经有研究人员证明，红球菌 C208 和微小杆菌 YT2 可分别在 60 d 之内导致聚苯乙烯质量减轻 0.8%与 7.4%[38, 39]。培养 60 d 后的不动杆菌 AnTc-1 降解聚苯乙烯粉末的质量减

轻可达 12.14%±1.4%。与其他已经报道过的细菌菌株相比，降解菌 FS1903 在更少的时间内产生了更高的质量损失。这项工作证明了 FS1903 具有降解聚苯乙烯膜可观的潜力，为后续的聚苯乙烯降解研究与废物处理提供了新思路。

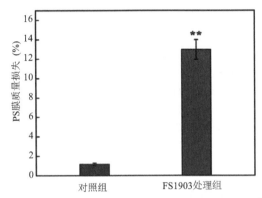

图 6-26　经 FS1903 处理或对照组的 PS 膜质量损失[15]

与对照相比**代表 $p<0.01$

　　姜杉研究从大蜡螟幼虫肠道分离筛选出了 PS 降解菌株 FS1903。FS1903 在两个月的培养期结束后给聚苯乙烯膜造成了表面损伤与氧化，并通过聚苯乙烯膜的失重实验直接得到了具有说服力的降解证据，证明了菌株 FS1903 对聚苯乙烯的降解潜力。这些工作为大蜡螟幼虫降解聚苯乙烯和降解聚苯乙烯微生物的选育提供了可靠的依据，相关的研究结果对于未来聚苯乙烯的有效降解和资源化也有着重要的意义。

参 考 文 献

[1] Kwadha C A, Ong'amo G O, Ndegwa P N, et al. The biology and control of the greater wax moth, *Galleria mellonella*. Insects, 2017, 8(2): 61.

[2] Bombelli P, Howe C J, Bertocchini F. Polyethylene bio-degradation by caterpillars of the wax moth *Galleria mellonella*. Current Biology, 2017, 27(8): R292-R293.

[3] Weber C, Pusch S, Opatz T. Polyethylene bio-degradation by caterpillars? Current Biology, 2017, 27(15): R744-R745.

[4] Billen P, Khalifa L, Van Gerven F, et al. Technological application potential of polyethylene and polystyrene biodegradation by macro-organisms such as mealworms and wax moth larvae. Science of the Total Environment, 2020, 735: 139521.

[5] Kong H G, Kim H H, Chung J-H, et al. The *Galleria mellonella* hologenome supports microbiota-independent metabolism of long-chain hydrocarbon beeswax. Cell Reports, 2019, 26(9): 2451-2464.

[6] Lemoine C M R, Grove H C, Smith C M, et al. A very hungry caterpillar: Polyethylene

metabolism and lipid homeostasis in larvae of the greater wax moth (*Galleria mellonella*). Environmental Science & Technology, 2020, 54(22): 14706-14715.

[7] Ren L, Men L, Zhang Z, et al. Biodegradation of polyethylene by *Enterobacter* sp. D1 from the guts of wax moth *Galleria mellonella*. International Journal of Environmental Research and Public Health, 2019, 16(11): 1941.

[8] Zhang J, Gao D, Li Q, et al. Biodegradation of polyethylene microplastic particles by the fungus *Aspergillus flavus* from the guts of wax moth *Galleria mellonella*. Science of the Total Environment, 2020, 704: 135931.

[9] Cassone B J, Grove H C, Elebute O, et al. Role of the intestinal microbiome in low-density polyethylene degradation by caterpillar larvae of the greater wax moth, *Galleria mellonella*. Proceedings of the Royal Society B, 2020, 287(1922): 20200112.

[10] Cassone B J, Grove H C, Kurchaba N, et al. Fat on plastic: Metabolic consequences of an LDPE diet in the fat body of the greater wax moth larvae (*Galleria mellonella*). Journal of Hazardous materials, 2022, 425: 127862.

[11] 李晓菲. 大蜡螟幼虫肠道聚乙烯降解菌群的筛选与鉴定. 太原：山西农业大学，2022.

[12] Wang S, Shi W, Huang Z, et al. Complete digestion/biodegradation of polystyrene microplastics by greater wax moth (*Galleria mellonella*) larvae: Direct *in vivo* evidence, gut microbiota independence, and potential metabolic pathways. Journal of Hazardous materials, 2022, 423(B): 127213.

[13] Yang J, Yang Y, Wu W M, et al. Evidence of polyethylene biodegradation by bacterial strains from the guts of plastic-eating waxworms. Environmental Science & Technology, 2014, 48(23): 13776-13784.

[14] Mahmoud E A, Al-Hagar O E A, El-Aziz M F A. Gamma radiation effect on the midgut bacteria of Plodia interpunctella and its role in organic wastes biodegradation. International Journal of Tropical Insect Science, 2020, 41(1): 261-272.

[15] 姜杉. 大蜡螟幼虫肠道微生物对聚苯乙烯的生物降解研究. 抚顺: 辽宁石油化工大学, 2021.

[16] Lou Y, Ekaterina P, Yang S S, et al. Biodegradation of polyethylene and polystyrene by greater wax moth larvae (*Galleria mellonella* L.) and the effect of co-diet supplementation on the core gut microbiome, Environmental Science & Technology, 2020, (54): 2821-2831.

[17] Lou Y, Li Y R, Lu B Y, et al. Response of the yellow mealworm (*Tenebrio molitor*) gut microbiome to diet shifts during polystyrene and polyethylene biodegradation. Journal of Hazardous Materials, 2021, 416: 126222.

[18] Peng B Y, Su Y M, Chen Z B, et al. Biodegradation of polystyrene by dark (*Tenebrio obscurus*) and yellow (*Tenebrio molitor*) mealworms (Coleoptera: Tenebrionidae). Environmental Science & Technology, 2019, 53: 5256-5265.

[19] Brandon A M, Gao S H, Tian R M, et al. Criddle, biodegradation of polyethylene and plastic mixtures in mealworms (larvae of *Tenebrio molitor*) and effects on the gut microbiome. Environmental Science & Technology, 2018,52: 6526-6533.

[20] Wang Z, Xin X, Shi X, et al. A polystyrene-degrading *Acinetobacter* bacterium isolated from the larvae of *Tribolium castaneum*. Science of the Total Environment, 2020, 726: 138564.

[21] Yang Y, Yang J, Wu W M, et al. Biodegradation and mineralization of polystyrene by plastic-eating mealworms: Part 2. Role of gut microorganisms. Environmental Science & Technology, 2015, 49: 12087-12093.

[22] Woo S, Song I, Cha H J. Fast and facile biodegradation of polystyrene by the gut microbial flora of *Plesiophthalmus davidis* larvae. Applied and Environmental Microbiology, 2020, 86.

[23] Kong H G, Kim H H, Chung J H, et al. The *Galleria mellonella* hologenome supports microbiota-independent metabolism of long-chain hydrocarbon beeswax. Cell Reports, 2019, 26: 2451-2464.

[24] Carmen S. Microbial capability for the degradation of chemical additives present in petroleum-based plastic products: A review on current status and perspectives. Journal of Hazardous Materials, 2020, 402: 123534.

[25] Pererva E. 大蜡螟降解塑料及其肠道微生物组研究. 哈尔滨: 哈尔滨工业大学, 2020.

[26] Yang J, Yang Y, Wu W-M. et al. Evidence of polyethylene biodegradation by bacterial strains from the guts of plastic-eating waxworms. Environmental Science & Technology, 2014, 48: 13776-13784.

[27] Sudhakar M, Doble M, Murthy P S, et al. Marine microbe-mediated biodegradation of low- and high-density polyethylenes. International Biodeterioration & Biodegradation, 2008, 61: 203-213.

[28] Aswale P N. Studies on biodegradation of polythene. Aurangabad: Dr Babasaheb Ambedkar Marathwada University, 2010.

[29] 刘亚飞. 大蜡螟幼虫肠道中聚乙烯降解菌株的筛选,鉴定及其降解特性研究. 金华: 浙江师范大学, 2023.

[30] Guillet J E, Regulski T W, Mcaneney T B. Biodegradability of photodegraded polymers. II. Tracer studies of biooxidation of ecolyte PS polystyrene. Environmental Science & Technology, 1974, 8(10): 923-925.

[31] Kaplan D L, Hartenstein R, Sutter J. Biodegradation of polystyrene, poly(metnyl methacrylate), and phenol formaldehyde. Applied and environmental microbiology, 1979, 3(38): 551-553.

[32] Sielicki M, Focht D D, Martin J P. Microbial degradation of [^{14}C] polystyrene and 1,3-diphenylbutane. Canadian Journal of Microbiology, 2011, 24(7): 798-803.

[33] Chen G Q. Introduction of Bacterial Plastics PHA, PLA, PBS, PE, PTT, and PPP. Microbiology Monographs, 2010, 14(1): 1-16.

[34] Eisaku O, Thida L K, Takeshi E, et al. Isolation and characterization of polystyrene degrading microorganisms for zero emission treatment of expanded polystyrene. Environmental Engineering Research, 2003, 40: 373-379.

[35] Atiq N, Garba A, Ali M I, et al. Isolation and identification of polystyrene biodegrading bacteria from soil. African Journal of Microbiology Research, 2010, 4(14): 1537.

[36] Tian L L, Kolvenbach B A, Corvini N, et al. Mineralisation of ^{14}C-labelled polystyrene plastics by *Penicillium variabile* after ozonation pre-treatment. New Biotechnology, 2017, 38(Pt B): 101-105.

[37] Yang Y, Yang J, Wu W M, et al. Biodegradation and mineralization of polystyrene by plastic-eating mealworms: Part 2. Role of gut microorganisms. Environmental Science & Technology,

2015, 49(20): 12087-12093.

[38] Lou J, Gu H P, Wang H Z, et al. Complete genome sequence of *Massilia* sp. WG5, an efficient phenanthrene-degrading bacterium from soil. Journal of Biotechnology, 2016, 218: 49-50.

[39] Bai Z H, Liu Y, Su T T, et al. Effect of hydroxyl monomers on the enzymatic degradation of poly(ethylene succinate), poly(butylene succinate), and poly(hexylene succinate). Polymers(Basel), 2018, 10(1): 90.